Schienengüterverkehr

Helge Stuhr · Philipp Schneider · Stefan Karch

Schienengüterverkehr

Marktumfeld, Produktion, Technik und Innovation

Springer Gabler

Helge Stuhr
Technische Universität Berlin
Berlin, Deutschland

Philipp Schneider
DB Netz AG
Berlin, Deutschland

Stefan Karch
Railway Design & Innovation AG
Neunkirch, Schweiz

ISBN 978-3-658-38752-5 ISBN 978-3-658-38753-2 (eBook)
https://doi.org/10.1007/978-3-658-38753-2

Die Deutsche Nationalbibliothek verzeichnet diese Publikation in der Deutschen Nationalbibliografie; detaillierte bibliografische Daten sind im Internet über http://dnb.d-nb.de abrufbar.

Planung/Lektorat: Susanne Kramer
Springer Gabler ist ein Imprint der eingetragenen Gesellschaft Springer Fachmedien Wiesbaden GmbH und ist ein Teil von Springer Nature.
Die Anschrift der Gesellschaft ist: Abraham-Lincoln-Str. 46, 65189 Wiesbaden, Germany

Geleitwort 1

Klimaschutz und Energieversorgung sind derzeit die zentralen Themen, die Politik, Wirtschaft und Bevölkerung beschäftigen. Und die gestörten Lieferketten wirbeln die Logistikketten erheblich durcheinander. Welche Rolle kann der Schienengüterverkehr zur Lösung dieser zentralen Themen spielen? Diese Frage rückt zunehmend in der Mittelpunkt der Diskussion.

Die Verkehrspolitik auf europäischer und nationaler Ebene hat ambitionierte Ziele definiert, die einen deutlich höheren Modal-Split-Anteil der Schiene vorsehen.

Die Schiene kann die Herausforderungen meistern, wenn die erforderlichen Kapazitäten bei Infrastruktur und Ressourcen geschaffen werden. Neben technischen Innovationen wird es auch darum gehen, kluge Köpfe für die Schiene zu gewinnen. Denn nur mit gut ausgebildeten Menschen kann es gelingen, den Schienengüterverkehr in die Offensive zu bringen.

Die Schiene hat gute Voraussetzungen für Digitalisierung, Automatisierung, E-Mobilität und Energieeffizienz. Diesen Wettbewerbsvorteil sollten wir gemeinsam nutzen, um den Modal-Split-Anteil der Schiene erheblich auszubauen.

Zudem bietet der Sektor Schienenverkehr sehr gute Verdienst- und Aufstiegsmöglichkeiten in einem attraktiven Arbeitsumfeld.

Wir freuen uns daher sehr über das Erscheinen des Fachbuches Schienengüterverkehr, mit dem ein wichtiger Baustein zur Qualifizierung aber auch Begeisterung von Menschen für die Eisenbahn gelegt wird.

Packen Sie mit an, wenn es darum geht, ein klimafreundliches und energiesparendes Verkehrssystem in den nächsten Jahren entscheidend voranzubringen.

Ihr Joachim Berends
Vorstand Bentheimer Eisenbahn AG
und VDV-Vizepräsident Schienengüterverkehr

Geleitwort 2

Der Eisenbahnverkehr ist in den letzten Jahren weltweit stark gewachsen. Auch in Deutschland gibt es – abgesehen vom Rückgang in der Covid 19 Pandemie – eine steigende Nachfrage im Schienenverkehr. Der Transport auf der Schiene ist aufgrund seiner Energieeffizienz und eines bereits sehr hohen Elektrifizierungsanteils für die Erreichung der Klimaziele im Verkehr ein wichtiger Erfolgsfaktor oder, wie es ERRAC, das European Rail Research Advisory Council schreibt: „There is no green future without railways". Investitionen sind notwendig und Innovationen möglich. Vereinfachungen und effizientere Abläufe werden auf „der ersten und letzten Meile" ebenso gebraucht wie im grenzüberschreitenden Verkehr in Europa. Ein wettbewerbsgerechter Ordnungsrahmen und Digitalisierung im Dienste besserer Logistikfähigkeit und effizienter bahnbetrieblicher Prozesse werden die Wettbewerbsfähigkeit des Schienengüterverkehrs stärken.

Viele Industrien wie die Chemie- und Mineralölwirtschaft, die Montanindustrie oder die Automobilindustrie – aber auch Verlader anderer Branchen, die entsprechende Mengen bewegen – sind auf leistungsfähige Bahnen angewiesen. Aktuelle Klagen über abnehmende Zuverlässigkeit im Schienengüterverkehr in Deutschland unterstreichen den Bedarf an Fachkräften, an guten Konzepten und ihrer beherzten Umsetzung.

Im vorgelegten Werk ist es den Autoren sehr gut gelungen, Wissenswertes zum Schienengüterverkehr aktuell und umfassend aufzubereiten. Die Darstellung reicht von der Organisation europäischer Bahnsysteme über die juristischen Rahmen-bedingungen bis zu wichtigen physikalischen Grundlagen des Eisenbahnverkehrs. Betriebliche und technische Grundlagen werden ebenso wie Fahrzeuge und Produktionssysteme detailliert behandelt, bevor das Kapitel zu Innovationen wichtige und aktuelle Einsichten vermittelt.

Für Interessierte in Management, Planung und Betrieb, für Wirtschaft und Wissenschaft sowie für unterschiedliche Fachdisziplinen bietet das Werk gleichermaßen Aktualität, fachliche Tiefe und einen guten Überblick über alles Wissenswerte im Schienengüterverkehr.

Dortmund
im Juli 2022

Prof. Dr. -Ing. Uwe Clausen
Institutsleiter, Fraunhofer-Institut für
Materialfluss und Logistik IML, Dortmund
Institutsleiter, Institut für Transportlogistik der TU Dortmund

Geleitwort 3

Europa ohne Bahn ist wie Emmentaler Käse ohne Löcher. Resiliente Logistik-Ketten bestehen jedoch nicht aus Löchern, sondern aus verbindlichen Gliedern. Ich bin überzeugt: Nur gemeinsam können wir die aktuellen Herausforderungen im Schienengüterverkehr meistern. Wir wollen Schritt für Schritt an den Herausforderungen wachsen und dabei widerstandsfähiger sowie zugleich flexibler und kundenorientierter werden – damit wir weiterhin eine tragende Rolle für Wirtschaft, Gesellschaft und Nachhaltigkeit übernehmen.

Die Bahngeschichte in Europa lehrt uns, dass man es dank intelligenter Allianzen und Bündnisse über Grenzen hinweg schaffen kann, ein hochgradig verwobenes und verbundenes Schienennetz und eine funktionierende Bahninfrastruktur zu entwickeln. Zentral dabei sind Innovationen – und die Zusammenarbeit. Das aktuelle Umfeld mit den prekären Lieferketten zeigt uns, dass wir uns wieder mehr auf die gemeinsamen Interessen und Handlungen fokussieren müssen, um bei den Kunden und am Markt Mehrwert zu erbringen. Die Basis dafür sind motivierte Mitarbeitende.

«The new normal» fordert uns alle sehr. Eine Krise jagt die nächste. Die üblichen Lösungsansätze reichen nicht mehr, um Einfluss auf die neue Normalität zu nehmen. Wir wollen eine gute Arbeitssituation einerseits für Talente und andererseits für «Bahn-Silberrücken» schaffen. Zugleich müssen wir flexibel und verbindlich für unsere Kunden unterwegs sein. Nebst einer grossen Portion Vertrauen benötigen wir dafür neue Fähigkeiten, neue Szenarien, neue Denkweisen – basierend auf einem soliden Systemverständnis, wozu das vorliegende Buch einen wesentlichen Beitrag liefert.

Schlussendlich zählt nur das, was beim Kunden ankommt. Für Güter die Bahn – von Menschen für unsere Kunden.

Isabelle Betschart Kühne
Leiterin Produktion und Mitglied der
Geschäftsleitung SBB Cargo AG

Vorwort und Danksagung

Als ich im Herbst 2019 meinen Lehrauftrag für das Fach Schienengüterverkehr an der TU Berlin aufgenommen habe, fehlte mir ein gutes, inhaltlich passendes und aktuelles Lehr- oder Fachbuch, das ich den Studierenden als Begleitlektüre zur Lehrveranstaltung hätte empfehlen können. Also fing ich recht bald an, zunächst allein an einem Vorlesungsskript zu schreiben. Es ist im Endeffekt zu einem größeren Projekt geworden. Das Ergebnis halten Sie in den Händen.

Ich bin froh, dass ich Philipp und Stefan als Autoren für die Schwerpunkte Infrastruktur und Betrieb sowie Fahrzeuge gewinnen konnte und dankbar für die gute Zusammenarbeit, in der sich letztendlich jeder in allen Teilen ausführlich eingebracht hat.

Gemeinsam danken wir allen Unterstützern, die große oder spezifische Teile kritisch gegengelesen, Rat gegeben sowie bei der Quellenarbeit unterstützt haben und vieles mehr. Dieser Dank geht somit insbesondere an Daniel Christoph, Dr. Johannes Friedrich, Dr. Christoph Gabrisch, Malte Günther, Ulrich Häffner, Richard Herrmann, Hans-Joachim Holdefehr, Dr. Christian Kuhn, Katharina Lechner, Gerhard Leitner, Georg Lennarz, Jürg Lütscher, Frank Minde, Ulrich Neumann, Sassan Rabet, Simon Söser, Volker Spahn, Lars Wiegelmann sowie Xu Zhang. Wir bedanken uns darüber hinaus bei Joachim Berends, Prof. Dr. Uwe Clausen und Isabelle Betschart Kühne für ihre Geleitworte.

Die Eisenbahn als umweltfreundliches Verkehrsmittel liegt uns allen dreien sehr am Herzen. Die Vermittlung von Fachwissen zum System und das Verstehen von Zusammenhängen, Rahmenbedingungen und ihren Folgen sehen wir als eine wichtige Voraussetzung für einen nachhaltigen Erfolg des Systems an. Insofern hoffen wir, mit diesem Buch einen kleinen Beitrag dazu leisten zu können.

Helge Stuhr
mit Philipp Schneider
und Stefan Karch

Inhaltsverzeichnis

1 Der Schienengüterverkehr – Bedeutung, Marktumfeld und organisatorischer Rahmen

Zusammenfassung

Das erste Kapitel gibt eine grundlegende Einführung zum Thema Schienengüterverkehr (SGV). Dabei ordnet es die Bahn als Transportmittel für Güter zunächst in den Gesamttransportmarkt aller Verkehrsträger ein und beschreibt dessen Einsatzfeld und die entsprechende Aufkommensentwicklung. Es folgt die Darstellung der Organisation des europäischen Bahnsektors, wobei die Liberalisierungs- und Harmonisierungsbestrebungen sowie der resultierende rechtliche Rahmen im Fokus stehen. Aus dem Blickwinkel der zentral im SGV-Markt stehenden Eisenbahnverkehrsunternehmen werden die wirtschaftlichen Rahmenbedingungen betrachtet, bevor der Blick nach vorne gerichtet wird und ausgehend von den gesellschaftlichen und politischen Zielvorstellungen die Wachstumsaussichten und Herausforderungen des SGV dargestellt werden. Das Kapitel schließt mit einer Zusammenstellung der Kernmerkmale des SGV und gibt damit sowohl eine Zusammenfassung zum ersten Kapitel als auch einen Ausblick auf die folgenden.

1.1 Einleitung

Der Gütertransport auf der Schiene ist zu einem Hoffnungsträger im Rahmen der notwendigen Nachhaltigkeit im Verkehrssektor geworden. Seit seiner Liberalisierung Anfang der 1990er Jahre hat der Schienengüterverkehr (SGV) bei weitestgehend unveränderten infrastrukturellen Voraussetzungen seine Leistungsfähigkeit stark gesteigert, festzumachen beispielsweise an der Verdopplung der Transportleistung im deutschen SGV im Zeitraum von 1993 bis 2017 (Abschn. 1.2.2). Seinen Anteil am Mix der Verkehrsträger ist dabei jedoch nicht wesentlich gestiegen. Nun soll dies in kurzer Zeit gelingen.

H. Stuhr et al., *Schienengüterverkehr*, https://doi.org/10.1007/978-3-658-38753-2_1

Mit dem Pariser Klimaschutzabkommen wurde das Ziel der Treibhausgasneutralität in der zweiten Hälfte des laufenden Jahrhunderts obligatorisch, womit der Treibhausgasausstoß und -abbau im Gleichgewicht zu stehen haben (Netto-Null-Ziel). Hierfür sind zuvorderst die CO_2-Emissionen zu senken. Das deutsche Klimaschutzgesetz schreibt in einem Stufenplan – Minderung bis 2030 von 65 %, bis 2040 von 88 %[1] – das Erreichen der „Klimaneutralität“ bis 2045 vor. Die österreichische Bundesregierung strebt dieses Ziel bereits für das Jahr 2040 an. In der Schweiz ist die Netto-Null laut Beschluss des Bundesrats für 2050 verankert. (UBA 2021a) (Bundesregierung o. J.) (BMK o. J.c) (Bundesrat 2021).

Der Verkehrssektor ist von dieser Entwicklung stark betroffen, da sich in den letzten Jahrzehnten die Nutzung von fossil gespeisten Antrieben mit hoher Leistungs- und Speicherdichte, wie z. B. Verbrennungsmotoren und Turbinen-Strahltriebwerke, durchgesetzt hat. Der kontinuierliche Wechsel zu nachhaltigen Antrieben kennt bisher nur zwei prinzipielle Optionen und ist daher besonders anspruchsvoll. Erste Option ist der Einsatz elektrischer Antriebe mit direkter oder indirekter Speisung, d. h. durchgehender Stromversorgung oder Energiespeicherung auf dem Fahrzeug mittels Akku- oder Brennstoffzellentechnologie. Die zweite Option ist mit dem Einsatz von Verbrennungsmotoren unter Anwendung von nachhaltig erzeugten Kraftstoffen, wie z. B. Wasserstoff oder „eFuels“ gegeben.

Für welche Einsatzfelder diese beiden Möglichkeiten jeweils geeignet sind, wird gerade in der Fachöffentlichkeit intensiv diskutiert. Dabei zeichnet sich bereits ab, dass erneuerbare Energien am Anfang des Dekarbonisierungsprozesses knapp sein werden (BMK 2021, S. 9). Daher ist es von großer Bedeutung, den Energiebedarf für den Transport von Menschen und Gütern niedrig zu halten.

Somit werden ab jetzt die Verkehrsträger mit geringeren Leistungsanforderungen von Vorteil sein, woraus sich die wiederkehrende Bedeutung der Eisenbahn ergibt. Der spezifische Energiebedarf von Bahnsystemen ist aufgrund der Spurführung, des Rad-Schiene-Kontakts sowie der Zugbildung um ein Vielfaches geringer als der von Straßen- und Luftfahrzeugen (Abschn. 1.2.4). Zudem erlaubt die Spurführung eine direkte Speisung von Energie über die Oberleitung oder Stromschiene, sodass die Notwendigkeit zu deren Zwischenspeicherung im Fahrzeug durch Batterien oder Tanks entfällt.

Aus diesem Grund wird die Eisenbahn als Schlüsselelement bei der Umsetzung einer Mobilitätswende angesehen, deren Ziel die Verschiebung des Schwerpunkts vom motorisierten Straßenverkehr hin zu nachhaltigen Verkehrsformen ist (BMVI 2020a, S. 8). Für den Güterverkehrsbereich bedeutet dies – wie eingangs formuliert – eine angestrebte Anteilssteigerung des SGV im Verkehrsträgermix insbesondere zulasten des Straßengüterverkehrs.

Die Transportbranche befindet sich in einem permanenten Wandel. Die soeben beschriebenen Notwendigkeiten stellen dabei das aktuelle, gerade beginnende Kapitel

---

[1] Basisjahr 1990.

dar. Es folgt dem Kapitel des Wandels von der reinen Transportwirtschaft zur Logistik mit Schlagworten wie Just-in-Time und Just-in-Sequence und der einhergehenden Forderung der maximalen Flexibilität im Sinne der Warenproduktion in einer globalisierten Welt, z. T. mit vollständiger Unterordnung der „Bedürfnisse" des Transportsystems und der Umwelt. *Green Logistics* lautet nun das neue Ziel mit dem Ergebnis, dass Wirtschaftsbereiche, die lange den Blick ausschließlich auf den Straßengüterverkehr gerichtet hatten, nun wieder die Eisenbahn – zumindest prüfend – in ihr Blickfeld nehmen.

Somit steigt auch die Notwendigkeit, das Wissen über den Verkehrsträger Schiene für den Güterverkehr, welches in Teilbereichen ggf. verloren gegangen ist, wieder zu verbreitern und auf den aktuellen Stand der Entwicklungen anzupassen. Dieses Ziel verfolgt das vorliegende Buch. Es richtet sich dabei an alle, die in der SGV-Branche auf der Anbieterseite tätig sind oder auf der Nachfragerseite den Transport ihrer Güter organisieren; an langjährige Praktiker*innen, die sich weiterbilden, ebenso an diejenigen, die aus der Ausbildung oder dem Quereinstieg kommend im Transportbereich tätig werden wollen; an Entscheidungsträger*innen in Unternehmen, Politik, Ministerien und Behörden, denn Wissen und Verstehen sind wichtige Voraussetzungen für gute Entscheidungen.

Was kann der SGV leisten, was sind seine Stärken und Schwächen, welche bahnbetrieblichen Grundlagen gilt es zu beachten, welche Ressourcen sind notwendig, welches sind die gültigen und kritisch zu hinterfragenden Randbedingungen? Dies sind nur einige der Leitfragen, die hinter dem Aufbau des Buchs stehen und zu denen – wenn auch nicht in jedem Fall mit einer eindeutigen Antwort – den Leser*innen[2] das notwendige Wissen für ein solides Verständnis an die Hand gegeben werden soll.

1.2 Der SGV als Teil des Gesamttransportmarkts aller Verkehrsträger

1.2.1 Übersicht der Verkehrsträger

Im kontinentalen Güterverkehr Europas kommen als Verkehrsträger die Straße, die Eisenbahn, die Binnenschifffahrt, Rohrfernleitungen sowie der Luftverkehr zum Einsatz. Hinzu kommt in den Küstenregionen noch das sogenannte Short-Sea-Shipping, d. h. kontinentale Frachtschifftransporte (von europäischen zu europäischen Ländern), sei es mit Fähren (roll-on, roll-off), Container-, Stückgut- oder Massengutschiffen. Im interkontinentalen Transport ist die Hochseeschifffahrt dominierend.

[2] Im Folgenden wird bei Funktions- und Berufsbezeichnungen im Bahnbetrieb und im SGV zur einfacheren Lesbarkeit auf geschlechtliche Differenzierung verzichtet. Dies adressiert jedoch in gleicher Weise Personen jeglichen Geschlechts (weiblich, männlich, divers).

Generelle Güterarten (definiert über den Ladevorgang)

Stückgut

Transportgut, bei dem jedes Stück bei der Be- und Entladung einzeln behandelt wird, d. h. wo jede Wareneinheit einen eigenen Ladevorgang bedingt. Größe und Form können dabei stark variieren, ggf. ist das Gut selbst rollfähig und entsprechend rollend verladbar, wie im Fall von Pkw und anderen Fahrzeugen. Reicht diese Menge nicht zur effektiven Nutzung von mindestens einem ganzen Transportgefäß, d. h. eines Lkw, einem Güterwagen oder einem Ladebehälter im Kombinierten Verkehr, so spricht man von Sammelgut – mehrere Stückgüter verschiedener Kunden müssen gesammelt transportiert werden.

Massengut

Festes oder flüssiges Gut, das zum Be- oder Entladen geschüttet (Schüttgut) oder gepumpt werden kann, d. h. wo nicht jedes Teilchen (Korn) beim Ladevorgang einzeln behandelt wird bzw. beim flüssigen Gut nicht das einzelne Flüssigkeitsgebinde verladen wird. Beispiele festen Massenguts sind Erze, Kohle, Granulate und Agrarprodukte, wie Getreide. Beispiele flüssigen Massenguts sind Mineralöl und flüssige Chemikalien.

Massenstückgut

In großen Mengen relativ homogen auftretende Stückgüter, bei denen bei der Verladung mehrere Stück auf einmal gegriffen werden können. Beispiele sind palettierte Waren, darunter auch Getränke im Kasten, Rundholz (Stämme) und Stahlprodukte (Zwischenprodukte, Rohre); teilweise als Untergruppe des Masseguts geführt.

Jeder Verkehrsträger hat seine individuellen Vor- und Nachteile, die, je nach Beschaffenheit des jeweiligen Transportguts und der Sendungsrelation – d. h. dem Start und Zielort – den einen oder anderen Verkehrsträger aus Sicht des Transportkunden attraktiver machen. Im Folgenden werden die einzelnen Verkehrsträger in der Reihenfolge ihrer Bedeutung im kontinentalen Verkehr – gemessen anhand der Transportleistung – kurz charakterisiert.

- **Straßengüterverkehr:** Der Straßengüterverkehr hat von allen Verkehrsträgern die höchste Netzdichte und mit Abstand die meisten Zugangspunkte zum Transportsystem. Dies ist sicherlich einleuchtend: Alle produzierenden oder verarbeitenden Betriebe sind an das allgemeine Straßennetz angebunden, womit für diese direkt die Voraussetzung zur Teilnahme am Straßengüterverkehr gegeben ist. Neben der dadurch gegebenen maximalen räumlichen Flexibilität ist der Straßengüterverkehr auch zeitlich sehr flexibel, hier gilt die Analogie zum motorisierten Individualverkehr im Personenverkehr. Die vergleichsweise kleinen Einheiten (die Lkws) können ohne zeitliche Bindung und ohne Notwendigkeit aufwändiger Sammelprozesse flexible Haus-zu-Haus-Verkehre anbieten.

  Technisch geeignet ist der Lkw für nahezu alle Güterarten. Ausgeschlossen sind im Wesentlichen Sendungen, bei denen die Größe oder das Gewicht des einzelnen

Stücks die Ladefähigkeit eines Lkw überschreitet, wie zum Beispiel beim Transport von landwirtschaftlichen Fahrzeugen wie Mähdreschern (Größe) oder Zwischenprodukten der Stahlindustrie wie Brammen (Gewicht). Ausnahmen stellen besonders geplante und gesicherte Spezialtransport dar. Beim Transport großer Mengen über feste Relationen – wo die Vorteile der kleinen Einheiten und der Flexibilität nicht greifen – mangelt es dem System jedoch an Effizienz. Der Ausbau der Autobahnnetze und der Selbsteintritt von Speditionen – d. h. Betrieb eigener Lkw-Flotten statt Konzentration auf die Organisation von Transporten unter Einbindung aller Verkehrsträger ohne eigene, auszulastende Fahrzeuge – sowie das Größenwachstum und die technische Weiterentwicklung der Fahrzeuge haben den Straßengüterverkehr neben seiner ursprünglichen Kernkompetenz der regionalen Sammlung- und Verteilung auch zum dominierenden Verkehrsträger im Fernbereich werden lassen (Abschn. 1.2.2). Die geringen Nutzungshürden, ein großer Fahrzeugmarkt, niedrige Lohnkosten für die Fahrer sowie ein stark ausgeprägter Wettbewerbsmarkt vieler kleiner, mittelständischer und großer Fuhrunternehmen führten – im Vergleich zu den anderen Verkehrsträgern und unter Beachtung der genannten Ausnahme – zu geringen Transportkosten. Diesen Vorteilen (aus Sicht der Transportkunden) stehen einige negative Aspekte aus gesamtgesellschaftlicher Sicht gegenüber, die insbesondere aus dem ausgedehnten Einsatz im Fernbereich resultieren. Vordringlich handelt es sich dabei um den hohen Schadstoffausstoß der bislang fast ausschließlich eingesetzten Dieselmotoren (Luftverschmutzung und Klimabelastung), der hohe Flächenverbrauch sowie Staus und Unfälle mit den entsprechenden Folgekosten. Durch den vorgesehenen Einsatz alternativer Antriebe (elektrisch, eFuels, Wasserstoff) und eine zunehmende Automatisierung des Fahrens kann mit deutlichen Verbesserungen gerechnet werden.

- **SGV:** Die Netzdichte ist wesentlich geringer als im Straßengüterverkehr (Tab. 1.1). Dies betrifft zum einen die Gesamtlänge leistungsfähiger Strecken, die im Straßengüterverkehr den Bundesstraßen und -autobahnen entsprechen würden. Zum anderen – und das mit größerer Relevanz für die Bedeutung des Systems – ist die filigrane Feinverzweigung und damit die Flächenabdeckung mit Zugangsstellen viel geringer.

  Die Eisenbahn ist, wie der Lkw, technisch für nahezu alle Güterarten geeignet und zeichnet sich durch ihre Bündelungsfähigkeit und Massenleistungsfähigkeit sowie einem im Vergleich zum Lkw geringeren spezifischen Energiebedarf (Energieauf-

Tab. 1.1 Netzlängen der Verkehrsträger Straße, Schiene und Binnenschiff

Land	Straße (km)	Schiene (km)	**Binnenwasserstraße**
Deutschland	890.872[1,2]	38.600[1,3]	7675 km[4]
Österreich	127.000[5,6]	5600[5,6]	351 km[4]
Schweiz	83.274[7,8]	5196[7,9]	/

[1)]BMVI (2020b, S. 53, 103, 114); [2)]Straßen des überörtlichen Verkehrs und sonstige Straßen 2017; [3)]Betriebslänge 2017; [4)](Eurostat o. J.); [5)](2019; VCÖ o. J.); [6)]2019; [7)](BFS o. J.); [8)]2020; [9)]2015 wand pro Tonnenkilometer (tkm)) aus. Mit verschiedenen Produktionssystemen (Kap. 4) adressiert der SGV unterschiedliche Transportanforderungen, insbesondere in Bezug auf die Transportmenge pro Transportvorgang. So belädt beim *Ganzzugverkehr (GV)* ein Kunde einen ganzen Zug, der in der Regel nur ein Ziel ansteuert und ggf. leer zurückfährt (Pendel). Beim *Einzelwagenverkehr (EWV)* werden hingegen einzelne Güterwagen oder Wagengruppen über ein abgestuftes System von Zügen und Zugbildungsanlagen (ZBA) transportiert. Der *Kombinierte Verkehr (KV)* dient dem Transport von genormten Transportbehältern wie Containern, Wechselbehältern und Sattelaufliegern oder ganzen Lkw, die regionale Sammlung und Verteilung dieser Behälter erfolgt über die Straße. Hinsichtlich der Flexibilität muss der SGV systembedingt – maßgeblich aufgrund der größeren Fahrzeugdimensionen (Gefäßgröße) und der geringeren Netzdichte – gegenüber dem Lkw generell einige Abstriche machen. Der Einsatz elektrischer Triebfahrzeuge minimiert den lokalen Schadstoffausstoß, je nach Wahl der Energiequelle für den Strom kann die Klimabilanz gut gestaltet werden. Weitere Merkmale finden sich in Abschn. 1.5.4.

- **Binnenschifffahrt:** Die Netzlänge der Binnenschifffahrt (Flüsse und Kanäle) ist nochmals um ein Vielfaches kürzer als bei der Eisenbahn, infolgedessen auch die Netzdichte geringer. Die Leistungsfähigkeit des Systems hängt maßgeblich von der Größe der einsetzbaren Schiffe ab, welche durch die Auslegung der jeweiligen regionalen Fluss- und Kanalinfrastruktur (inkl. Schleusen) begrenzt ist. Dies betrifft neben der Länge und Breite der Schiffe auch deren Tiefgang und deren Höhe (durch die Höhen der zu unterquerenden Brücken). Unter anderem hierdurch bedingt liegt in Deutschland eine starke Konzentration auf das Rheingebiet vor, welches weit über 50 % des Güterumschlags der deutschen Binnenhäfen auf sich vereint (BMVI 2020b, S. 66). Verstärkt ist diese Konzentration auch in der Schweiz und Österreich sichtbar: auf die drei Rheinhäfen Basel Kleinhüningen, Birsfelden und Muttenz Au im Falle der Schweiz und auf die Donau, March, Enns und Traun im Falle von Österreich. Eisgang, Hoch- und Niedrigwasser können den Binnenschiffsverkehr negativ beeinflussen. Die Transportgeschwindigkeit ist sehr gering, wodurch sich eine Affinität zu niedrigwertigen Massengütern ergibt.
- **Rohrfernleitungen:** Bei Rohrfernleitungen handelt es sich um ein spezifisches Transportsystem für flüssige oder gasförmige Güter, überwiegend aus dem Energiesektor. Wesentliche Transportgüter sind Rohöl und Erdgas.
- **Seeschifffahrt:** Diese unterteilt sich in die interkontinentale Hochseeschifffahrt und die Short-Sea- und Feeder- Schifffahrt, die auf den küstennahen Gewässern verkehren (z. B. für Deutschland relevant auf Nord- und Ostsee). Feederschiffe übernehmen eine Sammel- und Verteilfunktion für die interkontinentalen Hochseeschiffe. So fahren diese aus Amerika oder Asien die großen Nordseehäfen an und Sendungen für den Ostseeraum werden dort auf Feederschiffe umgeschlagen. Die Short-Sea-Schifffahrt bedient kontinentale Relationen, hierunter fallen zum Beispiel auch Fracht-Fährverkehre.

- **Luftverkehr:** Wesentlicher Vorteil des Luftverkehrs ist die gegenüber den anderen Verkehrsträgern hohe Geschwindigkeit. Die Sendungen sind bezüglich ihrer Größe aber auch hinsichtlich ihres Gewichts stark begrenzt. Die hohen Transportkosten, maßgeblich beeinflusst durch den hohen Energiebedarf des Fliegens, machen den Luftverkehr nur für hochpreisige, eilige Güter interessant. Dies führt dazu, dass diese Transportform am Aufkommen als auch an der Transportleistung gemessen im kontinentalen Transport eine untergeordnete Rolle spielt (also an beiden Messgrößen, die auf dem Ladungsgewicht und nicht dem Warenwert basieren). Zugangspunkte zum System sind die Flughäfen, womit ein Zu- und Abtransport von/zu diesen Knotenpunkten mit einem anderen Verkehrsträger erfolgen muss. Zum Einsatz kommen zum einen reine Frachtflugzeuge, ein relevanter Mengenanteil wird jedoch als Beiladung zu Passagierflügen abgewickelt.

Hintergrundinformation: Das *Basis- und Overlay-System*

In einer modellhaften Sichtweise auf das Zusammenwirken der Verkehrsträger stehen diese in mehreren Ebenen übereinander (Abb. 1.1). Über einem *Basis*-System, das die grundsätzliche Erreichbarkeit aller relevanten Orte sicherstellt, kommen die *Overlay*-Systeme, die in einem jeweils gröberen Netz – d. h. Anbindung von weniger Orten – zusätzliche Kapazitäten mit ihren jeweils verkehrsträgerspezifischen Merkmalen zur Verfügung stellen.

Das Basis-System ist mit dem Straßenverkehr gegeben, flächendeckend und frei zugänglich. Die jeweiligen Vorteile der Overlay-Systeme Eisenbahn und Luftverkehr – höhere Kapazitäten, höhere Geschwindigkeiten, höhere Sicherheit, im Fall der Bahn niedrigerer Energiebedarf – sind grundsätzlich nicht ohne höhere spezifische Kosten zur Vorhaltung und Nutzung der jeweiligen Infrastrukturen realisierbar. Hieraus ergibt sich zwingend die geringere Netzdichte dieser Systeme. Es ist für jeden Knoten und jede Kante im Overlay-System ein im Vergleich zum Basis-System höheres Minimalaufkommen notwendig, um diese wirtschaftlich zu betreiben.

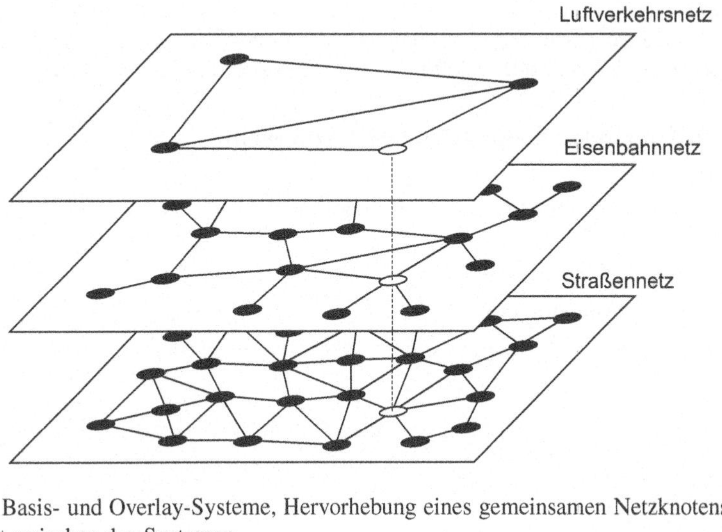

Abb. 1.1 Basis- und Overlay-Systeme, Hervorhebung eines gemeinsamen Netzknotens als Übergangspunkt zwischen den Systemen

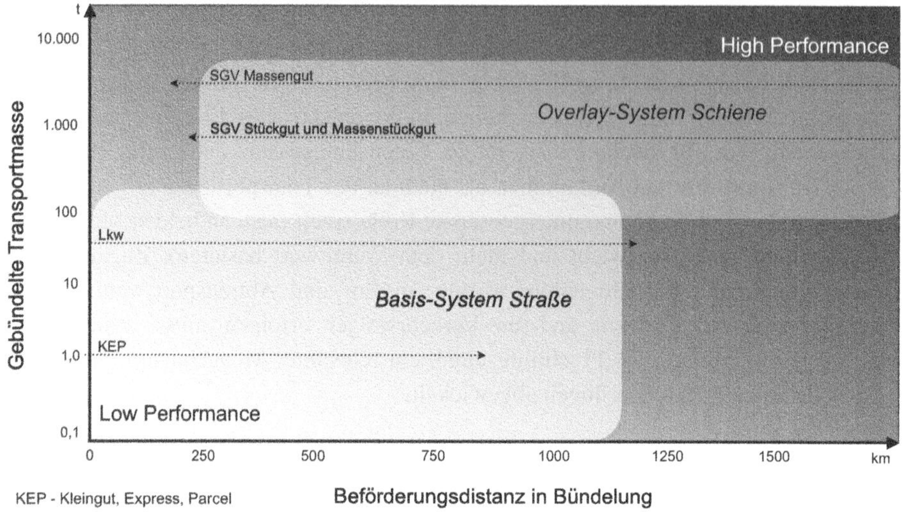

Abb. 1.2 Perfomance-Vergleich des Basis-Systems zum Overlay-System Schiene

Während die Verkehrsträger – d. h. die *Layer* (Ebenen) – bei den sich überlagernden Verbindungen in Konkurrenz zueinander stehen *(intermodale Konkurrenz)*, obliegt dem Basis-System die Aufgabe der regionalen Sammel- und Verteilfunktion für die Knoten der Overlay-Systeme, d. h. hier ist eine *intermodale Kooperation* notwendig. Durch den Ausbau des Autobahnnetzes im Basis-System ist dieser Layer weit in die primären Domänen der Overlays – Kapazität und Geschwindigkeit – vorgedrungen.

Abb. 1.2 stellt die Performance der Verkehrsträger Straße und Schiene vergleichend dar. Als Performance wird in diesem Sinne die Leistungsfähigkeit des jeweiligen Verkehrsträgers gesehen, beschrieben durch die Kombination der mittleren Transportentfernung pro Sendung mit der mittleren gebündelten Transportmenge pro Fahrzeugeinheit (Lkw oder Zug) auf dem Transportabschnitt mit maximaler Sendungsbündelung[3]. In die Flächen, die die jeweiligen Schwerpunktbereiche markieren, sind zudem Beispiele üblicher Referenzmengen pro Einheit eingezeichnet.

▶ Intra- und intermodale Kooperation oder Wettbewerb

Intramodal

= zwischen verschiedenen Unternehmen innerhalb eines Verkehrsträgers.

Intermodal

= zwischen den Verkehrsträgern.

[3] In Abgrenzung dazu stellt Abb. 4.3 die mittlere Transportentfernung pro Sendung gegenüber der mittleren Sendungsgröße dar.

1.2.2 Entwicklung der Transportleistung und des modalen Anteils

Der SGV stellt in Zentraleuropa nach dem Straßengüterverkehr – jedoch mit einigem Abstand zu diesem – gemessen an der Transportleistung den zweitwichtigsten Verkehrsträger dar. Betrachtet man die nationale Ebene, fallen lediglich die Niederlande und Luxemburg heraus – hier reiht sich die Binnenschifffahrt zwischen Straßen- und Schienengüterverkehr ein (Eurostat 2022a). Abb. 1.3 zeigt den modalen Anteil des SGV in Deutschland, Österreich und der Schweiz sowie der Europäischen Union im Vergleich (Liniendiagramm, rechte Achse). Als Balken (linke Achse) ist die jeweilige nationale Transportleistung eingezeichnet. Die Binnenschifffahrt – ohne Darstellung – hat mit 8 % (2019) in Deutschland noch eine wesentlich größere Bedeutung als in Österreich (2,4 %) oder gar der Schweiz (0,1 %).

Abb. 1.4 stellt für die Entwicklung in Deutschland eine längere Zeitachse und die Anteile der konkurrierenden Verkehrsträger dar. Zu erkennen ist eine Verdoppelung der Transportleistung des SGV vom Jahr 1993, d. h. dem letzten Jahr vor der Bahnreform (Abschn. 1.3.2), bis zum Jahr 2017. Dass dieses starke absolute Leistungswachstum nicht zu einem entsprechend nennenswerten Wachstum des modalen Anteils des SGV geführt hat, liegt am Wachstum des Gesamtmarkts und insbesondere des Straßengüterverkehrs, der seine Transportleistung im selben Zeitraum ebenso nahezu verdoppelt hat (+93 %, Verdopplung von 1991 bis 2018) (UBA o. J.).

Beim Blick noch weiter zurück kehrt sich die Reihenfolge der Bedeutung der Verkehrsträger Straße und Schiene für den Gütertransport um. So lag der Anteil des SGV

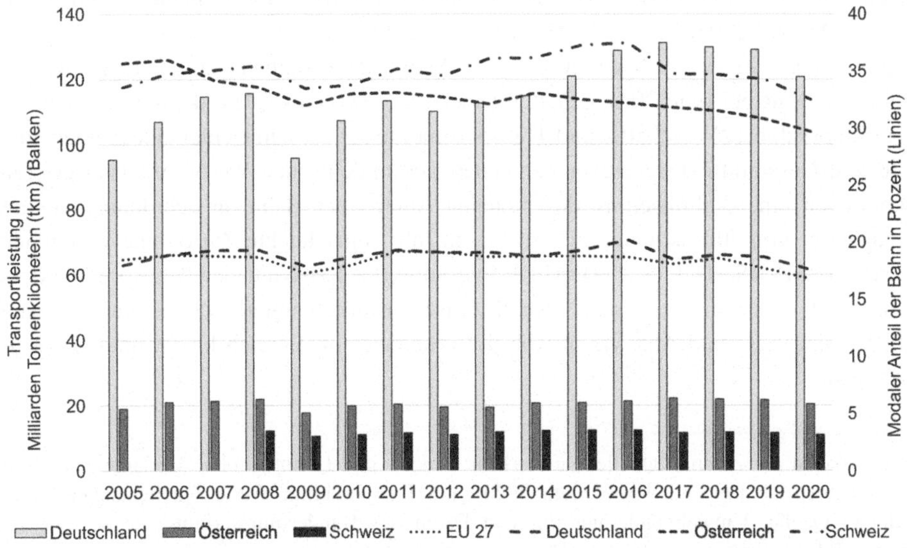

Abb. 1.3 Entwicklung der Transportleistung und des modalen Anteils des SGV in Deutschland, Österreich und der Schweiz. (Eigene Darstellung, Angaben aus Eurostat 2022a, Eurostat 2022b und BMVI 2022, S. 245)

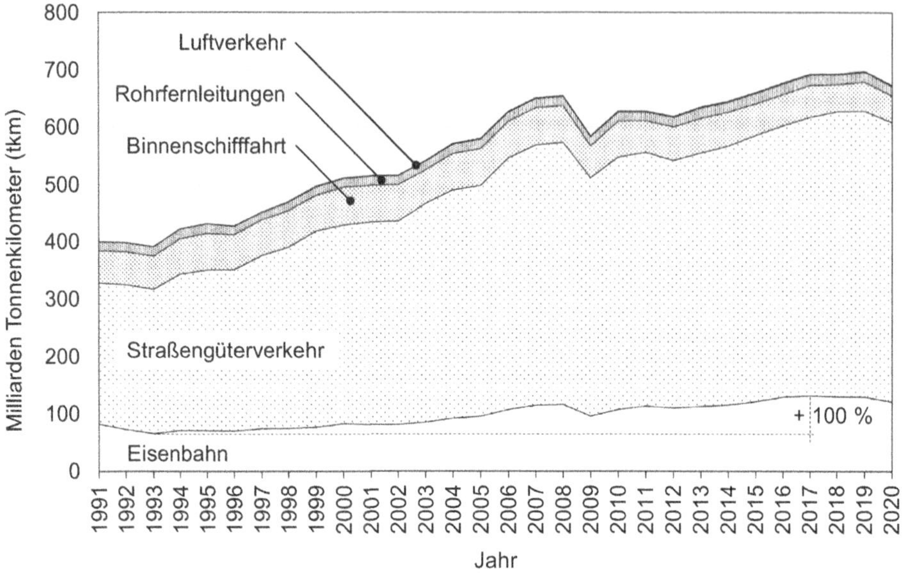

Abb. 1.4 Entwicklung der Güterverkehrsleistung in Deutschland nach Verkehrsträgern[4]. (Eigene Darstellung, Angaben aus UBA o. J.)

in Westdeutschland Anfang der 1950er Jahre gemessen an der Transportleistung aller Verkehrsträger noch über 50 %. Dann sank sein Anteil bis zur ersten Hälfte der 1980er Jahre unter 30 % und in der ersten Hälfte der 1990er Jahre (Deutschland gesamt) unter 20 % (BMVBS 2003, S. 231, S. 238–239[5]). Auf dem Gebiet Ostdeutschlands hingegen wurde – planwirtschaftlich gesteuert – der Anteil der Eisenbahn durchgängig bis zum Ende der DDR bei rund 70 % gehalten (Spektrum 2001), es folgte dann zusammen mit dem Einbruch der Wirtschafts- und Transportmärkte auf diesem Gebiet eine Angleichung mit dem Gesamteffekt des zuvor benannten gesamtdeutschen Werts. Ab dann erfolgte bundesweit eine Stabilisierung des modalen Anteils der Bahn, in den Jahren vor der Finanzkrise von 2008 konnten bis zu diesem Jahr sogar leichte Zugewinne verzeichnet werden (BMVBS 2011, S. 247). Mit Einwirkung der Krise auf den Transportmarkt im Jahr 2009 wurde dieser positive Trend zwischenzeitlich unterbrochen, um sich dann mit leichten Aufs und Abs wie in Abb. 1.3 erkennbar im Bereich knapp unter 20 % zu bewegen.

[4] Vermerke in der zitierten Quelle: Luftverkehr: Fracht- und Luftpost, ohne Umladungen; Rohrfernleitungen: ab 1996 nur Rohöl; Jahr 2020: zum Teil vorläufige Werte. Quellenangabe in der zitierten Quelle: Umweltbundesamt mit den Daten des Bundesministeriums für Verkehr und digitale Infrastruktur.

[5] Zu Einschränkungen/Abgrenzungen und Änderungen in der Statistikerfassung im Betrachtungszeitraum siehe zitierte Quelle S. 236–239.

In Österreich und der Schweiz zeigen sich tendenziell gleiche historische Entwicklungen wie in (West-) Deutschland. Jedoch konnte durch frühzeitig gestellte politische Rahmenbedingungen – in der Schweiz mit Fokus auf den Alpentransit – der Rückgang des Anteils der Bahn auf einem höheren Niveau angehalten werden. In beiden Ländern leistete die Bahn 1950 noch einen Anteil von etwas über 70 % an der Transportleistung. Die Marke von 50 % wurde in Österreich im Jahr 1970, in der Schweiz 10 Jahre später unterschritten. Anfang der 1990er Jahre sank der modale Anteil der Bahn in Österreich dann auf unter 40 %. Nach knapp 31 % im Jahr 2009 zeigt die aktuelle Statistik einen Wert von 27,9 % für 2019. Die Schweizer Angaben ab 1990 bis 2019 zeigen eine permanente Schwankung im Bereich von 35 bis 40 %, zuletzt (2019) 37 %. (BFS 2021; BMUJF o. J., S. 22–12; BMVIT 2012, S. 142; Statistik Austria o. J.).

Hintergrundinformation: Fokus Alpentransit in der Schweiz

Der Fokus der Verkehrsverlagerungsbemühungen in der Schweiz liegt auf dem alpenquerenden Gütertransitverkehr. Entsprechend liegt für diesen Teilbereich der modale Anteil der Bahn mit 70,5 % (2018) weit über dem im Haupttext benannten Wert, der zusätzlich nationale Verkehre, Im- und Exportverkehre und – im geringen Maße – nicht alpenquerende Transitverkehre enthält.

Wesentliche Hintergründe dieses hohen Wertes sind auf der einen Seite die hohe Investitionsbereitschaft in die notwendige Eisenbahninfrastruktur – dazu zählen vor allem die Neue Eisenbahn-Alpentransversale (NEAT) mit dem Gotthard-Basistunnel als Kernstück und der Vier-Meter-Korridor zum Transport von Sattelaufliegern auf der Bahn mit 4 m Eckhöhe. Auf der anderen Seite ist ein wesentlicher Aspekt die Verlagerungswirkung durch die Lkw-Maut „Leistungsabhängige Schwerverkehrsabgabe“ (LSVA), die ein Vielfaches über der deutschen Maut liegt[6].

Gestützt sind diese Maßnahmen durch einen breiten Rückhalt in der Bevölkerung, der sich seit Anfang der 1990er Jahre in mehreren Volksabstimmungen gezeigt hat. Als Erfolg zeigt sich nicht nur ein gestiegener modaler Anteil der Bahn in einem wachsenden Transportmarkt, sondern eine absolute Reduktion der jährlich die Alpen überquerenden Lkw von rund 1,4 Mio. im Jahr 2001 auf 832.000 Fahrten im Jahr 2018. Das im Güterverkehrsverlagerungsgesetz gesetzte Ziel, bis 2 Jahre nach Eröffnung des Gotthard-Basistunnels die Anzahl der alpenquerenden Lkw auf 650.000 zu begrenzen, konnte damit jedoch noch nicht erreicht werden. (UVEK o. J.).

Zu beachten ist bei diesen langen Zeitreihen die Vervielfachung des gesamten Transportbedarfs. Als Beispiel sei hier auf die Schweizer Statistik zurückgegriffen, die für 2019 rund die 9-fache Transportleistung gegenüber 1950 ausweist (eigene Berechnung mit Daten aus BFS (2021). Somit bedeuten die beschriebenen Anteilsreduzierungen am Modal Split nicht entsprechende absolute Rückgänge. Der langfristige Trend zeigt in

[6] So zahlt ein Lkw mit Abgasnorm Euro 6 in der Schweiz 2,28 Rappen pro Kilometer und Tonne der Fahrzeuggesamtmasse (BAZG 2022), was im Falle von 40 t Gesamtmasse und einer Distanz von 100 km zu 91,20 Franken führt, also ca. 90,00 € (Kurs vom 25.06.2022). Ein entsprechendes Fahrzeug kommt in Deutschland mit dem Satz von 18,3 €-Cent pro km (Fahrzeug über 18 t und ab 4 Achsen) (Toll Collect o. J.) für dieselbe Entfernung auf lediglich 18,30 €.

allen drei Ländern zumindest bis Ende der 1990er Jahre ein Wachstum der jeweiligen absoluten Transportleistung (BMVBS 2003, S. 236–237; BFS 2021; BMUJF o. J., S. 22–23). Es schließt sich dann jedoch zumindest für Österreich und die Schweiz eine gewisse Stagnation an (z. T. erkennbar in Abb. 1.3), während in Deutschland trotz der Einbrüche bei der Finanzkrise von 2008 sowie der Coronakrise (2020) insgesamt ein positiver Trend erkennbar bleibt.

Prognosen zur erwarteten zukünftigen Entwicklung finden sich in Abschn. 1.5.2.

1.2.3 Nachfragerelevante Effekte

Die Entwicklungen der Transportwirtschaft und der produzierenden Wirtschaft beeinflussen sich gegenseitig, jeweils unter dem weiteren Einfluss der sie umgebenden Rahmenbedingungen wie der nationalen und internationalen gesamtwirtschaftlichen und politischen Entwicklungen und dem technischen Fortschritt. Wirft man den Blick zurück, so hat neben und nach der Erfindung der Dampfmaschine der Ausbau der Eisenbahnnetze die Industrialisierung in der stattgefundenen Form durch die Möglichkeit des nun massenhaften Gütertransports überhaupt erst ermöglicht. Blickt man hingegen auf den im vorigen Abschnitt beleuchteten Zeitraum von der Mitte bis zum Ende des 20. Jahrhunderts mit der dargestellten Bedeutungsverschiebung vom SGV zum Straßengüterverkehr und darüber hinaus auf die Zeit bis zum heutigen Tage, so ist zu konstatieren, dass wesentliche Effekte von außerhalb der Transportwirtschaft massiven Einfluss auf deren Entwicklung hatten. Auf drei Effekte mit besonderer Bedeutung für den SGV wird im Folgenden kurz eingegangen (Aberle 2000, S. 86 ff.):

- Güterstruktureffekt: Dieser Effekt beschreibt den Wandel der Zusammensetzung des Transportaufkommens durch die anteilsmäßige Reduktion von Massengütern (wie Rohstoffen) bei gleichzeitigem Wachstum des Anteils hochwertiger Stückgüter (z. B. Zwischen- und Endprodukte). Daraus folgt eine Reduktion des Transportbedarfs großer Mengen auf festen Relationen mit großen Sendungsgrößen (Transportmenge bei einem Transportvorgang, z. B. Wagengruppe, ganzer Zug oder ganzes Binnenschiff), wobei hingegen der Transportbedarf vieler kleiner Sendungsgrößen (z. B. Lkw- bzw. Wagen-Ladung oder weniger) zwischen flächig verteilten Aufkommensquellen und -senken wächst.
- Logistikeffekt: Der Einfluss „moderner Logistikkonzepte in Industrie und Handel" (Aberle 2000, S. 88) auf die Transportbedarfe und damit einhergehend gesteigerte Anforderungen an die Verkehrsträger wird als Logistikeffekt bezeichnet. Wesentliches Schlagwort ist Just-in-Time bei kleinen Sendungsgrößen und erhöhter Lieferfrequenz; der Effekt ist somit nicht unabhängig vom Güterstruktureffekt. Damit gehen erhöhte Ansprüche hinsichtlich der Zuverlässigkeit (Terminsicherheit) und Flexibilität der Transportleistung einher sowie ihrer informationstechnischen Abbildung und Kommunikation zwischen den Beteiligten.

- Integrationseffekt: Dieser Effekt bezieht sich auf die Zunahme internationaler und globaler Transportströme als Folge der internationalen Integration des Wirtschaftslebens u. a. durch Schaffung von internationalen Binnenmärkten und Freihandelsabkommen und einer gesteigerten weltweiten Arbeitsteilung in der Produktion. Während der Eisenbahn eine durch die Internationalisierung der Verkehre wachsende durchschnittliche Transportentfernung entgegenkommt, musste beziehungsweise muss sie sich einer einhergehenden Veränderung der Transportströme anpassen[7]. Der Effekt zeigt sich zum Beispiel in einer starken Konzentration des Aufkommenswachstums bei der Eisenbahn auf den Relationen von und zu den großen Seehäfen (sogenannter Hinterlandverkehr), d. h. im Vor- bzw. Nachlauf der globalen maritimen Transportströme.

1.2.4 Externe Effekte und Kosten (Umweltrelevanz)

Die Erzeugung und Durchführung von Verkehr haben neben den gewünschten Zielen – der Mobilität von Personen sowie der Ortsveränderung von Gütern – negative Auswirkungen auf die Umwelt und die Gesellschaft. Diese Auswirkungen werden häufig als *externe Effekte* beschrieben und als *externe Kosten* quantifiziert.

> „„Externe Effekte“ treten auf, wenn die Situation eines Wirtschaftssubjekts durch Konsum oder Produktionstätigkeit anderer berührt wird, ohne dass diese Auswirkungen über das Preissystem ausgeglichen werden. Von „externen Kosten“ spricht man, wenn sich die Situation des betroffenen Subjekts verschlechtert.“ (Brenck et al. 2007)

Zusammengefasst und auf den Verkehr bezogen ergibt sich:

> „Unter „externen Kosten des Verkehrs“ versteht man diejenigen Kosten, die durch die Mobilitätsteilnehmenden verursacht, jedoch nicht von ihnen selber getragen werden“ (Bieler und Sutter 2019, S. 4).

Ein wesentlicher und aufgrund der verstärkten Bemühungen zum Klimaschutz sehr aktueller Aspekt der externen Effekte ist die *Klimawirkung*, d. h. die Belastung der Umwelt durch Treibhausgase aus dem Verkehrsgeschehen.[8] Hier zeigt sich ein starker Unterschied zwischen dem im Verkehrsgeschehen dominierenden Lkw auf der einen und der Bahn, dicht gefolgt vom Binnenschiff, auf der anderen Seite (Abb. 1.5). Der Luft-

[7] Hierzu zählt zum Beispiel die Überwindung von Interoperabilitätsproblemen im internationalen Verkehr (Abschn. 2.3.4), die so beim Lkw nicht gegeben sind.

[8] Die folgend dargestellten Zahlenwerte gemäß UBA (2020) und Bieler und Sutter (2019) basieren auf Daten aus Deutschland. Die implizierte generelle Aussage zur Umweltfreundlichkeit der einzelnen Verkehrsträger kann jedoch als weitestgehend allgemeingültig und damit auch auf die Schweiz und Österreich übertragbar angesehen werden. Werte auf EU-Ebene finden sich beispielsweise in Schroten et al. (2019).

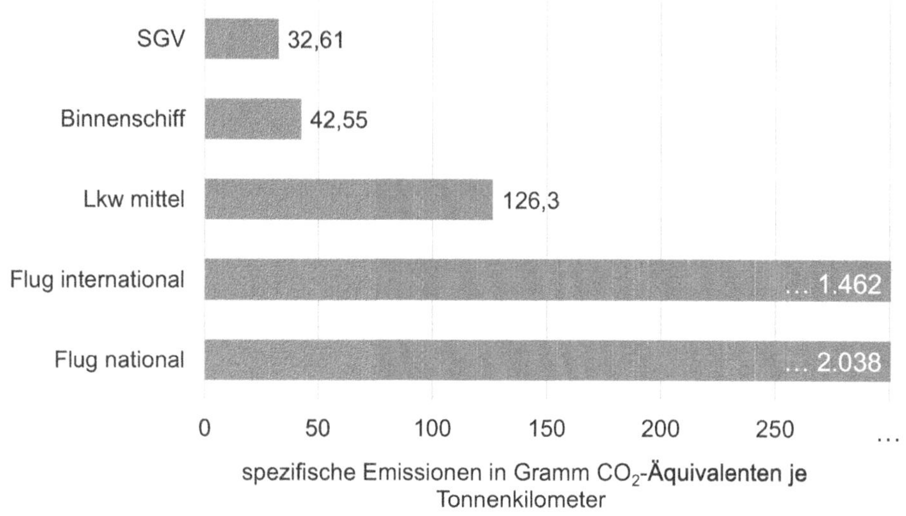

Abb. 1.5 Klimawirkung des Güterfernverkehrs. (Eigene Darstellung, Werte aus UBA 2021b, S. 41)

verkehr befindet sich im Vergleich zu allen weiteren in einer eigenen Größenordnung. Beim Lkw ist zu beachten, dass der dargestellte Mittelwert wesentlich durch die im Fernverkehr dominierenden Fahrzeuge bis 40 t bestimmt ist und kleine Fahrzeuge auf ein Vielfaches dieser mittleren Belastung kommen. Neben Treibhausgasemissionen aus dem Betrieb und der Energiebereitstellung sind die Emissionen der Herstellung und des Unterhalts von Fahrzeugen und Infrastruktur beinhaltet, beim Flugverkehr die zusätzliche Klimawirkung[9] (UBA 2020, S. 149).

Geringste Emissionswerte weist die Eisenbahn auch bei den zu den Luftschadstoffen zählenden Stickoxiden (NO_X) und Partikeln (PM_{10}) auf (ohne Abbildung, bei variierenden Abständen zu Lkw und Binnenschiff) (UBA 2020, S. 129 f.).

Die aufgeführte Werte gelten für den Ist-Zustand, d. h. derzeitige Antriebs- und Einsatzkonzepte. Es ist zu erwarten, dass sich durch Weiterentwicklung der Lkw-Technologie, vor allem der früher oder später anstehende Abschied vom Dieselmotor (zunächst im Nahverkehr), der Umweltvorsprung der Bahn reduzieren wird. Der Vorteil des wesentlich geringeren Rollwiderstands bei der Bahn durch das Prinzip Stahlrad auf Stahlschiene, der für ein System mit Gummireifen aus Asphalt oder Beton „uneinholbar“ ist, wird jedoch langfristig bleiben (Tab. 1.2).

[9] durch Wasserdampf (H_2O), Stickoxide (NO_X), Partikel (PM_{10} und $PM_{2,5}$) und Schwefeldioxid (SO_2).

Tab. 1.2 Emissions-relevanter Vergleich SGV zum Straßengüterfernverkehr

		Antriebstechnik	Fahrwiderstand	
			Luftwiderstand	Rollwiderstand
Straßengüterverkehr	Heute	Dieselmotor, Versuch-/ Pilotverkehre mit alternativen Antrieben (u. a. elektrisch)	Hoch durch Einzelfahrzeuge	Hoch durch Kombination Gummireifen auf Asphalt
	Zukunft	Lokal emissionsfrei oder emissionsreduziert (elektrisch mit Oberleitung an Autobahnen, Brennstoffzelle, alternative Kraftstoffe, u. a. Rekuperation beim Bremsen)	Vorteil durch „virtuelle Kupplung" (Fahren mehrerer Lkw mit automatischer Abstandshaltung im minimalem Fahrzeugabstand)	Perspektivisch geringe Reduktion durch Weiterentwicklung Reifentechnologie und ggf. Fahrbahnoberflächen
SGV	Heute	Überwiegend elektrisch (lokal emissionsfrei), sonst Dieselmotor	Vorteil durch Zugbildung (Güterwagen im Windschatten des ersten Fahrzeugs, reduziert durch unterschiedliche Fahrzeugprofile, u. a. gedeckte Wagen nach Flachwagen in einem Zug)	Stahlrad auf Stahlschiene, damit nur 1/10 gegenüber Gummireifen auf Asphalt beim Lkw (Fengler 2013, S. 277)
	Zukunft	Durchgängig lokal emissionsfrei (Ausbau Streckenelektrifizierung, neue lokal emissionsfreie Antriebskonzepte wie beim Lkw)		

> „Trotz einer weitgehenden Elektrifizierung der Straße wird die elektrifizierte Schiene, sowohl im Personenverkehr als auch im Güterverkehr, weiterhin zu den energieeffizientesten Formen der Beförderung zählen. […] Eine Tonne, die auf der Bahn transportiert wird, benötigt im Schnitt nicht einmal ein Drittel der Energie, die mit einem maximal effizienten E-LKW mit Oberleitung benötigt wird[10]" (BMK 2021, S. 9 f.)

Solange emissionsfrei hergestellte elektrische Energie („grüner Strom") nicht in ausreichender Menge auch zur Deckung des gesamten Energiebedarfs zur Verfügung steht, bleibt dieser Vorteil des geringeren Energieverbrauchs relevant.

[10] „Spezifische Energieeffizienz-Analyse der SCHIG, basierend auf unterschiedlichen Einsatzbedingungen und Auslastungsgraden"

Tab. 1.3 Ganzheitlicher Vergleich der CO_2-Emissionen der Systeme aus BMVI (2019, S. 83 f.)

Basisjahr	Kennzahl	Direkttransport per Lkw	Kombinierter Verkehr (Fall A)	Kombinierter Verkehr (Fall B)
2016	Gesamtemission	667,2 kg CO_2e	204,2 kg CO_2e	309,6 kg CO_2e
	Relativer CO_2e-Vorteil (%)		69,4 %	53,6 %
2030	Gesamtemission	667,2 kg CO_2e	121,7 kg CO_2e	227,2 kg CO_2e
	Relativer CO_2e-Vorteil (%)		81,8 %	66,0 %
2030 (alternativ)	Gesamtemission	567,1 kg CO_2e	121,7 kg CO_2e	227,2 kg CO_2e
	Relativer CO_2e-Vorteil (%)		78,5 %	60,0 %

Hintergrundinformation: Emissionsvergleich (CO_2e) eines beispielhaften Transports
Grundlage des Verkehrsträgervergleichs aus BMVI (2019, S. 82 ff.) ist ein 510 km langer durchgehender Straßentransport eines mit 14,7 t Warengewicht beladenen Sattelaufliegers. Vergleichsszenarien mit der Bahn basieren auf der Nutzung des Kombinierten Verkehrs, d. h. einem Vor- und Nachlauf auf der Straße und der Verladung des gesamten Sattelaufliegers für den Hauptlauf auf einen Zug. Angenommen wird in der Modellrechnung, dass der Hauptlauf auf der Bahn ebenfalls 510 km lang ist. Hinzu kommen in einem Vergleichsszenario (Fall A) jeweils 20 km auf der Straße für den Vor- und Nachlauf. Im zweiten Vergleichsszenario (Fall B) wird von einer höheren Entfernung der Transportquelle und -senke zum Zugangspunkt zur Bahn ausgegangen, statt 20 sind hier jeweils 60 km angesetzt.

Tab. 1.3 zeigt die Emissionen für einen Transportvorgang aus dem beschriebenen Szenario, angegeben in CO_2-Äquivalenten (CO_2e), wobei die Emissionen im Kombinierten Verkehr alle Emissionen aus dem Vor-/Nachlauf, dem Umschlag und dem Hauptlauf beinhalten. Verglichen wird in benannter Quelle der treibhausrelevante Ausstoß auf Basis der Jahre 2016 und 2030, wobei eine Unterscheidung im Bahnstrommix angenommen wird (2016: 42 % regenerativer Strom, 2030: 80 %), während beim Lkw im betrachteten Zeitraum keine emissionsreduzierenden technischen Fortschritte unterstellt werden.

Letztere Annahme widerspricht jedoch den aktuellen europäischen Vorschriften, die eine deutliche Senkung der CO_2-Emissionen neuer Lkw im betrachteten Zeitraum vorschreiben. Gemessen ab 2019 sind diese demnach bis 2025 um im Durchschnitt 15 % und bis 2030 um 30 % zu senken (Europäischer Rat 2019). Ergänzt ist Tab. 1.3 daher um eine alternative Betrachtung für 2030, wo in einfacher Annahme der Neufahrzeug-Wert für 2025 von 15 % als Durchschnittswert der aktiven Bestandflotte von 2030 unterstellt wird.[11]

Als dritten Aspekt der Umweltkosten – als Synonym zu externen Kosten – betrachtet UBA (2020) den Flächenverbrauch, „der zu Verlusten und Zerschneidung von natür-

[11] Eigene Berechnung. Unterstellt wurde bei dieser Abschätzung ein dominierender Einsatz von Sattelzugmaschinen, die ein unverändertes Durchschnittsalter gegenüber heute haben (2022: 4,8 Jahre (KBA 2022)) und ein linearer Verlauf der CO_2-Reduktion bei den Neufahrzeugen.

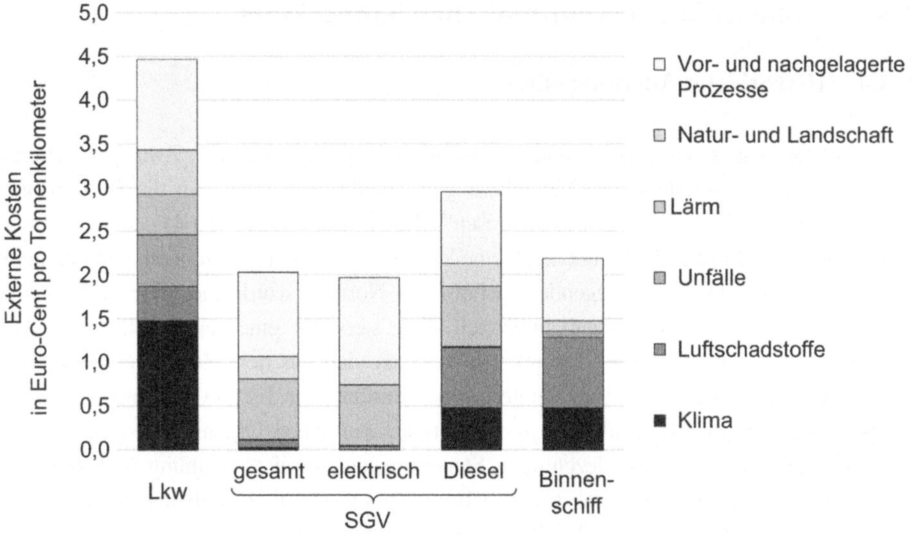

Abb. 1.6 Durchschnittliche externe Kosten des Güterverkehrs in Deutschland 2017. (Eigene Darstellung, Werte aus Bieler und Sutter 2019, S. 27)

lichen Habitaten bzw. Ökosystemen führt“ (S. 22). Zusammen mit den vorigen Effekten – Klimawirkung und Luftschadstoffe – kommen sie monetarisiert zu dem Ergebnis, dass beim „landgebundenen Verkehr […] der SGV mit rund 1 €-ct pro tkm und die Binnenschifffahrt mit rund 1,8 €-ct pro tkm die geringsten Umweltkosten aus[weisen]. Schwere Lastwagen (Last-/Sattelzüge über 34 t) mit Umweltkosten von rund 2,8 €-ct/tkm folgen danach. Die Umweltkosten des Durchschnitts aller Lkw betragen 3,4 €-ct/tkm“ (S. 151).

Über die beschriebenen Effekte hinaus haben Bieler und Sutter (2019, S. 27) die Unfall- und Lärmkosten der einzelnen Verkehrsträger betrachtet. Mit 0,59 €-ct/tkm für Unfallkosten liegt der Wert für Lkw um das 59-fache über dem des SGV (0,01 €-ct/tkm). Jedoch ist auch hier anzunehmen, dass durch die Verbreitung erweiterter Fahrerassistenz- und Sicherheitssysteme beim Lkw die Unfallfolgekosten sinken. Eisenbahnlärm ist einer der wesentlichen Gründe für Anwohnerproteste bei Eisenbahnneu- oder Ausbauprojekten sowie an viel befahrenen Bestandsstrecken. So wurde einzig bei den Lärmkosten ein höherer Wert für die Bahn gegenüber dem Lkw ermittelt (0,69 €-ct/tkm beim Lkw gegenüber 0,47 €-ct/tkm beim SGV) (Abschn. 3.2.9). Insgesamt kommen Bieler und Sutter auf die in Abb. 1.6 dargestellten externen Kosten pro Verkehrsträger.[12]

[12] Bei der Quelle Bieler und Sutter (2019) handelt es sich um eine von der INFRAS AG (Zürich) erstellte Studie, die vom deutschen Bahn-Interessensverband Allianz pro Schiene beauftragt und veröffentlicht wurde. Die hier nicht explizit dargestellten, aber in Abb. 1.5 beinhalteten Kosten aufgrund der Klimawirkung und Luftschadstoffe (inklusive vor- und nachgelagerter Prozesse) und des Flächenverbrauchs sind mit den dargestellten Werten nach UBA (2020) vergleichbar.

1.3 Organisation des europäischen Bahnsektors

1.3.1 Historische Ausgangslage

Historisch betrachtet, sind Eisenbahnen stark national geprägte Systeme. Zwar gab es schon im 19. Jahrhundert internationale Vereinbarungen – bedeutsam vor allem die Bestrebungen zur „Technischen Einheit im Eisenbahnwesen“ (TE) (Stumm 2020, S. 64) – und vor allem ab der folgenden Jahrhundertwende auch eine Vielzahl internationaler Verkehrsverbindungen; abgesehen von einigen grundlegenden technischen Normen wurde die Gesetzgebung und politische Ausrichtung im Eisenbahnbereich aber stets als eine nationalstaatliche Aufgabe gesehen. Regelwerke und Technik entwickelten sich aus dem Zusammenwirken von nationalen Eisenbahnindustrien und -unternehmen auseinander. Es gab mehrfache „Systemwechsel zwischen einem staatlichen und privatwirtschaftlichen Organisationsmodell einerseits und einer zentralen und dezentralen Steuerung andererseits“ (Kühling und Weinbeck 2020, S. 15), in der zweiten Hälfte des 20. Jahrhunderts waren die Eisenbahnen dann aber im deutschsprachigen Raum als Teil der Staatsverwaltungen organisiert.

Mit der Schaffung der europäischen Wirtschaftsgemeinschaft (EWG) 1957 war ein Grundstein dafür gelegt, die nationalstaatliche Prägung des Eisenbahnsektors zurückzufahren. Ungeachtet der Ziele eines einheitlichen europäischen Binnenmarkts und des politischen Zusammenwachsens Europas, fand der Eisenbahnsektor jedoch zunächst wenig Beachtung; gemeinsame, europaweit gültige Regelungen blieben meist vage und Partikularinteressen dominierten.

Notwendige Abstimmungen für den internationalen Verkehr trafen die Bahnen untereinander zum Beispiel über die internationalen Eisenbahnverbände, in Westeuropa der Internationale Eisenbahnverband (Union internationale des chemins de fer, UIC), in Osteuropa die Organisation für die Zusammenarbeit der Eisenbahnen (OSShD); beide kooperierten für verbandsübergreifende Ost-West-Verkehre miteinander. Internationale Rechtsvorschriften, zum Beispiel zum Frachtrecht, waren – und sind – im Übereinkommen über den internationalen Eisenbahnverkehr (COTIF) festgehalten. Relevant sind zum Beispiel die Regeln und Harmonisierungen, die eine Übergabe von Güterwagen und deren Ladung zwischen den Bahnen als Voraussetzung internationalen Verkehrs ohne Umladen und frachtrechtliche Neudeklaration an der Grenze ermöglichen.

Hintergrundinformation: COTIF

Zu den Mitgliedern des Übereinkommens über den internationalen Eisenbahnverkehr (COTIF) in seiner aktuellen Fassung von 1999 zählen alle EU-Mitgliedsstaaten (mit Ausnahme von Malta und Zypern), weitere Staaten Ost- und Südosteuropas sowie darüber hinaus Asiens und Nordafrikas. Neben dem Grundübereinkommen gehören zum COTIF sieben Anlagen, die einheitliche eisenbahnrechtliche Vorgaben definieren. Von spezifischer Relevanz für den internationalen SGV sind dabei:[13]

[13] Die Darstellung basiert auf den Angaben der Webseiten von OTIF und CIT (Internationales Eisenbahntransportkomitee), Stand: November 2021.

- „Einheitliche Rechtsvorschriften für den Vertrag über die internationale Eisenbahnbeförderung von Gütern (CIM)“, welche u. a. die zwingenden Angaben im Frachtbrief definieren und Haftungsregelungen in Bezug auf das transportierte Gut vorgeben.
- „Ordnung für die internationale Eisenbahnbeförderung gefährlicher Güter (RID)“, welche u. a. die Sicherheitspflichten der am Transport Beteiligten vorgibt, Gefahrgüter klassifiziert (z. B. explosive Stoffe, giftige Stoffe, ätzende Stoffe) und besondere Vorschriften pro Klasse definiert.
- „Einheitliche Rechtsvorschriften für Verträge über die Verwendung von Wagen im internationalen Eisenbahnverkehr (CUV)“, welche grundsätzliche Regelungen zur Haftung des einen Wagen nutzenden EVU gegenüber dem Wagenhalter bei Verlust oder Beschädigung des Wagens treffen.[14]

Neben derartigen, geradezu zwingenden Abstimmungen waren die Anreize für die Wandlung hin zu einer internationalen Systemharmonisierung jedoch gering – der resultierende Flickenteppich aus multi- und bilateralen, nationalen und regionalen Systemen und Regelungen blieb dadurch auf vielen technischen und organisatorischen Teilgebieten erhalten – mit weitreichenden Folgen (Abb. 2.21). Als beispielhafte Folge war es Triebfahrzeugen und Triebfahrzeugführern nur auf wenigen Strecken möglich, international zu verkehren. Der klassischerweise notwendige Lok- und/oder Personalwechsel an der Landesgrenze (im Personen- und Güterverkehr) ist bis heute nicht vollständig verschwunden. Im globalen Vergleich mit Nordamerika oder asiatischen Wirtschaftsräumen ist diese Heterogenität Europas eher als Sonderfall zu bezeichnen.

Zusammenfassend fand sich europaweit bis in die 1990er Jahre eine Situation vor, in der integrierte staatliche Eisenbahnunternehmen monopolartig agierten. Der Begriff „integriert“ bezieht sich darauf, dass diese Unternehmen sowohl die Eisenbahninfrastruktur betrieben als auch den Zugverkehr (die Verkehrsdienstleistungen) durchführten, diese beiden Leistungen also zusammen in der Verantwortung einer staatlichen Behörde lagen. Zu den Staatsbahnen hinzu kamen einige weitere Bahnunternehmen, die lediglich kleinere, regionale Netze betrieben.[15]

1.3.2 Liberalisierung und Harmonisierungsbestrebungen

Die nationalen Monopole der Staatsbahnen mit fehlenden Wettbewerbsanreizen und die eingeschränkte technische Kompatibilität der nationalen Bahnsysteme (im umgekehrten, positiven Fall spricht man von *Interoperabilität*) wurden neben ihrer mangelnden Rentabilität als wesentliche Gründe für den in Abschn. 1.2.2 beschriebenen Bedeutungsverlust der Eisenbahn ausgemacht.

---

[14] Zum Begriff EVU siehe den folgenden Abschn. 1.3.2, zu sonstigen Akteuren Abschn. 1.3.4.

[15] In der BRD wurden diese in Abgrenzung zur bundeseigenen Staatsbahn als nicht-bundeseigene Eisenbahnen (NE-Bahnen) bezeichnet.

Seit den 1990er Jahren wurden vermehrt Kompetenzen von den Nationalstaaten auf die EU übertragen, beginnend mit der Richtlinie 91/440/EWG „Zur Entwicklung der Eisenbahnunternehmen der Gemeinschaft" von 1991. Wesentliche Ziele (und damit durch die Mitgliedsstaaten umzusetzende Vorgaben) waren u. a. vom Staat unabhängige Geschäftsführungen für die europäischen Staatsbahnen, eine Sanierung ihrer Finanzlage sowie eine mindestens rechnerische Trennung der Infrastruktursparten von denjenigen, die die Verkehrsdienstleistungen anbieten.

Aufgaben der Unternehmen im Eisenbahnsektor nach Richtlinie 2012/34/EU (Art. 3) Eisenbahninfrastrukturunternehmen (EIU, im Sinne der Richtlinie „Infrastrukturbetreiber")
Jede Stelle oder jedes Unternehmen, die bzw. das für den Betrieb, die Instandhaltung und die Erneuerung von Eisenbahninfrastruktur innerhalb eines Netzes sowie für die Beteiligung an deren Ausbau gemäß den von dem Mitgliedstaat im Rahmen seiner allgemeinen Politik für den Ausbau und die Finanzierung der Infrastruktur festgelegten Vorschriften zuständig ist.

Eisenbahnverkehrsunternehmen (EVU, im Sinne der Richtlinie „Eisenbahnunternehmen")
Jedes nach dieser Richtlinie zugelassene öffentlich-rechtliche oder private Unternehmen, dessen Haupttätigkeit im Erbringen von Eisenbahnverkehrsdiensten zur Beförderung von Gütern und/oder Personen besteht, wobei dieses Unternehmen die Traktion (also die erforderliche Zugkraft durch Triebfahrzeuge) sicherstellen muss; dies schließt auch Unternehmen ein, die ausschließlich die Traktionsleistung erbringen.

Diese Trennung hatte zur Folge, dass ausgehend von den integrierten Bahnverwaltungen nun von Eisenbahninfrastrukturunternehmen (EIU) und Eisenbahnverkehrsunternehmen (EVU) gesprochen wurde. Deren Zusammenspiel stellt sich so dar, dass die EIU den EVU Fahrwegkapazitäten – die sogenannten Fahrplantrassen oder auch nur Trassen – gegen eine Nutzungsgebühr (die Trassenpreise) zur Verfügung stellen. Abb. 1.7 stellt das Zusammenspiel von EVU und EIU in einer für alle EU-Staaten anwendbaren Allgemeingültigkeit dar.

Auf die Richtlinie 91/440/EWG folgten diverse weitere europäische Rechtsakte zur schrittweisen Marktöffnung sowie zur technischen und organisatorischen Harmonisierung. Die Regelungen wurden meist im Kontext von inzwischen vier sogenannten *Eisenbahnpaketen* erlassen, die jeweils mehrere Rechtsakte umfassten. Mit dem Bedeutungsgewinn der europäischen Ebene ging gleichzeitig ein durchaus beabsichtigter Bedeutungsverlust nationaler Regelungen einher.[16]

[16] Eine ausführliche Würdigung der Inhalte der Eisenbahnpakete findet sich u. a. bei Zwanziger (2020, S. 73 ff.) und Kühling und Weinbeck (2020, S. 8 ff.).

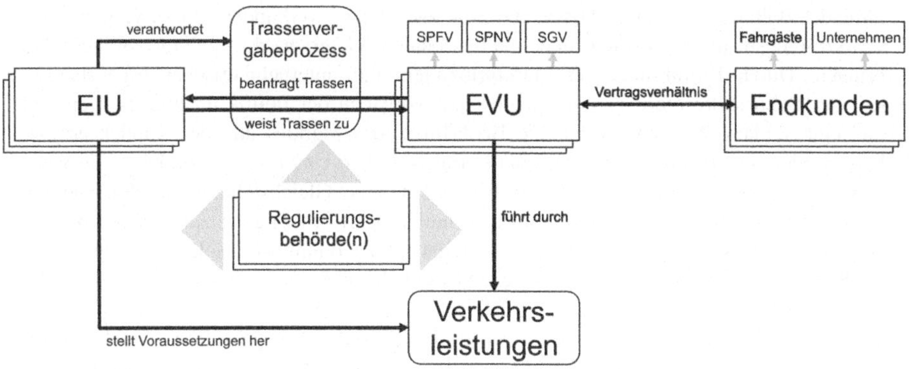

Abb. 1.7 Zusammenspiel zwischen EVU und EIU

Die rechtliche Umgebung, in der sich ein EVU in Europa heute bewegt, hat im Ergebnis wenig mit der vor dem Liberalisierungsprozess gemein (Küpper et al. 2015, S. 51 ff.). In Abschn. 1.3.3 wird der heutige Rechtsrahmen skizziert, der mithin ein Zwischenergebnis der europäischen Eisenbahnpolitik darstellt – weitere Standardisierungs- und Interoperabilitätsinitiativen sind zu erwarten.

Die Marktöffnung – Liberalisierung – wurde in den verschiedenen europäischen Ländern unterschiedlich schnell umgesetzt. Aufgrund der Notwendigkeit, die beiden Staatsbahnen in Deutschland nach der Wiedervereinigung zu fusionieren, unternahm Deutschland mit der sogenannten Bahnreform im Jahr 1994 einen vergleichsweise frühen Schritt. So konnten die Deutsche Bundesbahn (als ehemalige Staatsbahn der BRD) und die Deutsche Reichsbahn (als ehemalige Staatsbahn der DDR) gleichzeitig in das privatrechtlich organisierte Unternehmen Deutsche Bahn AG (DB AG) überführt werden. Die Trennung von Infrastruktur und Verkehrsdienstleistungen wurde in Form eigener Tochterunternehmen für den jeweiligen Bereich unter dem Dach der Holding DB AG umgesetzt, deren Aktien – bis heute – zu 100 % im Staatsbesitz verblieben sind. Als Aufsichts- und Sicherheitsbehörde wurde das Eisenbahn-Bundesamt (EBA) gegründet.

Gleichzeitig wurde der Zugang zum Schienennetz für Unternehmen mit Sitz im Inland ermöglicht. Es kam somit zu Neugründungen von EVU, die anfingen, der ehemaligen Staatsbahn Konkurrenz zu machen. Werksbahnen und regionale, zuvor nur auf (eigenem) beschränktem Netz verkehrende Unternehmen starteten eigene bundesweite Verkehre. Ausländische Bahnen wurden über Tochterunternehmen mit Sitz in Deutschland im deutschen Markt aktiv. Dies geschah vielfach durch Kauf eines existierenden – d. h. bereits lizenzierten – kleinen deutschen EVU und dessen Weiterentwicklung, anstatt durch Neugründung mit der Notwendigkeit des Erwerbs einer neuen EVU-Zulassung. Seit 2006 ist die Bundesnetzagentur für die Sicherstellung eines diskriminierungsfreien Zugangs zur Eisenbahninfrastruktur zuständig.

> „Mit der Bahnreform von 1994 war u. a. die Zielsetzung verbunden, die erwarteten Verkehrszuwächse im nationalen und internationalen Güterverkehr auf die Schiene zu bringen. Durch Einführung von Marktprinzipien und unternehmerischer Eigenständigkeit der Bahn sollte diese von Weisungen und Vorgaben der Politik unabhängig gemacht und eine stärkere Ausrichtung auf die Bedürfnisse des Marktes und der Kunden ermöglicht werden. In Erfüllung der Vorgaben der Europäischen Union galt es zugleich, die Wettbewerbsbedingungen für die Bahn zu verbessern, eine Gleichstellung mit den anderen Verkehrsträgern zu erreichen und den diskriminierungsfreien Zugang zum Schienengüterverkehrsmarkt zu ermöglichen. Ein Schlüsselelement der Bahnreform sollte Wettbewerb auf der Schiene durch Öffnung aller öffentlichen Eisenbahnnetze sein.“ (BAG 2008, S. 6)

Auch die **Schweiz** als Nicht-EU-Mitglied ist den europäischen Marktöffnungsbestrebungen recht früh gefolgt (zum Verhältnis Schweiz/EU siehe auch Abschn. 1.3.3). Die „rechnerische und organisatorische Trennung von Betrieb und Infrastruktur“ sowie der „Wettbewerb auf dem Schienennetz, vor allem im Güterverkehr“ wurden mit der Bahnreform 1 im Jahr 1999 umgesetzt (BAV o. J., S. 1). Die Schweizerischen Bundesbahnen (SBB) wurden in eine spezialgesetzliche Aktiengesellschaft überführt, die wiederum in „die drei Divisionen Personenverkehr, Güterverkehr (SBB Cargo) und Infrastruktur aufgeteilt“[17] wurde. Zusammen mit der BLS Lötschbergbahn, die ebenfalls ein Normalspurnetz in der Schweiz betreibt, wurde zunächst (2001) eine gemeinsame Trassenvergabestelle eingerichtet, die zur Sicherstellung der Diskriminierungsfreiheit 2006 in eine eigene, unabhängige Gesellschaft überführt wurde (VÖV UTP 2009, S. 92–93).

Anfang 2019 wurde SBB Cargo aus der SBB AG ausgegliedert und fortan als eigenständige Konzerngesellschaft geführt. Im Folgejahr wurden 35 % der Aktien des Unternehmens an die Swiss Combi AG verkauft, sodass die SBB AG weiterhin Mehrheitseigner ist. An der Swiss Combi AG sind vier Schweizer Logistikunternehmen beteiligt, die allesamt im Kombinierten Verkehr Straße-Schiene aktiv sind. Regulierungsaufgaben nimmt das Bundesamt für Verkehr (BAV) wahr, für Fragen des Netzzugangs ist die unabhängige Schiedskommission für den Schienenverkehr (RailCom) zuständig.

Mit dem Beitritt **Österreichs** zur EU im Jahr 1995 erlangten die europäischen Vorgaben zur Marktöffnung auch dort Gültigkeit. Schon zuvor endete 1993 – in Vorbereitung des Beitritts – die Organisation der Österreichischen Bundesbahnen (ÖBB) als klassische Behörde. Die Netzöffnung für neue Marktteilnehmer erfolgte 1999. 2004 wurde die ehemalige Staatsbahn – im Grundsatz analog zum beschriebenen deutschen Modell und ebenso weiterhin vollständig in Staatsbesitz – mit einer Holding-Struktur neu organisiert. Unter dem Dach der ÖBB-Holding AG ist die Rail Cargo Austria (RCA) AG für den SGV verantwortlich (Schienen-Control o. J.; ÖBB o. J.). Regulierungsaufgaben nehmen die Schienen-Control GmbH für Wettbewerbsfragen sowie das Bundesverkehrsministerium für sicherheitsrelevante Themen wahr.

---

[17] Zitiert aus FIS (2015), dortige Quellenangabe: Abegg, C. (2005): Liberalisierung von Netzsektoren. Auswirkungen auf die Unternehmen im Schweizer Alpenraum.

Beispiele für andere Modelle der Trennung von Infrastruktur und Verkehrsdienstleistung – d. h. nicht in Holding-Strukturen oder in Divisionen eines Unternehmens – sind z. B. in Dänemark und in den Niederlanden gegeben. Hier sind die jeweiligen EIU Banedanmark bzw. ProRail als eigenständige Unternehmen in Staatsbesitz vollständig von den EVU getrennt. In beiden Fällen betreiben die Nachfolgeorganisationen der ehemaligen Staatsbahnen nur noch Personenverkehrsdienste. Die jeweiligen Güterverkehrssparten wurden Anfang der 2000er Jahre vom Güterverkehrs-EVU der DB AG, heute DB Cargo AG, übernommen.

Etwaige Beschränkungen des Zugangs auf Unternehmen mit Sitz im Inland entfielen 2007 durch die Richtlinie 2004/51/EG, die entsprechende Änderungen an der bereits benannten Richtlinie 91/440/EWG bewirkt.

> „Der Eisenbahngütertransport wurde in der EU zu Jahresbeginn 2007 für nationale wie auch internationale Bahndienste vollständig liberalisiert. Dies bedeutet, dass jede von der EU zugelassene Eisenbahngesellschaft, die über die notwendige Sicherheitsbescheinigung verfügt, Fahrkapazität beantragen und nationale und internationale Schienenfrachtdienste EU-weit anbieten kann." [EC 2008].

Tab. 1.4 fasst wesentliche Eckpunkte der liberalisierten Schienengüterverkehrsmärkte in Deutschland, Österreich und der Schweiz zusammen.

Als Folge – und Intention – dieser Marktöffnung hat sich der Marktanteil der Bahnen, die im Wettbewerb zu ehemaligen Staatsbahnen stehen, in vielen Ländern stetig erhöht. In Deutschland lag ihr Anteil an der Transportleistung im Jahr 2018 erstmals über 50 % (Mofair und NEE 2019, S. 22). Trotz ihrer großen Anzahl gibt es bei diesen Wettbewerbsbahnen eine deutliche Konzentration. So erfolgte 2018 in Deutschland gut die Hälfte der Transportleistung der Wettbewerbsbahnen (also rund 25 % der Gesamttransportleistung) durch die nach DB Cargo sechs größten Unternehmen. Bei vier von diesen handelt es sich um ehemalige Staatsbahnen der Nachbarländer bzw. deren deutsche Tochterunternehmen. Es folgen sechs weitere Bahnen mit Marktanteilen zwischen 1 und 3 % (gemessen am Gesamtmarkt). Der verbleibende Marktanteil von knapp 13 % verteilt sich auf die große Masse der zum Teil sehr kleinen EVU (Mofair und NEE 2019, S. 20).

In der Schweiz (26 %) und in Österreich (29 %, jeweils 2019) ist der Anteil der Wettbewerbsbahnen gegenüber den ehemaligen Staatsbahnen SBB Cargo bzw. RCA deutlich unterhalb des deutschen Wertes. Gemäß der Independent Regulators' Group – Rail, einem Netzwerk der nationalen Regulierungsbehörden, liegt ihr Anteil europaweit bei 49 %. Unter den betrachteten 31 Ländern sind auch solche, bei denen die ehemalige Staatsbahn noch ganz oder nahezu konkurrenzlos ist – z. B. in Litauen und Luxemburg – sowie andere – z. B. Dänemark (s. o.) und Estland –, wo die ehemalige Staatsbahn gar nicht mehr selbst im Güterverkehr aktiv ist (IRG 2022, S. 24).

Hintergrundinformation: Begriffe „(ehemalige) Staatsbahn", „Privatbahn" und „Wettbewerbsbahn"
Staatsbahn oder ehemalige Staatsbahn auf der einen, Privatbahn oder Wettbewerbsbahn auf der anderen Seite – keiner der üblicherweise verwendeten Begriffe ist für das jeweils gemeinte wirklich passend.

Tab. 1.4 Kerndaten der liberalisierten Schienengüterverkehrsmärkte

Land	Aufsichts-/ Zulassungs-/ Sicherheitsbehörde	Regulierungsbehörde(n)	Trennung EIU zu EVU (Struktur ehemalige Staatsbahn)	Anzahl zugelassener Güterverkehrs-EVU 2020[1]	Marktanteil der Wettbewerber 2020[2] (gegenüber ehemaliger Staatsbahn) (%)
Deutschland	Eisenbahn-Bundesamt	Bundesnetzagentur	Holding-Modell: DB AG mit Töchtern (u. a.) DB Netz AG (EIU) und DB Cargo AG (EVU SGV)	242	55
Österreich	Bundesministerium Klimaschutz, Umwelt, Energie, Mobilität, Innovation und Technologie, sowie SCHIG mbH	Schienen-Control GmbH	Holding-Modell: ÖBB-Holding AG mit Töchtern (u. a.) ÖBB-Infrastruktur AG (EIU) und Rail Cargo Austria AG (EVU SGV)	44	29
Schweiz	Bundesamt für Verkehr (BAV)	Bundesamt für Verkehr (BAV), Kommission für den Eisenbahnverkehr RailCom	Integriertes Bahnunternehmen SBB AG mit Division (u. a.) Infrastruktur (EIU), ausgegliedertes Segment Güterverkehr mit beherrschenden Tochterunternehmen SBB Cargo AG (EVU SGV national) und SBB Cargo International AG (EVU SGV international)	25	26

[1])gemäß IRG – rail (2022, S. 20); [2])gemessen an der Transportleistung (Netto-tkm) gemäß IRG – rail (2022, S. 24)

Wenn eine Bahn, als Behördenstruktur im Eigentum eines Staates, in eine Aktiengesellschaft überführt wird, aber 100 % der Aktien beim Staat verbleiben, ist es dann keine Staatsbahn mehr? Werden dann Aktien verkauft, bleibt sie im Sprachgebrauch eine ehemalige Staatsbahn oder wird sie ab einen bestimmten Wert in Privatbesitz zur Privatbahn? Passt der Begriff Privatbahn, wenn es sich um ein Tochterunternehmen einer (ehemaligen) Staatsbahn eines anderen Landes handelt?

Diesem Sachverhalt will der Begriff „Wettbewerbsbahn" aus dem Weg gehen. Er scheint dafür zu implizieren, dass andere Bahnen als die Wettbewerbsbahnen nicht im marktwirtschaftlichen Wettbewerb stehen – wenn dies so wäre, würden die (ehemaligen) Staatsbahnen jedoch keine Marktanteile an die Wettbewerbsbahnen verlieren. Mangels besserer deutscher Begriffe wird auch in diesem Buch von ehemaliger Staatsbahn auf der einen und den Wettbewerbsbahnen (egal welcher Eigentümerstruktur) auf der anderen Seite gesprochen. Im Englischen werden hierfür die Begriffe Incumbent und Non-incumbent verwendet.

1.3.3 Aktueller rechtlicher Rahmen

Der rechtliche Rahmen des SGV geht bei einer umfassenden Betrachtung weit über das Eisenbahnrecht hinaus. Hier wären beispielsweise das Fracht- und Gefahrgutrecht zu nennen, aber auch das Vertragsrecht und der Arbeitsschutz, im Bereich Infrastruktur das Planungsrecht. Weil SGV zu einem großen Anteil international stattfindet, gibt es darüber hinaus eine Vielzahl internationaler Normen und transnationaler Organisationen, die gemeinsame Standards definieren. Der Fokus dieses Abschnitts liegt jedoch auf dem Eisenbahnrecht im engeren Sinne, angrenzende Rechtsgebiete – Recht in der Eisenbahn – werden nicht adressiert. Einen Schwerpunkt bildet das Europarecht.

Dass die **Europäische Union** im Eisenbahnbereich gesetzgeberisch tätig sein darf, kann aus dem europäischen Primärrecht abgeleitet werden: Aus dem Vertrag über die Arbeitsweise der Europäischen Union (AEUV, Art. 4) ergibt sich eine geteilte Zuständigkeit für die Bereiche Verkehr (AEUV, Art. 90 ff.) und Transeuropäische Netze (AEUV, Art. 170 ff.).[18] Das bedeutet, dass die Nationalstaaten verbindliche Regelungen in diesen Bereichen erlassen dürfen, sofern die EU ihre Zuständigkeit nicht ausgeübt hat. Der Vollzug europarechtlicher Regelungen ist im Regelfall Aufgabe der Mitgliedsstaaten.

Als Ziel der europäischen Eisenbahnpolitik bezeichnet Zwanziger (2020, S. 69), „den Bürgern der Union, den Wirtschaftsbeteiligten sowie den regionalen und lokalen Gebietskörperschaften in vollem Umfang die Vorteile zugutekommen zu lassen, die sich aus der Schaffung eines Raumes ohne Binnengrenzen und ohne Handelsbeschränkungen ergeben". Zur Erreichung dieses Ziels können sich die Gremien der EU – Rat, Parlament und Kommission – verschiedener Rechtsakte aus dem sekundären Gemeinschaftsrecht bedienen, wobei die Richtlinie und die Verordnung von besonderer Bedeutung sind. Während eine Richtlinie Ziele festlegt, ohne dass diese unmittelbare Rechtswirkung in den Mitgliedsländern haben und diese dort somit zusätzlich in nationales Recht

[18] Mehr zur konkreten Ausgestaltung des primären Unionsrechts u. a. bei Hermes (2020, S. 64 ff.).

umgesetzt werden müssen, hat die Verordnung unmittelbar wirksamen Charakter mit Umsetzungspflicht.

Die Kommission kann sich als Exekutivorgan der EU für ihre Initiativen auf die European Union Agency for Railways (ERA) als nachgelagerte Behörde stützen. Diese übernimmt die fachliche Arbeit und Koordinationsaufgaben beim Entwurf von Verordnungen und Richtlinien. (Sommer 2020, S. 38)

Von den heute noch gültigen Rechtsakten sind auf europäischer Ebene folgende besonders relevant für den SGV. Einen Gesamtüberblick bietet Salander (2019, S. 30 ff.):

- Richtlinie (EU) 2016/798: Sicherheitsanforderungen und Sicherheitsmanagementsysteme für Eisenbahnunternehmen
- Richtlinie (EU) 2016/797: Interoperabilität des Eisenbahnsystems, insbesondere hinsichtlich einheitlicher Regelungen für die Fahrzeugzulassung
- Richtlinie (EU) 2012/34: Schaffung eines einheitlichen europäischen Eisenbahnraums, Grundsätze zum Netzzugang (Abschn. 1.3.2)
- Verordnung (EU) 913/2010: Schaffung grenzüberschreitender Güterverkehrskorridore (Abschn. 2.3.4.1)
- Richtlinie 2007/59/EG: Vereinheitlichung von Vorgaben für Triebfahrzeugführer für den Grenzbetrieb
- Technische Spezifikationen für Interoperabilität (TSI)

Die TSI, die als EU-Verordnungen erlassen werden, stellen technische und prozessuale Anforderungen für ein möglichst hohes Maß an Interoperabilität im europäischen Bahnsektor dar.[19] Das bedeutet, dass die Fahrzeuge der EVU freizügig auf verschiedenen Infrastrukturen verkehren können und die Schnittstellen verschiedener EIU keine technischen Brüche aufweisen. So sind die TSI beispielsweise die rechtliche Grundlage für die Einführung des European Train Control System (ETCS, Abschn. 2.2.1). Jedem strukturellen (z. B. Fahrzeuge) und funktionalen (z. B. Betriebsführung und Verkehrssteuerung) Teilgebiet ist dabei eine TSI gewidmet. Der Detailgrad der Vorgaben variiert je nach Teilgebiet deutlich, was Raum für weitere Harmonisierungsbestrebungen offenlässt. Dies trifft insbesondere auf die betriebliche – im Gegensatz zur technischen – Interoperabilität zu. Die Einhaltung der TSI wird durch „benannte Stellen" (Notified Bodies) geprüft, ihre Weiterentwicklung obliegt der ERA.

Hintergrundinformation: Anwendung europäischen Eisenbahnrechts in der Schweiz
Die Gültigkeit europäischer Vorgaben in der Schweiz ist keine Selbstverständlichkeit – schließlich ist die Schweiz nicht Mitglied der EU. Die Kooperation im Verkehrsbereich ist das Resultat des Landverkehrsabkommens (LVA) aus dem Jahr 1999. Es war Teil mehrerer Abkommen zwischen der Schweiz und der EU, die als „Bilaterale I" zusammengefasst werden.

---

[19] Eine aktuelle Zusammenstellung der TSI findet sich auf der Webseite der ERA: https://www.era.europa.eu/activities/technical-specifications-interoperability_en.

Die zentrale Lage der Schweiz als Transitland sowie verkehrs- und umweltpolitische Leitvorstellungen legten eine gemeinsame vertragliche Ausgestaltung nahe, wenngleich sich die Zielsetzungen der Vertragsparteien unterschieden: möglichst ungehinderter Warenverkehr aufseiten der EU, eine Begrenzung der Umweltbelastung auf der Schweizer Seite (Heuck 2013, S. 509).

Mit der Ratifizierung des LVA ist es Bestandteil des EU-Rechts geworden. Für die Schweiz ist die Sicherstellung der Konformität der Hauptstrecken mit den TSI seither Bestandteil ihrer Verkehrspolitik; die TSI haben hier den Charakter von anerkannten Regeln der Technik (AB-EBV, 2.3) – Ausnahmen bleiben aber möglich. Sonstige Regelungen aus dem EU-Eisenbahnrecht werden – meist relativ zügig – in nationales Recht überführt.

Verlässt man die europäische Ebene und betrachtet die **Nationalstaaten,** ist für Deutschland, Österreich und die Schweiz zu beachten, dass diese Länder föderale Bundesstaaten sind, sich also auch jeweils innerstaatlich die Frage nach den Zuständigkeiten stellt. In allen drei Verfassungen findet sich allerdings eine Norm, die die Gesetzgebungskompetenz für die Eisenbahnen der Bundesebene zuschreibt (Tab. 1.5). Jeder der Staaten hat neben einem bzw. zwei zentralen Eisenbahngesetzen, die sich mit Kernfragen von Sicherheit und Netzzugang befassen, eine Vielzahl weiterer Gesetze und Verordnungen.

In Deutschland ist die Rechtslage im Eisenbahnsektor allerdings komplizierter; die Bundeszuständigkeit beschränkt sich hier auf die Eisenbahnen des Bundes (EdB), das heißt solche Unternehmen, die mehrheitlich in Bundeseigentum sind. Für alle anderen Eisenbahnen greift das Prinzip der konkurrierenden Gesetzgebung. Das bedeutet, dass die Bundesländer auf dem Gebiet nichtbundeseigener Eisenbahnen (NE-Bahnen) gesetzgeberisch tätig sein können, sofern der Bund sein Vorrecht dazu nicht ausübt – was er auch tatsächlich nicht macht. Im Ergebnis hat jedes Bundesland beispielsweise eigene Betriebsordnungen für Anschlussbahnen (Abschn. 2.3.3).

Ihrer gemeinsamen Herkunft aus dem deutschen Rechtskreis entsprechend, ähneln sich die Rechtsordnungen und damit auch die Normenhierarchien in Deutschland, Österreich und der Schweiz erheblich. Abb. 1.8 fasst diese zusammen und bietet für die einzelnen Hierarchiestufen zusätzliche Beispiele aus dem Eisenbahnbereich.

Erkennbar ist, dass das Europarecht *grundsätzlich höherrangiger* als das nationale Recht (inklusive des Verfassungsrechts) ist – sofern der EU entsprechende Kompetenzen

Tab. 1.5 Eckpunkte des nationalen Eisenbahnrechts in Deutschland, Österreich und der Schweiz

	Regelung der Bundeszuständigkeit in	Zentrale normative Rechtsgrundlagen im Bereich	
		Sicherheit	Netzzugang
Deutschland	GG Art. 73, Abs. 1, Nr. 6a	Allgemeines Eisenbahngesetz (AEG)	Eisenbahnregulierungsgesetz (ERegG)
Österreich	B-VG, Art. 10, Abs. 1	Eisenbahngesetz (EisbG)	
Schweiz	BV, Art. 87	Eisenbahngesetz (EBG)	Eisenbahn-Netzzugangsverordnung (NZV)

Quelle: jeweilige Gesetzestexte

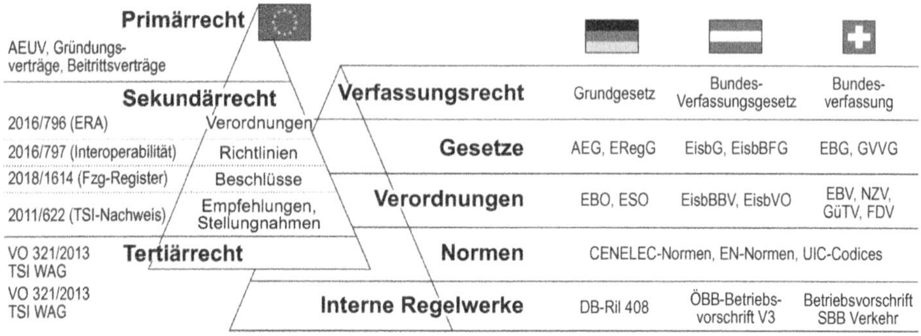

Abb. 1.8 Hierarchie des europäischen und nationalen Rechts

übertragen wurden. Dann genießt es im Konfliktfall einen Anwendungsvorrang. Gleichwohl ist das Europarecht den nationalen Gesetzen aber *nicht übergeordnet* – beide Systeme sind vielmehr darauf angelegt, sich zu ergänzen (Höreth 2020, o. S.).

1.3.4 Übersicht der Akteure

Abb. 1.9 zeigt die wesentlichen Akteure im Schienengüterverkehrsmarkt. Ins Zentrum gerückt sind in dieser Darstellung die EVU, die mit allen weiteren aufgeführten Akteuren direkt interagieren (weitere Interaktionen ohne Darstellung). In den meisten Fällen handelt es sich um Dienstleister, die für die EVU Leistungen erbringen, aber zum Teil gleichzeitig – wenn auch in der Regel in geringerem Maße – Dienstleistungen durch die EVU empfangen. Dies kann am Beispiel der Werkstätten erläutert werden. Grundsätzlich reparieren sie bzw. halten sie die Fahrzeuge der EVU in deren Auftrag instand, die EVU überführen aber auch Fahrzeuge im Auftrag der Werkstätten. Bei anderen Akteuren ist das grundsätzliche Auftragsverhältnis andersherum, so zum Beispiel bei den KV-Operateuren, die die EVU mit Traktionsleistungen beauftragen; ein Unternehmen kann jedoch auch beide Funktionen gleichzeitig innehaben.

Auf die EVU und EIU wurde bereits in den vorigen Abschnitten eingegangen, mit der besonderen Rolle der EVU befasst sich zudem der folgende Abschn. 1.4. Im Folgenden werden die weiteren Akteure im Uhrzeigersinn kurz skizziert und auf weitere Erläuterungen verwiesen:

- Wagenvermieter vermieten Güterwagen sowohl an EVU als auch an die Transportkunden oder an weitere Akteure. Dabei nehmen sie – je nach Art der Vertragsgestaltung mit den Mietern – instandhaltungsrelevante Aufgaben wahr und leisten bei Fahrzeugausfällen kurzfristig Ersatz.

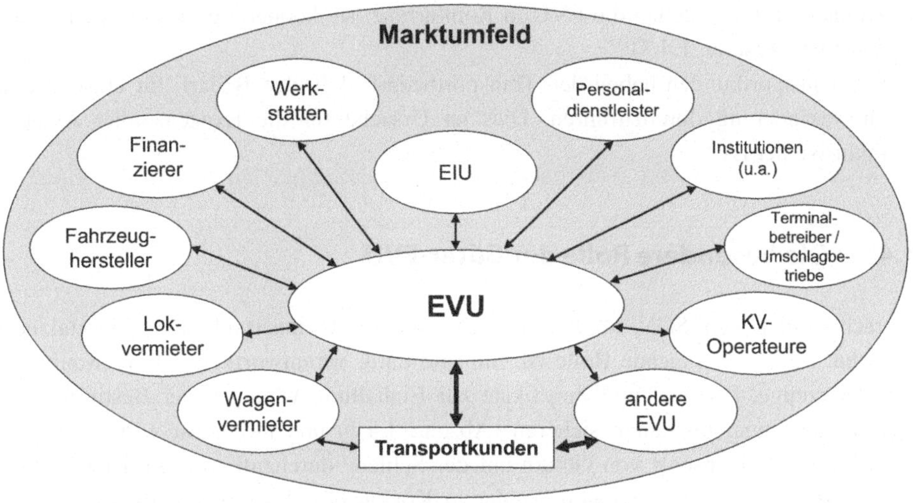

Abb. 1.9 Marktumfeld im SGV. (Angelehnt und ergänzt nach Berndt 2001, S. 66)

- Vermieter von Triebfahrzeugen vermieten diese an EVU; ansonsten agieren sie grundsätzlich analog zu Wagenvermietern
- Fahrzeughersteller produzieren Schienenfahrzeuge, die von den EVU genutzt werden. Käufer sind EVU, Vermieter oder Transportkunden.
- Finanzierer unterstützen die Fahrzeugkäufer bei der Fahrzeugbeschaffung
- Werkstätten führen die notwendigen Fahrzeugreparaturen und Instandhaltungen durch
- Personaldienstleister stellen den EVU zum Beispiel Triebfahrzeugführer oder Rangierpersonal
- Institutionen (u. a.)
  - Normative und regulative, staatliche und supranationale Institutionen, wie Sicherheits- und Wettbewerbsbehörden, definieren (zum Teil) und überwachen die Einhaltung geltender Standards (Abschn. 1.3.3)
  - Verbände und Interessengruppierungen der Marktteilnehmer auf nationaler und internationaler Ebene, zum Teil mit normgebendem Charakter, dienen der produktiven Zusammenarbeit ihrer Mitglieder sowie der Vertretung der Branche nach außen, vor allem gegenüber der Politik
  - Forschungseinrichtungen und Beratungsunternehmen dienen der Weiterentwicklung der eingesetzten Technologien und Verfahren und treten vielfach in Rationalisierungs- und Veränderungsprojekten auf
- Terminalbetreiber betreiben die Umschlagknoten (Terminals) im Kombinierten Verkehr (KV) (Abschn. 4.2)
- KV-Operateure kaufen Zugleistungen bei den EVU ein und vermarkten die Stellplätze für intermodale Transporteinheiten (u. a. Container) an die Transportkunden weiter (Abschn. 4.2)

- Zu anderen EVU stehen die EVU in Konkurrenz, sie kooperieren jedoch auch untereinander (Abschn. 1.4.3)
- Die Transportkunden haben den Transportbedarf, d. h. den Bedarf, für ein Gut eine Ortsveränderung durchzuführen. Dies ist Ursache für die Existenz aller Akteure, inklusive der EVU

1.4 Die besondere Rolle der Güter-EVU

Betrachtet man den SGV, so kommt den Güter-EVU innerhalb aller Marktakteure (Abschn. 1.3.4) die tragende Rolle zu. Sie sind dafür verantwortlich, alle Ressourcen – u. a. Fahrzeuge, Personal und Zertifikate zur Einhaltung vorgegebener Bestimmungen – zu organisieren, um einen sicheren (Abschn. 1.4.1) und möglichst wirtschaftlichen (Abschn. 1.4.2) Transport von Gütern auf der Schiene durchzuführen. In der Erfüllung dieser Aufgaben stehen sie untereinander in Konkurrenz, kooperieren jedoch wo notwendig oder zweckmäßig (Abschn. 1.4.3).

1.4.1 Zugangsvoraussetzungen

Um als Unternehmen auf einem Eisenbahnnetz Verkehrsdienstleistungen erbringen zu dürfen und darauf mit eigenem Personal und Fahrzeugen zu operieren, sind Voraussetzungen zu erfüllen, die gegenüber den Gegebenheiten im Straßengüterverkehr wesentlich aufwendiger und komplexer sind. Ein in einem europäischen oder sogar außereuropäischen Land zugelassener Lkw kann ohne weitere Einschränkungen europaweit verkehren. Ein von einem Nationalstaat ausgestellter Lkw-Führerschein, der unter den dortigen Bedingungen und unter Beachtung der dortigen Verkehrsregelungen erworben wurde, ist als Befähigungsnachweis zum Führen des Lkw auch in anderen Ländern ausreichend. Ein Nachweis der Kenntnis über z. B. abweichende generelle Vorfahrtsregelungen oder besondere nationale Verkehrsschilder ist nicht vorgeschrieben. Ebenso wenig muss die oder der Fahrzeugführende die jeweilige Landessprache oder Englisch beherrschen. Interoperabilität ist im Straßenverkehr damit systemimmanent gegeben, die Zugangshürden zum System sind minimal.

Dies sind alles Aspekte, die im Bahnbereich aufgrund einer anderen Risikostruktur (u. a. durch die größeren Fahrzeugeinheiten, höhere Geschwindigkeiten und längere Bremswege) und der entsprechend höheren an den Verkehr gestellten Sicherheitsanforderungen eindeutig geregelt sind.

Für jedes Land bzw. teilweise sogar nationales Teilnetz, in dem es unter eigener Zulassung operiert, muss ein EVU eine gültige Sicherheitsbescheinigung (SiBe) vorlegen. Der entsprechende Antrag ist in der EU unter Vorlage eines Nachweises zum Vorhandensein eines Sicherheitsmanagementsystems (SMS) bei der jeweiligen nationalen

Sicherheitsbehörde (NSB)[20] oder für mehrere Länder gleichzeitig bei der ERA zu stellen (EBA 2021, S. 2). Ebenso unterliegen die Regelungen zur Zulassung und zum Halten von Fahrzeugen, z. B. mit den Vorgaben zur sogenannten *Entity in Charge of Maintenance (ECM),* einem ausgeprägten Sicherheitsgedanken (Abschn. 3.5).

Inzwischen gibt es zwar einen europäischen einheitlichen Triebfahrzeugführerschein, dieser berechtigt aber keineswegs automatisch dazu, in allen Ländern auf allen Netzen zu fahren. Neben der international anerkannten Fahrerlaubnis („Führerschein") besteht er aus einer Zusatzbescheinigung („Beiblatt"), welche die individuelle Zulassung des Triebfahrzeugführers bezüglich Infrastrukturen und Fahrzeugtypen ausweist. Diese Zusatzbescheinigungen müssen separat erworben werden, die Regelungen dazu variieren zwischen den Mitgliedsstaaten. (Richtlinie 2007/59/EG)

Zu beachten ist hierbei weiterhin, dass Triebfahrzeugführer grundsätzlich die jeweilige Landessprache ihres Einsatzgebiets beherrschen müssen. Hierzu besagt die entsprechende europäische Richtlinie: „Triebfahrzeugführer, die sich mit dem Infrastrukturbetreiber über kritische Sicherheitsfragen austauschen müssen, müssen über die erforderlichen Kenntnisse mindestens einer der vom betreffenden Infrastrukturbetreiber angegebenen Sprachen verfügen. Ihre Sprachkenntnisse müssen ihnen eine aktive und wirksame Kommunikation im Normalbetrieb, bei gestörtem Betrieb und in Notsituationen erlauben" (Richtlinie 2007/59/EG, Anhang VI Nummer 8 (1)).

Im Weiteren (Nummer 8 (2)) wird dafür das Sprachniveau B1 als Voraussetzung gesehen. Auf Grenzbetriebsstrecken, d. h. zwischen Grenzstein und Grenzbahnhof im Nachbarland, sind davon abweichend jedoch vereinfachte Sprachregelungen möglich (Nummer 8 (3)). Entsprechende Grenzvereinbarungen ermöglichen einen Wechsel des Fahrpersonals an diesem Grenzbahnhof. Ähnlich verhält es sich in der mehrsprachigen Schweiz, wo in jedem Gebiet die jeweils offizielle Landessprache zu nutzen ist (Suter und Inglese 2021, S. 17).

1.4.2 Wirtschaftliche Rahmenbedingungen

1.4.2.1 Markt und Ertrag

Im liberalisierten Schienengüterverkehrsmarkt der EU sowie der Schweiz gilt grundsätzlich das Prinzip der Eigenwirtschaftlichkeit. Dies bedeutet, dass die EVU die beim Erbringen der Verkehrsleistung anfallenden Betriebskosten durch die entsprechenden Einnahmen zu decken haben und gleichzeitig einen Überschuss für Investitionen generieren müssen.

Die Höhe der erzielbaren Einnahmen der jeweiligen Transportdienstleistung ist von der Wertigkeit des jeweils zu transportierenden Gutes und der Finanzkraft der jeweiligen

[20] In Deutschland das Eisenbahn-Bundesamt, in Österreich das Bundesministerium für Klimaschutz, Umwelt, Energie, Mobilität, Innovation und Technologie.

Kundenbranche ebenso abhängig wie von der Intensität des inter- und intramodalen Wettbewerbs (Abschn. 1.2.1) im jeweiligen Segment. Dies zeigt sich z. B. beim KV, der in besonderem Wettbewerb zur Straße steht (Abschn. 4.4.2) und bei dem sich – u. a. wegen vergleichsweise geringer Eintrittshürden und einem großen Wachstumspotenzial – ein intensiver intramodaler Wettbewerb zwischen den in diesem Produktionssystem aktiven EVU ergeben hat. Die erzielbaren Margen sind entsprechend niedrig. In diesem Segment kommt erschwerend hinzu, dass durch den direkten Wettbewerb zum durchgehenden Lkw-Transport dessen Transportpreis als Referenz für die gesamte Transportkette im KV gilt – d. h. Vor- und Nachlauf auf der Straße, Umschlag und Hauptlauf auf der Schiene, wobei nur letzteres in direkter Weise als Erlös für das EVU zu sehen ist.

Für den deutschen Markt weist die Bundesnetzagentur (2021, S. 40) in der Marktuntersuchung Eisenbahnen neben den Umsätzen je Trassen- bzw. Tonnenkilometer auch die Betriebsergebnisse der EVU (in Summe) je Leistungseinheit auf, jeweils für den Gesamtmarkt (EVU des DB-Konzerns und deren Wettbewerber) und nochmals getrennt nur für die Wettbewerber, d. h. die nicht-bundeseigenen EVU. Während die Umsätze im Mittel aller EVU mit 21,6 € pro Trassenkilometer im Jahr 2019 über dem Wert von 15,8 € bei den nicht-bundeseigenen EVU liegen, ist es beim Betriebsergebnis andersherum: Hier kommen die nicht-bundeseigenen EVU allein auf positive Ergebnisse (0,39 € je Trassen- bzw. 0,06 Cent je tkm), während das Betriebsergebnis für den Gesamtmarkt negativ ist: −2,13 € pro Trassen- und −0,40 Cent pro tkm.

Begründungen sind in der Marktuntersuchung nicht aufgeführt. Ein wesentlicher Aspekt ist jedoch in den Kostenstrukturen im EWV zu suchen (Abschn. 1.4.2.2), der in Deutschland fast ausschließlich von der DB Cargo AG betrieben wird. So betrug das Ergebnis dieses Produktionssystems bei DB Cargo in den Jahren 2018 und 2019 jeweils rund −200 Mio. € (Deutscher Bundestag 2019, S. 12; Deutscher Bundestag 2021, S. 2), während in denselben Jahren das Gesamtunternehmensergebnis (EBIT bereinigt) bei −190 (2018) bzw. −309 (2019) Mio. € lag. „Im Einzelwagenverkehr wird im Branchendurchschnitt aktuell ein Verlust erwirtschaftet.“, heißt es entsprechend in einem Bericht des Verbandes Deutscher Verkehrsunternehmen (VDV und Roland Berger 2022, S. 42).

Die schwierige wirtschaftliche Lage insbesondere im EWV sowie auch im KV zeigt sich ebenso in der Schweiz und in Österreich. So fasst eine Studie im Auftrag der Europäischen Kommission aus dem Jahr 2015 für diese Länder zusammen, dass lediglich 50 bis 85 % der EWV-Leistungen durch ihre Einnahmen gedeckt sind, während der GV profitabel ist und der KV durch staatliche Zuschüsse (Abschn. 1.4.2.3) im Größenbereich von 15 % der Kosten aus Sicht der EVU wirtschaftlich abgebildet werden kann (European Commission 2015, S. 115).

1.4.2.2 Kostenstrukturen

Die direkten Betriebskosten eines EVU, d. h. die Kosten, die bei der Produktion der einzelnen Züge bzw. Zugsysteme entstehen, lassen sich den folgenden Kostenblöcken zuordnen, die im weiteren Verlauf dieses Abschnitts erläutert werden[21]:

- Infrastrukturbenutzungsgebühren
  - Trassengebühren für die Zugfahrten auf öffentlichen Eisenbahnstrecken
  - Gebühren für die Nutzung von Gleiskapazitäten zum Rangieren und Abstellen von Fahrzeugen
  - Anlagengebühren für weitere infrastrukturelle Serviceeinrichtungen (wie z. B. Gleiswaagen und Druckluftversorgungsanlagen)
- Energiekosten für das Bewegen der Fahrzeuge
- Fahrzeugkosten (Triebfahrzeuge und Güterwagen)
  - Kapitalkosten bei Eigentumsfahrzeugen (Abschreibung), Mietkosten oder Leasinggebühren bei Fahrzeugen von Vermietgesellschaften, Nutzungsverrechnung beim Einsatz von Fahrzeugen anderer EVU
  - Instandhaltungskosten (ggf. in Leasinggebühren und Nutzungsverrechnung enthalten)
- Personalkosten für das Eisenbahnbetriebspersonal (Lokführer, Mitarbeiter im Rangierdienst u. a.)

Hinzu kommen die Gemeinkosten für den sogenannten Overhead im Unternehmen, d. h. die Kosten, die für das Personal der Produktionsplanung, -steuerung und -disposition, dem Leistungsein- und -verkauf und der generellen Unternehmensverwaltung notwendig sind sowie die Kosten für alle dafür vorgehaltenen Einrichtungen (wie Büros). Gegebenenfalls verfügt ein EVU auch über eine eigene Eisenbahninfrastruktur oder auch eigene Fahrzeugwerkstätten, die je nach Einsatzschema und interner Verrechnung in die Gemeinkosten fallen oder direkt den oben benannten Infrastrukturbenutzungsgebühren – bzw. dann zusammenfassend als Infrastrukturkosten zu bezeichnen – oder den Fahrzeugkosten zuzuordnen sind.

Die Anteile der einzelnen Kostenblöcke können zwischen verschiedenen EVU bzw. Zug-Produkten stark abweichen. Regionale bzw. nationale Preisniveaus für Trassen-, Energie- und Lohnkosten, das Produktionssystem, die verwendeten Fahrzeuge, die Größe des jeweiligen Unternehmens, Transportentfernungen sowie Bedingungen der bedienten Industriebranche nehmen unter anderem hierauf Einfluss. Abb. 1.10 gibt einen Überblick über die Höhe und Verteilung der Kostenblöcke, aufgeteilt nach Produktionssystem, basierend auf Durchschnittswerten für das Basisjahr 2020 in Deutschland.

Die Gestaltung der *Trassenpreise* unterliegt in der EU im Sinne der Harmonisierung den Vorgaben der Richtlinie 2012/34/EU. Diese schreibt vor, dass der durch den Nutzer

[21] Siehe auch die Auflistung der notwendigen Ressourcen in Abschn. 4.2.3

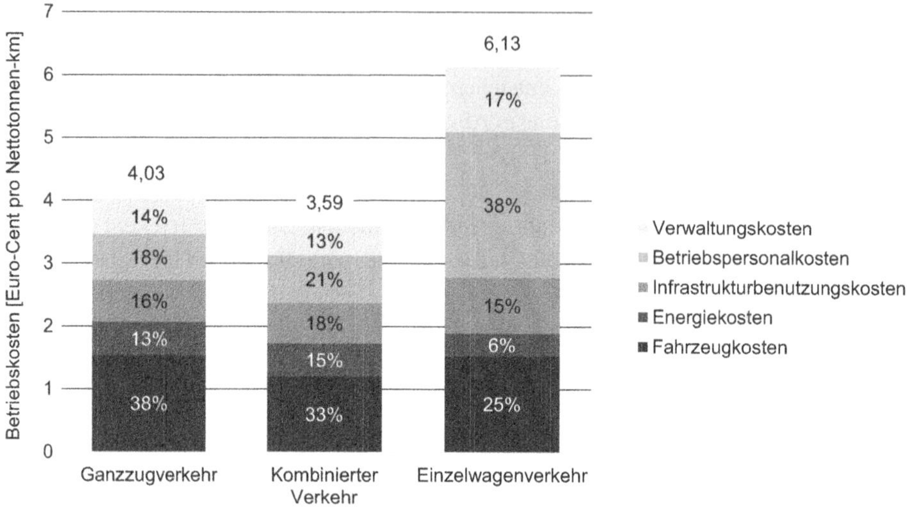

Abb. 1.10 Betriebskosten im SGV. Absolute, durchschnittliche Kosten (Y-Achse) und Kostenverteilung innerhalb eines Produktionssystems (in den Balken). (Eigene Darstellung mit Werten aus VDV und Roland Berger 2022, S. 49)

zu zahlende Trassenpreis mindestens die Kosten enthält, die mit der jeweiligen Zugfahrt direkt verursacht werden (Komponente zur Deckung der unmittelbaren Kosten des Zugbetriebs; Grenzkosten-Betrachtung). Hinzu kann – neben weiteren Elementen zur Anreizbildung zum Beispiel zur Vermeidung der Nutzung überlasteter Strecken – ein Aufschlag bis hin zur Deckung der Vollkosten erfolgen. Hierzu sind Marktsegmente (Zugkategorien) zu bilden und es ist zu beachten, in welchem Markt die EVU bis zu welcher Höhe fähig sind, diese Kosten zu tragen.

Trotz dieser einheitlichen Grundregelung ist die Höhe und Ausgestaltung der Trassenpreise durch die einzelnen EIU in Europa sehr unterschiedlich. Ein wesentliches Unterscheidungsmerkmal ist beispielsweise, ob und mit welcher Wirkung das Zuggewicht Einfluss auf den Preis pro Zug-km hat. Somit kann der internationale Vergleich der Trassenpreise auch nur über die jeweiligen Kosten für ausgewählte Referenzzüge erfolgen oder wie in Abb. 1.11 über die durchschnittlichen tatsächlich gezahlten Trassengebühren pro Zugkilometer, wobei Unterschiede bei abweichenden durchschnittlichen Zugdimensionen nicht erkennbar sind.

Die Zweiteilung der Angabe für Deutschland 2019 resultiert aus der seit 2018 geltenden Trassenpreisförderung (Abschn. 1.4.2.3). Während die durchschnittliche Einnahme des EIU DB Netz AG pro Zug-km 2,91 € beträgt, decken davon die von den EVU zu zahlenden Trassenpreise lediglich 1,64 €, der Rest wird als staatlicher Zuschuss an das EIU gezahlt. Das starke Absinken der Trassenpreise zum Jahr 2020 – hier wiederum insbesondere in Deutschland – resultiert aus staatlichen Förderprogrammen zum Abfangen wirtschaftlicher Härten der Unternehmen durch Transportmengenrückgänge infolge der Corona-Pandemie.

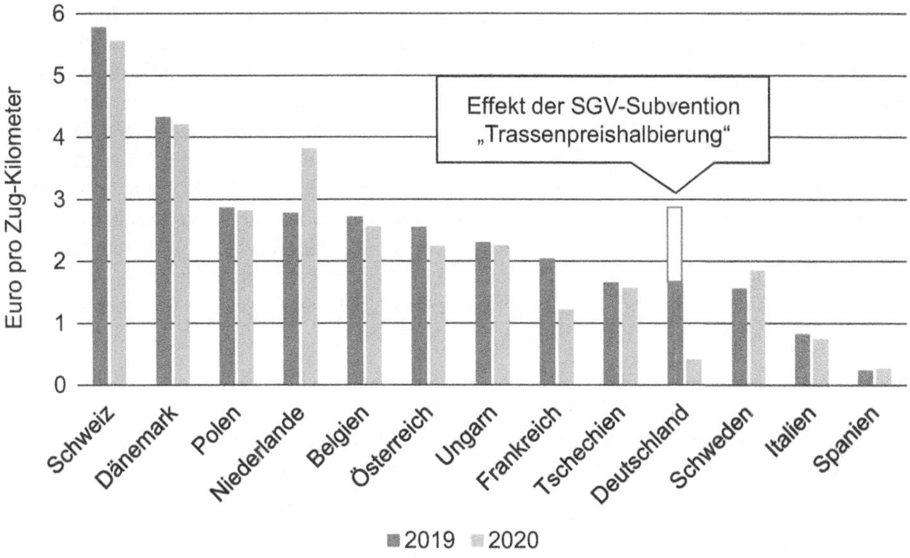

Abb. 1.11 Trassenpreise im Vergleich: Durchschnittlich gezahlte Trassenpreise pro Güterverkehrs-Zugkilometer (2020, Länderauswahl). (Eigene Darstellung, Werte aus IRG – rail 2021, S. 16 und IRG – rail 2022, S. 18)

Hintergrundinformation: Trassenpreissysteme im Vergleich

Beim Trassenpreissystem der DB Netz AG *(Deutschland)* grenzt sich der „Schienengüterverkehrsdienst" von 3 verschiedenen Schienenpersonenverkehrsdiensten ab. Innerhalb dieses Dienstes wird in 5 Marksegmente unterschieden. Sortiert vom günstigsten Segment mit 1,85 € pro Trassenkilometer bis zum teuersten Segment mit 4,45 € pro Trassenkilometer sind dies der Güternahverkehr, Gefahrgutgüternahverkehr, Standard, Gefahrgut und sehr schwer (Wagenzuggewicht über 3000 t).[22] Die benannten Preise beinhalten bereits die unmittelbaren Kosten und den anteiligen Vollkostenaufschlag nach der Richtlinie 2012/34/EU. Hinzu kommen Zuschläge z. B. für Priorisierungen in der Durchleitung durch das Netz oder für eine erhöhte Flexibilität. (DB Netz AG 2021).

Demgegenüber sieht das Preissystem der ÖBB Infrastruktur *(Österreich)* neben 4 Marktsegmenten des Personenverkehrs 2 Marktsegmente des Güterverkehrs vor. Dies sind zum einen „Güterverkehr manipuliert", zu dem Züge des Einzelwagen- und des Kombinierten Verkehrs zählen. Zum anderen zählen Ganzzüge als Punkt-zu-Punkt-Verkehre ohne Zwischenbehandlung des Zuges als „Güterverkehr nicht manipuliert". Das zu zahlende Entgelt setzt sich aus einer Preiskomponente pro Zugkilometer, einer Preiskomponente pro Bruttotonnenkilometer und etwaigen Zu- bzw. Abschlägen (z. B. bei Nutzung überlasteter Infrastruktur) zusammen. Marktaufschläge erfolgen ausschließlich für den „Güterverkehr nicht manipuliert", der damit 1,217 € pro Zugkilometer zu leisten hat, gegenüber 0,62 € für den manipulierten Güterverkehr (Preise 2023). In beiden Fällen kommen als lastabhängige Komponente 0,1566 Euro-Cent pro Tonne Bruttozuggewicht pro Kilometer hinzu. (ÖBB Infrastruktur AG 2022)

[22] Zitierte Preise gelten für das Fahrplanjahr 2023.

In der *Schweiz* gilt auf dem Netz der SBB Infrastruktur AG ein Preissystem, das sich aus Grund-, Zusatz- und Serviceleistungen zusammensetzt. Dieses unterliegt nicht unmittelbar der benannten EU-Richtlinie (Abschn. 1.3.3), orientiert sich aber an ihr. Die Grundleistungen setzen sich auch hier aus einem Basispreis als Grenzkostenbeitrag – also einem Beitrag zur Deckung der direkt durch die Zugfahrt anfallenden Kosten – und einem darüberhinausgehenden Deckungsbeitrag zusammen. Dieser fällt jedoch nur für den Personen- und nicht für den Güterverkehr an. Das zu zahlende Entgelt ergibt sich aus dem Basispreis pro Trassenkategorie (von 1,15 CHF bis 2,5 CHF pro Trassenkilometer), der mit einem „Nachfragefaktor Hauptverkehrszeiten" mit dem Wert 1 oder 2 und einem Faktor für die Trassenqualität multipliziert wird. In letzterem bildet sich die Differenzierung nach Verkehrsart ab: Während er für den Personenverkehr 1 bis 1,25 beträgt, liegt er für den Güterverkehr bei 0,3 z. B. für Nahgüterzüge des EWV und bei 0,4 für gewöhnliche Güterverkehrstrassen. (SBB 2021a) (SBB 2021b) (NZV 2021).

Landesspezifische Differenzen finden sich auch in den *Energiekosten,* u. a. abhängig von der jeweiligen Besteuerung. Weiterhin relevant für die Energiekosten ist die Unterscheidung zwischen elektrischer und Dieseltraktion. Während die Fahrzeug-Instandhaltungskosten von Dieselantrieben grundsätzlich höher als bei elektrischen Antrieben sind, liegen die Verbrauchskosten an den jeweiligen (schwankenden) Energiekosten pro Energieträger. Somit spielt auch der Elektrifizierungsgrad des jeweils befahrenen Netzes mit in die Kostenstruktur eines EVU.

Die Kosten für die Triebfahrzeuge sind – neben der soeben benannten Unterscheidung nach Traktionsart Diesel oder elektrisch, ggf. auch Hybrid oder zukünftig auf Basis weiterer Konzepte (Abschn. 3.3.1) – von ihrer Leistungsfähigkeit und von der Anzahl der installierten Zugsicherungs- und Stromsysteme abhängig. Die Wahl eines entsprechenden Triebfahrzeugs ergibt sich aus dem gewünschten Einsatzspektrum, wobei der Flickenteppich der technischen infrastrukturseitigen Systeme in Europa (vgl. dazu Abb. 2.21) die Unternehmen zu der Entscheidung zwingt, entweder

- die kostengünstigsten Fahrzeuge für den jeweiligen Auftrag zu nutzen oder
- im Sinne einer längerfristigen Flexibilität und der Möglichkeit der schnellen Reaktion auf Änderungen in der Verkehrsnachfrage auch bei höheren Kosten im Einzelfall auf flexiblere Mehrsystemfahrzeuge zu setzen.

Eine Entscheidung in dieser Frage trifft ein EVU in Abhängigkeit verschiedener Faktoren, u. a.

- der Spezialisierung auf einzelne Verkehrsarten, Regionen oder Korridore,
- abhängig von seiner Größe und damit der Möglichkeit, bei einem eigenen Mischbestand verschiedener Fahrzeuge ein Optimum zwischen Kosteneffizienz und Flexibilität zu erreichen.

Eine Lösung zur Wahrung der Flexibilität aus Sicht der EVU liegt in der Nutzung von Mietfahrzeugen und damit der Vermeidung der festen Bindung an einzelne Triebfahrzeugeigenschaften. So nutzen manche EVU (nahezu) ausschließlich gemietete Fahrzeuge, während andere mit eigenem Triebfahrzeugbestand operieren. Das Modell eines eigenen Grundbestandes an Triebfahrzeugen und der Hinzu-Mietung weiterer Fahrzeuge bei (kurzfristigen) Auftragsspitzen oder bei Vorliegen von technischen Anforderungen, die durch die eigenen Fahrzeuge nicht erfüllbar sind, wird ebenfalls von EVU aller Größen genutzt.

Die *Güterwagenkosten* sind zum einem von der Art der Güterwagen und zum anderen von der Effizienz ihres Einsatzes bestimmt. Spezialisierte Fahrzeuge schlagen gegenüber Standardwagen generell teurer zu Buche. Ein Anhaltspunkt für diese Preisunterschiede geben die im AVV (Abschn. 1.4.3) angegebenen Faktoren zur Berechnung der Entschädigung bei Nutzungsausfall, d. h. die Tagessätze, die ein Wagenverwender (z. B. ein EVU) im Falle von Verspätung oder Beschädigung dem jeweiligen Wagenhalter zahlen muss. Dieser Faktor, angegeben in Euro pro Meter Wagenlänge des jeweils betroffenen Wagens, liegt zum Beispiel bei 1,1 für einfache Wagen der Gattung E (oben offene Güterwagen mit 4 Seitenwänden), während er für Kesselwagen (Gattung K) bei 1,8 liegt (AVV 2022, S. 1).[23]

Hintergrundinformation: Kosten und Effizienz des Güterwageneinsatzes
Abb. 1.12 stellt die Güterwagenkosten, basierend auf den benannten AVV-Faktoren zur Berechnung der Entschädigung bei Nutzungsausfall, der Effizienz des Wageneinsatzes gegenüber. Letzterer bemisst sich wesentlich am Anteil produktiver Fahrten (Fahrzeit) gegenüber allen weiteren Zeiten, wie Leerfahrten, Zeiten für die Be- und Entladung und Stillstandzeiten, was letztendlich in der Anzahl der produktiven (beladenen) Laufkilometer der Wagen pro Jahr resultiert. Abhängigkeiten existieren zum Transportbedarf der Kunden sowie deren Güterarten, die die Wahl der Wagengattung bestimmen.

So kann ein Tragwagen im KV mit nur kurzen Aufenthalten zur Be- und Entladung in den KV-Terminals jährliche Laufleistungen von 100.000 km erreichen – in sehr produktiven Einsatzkonzepten sogar bis über 200.000 km – und dies mit einer hohen Lade-Auslastung in beiden Richtungen, also prinzipiell Lastlauf-Lastlauf. Ein teurerer Kesselwagen für chemische Produkte kommt hingegen vielfach nur auf niedrige fünfstellige jährliche Kilometerwerte.

Mögliche Gründe sind eine zeitaufwendige Befüllung ohne Zwischenspeicher direkt aus der Produktionsanlage sowie Reinhaltungsgründe. Da eine Vermischung verschiedener Chemikalien auszuschließen ist, muss ein derartiger Wagen leer zurückfahren oder der Wagen benötigt vor Beladung mit einem anderen Gut eine kosten- und zeitintensive Kesselinnenreinigung.

Personalkosten sind einerseits vom nationalen Lohnniveau sowie Regelwerk zum Personaleinsatz abhängig (u. a. Pausenzeiten, erwartete Flexibilität des Einsatzes). Unterschiede existieren auch zwischen verschiedenen EVU desselben Landes auf Basis von unternehmensweit gültigen Vereinbarungen mit Arbeitnehmervertreten (Betriebsräten und Gewerkschaften), die bei den großen ehemaligen Staatsbahnen tendenziell stärker aufgestellt sind. Zum anderen ist die Anzahl des notwendigen Personals pro produzierter Einheit (z. B. Zug oder Wagentransport) vom Produktionssystem abhängig.

[23] Zu den Güterwagengattungen siehe Abschn. 3.4.

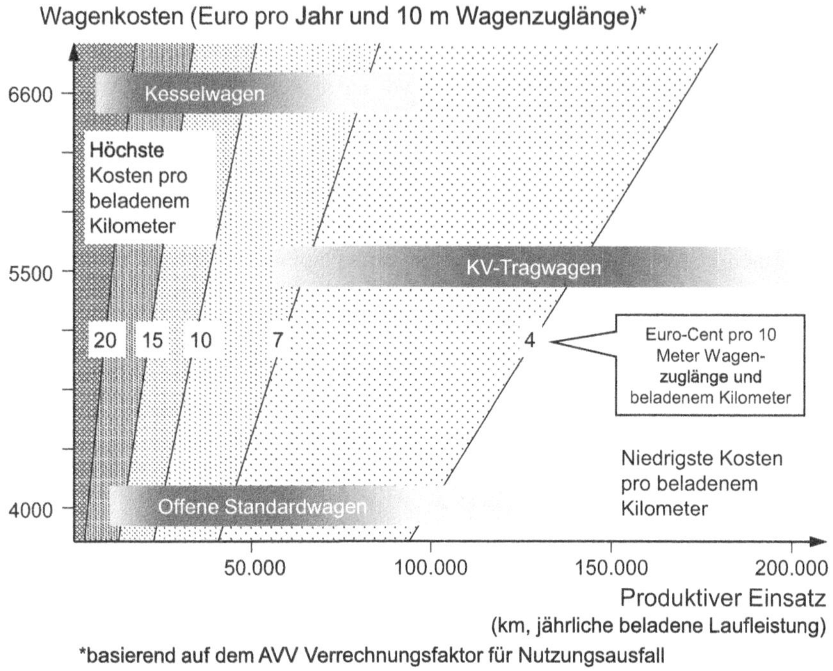

Abb. 1.12 Gütewagenkosten pro produktiven Fahrzeugkilometer (indikativ).

Eine andere Perspektive auf die Kostenstrukturen ergibt sich, wenn die Kostengruppen nicht wie oben geschehen mit Fokus auf die eingesetzten Ressourcen, sondern mit Fokus auf den jeweiligen Prozessschritt im Verantwortungsbereich des EVU gebildet werden. Während hier beim GV und beim KV die Kosten der Fahrt des Güter-Fernverkehrszugs (inklusive aller notwendigen Ressourcen) dominieren, bilden beim EWV (Abschn. 4.3) die dem Fernlauf vor- und nachgelagerten Sammel- und Verteilprozesse sowie die Sortieraufgaben zwischen den genutzten Zügen den größten Kostenblock, wie Abb. 1.13 beispielhaft illustriert. Die Kosten für Triebfahrzeuge und Personal sind den jeweiligen Prozessschritten (Zugfahrten oder Sortieraufgaben) zugeordnet, Verwaltungs- und Vertriebskosten wurden wie in den vorigen Beispielen exkludiert. In der zitierten Quelle werden diese mit 20 % der Gesamtkosten angegeben.

1.4.2.3 Regulierung des Verkehrsmarktes

Die gesellschaftlichen und politischen Modal-Split-Ziele für den SGV (Abschn. 1.5.1) stehen nicht im Einklang mit dem unternehmerischen Handeln der Eisenbahnunternehmen unter der Maßgabe der Eigenwirtschaftlichkeit und der wirtschaftlichen Konkurrenz der Verkehrsträger. Um diese Ziele, d. h. einem Wachstum des SGV über den aus rein unternehmerischer Sicht wirtschaftlichen Umfang hinaus, anzutreiben, bestehen grundsätzlich die folgenden staatlichen Möglichkeiten:

1) **Pull:** Direkte Betriebsförderung (Subvention der Betriebskosten) des SGV und Bereitstellung von Investitionszuschüssen
2) **Push:** Indirekte Förderung durch Änderungen der Rahmenbedingungen, insbesondere auch durch eine bewusste Schlechterstellung der konkurrierenden Verkehrsträger

Maßnahmen entsprechend Punkt 2 sind erfahrungsgemäß politisch schwer umzusetzen. Als Beispiele mit Steuerungswirkung bei der Verkehrsträgerwahl und damit als Grund für den hohen Anteil des SGV am Modal Split der Schweiz sind die dortige leistungsabhängige Schwerverkehrsabgabe (distanz-, gewichts- und emissionsabhängige Maut für Lkw-Fahrten) und das Sonntags- und Nachtfahrverbot für Lkw zu nennen (siehe Hintergrundinformation in Abschn. 1.2.2).

Grundsätzlicher Reiz an Push-Maßnahmen ist ihre Fähigkeit zur Gestaltung eines Ordnungsrahmens, in dem die indirekt geförderten Player ihre Eigenwirtschaftlichkeit wiedergewinnen können und danach die gesellschaftlich ausgewählten Ziele auch unternehmerisch und damit in einem verstärkten intramodalen Wettbewerb unterstützen können. Mit einem solchen Zustand wird also gleichermaßen eine *Parallelisierung der Interessen* von Gesellschaft und unternehmerischem Handeln erreicht.

Dagegen sind Pull-Maßnahmen, insbesondere jene mit Fokus auf die Betriebskosten, in der Regel ein Teil subventionsbasierter und damit instabiler Systeme, die einer gewissen Eigendynamik folgend zu einem wachsenden Subventionsbedarf tendieren (Kortmann 2004, S. 472). Dafür sind sie grundsätzlich einfacher umzusetzen. Sie stehen in der EU jedoch unter Voraussetzung der Genehmigung durch die EU-Kommission, um eine ungerechtfertigte Wettbewerbsverzerrung durch entsprechende staatliche Zuschüsse zu vermeiden.

Förderungen (Pull) mit direktem Einfluss auf die Betriebskosten von EVU gibt es in den deutschsprachigen Ländern auf unterschiedliche Weise und mit unterschiedlicher Eingrenzung auf Teilbereiche des SGV:

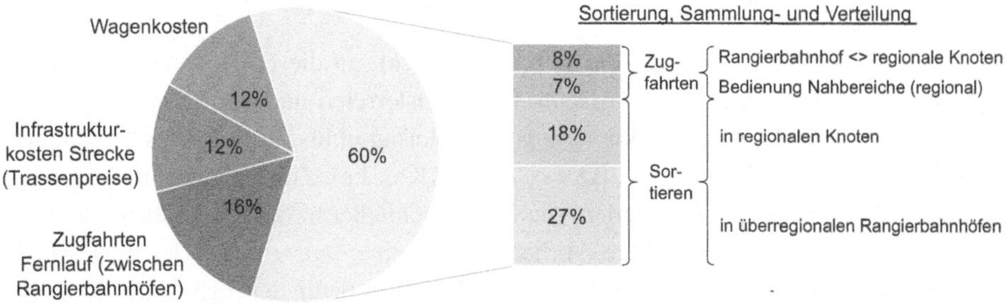

Abb. 1.13 Kostenbestandteile im EWV. (Eigene Darstellung basierend auf European Commission 2015, S. 123)

- In Österreich existiert ein umfassendes „Beihilfeprogramm für die Erbringung von Schienengüterverkehrsleistungen in bestimmten Produktionsformen" (Schig o. J.). Antragsberechtigt sind alle Unternehmen, die „Schienengüterverkehrsleistungen als trassenbestellendes Eisenbahnverkehrsunternehmen auf dem Bundesgebiet der Republik Österreich erbring[en] [...]" (Schig o. J.). Gefördert werden der EWV, der unbegleitete KV und die rollende Landstraße. Im EWV richtet sich die Fördersumme pro EVU nach der auf österreichischem Staatsgebiet erbrachten Transportleistung, u. a. abhängig von der Verkehrsrelation (national, Einfuhr/Ausfuhr) und der Streckenanteile im Nah- und Fernbereich. Einzelwagen-Transitverkehr ist – im Gegensatz zum KV-Transit – nicht förderfähig. Im unbegleiteten KV erfolgt die Berechnung der Beihilfe pro transportierter intermodaler Transporteinheit (ITE) u. a. unter Beachtung von Größe und Gewicht sowie Transportentfernung (BMK o. J.b, S. 7).
- Mit dem Ziel der Verlagerung des alpenquerenden Verkehrs werden in der Schweiz defizitäre Verbindungen im KV durch staatliche Betriebsbeiträge unterstützt. Als weiteres Modell bestellt der Bund „[i]m Rahmen von Offertverfahren [...] bei rund 20 Operateuren des kombinierten Verkehrs Verbindungen von Italien bzw. dem Tessin in die Nordschweiz, nach Deutschland, Frankreich oder die Benelux-Staaten und bezahlt für die erbrachten Leistungen Betriebsabgeltungen." (BAV o. J.)
- In Deutschland gibt es seit dem Jahr 2018 das informell als Trassenpreishalbierung, offiziell Trassenentgelt-Förderung im Güterverkehr (TraFöG) benannte Modell. Die staatlichen Subventionen gehen dabei nicht direkt an die EVU, sondern zunächst an die DB Netz AG und damit an das EIU. Durch Verrechnung dieser Subventionen mit den durch die EVU zu zahlenden Trassenpreisen sinken diese um rund die Hälfte, womit die Subvention letztendlich den EVU zugutekommt. Der exakte Fördersatz, bemessen als Prozent der Trassenpreisreduktion, berechnet sich „auf Grundlage der zur Verfügung stehenden Haushaltsmittel, der genehmigten Trassenentgelte und der prognostizierten Betriebsleistung" (DB Netz AG 2021) und ändert sich somit zwischen den Fahrplanperioden. „Gefördert werden alle Verkehre, die der nationalen oder grenzüberschreitenden Güterbeförderung im Geltungsbereich des Trassenpreissystems der DB Netz AG dienen" (DB Netz AG o. J.), d. h. ohne weitere Einschränkung auf einzelne Produktionssysteme.

Weiterhin gibt es Fördermodelle, die sich nicht (direkt) an die EVU, sondern an andere Marktbeteiligte richten. So sind in Deutschland, Österreich und der Schweiz zum Beispiel der Bau, Ausbau oder Reaktivierung von Gleisanschlüssen und Umschlaganlagen des KV förderfähig (BMDV 2022; BAV o. J.c; BMK o. J.a). Zuwendungsempfänger sind dabei in der Regel nicht EVU, sondern die Gleisanschließer bzw. Terminalbetreiber.

Darüber hinaus ist das sichere Vorhandensein einer ausreichend leistungsfähigen öffentlichen Infrastruktur auf allen benötigten Relationen für den Erfolg des Verkehrsträgers von großer Bedeutung.

Finanzielle Förderungen bzw. Besserstellungen sind keine Eigenart des SGV. Verschiedene Organisationen und Verbände insbesondere aus dem Bahn- und Umweltschutzbereich weisen regelmäßig darauf hin, dass es auch beim Straßengüterverkehr eine Reihe von direkten oder indirekten Subventionen gibt, die zu einer Kostenverzerrung zwischen Straße und Schiene zuungunsten der Schiene führen. Hierzu zählen im Falle Deutschlands bspw. eine Beschränkung der Lkw-Maut auf das Straßenkernnetz aus Bundesautobahnen und Bundesstraßen oder Aspekte der Kraftstoff- bzw. Energiebesteuerung.

1.4.3 Konkurrenz und Kooperation

Im nicht liberalisierten Bahnmarkt, bei dem die nationalen Staatsbahnen nationale Quasimonopole hatten, war die Kooperation dieser Bahnen im internationalen Verkehr bei allen drei Produktionssystemen zwingend. Bei internationalen Transporten mussten die Wagen an der Grenze an das jeweilige nationale Nachbar-EVU übergeben werden. Im heutigen liberalisierten Bahnmarkt, wie in den vorigen Abschnitten beschrieben, ist dies nicht zwingend gegeben. EVU können Zulassungen in mehreren Ländern haben und so auch einen internationalen Zug auf eigene Zulassung und eigene kommerzielle und produktionstechnische Verantwortung vom Start bis zum Ziel fahren. In vielen Fällen ist eine produktionstechnische Kooperation jedoch noch üblich. Dies gilt z. B., wenn die benannte zulassungstechnische Voraussetzung nicht in allen Ländern des jeweiligen Verkehrs gegeben ist oder das EVU nicht in allen betroffenen Ländern die notwendigen Ressourcen für eine eigenständige Produktion vorhält.

Hierfür gibt es zwischen den Bahnen bilaterale Produktionsabkommen und multilaterale Verträge wie den Allgemeinen Vertrag für die Verwendung von Güterwagen (AVV, Abschn. 3.5.3), die alle produktionstechnischen und -organisatorischen Belange wie Prozesse und Haftungsfragen bei der Übergabe und Übernahme von Wagen und Zügen und der gemeinsamen Verwendung des Rollmaterials regeln.

Auf kommerzieller Ebene hat sich mit einiger Verzögerung zur Liberalisierung bei den zentraleuropäischen Bahnen das *Einkauf/Verkauf* (Englisch: purchase/sales) genannte Modell durchgesetzt und das vorher bei den ehemaligen Staatsbahnen gängige Modell der Frachtverteilung (Englisch: freight share) abgelöst. Bei der Frachtverteilung gab es einen gemeinsamen Vertrag aller beteiligten Bahnen mit dem Transportkunden. Die Bahnen agierten dabei gegenüber dem Kunden wie ein einziger gemeinsamer und konkurrenzloser Anbieter, was nach heutigen kartellrechtlichen Maßgaben nicht mehr statthaft ist. Beim neuen Modell verkauft hingegen eines der beteiligten EVU den gesamten Transport vom Start bis zum Ziel an den Transportkunden. Der Vertrag zwischen diesem EVU und dem Kunden wird als Kundenabkommen bezeichnet, aus frachtrechtlicher Sicht (COTIF Anhang CIM, Abschn. 1.3.1) handelt es sich bei dieser Bahn um den *vertraglichen Beförderer*. Die Transportabschnitte, die dieses EVU nicht selbst fährt, kauft es sich im Unterauftrag von den anderen Bahnen dazu, die frachtrechtlich dann als *ausführende Beförderer* agieren.

Bei einem Transport unter produktioneller Einbindung der Verkehrsnetze zweier EVU kann der Kunde somit von beiden EVU getrennt Angebote für sein Transportbedürfnis erbitten und sich dann für eines entscheiden. Die beiden EVU fragen für die Angebotserstellung jeweils beim anderen EVU den Preis für den jeweiligen Unterauftrag an. Sie dürfen sich aus kartellrechtlichen Belangen jedoch nicht über den Preis austauschen, den sie gegenüber dem Kunden in das Gesamtangebot setzen. Sie agieren somit als Wettbewerber, obwohl sie produktionell (zwangsweise) kooperieren müssen. Diese Koexistenz von Competition und Cooperation wird auch mit dem Kunstwort Coopetition bezeichnet.

Ist die Beteiligung von drei EVU am Transport geboten, so sind eine Vielzahl von Kombinationen der kommerziellen Struktur möglich. Neben dem Aspekt, welche der drei Bahnen die Rolle des vertraglichen Beförderers übernimmt, stellt sich die Frage, ob diese direkt die beiden anderen Bahnen einkauft oder ob ihr eine dieser Bahnen ein Angebot für beide verbleibenden Teilabschnitte macht und diese Bahn sich die dritte Bahn als eigenen Unterauftragnehmer dazukauft, es also eine „Hierarchiekette" mit vertraglichem Beförderer, Unterauftragnehmer (ausführender Beförderer) und Unter-Unterauftragnehmer (Lieferant eines ausführenden Beförderers) gibt.

Beim Leistungseinkauf zwischen EVU ist weiterhin zu unterscheiden, ob der Leistungsgegenstand der Transport einer Sendung (einzelner Wagen oder Wagengruppe) im Netzwerk des Leistungsverkäufers ist oder ob es sich um die Zugförderung (Traktion) eines Zuges des Leistungseinkäufers durch den Leistungsverkäufer handelt. Der erste Fall ist das klassische Beispiel im EWV.

Beispiel

Ein EVU a mit Einzelwagenstammnetz im Land A, welches für die betrachtete Bespielsendung von 2 Wagen von Land A nach Land B vertraglicher Beförderer ist, kauft sich den Transportabschnitt in Land B bei EVU b ein. EVU b betreibt dort ein Einzelwagennetzwerk und entscheidet selbst, in welche seiner Züge zusammen mit welchen weiteren Sendungen es die Sendung von EVU a transportiert. Im zweiten Fall, der Traktionsvergabe, würde EVU a einen vollständigen Zug (bzw. Wagenzug) an EVU b übergeben mit dem Auftrag, diesen Zug ohne Änderung der verkehrlichen Zusammensetzung über einen beauftragten Abschnitt zu fahren. Ob EVU b dennoch auf seinen Transportabschnitt dem Zug zur maximalen Auslastung weitere, eigene Sendungen hinzufügen kann, ist im Detail zwischen beiden EVU zu klären. ◀

Ein alternatives, von einigen Kunden gewähltes kommerzielles Modell ist die *Schnittfracht* (Englisch: split contracts). Hier kauft der Transportkunde jeden Transportabschnitt direkt bei dem jeweiligen EVU ein, d. h. jedes EVU hat ein eigenes Kundenabkommen. Frachtrechtlich agieren die Bahnen dann als *aufeinanderfolgende Beförderer,* wobei die startende Bahn Aufgaben des vertraglichen Beförderers übernimmt. In diesem Fall beruht die Zusammenarbeit einzig auf den oben benannten produktionellen Absprachen (Produktionsabkommen), es gibt für den spezifischen Verkehr keinen kommerziellen Vertrag zwischen den EVU.

▶ **Unterscheidung zwischen verkehrlichen und betrieblichen Prozessen, Zielstellungen, Anlagen u. ä. Verkehrlich**

Prozesse, die der Ortsveränderung des Gutes – also dem eigentlichen Transportvorgang – sowie dem Zu- und Abgang des Gutes zum Transportsystem dienen. Ziel des Gesamtsystems SGV ist die Erfüllung verkehrlicher Aufgaben, verkehrliche Teilschritte dienen unmittelbar der Erfüllung des Kundenbedürfnisses.

Ein Bahnhof dient beispielsweise verkehrlichen Belangen, wenn dort Güter auf Güterwagen geladen bzw. von Güterwagen entladen werden können. Die Be- und Entladung ist ein verkehrlicher Prozess, so auch die Fahrt eines beladenen Zugs von Start zum Ziel.

Betrieblich
Notwendige unternehmens- bzw. systeminterne Prozesse im Bahnbetrieb, die das Kundenbedürfnis nur mittelbar bedienen.

Bahnhöfe, in denen z. B. Triebfahrzeugwechsel, technische Kontrollen, betriebliche Überholungen, Zugkreuzungen u. a. stattfinden, jedoch keine Be- oder Entladung möglich ist, dienen ausschließlich betrieblichen Belangen; meist dienen Bahnhöfe jedoch betrieblichen und verkehrlichen Belangen gleichzeitig.

Auch die Prozesse und Anlagen zum Sortieren von beladenen und leeren Wagen und zum Zusammenstellen neuer Züge (wie in den ZBA des EWV) dienen betrieblichen Belangen. Die Sortierung und Bündelung zu Zügen dienen hier der effizienten betrieblichen Umsetzung. Aus rein verkehrlicher Sicht könnte jeder Wagen einzeln vom Start zum Ziel transportiert werden.

1.5 Zielstellungen und Herausforderungen

Im Folgenden werden die politischen und gesellschaftlichen Erwartungen an den SGV (Abschn. 1.5.1) dargestellt. Diese müssen nicht zwingend den Interessen der Eisenbahnunternehmen aus unternehmerischer Sicht entsprechen. Es folgen aktuelle Wachstumsprognosen (Abschn. 1.5.2), bevor die wesentlichen Herausforderungen, die sich dem SGV-Sektor stellen, thematisiert werden (Abschn. 1.5.3). Den Abschluss des ersten Kapitels bildet eine Zusammenstellung der Kernmerkmale des SGV (Abschn. 1.5.4).

Lösungsansätzen zur Überwindung der Herausforderungen, darunter laufende Initiativen des Sektors oder einzelner Branchenakteure, wird am Abschluss des Buches ein eigenes Kapitel gewidmet (Kap. 5).

1.5.1 Politisch-gesellschaftliche Zielvorstellungen

Der geringere spezifische Energieverbrauch der Bahn beim Transport von Gütern wird im Zuge der Maßnahmen und politischen Entscheidungen im Rahmen der Klimakrise als ein wesentlicher Faktor zur Reduzierung der negativen Klimawirkung durch den Verkehr gesehen (Abschn. 1.1, 1.2.4). Politisches Ziel ist es somit, den Anteil des SGV am Verkehrsträgermix insbesondere gegenüber dem Straßengüterverkehr zu erhöhen.

„30 by 2030" ist der dazu passende Slogan der europäischen Brancheninitiative „Rail Freight Forward" (RFF). Er drückt damit die brancheneigene Ambition aus, mit der aktuellen politischen Rückendeckung bis zum Jahr 2030 einen Anteil von 30 % am Modal Split zu erreichen.

Die Initiative stützt sich dabei insbesondere auf den von der EU-Kommission ausgerufenen „Green Deal", der u. a. die Reduktion der Treibhausgasemissionen in der EU bis 2030 um mindestens 40 % gegenüber 1990 vorsieht und der Eisenbahn im Verkehrssektor dafür eine wesentliche Rolle zuschreibt (ERA 2020, S. 4 f.). Die Kommission definiert dabei ehrgeizige Etappenziele: „Der Schienengüterverkehr wird bis 2030 um 50 % zunehmen und sich bis 2050 verdoppeln", bezogen auf das Basisjahr 2015 (EU Kommission 2020).

Eine konkrete Zielstellung hat auch die aktuelle Deutsche Bundesregierung in ihrem Koalitionsvertrag mit Bezug auf Deutschland festgehalten: „Wir werden den Masterplan Schienenverkehr weiterentwickeln und zügiger umsetzen, den SGV bis 2030 auf 25 % steigern und die Verkehrsleistung im Personenverkehr verdoppeln. Den Zielfahrplan eines Deutschlandtaktes und die Infrastrukturkapazität werden wir auf diese Ziele ausrichten. Sofern haushalterisch machbar, soll die Nutzung der Schiene günstiger werden, um die Wettbewerbsfähigkeit der Bahnen zu stärken."[24] (SPD, Grüne & FDP 2021).

In und für Österreich wurde das Ziel einer Anhebung des Modal-Split-Anteils der Bahn auf 40 % bereits im Gesamtverkehrsplan 2012 definiert. Aufgrund des hohen Anteils internationaler Verkehre in Österreich (80 % der Transportleistungen) ist die Erreichung dieses Ziels stark vom „europäischen Einklang" der Maßnahmen abhängig. (BMK 2021, S. 13).

In der Schweiz steht der alpenquerende Verkehr im Fokus der Verlagerungsbestrebungen (BAV 2021, S. 5 ff.) (Abschn. 1.2.2), wesentlich getrieben durch die lokalen Auswirkungen an den Transitkorridoren und -pässen.

Das Ziel der Verlagerung auf die Schiene drückt eigentlich den umgekehrten Sachverhalt aus: die angestrebte Reduzierung des modalen Anteils des umweltschädlicheren Straßengüterverkehrs. Subsumiert wird damit die Konkurrenzsituation der Verkehrsträger. Dabei ist jedoch zu beachten, dass im Sinne der Overlay-Logik der Zusammenarbeit der Verkehrsträger (Abschn. 1.2.1) dem SGV nicht der Anspruch auferlegt werden darf, das gewünschte Mengen- und Anteilswachstum durch die Abdeckung der vollständigen Transportketten vom Start bis zum Ziel auf der Schiene zu bewerkstelligen.

---

[24] Zum Deutschlandtakt siehe Abschn. 2.2.5.1

Vielmehr ist eine verstärkte Kooperation der Verkehrsträger anzustreben, bei der jeder Verkehrsträger entsprechend seiner Stärken – u. a. Mengenleistungsfähigkeit, Sammel- und Verteilfähigkeit, Umweltverträglichkeit – zum Einsatz kommt. Für einen gestärkten und maßgeblich wachsenden SGV ist dieser Logik folgend die Kooperation mit dem Straßengüterverkehr als Partner für die sogenannte erste und letzte Meile, d. h. der regionalen Sammlung und Verteilung, unerlässlich.

Die angestrebten Zielwerte definieren das grundsätzliche politische Ziel. Ein handlungsleitendes Gesamtszenario, wie die Verkehrswirtschaft aller Verkehrsträger zum Erreichen der angestrebten „CO_2-Netto-Null" aussehen muss oder kann, wird damit nicht vorgegeben. Es ist somit nicht definiert und wird in der Systemgestaltung bislang nicht explizit berücksichtigt, auf welchen Relationen und in welchen Produktionssystemen des SGV (u. a.) das Wachstum vordringlich abzubilden ist.

Die Erreichung der gegebenen Ziele stellt die SGV-Branche vor einige Herausforderungen (Abschn. 1.5.3).

1.5.2 Prognosen

Betrachtet man aktuelle Güterverkehrsprognosen aus Deutschland, Österreich und der Schweiz, so wird davon ausgegangen, dass die Wirkungsannahmen, die hinter den in Abschn. 1.2.3 beschriebenen Effekten stehen, grundsätzlich weiterhin gelten. Die Transportleistung wächst stärker als das -aufkommen und die durchschnittliche Transportdistanz steigt (BMVI 2014, S. 8; ARE 2021, S. 159)[25], ebenso steigt der Anteil internationaler Verkehre (Im-/Export sowie zum Teil maßgeblich Transit) (BMVI 2014, S. 10; ARE 2021, S. 161; VDV und Roland Berger 2022, S. 44). Bei einem Aufkommenswachstum über fast alle Warengruppen kommt es zu absoluten oder zumindest anteilsmäßigen Rückgängen bei Massen- und Massenstückgütern aus den Bereichen der Schwerindustrie (Eisenerze, Metalle und Halbzeuge) und der Energiewirtschaft (Brennstoffe wie Kohle und Mineralöl) (ARE 2021, S. 160; VDV und Roland Berger 2022, S. 48). Wachstumstreiber bleiben die kleinteiligen Sendungen (Stück- und Sammelgut) bzw. eine kleinteiligere Logistik mit Flexibilität und Individualität im Fokus (ARE 2021, S. 65, S. 160; VDV und Roland Berger 2022, S. 51; Kummer 2021, S. 5)

VDV und Roland Berger (2022, S. 44) gehen für Deutschland für den gesamten Güterverkehrsmarkt (ohne Luftverkehr) bis 2030 von einer durchschnittlichen jähr-

[25] In der Quelle ARE (2021) wird zwischen vier Zukunftsszenarien unterschieden. Zitiert werden hier jeweils die Angaben aus dem Basisszenario. Das Szenario „Weiter wie bisher" (WWB) hat einen geringeren Fokus auf Nachhaltigkeit und unterstellt eine geringere technologische Weiterentwicklung. Die Szenarien „Individualisierte Gesellschaft" (ITG) und „Nachhaltige Gesellschaft" (NTG) unterstellen jeweils einen stärkeren Einsatz technologischer Entwicklungen, beim ersten mit dem Fokus einer stärkeren Selbstverwirklichung der Individuen, beim zweiten mit dem Fokus Nachhaltigkeit (ARE 2021, S. 79).

lichen Wachstumsrate von ca. 2,1 % aus. Basierend auf 700 Mrd. tkm im Jahr 2021 führt dies zu 840 Mrd. tkm für 2030. Bei Beibehaltung der aktuellen politischen Rahmenbedingungen prognostizieren sie für den SGV nur einen minimalen Anteilsgewinn von 19 % (2021) auf 20 % (2030) und damit ein Leistungswachstum im SGV von 130 auf 168 Mrd. tkm. Für ein Wachstum auf den oben benannten intermodalen Anteil von 25 % sehen sie die Notwendigkeit einer Reihe von zusätzlichen Maßnahmen in drei Bereichen mit insgesamt 18 Maßnahmenbündeln (Tab. 1.6, ohne Auflistung der Maßnahmenbündel).

ARE (2021, S. 153) geht für die Schweiz, ausgehend vom Basisjahr 2017 bis 2030, von einer durchschnittlichen jährlichen Wachstumsrate von 1,2 %[26] aus, die bis 2040 und dann nochmals bis 2050 sinkt, sodass ausgehend von 27,3 Mrd. tkm in 2017 die Gesamttransportleistung der beiden Verkehrsträger Straße und Schiene für 2030 auf 31,7 und zuletzt 2050 auf 35,8 Mrd. tkm steigt. Der SGV kann dabei gegenüber der Straße leichte Anteile hinzugewinnen, von 36,9 % im Jahr 2017 im zitierten Basisszenario auf 39,9 % im Jahr 2030, wo der Anteil stagniert bzw. bis 2050 wieder minimal auf 39,4 % abnimmt ARE 2021, S. 162).

Für Österreich geht Kummer (2021, S. 3) nach dem Spitzenwert der österreichischen Transportleistung von 78,6 Mrd. tkm in 2019 vor der Corona-Krise von einer Erholung auf diesen Wert im Jahr 2024 und dann von einem Wachstum bis auf 114,1 Mrd. tkm im Jahr 2040 aus[27] (1,8 % jährliche Wachstumsrate für 2019 bis 2040 bzw. 2,4 % für 2024 bis 2040)[28]. Eine Prognose zum Modal-Split-Anteil des SGV trifft Kummer nicht, er stellt jedoch mit Blick auf die Kapazitätsproblematik dar, dass ausgehend vom Anteil des SGV an der Gesamttransportleistung von 27,7 % im Jahr 2019 auf einen angenommenen Zielwert von 40 % im Jahr 2040 mehr als eine Verdoppelung (+110 %) der Transportleistung des SGV resultiert (Kummer 2021, S. 9).

Zu beachten ist bei allen Prognosen, dass Trendbrucheffekte kaum berücksichtigt werden können. Im extremen Fall zählen hierzu Wirtschaftskrisen, Pandemien und kriegerische Auseinandersetzungen. Jedoch sind auch bei der geplanten Antriebswende viele Fragestellungen offen, wie z. B. die Geschwindigkeit des Ausbaus der notwendigen elektrischen Versorgungsinfrastruktur, die sich somit in den Prognosen nicht adäquat niederschlagen können.

---

[26] Eigene Berechnung auf Basis der angegebenen Quelle.

[27] Prognosekorridor für 2040 von 105,2 bis 123,2 Mrd. Tonnenkilometer, „Min–Max Wachstum basierend auf der Prognose der OECD (Transport Outlook ITF 2017) & Shell-Studie (2016)“ (Kummer 2021, S. 3).

[28] Eigene Berechnung auf Basis der angegebenen Quelle.

Tab. 1.6 „Maßnahmen zur Stärkung des Gesamtsystems Schiene“ nach VDV und Roland Berger (2022, S. 60) (Tabelle enthält wörtliche Zitate)

Bereich	Verkehrspolitische Rahmenbedingungen	Infrastruktur und Rollmaterial	Innovation und Qualität
Ziel	Wettbewerbsfähigkeit zur Straße sicherstellen und Mindestrentabilität für Betreiber ermöglichen	Physische Voraussetzungen für effizienten, wettbewerbsfähigen Verkehr sowie benötigte Kapazitäten bereitstellen	Kundenfreundlichkeit und Zugang zum System Schiene verbessern sowie Kapazität und Effizienz des Systems steigern
Beispiele (Auswahl aus den Maßnahmenbündeln)	Grenzüberschreitende Verkehre vereinfachen, Energiebesteuerung und -abgaben senken	SGV-Infrastruktur stärken, Digitale Automatische Kupplung (Abschn. 5.3) einführen	Digitalisierung der Infrastruktur vorantreiben, Innovatives Rollmaterial auf die Schiene bringen

1.5.3 Herausforderungen

1.5.3.1 Infrastrukturkapazität

Die Steigerung von aktuell rund 19 % auf einen intermodalen Anteil von 25 % für den SGV in Deutschland bis 2030 mag moderat klingen, bedeutet aber – da man das erwartete Wachstum des Gesamttransportmarkts zugrunde legen muss – ein immenses Wachstum für den Sektor. Je nach Detailannahmen, so zum Beispiel über das konkrete Basisjahr oder das gesamte prognostizierte Transportmengenwachstum über alle Verkehrsträger, bedeutet dies eine Erhöhung der Transportleistung im SGV im Bereich von 63 % (83 Mrd. tkm; Henke und Kerth 2022, S. 23) bis 70 % (Nikutta 2020, S. 8) in unter 10 Jahren. Zum Vergleich betrug das Leistungswachstum im deutschen SGV in den rund 25 Folgejahren seit Beginn der Liberalisierung im Jahr 1994 (Abschn. 1.3.2) knapp 90 % – im Wesentlichen ohne für den SGV maßgebliche Erweiterungen der Eisenbahninfrastruktur, die somit heute vielfach an ihre Kapazitätsgrenzen stößt.

Im Masterplan Schienengüterverkehr des deutschen Verkehrsministeriums, welcher zusammen mit Branchenvertretern (Unternehmen und Verbänden) erstellt wurde, heißt es entsprechend (BMVI 2017, S. 13):

> „Für die politisch gewünschte Stärkung des Schienengüterverkehrs ist eine leistungsfähige Eisenbahninfrastruktur eine wichtige Voraussetzung. Hierzu muss das Schienennetz in den für den Güterverkehr wichtigen Korridoren zügig und engpassorientiert ausgebaut werden.“

Analoges trifft grundsätzlich auch außerhalb Deutschlands zu. So benennt z. B. auch das Schweizer Bundesamt für Raumentwicklung die Erhöhung der Streckenkapazitäten als eine notwendige Bedingung (ARE 2022, S. 66).

Hintergrundinformation: Überlastete Schienenwege

Gemäß Artikel 47 der Richtlinie 2012/34/EU hat ein EIU „[i]n den Fällen, in denen Anträgen auf die Zuweisung von Fahrwegkapazität nach Koordinierung der beantragten Zugtrassen und nach Konsultation der Antragsteller nicht in angemessenem Umfang stattgegeben werden kann, […] den betreffenden Fahrwegabschnitt unverzüglich für überlastet zu erklären. Dies geschieht auch bei Fahrwegen, bei denen abzusehen ist, dass ihre Kapazität in naher Zukunft nicht ausreichen wird."

Mit Stand Januar 2022 hat das deutsche EIU DB Netz AG 22 Schienenwege für überlastet erklärt (DB Netz AG 2022), darunter Strecken im nördlichen Rheingraben (Rhein-Ruhr-Achse) mit Relevanz für die Güterverkehre von/zu den ARA-Häfen (Amsterdam, Rotterdam, Antwerpen), im südlichen Rheingraben mit Übergang in die Schweiz und Relevanz für den Schweiz-Transitverkehr von/nach Italien, der Abschnitt Uelzen-Stelle südlich von Hamburg mit Relevanz für die Anbindung des Hamburger Hafens an das Hinterland, sowie die Abschnitte um Würzburg von Gemünden (Main) bis Fürth (Bayern) auf der Hauptverbindung zwischen den Nordseehäfen und dem Ruhrgebiet (u. a.) auf der einen und dem Hauptgrenzübergang nach Österreich, Passau, auf der anderen Seite, damit Relevanz für viele Verkehre von/nach Österreich und darüber hinaus in/aus Länder Südosteuropas.

Die wesentlichen aktuell adressierten Maßnahmen umfassen die Behebung von Engpassstellen durch Neu- und Ausbau von Eisenbahnstrecken und Ausbau großer Eisenbahnknoten, wie auch die Schaffung der infrastrukturellen Voraussetzungen zum Fahren von 740 bzw. 750 m langen Zügen als einheitliche Maximallänge mindestens auf den wichtigsten internationalen Korridoren. Trotz entsprechender schon laufender, geplanter und zum Teil abgeschlossener Aus- und Neubauvorhaben – hervorzuheben sind die großen Tunnelbauvorhaben in der Schweiz (NEAT, 2020 vollendet) und Österreich (Brenner Basistunnel, im Bau, Fertigstellung nach 2030) – ist aktuell nicht davon auszugehen, dass die öffentliche Eisenbahninfrastruktur in ausreichender Geschwindigkeit und im ausreichenden Umfang für das angestrebte Wachstum der Transportleistung ausgebaut wird.

Insofern – sowie aufgrund der hohen Kosten neuer Infrastruktur – sind Maßnahmen gefordert, die auch ohne den Bau zusätzlicher Gleise und neuer Strecken auf dem Bestandsnetz den maximalen Transportmengendurchsatz steigern, z. B. durch dichtere Zugfolgen modernster Leit- und Sicherungstechnik oder durch eine Erhöhung der Kapazität und mittleren Auslastung pro Zug. Neben entsprechenden Anpassungen auf infrastruktureller Seite bedingt dies eine Weiterentwicklung aufseiten der eingesetzten Fahrzeugtechnik, was zur nächsten Herausforderung, der Einführung umfangreicher Innovationen, überleitet. Dem Innovationsansatz folgend benennt der Mobilitätsmasterplan 2030 für Österreich die „Kapazitätssteigerung von Infrastruktur und Fahrzeugen" auch als einen Teil des „Schwerpunkt[s] für Forschung und Innovation zur Verlagerung von Personenwegen und Gütertransporten auf energie- und ressourceneffiziente Verkehrsmittel" (BMK 2021, S. 35).

Hintergrundinformation Basistunnel in der Schweiz und Problem der deutschen Zulaufstrecken

Gestützt auf das Verlagerungsziel sowie als Grundlage für das Landverkehrsabkommen der Schweiz mit der EU wurde das lange angestrebte Ziel, eine zusätzliche Flachbahn-Verbindung durch die Alpen unter dem Titel NEAT herzustellen, inzwischen zu großen Teilen erreicht. Während der Lötschbergbasistunnel (LBT) bereits 2007 in einer ersten Ausbaustufe in Betrieb genommen werden konnte, wurden die beiden wichtigsten Bauwerke auf der noch bedeutenderen Gotthardachse, nämlich der Gotthardbasistunnel (GBT) 2016 und der Ceneribasistunnel (CBT) 2020, eröffnet. Damit konnte die maximale Neigung in der Nord-Süd-Relation zwischen Deutschland und Italien von 27 auf 14 Promille reduziert werden. Der Ausbau der Gotthardachse mit der von Beginn an geplanten durchgehenden Viergleisigkeit und als echte Flachbahn soll als „NEAT 2" je nach Bedarf in den nächsten Jahrzehnten fortgesetzt werden.

Deutschland verpflichtete sich in einem 1996 mit der Schweiz abgeschlossenen Staatsvertrag zum Ausbau der nördlichen NEAT-Zulaufstrecke. Der Kernsatz dieses Vertrags lautet (Fedlex 2000):

> „Die Kapazitäten des nördlichen Zulaufs zur NEAT, Karlsruhe–Freiburg im Breisgau–Basel, auf schweizerischem und deutschem Gebiet werden schritthaltend mit der Verkehrsnachfrage und aufeinander abgestimmt erhöht".

Die damit verbundenen Vorhaben sind in Deutschland erst zum kleineren Teil abgeschlossen. Der übrige Teil befindet sich entweder in der Umsetzung oder noch in der Bauvorbereitung. Auch in der Schweiz wird der Ausbau beider NEAT-Achsen mit Ausbau des Lötschbergbasistunnels (LBT) und Fortsetzung des Zimmerberg-Basistunnels (ZBT II) weiterverfolgt.

1.5.3.2 Weiterentwicklung von Prozessen und Technologien

Die wesentlichen Funktionen mit eisenbahnbetrieblicher Relevanz – d. h. mit Bedeutung für das Zusammenstellen und Fahren von Zügen – basieren im europäischen SGV auf rein mechanischen oder pneumatischen Komponenten. Elektrische, durch Batterietechnik energieautarke Telematikeinheiten (Abschn. 5.5.3), die in den letzten 20 Jahren zunehmend bei Güterwagen Verbreitung gefunden haben, decken bislang mit wenigen spezifischen Ausnahmen ausschließlich logistische und nicht eisenbahnbetriebliche Belange ab.

Die eingesetzten Komponenten wie die Druckluftbremse (Abschn. 5.4) und die vollständig manuell zu bedienende Schraubenkupplung (Abschn. 5.3) sind technisch bewährt, durch ihren einfachen Aufbau preiswert und haben eine hohe Ausfallsicherheit sowie eine geringe Wartungsintensität. Über die letzten Jahrzehnte sind sie im Detail weiterentwickelt und optimiert worden (z. B. hydraulische Puffer statt Stahlfedern). Ihre grundsätzliche und ausgereizte Auslegung bedingt jedoch:

a) zeit- und personalintensive Prozesse im Umfeld der Zugbildung und -auflösung sowie beim Sortieren (Rangieren) von Güterwagen (Abschn. 2.2.3) sowie zu
b) Beschränkungen hinsichtlich möglicher Zugdimensionen (Länge Abschn. 3.2.2 und Masse Abschn. 3.2.3), des Beschleunigungs- und Bremsvermögens der Züge und damit auch der maximalen Güterzuggeschwindigkeiten (Abschn. 3.2.6, Abschn. 5.4.2).

Neben den negativen Auswirkungen auf das leistbare Angebot gegenüber den Transportkunden, bei denen sich diese Aspekte im Wesentlichen durch die Kosten für den Zeit- und Personalaufwand und in der realisierbaren minimalen Transportdauer auswirken, haben die benannten Punkte maßgeblichen Einfluss auf die Belegungszeit der hochausgelasteten Infrastruktur.

Punkt a) betrifft dabei die Belegung der ZBA wie Rangierbahnhöfen ebenso wie die der Zugangsstellen zum System, an denen die Be- und Entladevorgänge stattfinden. Hinzu kommt an dieser Stelle die zunehmende Problematik der Personalfindung für die körperlich schweren, bei „Wind und Wetter" im Freien auszuführenden Tätigkeiten.

Punkt b) betrifft den maximalen Güterdurchsatz auf den Strecken, einerseits durch die maximale Gütermenge pro Zug, zum anderen durch die maximale Anzahl von Zügen pro Zeiteinheit auf einem Streckenabschnitt. Höhere Maximalgeschwindigkeiten und eine „dynamischere" Brems- und Beschleunigungsweise erlauben eine dichtere Zugfolge insbesondere im Mischverkehr mit Personenzügen (Abschn. 2.3.4.2).

Die notwendigen Technologien zur Überwindung der benannten Problemstellungen sind grundsätzlich bekannt, bereits entwickelt oder sie befinden sich aktuell in der Entwicklung. Die SGV-Branche ist aktuell jedoch nicht in der Lage, diese Technologien im zielführenden Umfang aus eigener Kraft vollumfänglich einzuführen und zu refinanzieren.

Das Festhalten an den vorhandenen technischen Standards bei Güterwagen und der Güterzugbildung wird durch die folgenden, voneinander abhängigen Faktoren begünstigt:

- Der angestrebte Nutzen vieler Neuerungen insbesondere im Sinne der benannten Punkte a) und b) greift erst (im vollen Umfang oder überhaupt), wenn alle Güterwagen im betroffenen Teilnetz bzw. der betroffenen Teilflotte des SGV umgerüstet oder direkt mit der neuen Technologie neu beschafft sind. Die Investitionskosten fallen hingegen direkt bei der Umrüstung oder Beschaffung des einzelnen Fahrzeugs an.
- Der gewünschte freizügige Einsatz der Güterwagen erschwert in vielen Fällen eine „Inselbildung" von Teilflotten, die Fahrzeuge der alten und neuen Technologie trennt.
- Die natürlich lange Lebensdauer von Güterwagen mit einer technischen und wirtschaftlichen Auslegung von 30 Jahren (ARE 2021, S. 68) behindert den Innovationszyklus insofern, als spätere Nachrüstungen teilweise nicht mehr gerechtfertigt werden können.

Die dargestellte Sachlage ist ein Kennzeichen einer Systeminnovation. Um das System also solches gesamthaft zu innovieren, müssen viele Akteure – auch funktionsübergreifend, z. B. EVU und EIU – gemeinsam die Innovation vorantreiben und in sie investieren. Beispiele derartiger Innovationen sind die Digitalisierung der Güterzüge durch Einbringung digitaler Komponenten in alle Güterwagen, wie es mit der Digitalen Automatischen Kupplung (DAK) angestrebt wird (Abschn. 5.3.3), die Digitalisierung des Bahnbetriebs (Abschn. 2.4) oder das autonome Fahren von Zügen. Dass diese benannten Beispiele Abhängigkeiten zueinander aufweisen, ist auch ein Zeichen des Systemeffekts.

Demgegenüber stehen Komponenten-Innovationen, die einzelne Akteure in alle oder einzelne ihrer Komponenten oder Ressourcen, wie zum Beispiel Fahrzeuge, einbringen können und der Nutzen sich (weitestgehend) unabhängig vom Agieren anderer Akteure oder durch Absprache mit nur ausgewählten anderen Akteuren entfalten kann. Als Beispiel hierfür können die eingangs benannten Telematikeinheiten an Güterwagen mit nicht eisenbahnbetrieblicher Relevanz gesehen werden.

Die Investitionen für alle Innovationen, die zur Ermöglichung des angestrebten Transportmengenwachstums erforderlich sind, müssen durch die europäischen Staaten sowie die EU insoweit finanziell unterstützt werden, wie sie die Branchenvertreter mangels passender Rahmenbedingungen aus eigener Kraft nicht finanzieren können. Dies gilt für die notwendigen Systeminnovationen umso mehr. Alternativ sind die Rahmenbedingungen (Regulation des Verkehrsmarkts) so anzupassen, dass die notwendige Rentabilität auch ohne direkte Förderung erreicht werden kann. Die SGV-Branche muss dafür schlüssig aufzeigen, wie und bis wann sie ihren entsprechenden Beitrag zur Dekarbonisierung des Transportsektors beitragen kann. Praktisch geht es jetzt darum, den Straßengüterverkehr bei der geplanten Dekarbonisierung wirksam zu unterstützen.

1.5.3.3 Systemzugang, Qualität und Kosten

Die Transportkunden sind frei in der Verkehrsträgerwahl. Der SGV muss das geforderte Wachstum mit einer attraktiven Qualität und mit attraktiven Preisen in Einklang bringen. Kritisiert wird von der verladenden Wirtschaft der aktuelle Erfüllungsgrad ihrer – bisher aber noch nicht genau artikulierten – Kundenanforderungen insbesondere hinsichtlich Flexibilität, Transportdauer und Verlässlichkeit sowie eines einfachen Zugangs zum System.

Die Flexibilitäts-Anforderung bezieht sich sowohl auf die zeitliche Flexibilität, d. h. der Reaktionsfähigkeit auf geänderte bzw. neue Transportanfragen, als auch die räumliche Flexibilität. Letztere ist, wie bereits beschrieben, aufgrund der geringeren Dichte des Bahnnetzes gegenüber dem Straßennetz geringer als beim Straßengüterverkehr, kann aber durch eine weiter intensivierte Kooperation mit diesem verbessert werden.

Die Transportdauer bemisst sich aus Kundensicht vom Versand- bis zum Empfangspunkt, hier fließen also alle Teile der Transportkette hinein. Neben der eigentlichen Zugfahrt umfasst dies alle Zeiten der Zugbildung und -vorbereitung, der lokalen Abholung bzw. Bereitstellung der Güterwagen sowie im Falle einer intermodalen Transportkette die Zeitbedarfe für das Umladen zwischen den Verkehrsträgern und die Fahrzeiten des Vor- und/oder Nachlaufs auf der Straße. Die Maximalgeschwindigkeit der Zugfahrt ist damit ein, häufig jedoch nicht der wesentliche Faktor für die Gesamttransportdauer.

Bei der Verlässlichkeit steht allen voran die Pünktlichkeit am Zielort von Transporten, also die Einhaltung von Transportzeitzusagen, im Vordergrund. Die Anforderungen der verschiedenen Kundenbranchen sind dabei divers. In vielen Fällen ist den Kunden bereits geholfen – und damit aus deren Sicht die Qualität der Transportdienstleistung gestiegen – wenn sie verlässliche Ankunftsprognosen erhalten (Abschn. 4.3.5) und im Störungsfall rechtzeitig über Änderungen informiert werden.

Die Qualitäts-Herausforderung ist wesentlich abhängig von der zuvor benannten Herausforderung der Infrastrukturkapazität, da eine hohe Auslastung dieser allen drei benannten Qualitäts-Ausprägungen entgegensteht. Hier läuft der SGV Gefahr, sich durch seinen eigenen Erfolg, der die Infrastrukturauslastung weiter erhöht, selbst zu stören. Ebenso steht eine starke Verbindung zur Herausforderung der Einführung von Systeminnovationen, da die neuen Technologien eine Erhöhung der angebotenen Qualität versprechen.

1.5.4 Zusammenstellung der Kernmerkmale des SGV

Zum Abschluss des ersten Kapitels werden an dieser Stelle die wesentlichen Merkmale des SGV zusammenfassend dargestellt – sowohl als Wiederholung zu Teilen dieses ersten Kapitels, als auch als Vorgriff auf die folgenden.

Basis vieler Merkmalsausprägungen sind die Spurführung, die Kontaktmechanik des Stahlrades auf der Stahlschiene mit geringem Kraftschluss und geringem Rollwiderstand (Abschn. 2.1) sowie die Fähigkeit zur Verbindung vieler Fahrzeug zu einem langen Zug (Zugbildung).

Dies zeigt sich auch in Tab. 1.7, in der diese Kerneigenschaften als Ausgangspunkte abgeleiteter Merkmale des SGV fungieren. Die Tabelle fasst, gruppiert nach zehn Anforderungen an ein Verkehrssystem, positive und negative Merkmale des Systems zusammen. Es zeigt sich dabei, dass vielen positiven auch kritische Aspekte gegenüberzustellen sind. Dies folgt der einfachen Logik, dass für manche Bedarfe (z. B. abhängig von Sendungsaufkommen und -relation) die positiven Aspekte eine hohe Wirksamkeit entfalten, während sie bei anderen durch die negativen Aspekte überkompensiert werden. Ziel der Systemgestaltung ist es daher, die positiven Aspekte bestmöglich auszureizen und die negativen Aspekte bestmöglich durch diverse Maßnahmen abzufedern.

Die Benennung von vor- und nachteiligen Aspekten bedingt jeweils eine Vergleichsreferenz, diese ist hier mit dem Straßengüterverkehr als größtem Wettbewerber gegeben.

Die Tabelle spiegelt die bereits in Abschn. 1.2.1 eingeführte Betrachtungsweise des SGV als Overlay-System zum Basis-System Straße wider: Höhere Kapazität pro Einheit und Streckendurchsatz gegenüber dem Basis-System, höhere Systemgeschwindigkeit und höhere Wirtschaftlichkeit bei Vorliegen entsprechender Aufkommensmengen zur Ausnutzung der vorgenannten Aspekte sind exakt die Kennzeichen eines Overlay-Systems, das das Basis-System ergänzt und entlastet. Die technischen und organisatorischen Anforderungen sind höher, ebenso wie die Infrastruktur- und Fahrzeugkosten (u. a. durch hohe Sicherheitsanforderungen). Zu dem Aspekt der Wirtschaftlichkeit gehört es daher, das System mit hohen fixen Kosten in ausreichendem Maße auszulasten.

Tab. 1.7 Kernmerkmale des SGV

	Positive Aspekte	Negative Aspekte
Kapazität	Hohe Kapazität pro Fahrzeugeinheit (Zug) durch Zugbildung, ermöglicht durch geringen Fahrwiderstand	Notwendigkeit der Sammlung großer Mengen bzw. der Bündelung mehrerer Sendungen verschiedener Relationen (Sammel- und Verteilprozesse) für eine ausreichend hohe Auslastung der Züge
Systemgeschwindigkeit	Hohe Fahrgeschwindigkeiten durch Spurführung, Außensteuerung und geringen Fahrwiderstand	Sammel- und Verteilprozesse und ggf. Umschlagzeiten für den Vor- und Nachlauf auf der Straße verlängern die Gesamttransportzeit
Sicherheit	Hohe Sicherheit durch Spurführung und Außensteuerung, gefordert durch hohes Risikopotenzial aufgrund der Verbandsgrößen	Anforderung mindestens gleicher Sicherheit neuer Technologien oder Prozesse ist aufwendig zu erfüllen (Entwicklung und Zulassung)
Automatisierbarkeit	Spurführung und bereits gegebene Außensteuerung erleichtern eine Automatisierung des Fahrbetriebs	
Allwettertauglichkeit	Geringe Einschränkungen bei "schlechtem Fahrwetter" durch Spurführung, Kontaktmechanik Rad-Schiene und Fahren im Raumabstand (Abschn. 2.2.1)	Große negative Effekte (Einschränkungen) z. B. bei Sturmschäden, die zu Streckensperrungen führen; geringere Reaktionsflexibilität und hoher Umwegfaktor bei Umleitungen aufgrund der geringen Netzdichte
Personalaufwand	Günstiger Personalaufwand je Zug: Dem Triebfahrzeugführer eines gut ausgelasteten Zuges stehen bis über 50 Lkw-Fahrer beim Straßentransport gegenüber	Zusätzlicher Personalaufwand für Sammel-/Verteil- und Umschlagprozesse, Betriebsplanung und –steuerung
Planung	Gute Planbarkeit (Ressourcenplanung, Fahrplanung)	Notwendigkeit des Planungsvorlaufs bei Anpassung von Verkehren oder bei Neuverkehren, damit Einschränkung der zeitlichen Flexibilität

(Fortsetzung)

Tab. 1.7 (Fortsetzung)

	Positive Aspekte	Negative Aspekte
Infrastruktur	Geringer Flächenbedarf bei der Möglichkeit eines hohen Mengendurchsatzes	Aufwendige (teure) Infrastruktur durch Außensteuerung (Weichen, Sicherungstechnik) sowie aufwendigere Trassierung (Abschn. 2.3)
Energiebilanz	Geringer spezifischer Energieverbrauch durch geringen Fahrwiderstand (u. a. durch geringen Rollwiderstand des Stahlrads auf der Stahlschiene und geringen Luftwiderstand durch die Zugbildung)	/
Räumliche Verfügbarkeit	/	Eingeschränkt durch wesentlich geringere Netzdichte des Eisenbahnnetzes gegenüber dem Straßennetz
Markteintritt (Anbieterseite)	/	Hohe Zulassungsanforderungen für neue EVU und Fahrzeuge. Zugang zu Lokomotiven und Wagen trotz gewachsenen Neu-, Gebraucht- und Mietmarkt eingeschränkt

Literatur

Aberle G (2000) Transportwirtschaft. Oldenbourg Wissenschaftsverlag, München

AB-EBV (Ausführungsbestimmungen zur Eisenbahnverordnung), Stand am 1. November 2020

AEUV (Vertrag über die Arbeitsweise der Europäischen Union), Amtsblatt Nr. C 326 vom 26/10/2012

ARE Bundesamt für Raumentwicklung (2021) Schweizerische Verkehrsperspektiven 2050. Schlussbericht

AVV (2022) Anlage 6 zum Allgemeinen Vertrag für die Verwendung von Güterwagen, Version: 1. Januar 2022. https://gcubureau.org/wp-content/uploads/Contract/2022/20220101_A06_DE.pdf. Zugegriffen: 28. Jan. 2022

BAG Bundesamt für Güterverkehr (2008) Marktbeobachtung Güterverkehr. Köln

BAV Bundesamt für Verkehr (2021) Bericht über die Verkehrsverlagerung vom November 2021 Verlagerungsbericht Juli 2019 – Juni 2021. Aktenzeichen: BAV-332–6/2

BAV Bundesamt für Verkehr (o. J.a) Übersicht über die EU-Bahnpakete und die Bahnreformen in der Schweiz. https://www.bav.admin.ch/bav/de/home/verkehrsmittel/eisenbahn/fachinformationen/bahnreform. Zugegriffen: 4. Juli 2021

BAV Bundesamt für Verkehr (o. J.b) Betriebsbeiträge und Offertverfahren. https://www.bav.admin.ch/bav/de/home/verkehrsmittel/eisenbahn/gueterverkehr/verlagerung/und-offertverfahren.html. Zugegriffen: 30. Apr. 2021

BAV Bundesamt für Verkehr (o. J.c) Verkehrsmittel – Eisenbahn – Güterverkehr. https://www.bav.admin.ch/bav/de/home/verkehrsmittel/eisenbahn/gueterverkehr.html. Zugegriffen: 30. Apr. 2021

BAZG Bundesamt für Zoll und Grenzsicherheit (2022) LSVA – Übersicht. Ausgabe 2022. https://www.bazg.admin.ch/dam/bazg/de/dokumente/archiv/2013/03/lsva_-_uebersicht.pdf.download.pdf/lsva_-_uebersicht.pdf. Zugegriffen: 25. Juni 2022

Bundesregierung (o. J.) Klimaschutzgesetz 2021 – Generationenvertrag für das Klima. https://www.bundesregierung.de/breg-de/themen/klimaschutz/klimaschutzgesetz-2021-1913672. Zugegriffen: 25. Mai 2022

Berndt T (2001) Eisenbahngüterverkehr. B. G. Teubner, Stuttgart, Leipzig

Bieler C, Sutter D (2019) Externe Kosten des Verkehrs in Deutschland. Schlussbericht. INFRAS AG (Zürich) im Auftrag der Allianz pro Schiene e. V. https://www.allianz-pro-schiene.de/wp-content/uploads/2019/08/190826-infras-studie-externe-kosten-verkehr.pdf. Zugegriffen: 8. Aug. 2021

BFS Bundesamt für Statistik, Schweizerische Eidgenossenschaft (o. J.) Verkehrsinfrastruktur und Fahrzeuge. https://www.bfs.admin.ch/bfs/de/home/statistiken/mobilitaet-verkehr/verkehrsinfrastruktur-fahrzeuge.html. Zugegriffen: 07. August 2021

BFS Bundesamt für Statistik, Schweizerische Eidgenossenschaft (2021) Verkehrsleistung im Güterverkehr (Excel-Tabelle). https://www.bfs.admin.ch/bfsstatic/dam/assets/14467756/master. Zugegriffen: 13. Aug 2021

BMDV Bundesministerium für Digitales und Verkehr (2022) Richtlinie zur Förderung von Umschlaganlagen des Kombinierten Verkehrs. https://www.bmvi.de/SharedDocs/DE/Artikel/G/umschlaganlagen-foerderrichtlinie.html. Zugegriffen: 20. Mai 2022

BMK Bundesministerium für Klimaschutz, Umwelt, Energie, Mobilität, Innovation und Technologie (2021) Mobilitätsmasterplan 2030 für Österreich. Wien

BMK Bundesministerium für Klimaschutz, Umwelt, Energie, Mobilität, Innovation und Technologie (o. J.a) Verkehrswege – Eisenbahn – Förderungen. https://www.bmk.gv.at/themen/verkehr/eisenbahn/foerderungen.html. Zugegriffen: 30. Apr. 2021

BMK Bundesministerium für Klimaschutz, Umwelt, Energie, Mobilität, Innovation und Technologie (o. J.b) Sonderrichtlinien Beihilfeprogramm für die Erbringung von Schienengüterverkehrsleistungen in bestimmten Produktionsformen in Österreich 2018 bis 2022

BMK Bundesministerium für Klimaschutz, Umwelt, Energie, Mobilität, Innovation und Technologie (o. J.c) Mobilitätsmasterplan 2030 – Neuausrichtung des Mobilitätssektors. https://www.bmk.gv.at/themen/mobilitaet/mobilitaetsmasterplan/mmp2030.html. Zugegriffen: 25. Mai 2022

BMUJF Bundesministerium für Umwelt, Jugend und Familie (o. J.) Umweltbilanz Verkehr Österreich 1950–1996, Zahlenspiegel. Wien

BMVBS Bundesministerium für Verkehr, Bau- und Stadtentwicklung, (Hrsg) (2003) Verkehr in Zahlen 2003/2004. Deutscher Verkehrs-Verlag GmbH, Hamburg

BMVBS Bundesministerium für Verkehr, Bau- und Stadtentwicklung (Hrsg) (2011) Verkehr in Zahlen 2011/2012. DVV Media Group, Hamburg

BMVI Bundesministerium für Verkehr und digitale Infrastruktur (Hrsg) (2014) Verkehrsverflechtungsprognose 2030. Zusammenfassung der Ergebnisse, Forschungsbericht FE-Nr.: 96.0981/2011

BMVI Bundesministerium für Verkehr und digitale Infrastruktur (Hrsg) (2017) Masterplan Schienengüterverkehr

BMVI Bundesministerium für Verkehr und digitale Infrastruktur (2019) Integrierte Maßnahmen zur Verlagerung von Straßengüterverkehren auf den Kombinierten Verkehr und den Schienengüterverkehr. Studie im Rahmen der Wissenschaftlichen Beratung des BMVI zur Mobilitäts- und Kraftstoffstrategie. Autoren: Fraunhofer IML (Clausen U, Klukas A, Stütz S, Eiband A,

Rüdiger D, Zimmerman P), TU Hamburg-Harburg – VPL (Flämig H, Waßmann-Krohn C, Schulte N, Rüther W, Banthin H)
BMVI Bundesministerium für Verkehr und digitale Infrastruktur (2020a) Masterplan Schienenverkehr. https://www.bmvi.de/SharedDocs/DE/Anlage/E/masterplan-schienenverkehr.pdf?__blob=publicationFile. Zugegriffen: 18. Juni 2022
BMVI Bundesministerium für Verkehr und digitale Infrastruktur (Hrsg) (2020b) Verkehr in Zahlen 2019/2020. Kraftfahrt-Bundesamt, Flensburg
BMVI Bundesministerium für Verkehr und digitale Infrastruktur (Hrsg) (2022) Verkehr in Zahlen 2021/2022. Kraftfahrt-Bundesamt, Flensburg
BMVIT Bundesministerium für Verkehr, Innovation und Technologie (Hrsg) (2012) Verkehr in Zahlen 2011 Österreich. https://www.bmk.gv.at/themen/verkehrsplanung/statistik/viz11.html. Zugegriffen: 13. Aug. 2021
Brenck A, Mitusch K, Winter M (2007) Die externen Kosten des Verkehrs. In: Schöller O, Canzler W, Knie A (Hrsg) Handbuch Verkehrspolitik. VS Verlag, Wiesbaden, S 425–452
Bundesnetzagentur (2021) Marktuntersuchung Eisenbahnen 2020. https://www.bundesnetzagentur.de/SharedDocs/Downloads/DE/Sachgebiete/Eisenbahn/Unternehmen_Institutionen/Veroeffentlichungen/Marktuntersuchungen/MarktuntersuchungEisenbahnen/MarktuntersuchungEisenbahn2020.pdf?__blob=publicationFile&v=3. Zugegriffen: 25. Aug. 2021
Bundesrat Schweizer Eidgenossenschaft (2021) Klimaschutz: Bundesrat verabschiedet die langfristige Klimastrategie der Schweiz. https://www.admin.ch/gov/de/start/dokumentation/medienmitteilungen.msg-id-82140.html. Zugegriffen: 26. Mai 2022
B-VG (Bundes-Verfassungsgesetz), Fassung vom 22.10.2021
BV (Bundesverfassung der Schweizerischen Eidgenossenschaft) vom 18. April 1999 (Stand am 7. März 2021)
DB Netz AG (2021) Schienennetz-Benutzungsbedingungen der DB Netz AG 2021 (SNB 2022). https://fahrweg.dbnetze.com/resource/blob/6994750/4d00d161d0f415f55feba33f54934419/NBN_2023-data.pdf, Zugegriffen: 08. Jan. 2022
DB Netz AG (2022) Sachstand ÜLS-Strecken. https://fahrweg.dbnetze.com/resource/blob/4816508/e26bd54ecfd361a245e9b95852ad6e67/Sachstand-UeLS-Strecken-data.pdf. Zugegriffen: 17. Febr. 2022
DB Netz AG (o. J.) TraFöG Trassenentgelt Förderung im Güterverkehr. https://fahrweg.dbnetze.com/fahrwegde/kunden/leistungen/trassen/trafoeg-3269726. Zugegriffen: 2. Mai 2021
Deutscher Bundestag (2019) 19. Wahlperiode, Drucksache 19/13793, Weiterentwicklung des Einzelwagenverkehrs
Deutscher Bundestag (2021) 19. Wahlperiode, Drucksache 19/25458, Entwicklung der Einzelwagenverkehre der Bahn
EBA Eisenbahnbundesamt (2021) Nationaler Leitfaden zur Beantragung der Sicherheitsbescheinigung nach (EU) VO 2018/763. https://www.eba.bund.de/SharedDocs/Downloads/DE/Bahnbetrieb/SiBe/34_Nationaler_Leitfade. Zugegriffen: 25. Apr. 2021
ERA European Union Agency for Railways (2020) Fostering the railway sector through the European Green Deal. Report ERA1234
EU Kommission (2020), Strategie für nachhaltige und intelligente Mobilität: Den Verkehr in Europa auf Zukunftskurs bringen. Mitteilung der Kommission an das Europäische Parlament, den Rat, den Europäischen Wirtschafts- und Sozialausschuss und den Ausschuss der Regionen. COM(2020) 789 final
Europäischer Rat (2019) Emissionssenkung: Rat nimmt CO_2-Emissionsnormen für Lkw an. Pressemitteilung. https://www.consilium.europa.eu/de/press/press-releases/2019/06/13/cutting-emissions-council-adopts-co2-standards-for-trucks/. Zugegriffen: 20. Mai 2022

European Commission (2015) Study on Single Wagonload Traffic in Europe – challenges, prospects and policy options – Final Report

Eurostat (2022a) Modal split of freight transport. Online data code: T2020_RK320. Letztes Aktualisierungsdatum: 20.04.2022. https://ec.europa.eu/eurostat/databrowser/view/t2020_rk320/default/table?lang=en, Zugegriffen: 21. Juli 2022

Eurostat (2022b) Goods transport by rail. Online data code: RAIL_GO_TOTAL__custom_1215003. Letztes Aktualisierungsdatum: 11.07.2022. https://ec.europa.eu/eurostat/databrowser/view/RAIL_GO_TOTAL__custom_1215003/default/table, Zugegriffen: 21. Juli 2022

Eurostat (o. J.) Transport (Data Browser). https://ec.europa.eu/eurostat/databrowser/explore/all/transp?lang=en&display=list&sort=category. Zugegriffen: 17. Juni 2022

Fedlex (2000) Vereinbarung zwischen dem Vorsteher des Eidgenössischen Verkehrs- und Energiewirtschaftsdepartements und dem Bundesminister für Verkehr der Bundesrepublik Deutschland zur Sicherung der Leistungsfähigkeit des Zulaufes zur neuen Eisenbahn-Alpentransversale (NEAT) in der Schweiz. https://www.fedlex.admin.ch/eli/cc/2000/280/de. Zugegriffen: 24. Juni 2022

Fengler W (2013) Systemeigenschaften der Eisenbahn. In: Verband Deutscher Eisenbahn-Ingenieure e. V. (Hrsg) Eisenbahn Ingenieur Kalender 2013. DVV Media Group, Hamburg, S 271–286

FIS Forschungsinformationssystem (2015) Die Bahnreform in der Schweiz. https://www.forschungsinformationssystem.de/servlet/is/296404/. Zugegriffen: 4. Juli 2021

GG (Grundgesetz) für die Bundesrepublik Deutschland, Fassung vom 29. Sept. 2020

Henke M, Kerth S (2022) Attraktiver, wettbewerbsfähiger und resilienter Schienengüterverkehr als Garant der Klimaziele. In: ETR – Eisenbahntechnische Rundschau, 1+2:20–24

Hermes G (2020) In: Hermes G, Sellner D (Hrsg) Beck'scher AEG-Kommentar. Beck, München

Heuck J (2013) Infrastrukturmaßnahmen für den alpenquerenden und inneralpinen Gütertransport. Schriftenreihe Natur und Recht, vol 16. Springer, Berlin. https://doi.org/10.1007/978-3-642-36031-2_18

Höreth M (2020) Grundgesetz und EU-Recht. In: Große HM, Wehling H (Hrsg) Das Europalexikon. J. H. W. Dietz, Bonn

IRG – rail Independent Regulator's Group – Rail (2021) Ninth Annual Market Monitoring Working Document. https://www.irg-rail.eu/download/5/853/IRG9thMMReport-WorkingDocument.pdf. Zugegriffen: 27.08.2021

IRG – rail Independent Regulator's Group – Rail (2022) Tenth annual market monitoring working document. https://www.irg-rail.eu/download/5/922/IRG-Rail-10thMMReport-WorkingDocument.pdf. Zugegriffen: 22. Mai 2022

KBA (2022) Bestand nach Fahrzeugalter. https://www.kba.de/DE/Statistik/Fahrzeuge/Bestand/Fahrzeugalter/2022/2022_b_fz_alter_kurzbericht.html?nn=3524968&fromStatistic=3524968&yearFilter=2022&fromStatistic=3524968&yearFilter=2022. Zugegriffen: 20. Mai 2022

Kortmann W (2004) Subventionen: Die verkannten Nebenwirkungen. In: Wirtschaftsdienst, Zeitschrift für Wirtschaftspolitik, 84(7):462–472

Kühling J, Weinbeck K (2020) In: Kühling J, Otte K (Hrsg) AEG/ERegG Kommentar. Beck, München

Kummer S (2021) Modal-Studie zum Verlagerungspotenzial des Güterverkehrs. https://dok.internationales-verkehrswesen.de/2021/modalsplit210326.pdf. Zugegriffen: 03. Nov. 2022

Küpper J, Gubisch C, Mühleck K (2015) Der Weg vom nationalen zum europäischen Eisenbahnrecht. Deine Bahn 10:50–55

LVA (Landverkehrsabkommen) – Abkommen zwischen der Schweizerischen Eidgenossenschaft und der Europäischen Gemeinschaft über den Güter- und Personenverkehr auf Schiene und Strasse, abgeschlossen am 21. Juni 1999

Mofair und NEE (2019) Wettbewerber-Report Eisenbahn 2019/20 (Kurzfassung). https://mofair.de/wp-content/uploads/2019/10/WettbewerberReport-Eisenbahnen-Kurzfassung.pdf. Zugegriffen: 19 Okt. 2020

Nikutta S (2020) DB Cargo auf Wachstumskurs. In: Deine Bahn 11/2020, S 6–11

NZV (2021) Eisenbahn-Netzzugangsverordnung. https://www.fedlex.admin.ch/eli/cc/1999/142/de. Zugegriffen: 28. Jan. 2022

ÖBB (o. J.) Organisation. https://konzern.oebb.at/de/ueber-den-konzern/organisation. Zugegriffen: 1. Okt. 2021

ÖBB Infrastruktur AG (2022) Schienennetz-Nutzungsbedingungen 2023. https://infrastruktur.oebb.at/de/geschaeftspartner/schienennetz/snnb/snnb-2023/schienennetz-nutzungsbedingungen-2023.pdf. Zugegriffen: 28. Jan. 2022

Richtlinie 2007/59/EG des Europäischen Parlaments und des Rates vom 23. Oktober 2007 über die Zertifizierung von Triebfahrzeugführern, die Lokomotiven und Züge im Eisenbahnsystem in der Gemeinschaft führen. Geändert durch die Verordnung (EU) 2019/554 der Kommission vom 5. April 2019

Richtlinie 2012/34/EU des europäischen Parlaments und des europäischen Rates vom 21. November 2012 zur Schaffung eines einheitlichen europäischen Eisenbahnraums

Salander C (2019) Das Europäische Bahnsystem. Springer Vieweg, Wiesbaden

SBB (2021a) Netzzugang, Network Statement 2023 (SBBI, STB, HBS, BLSN, SOB & TVS). https://vorgaben.sbb.ch/inhalte/23871?jump-to=24155. Zugegriffen: 28. Jan. 2022

SBB (2021b) Netzzugang, Leistungskatalog Infrastruktur 2023 (SBBI, STB, HBS, BLSN, SOB). https://vorgaben.sbb.ch/inhalte/24523?jump-to=24539. Zugegriffen: 28. Jan. 2022

Schienen-Control GmbH (o. J.) Liberalisierung braucht Kontrolle. https://www.schienencontrol.gv.at/de/wettbewerbsregulierung.html. Zugegriffen: 27. Aug. 2021

Schig Schieneninfrastruktur-Dienstleistungsgesellschaft mbH (o. J.) Förderprogramm Schienengüterverkehr 2018–2022, offener Call für das Jahr 2021. https://www.schig.com/artikel/8af4194611-foerderprogrammschienengueterverkehr-2018-2022-offener-call-fuer-das-jahr-2021. Zugegriffen: 1. Mai 2021

Schroten A, van Essen H, van Wijngaarden L, Sutter D, Andrew E (2019) Sustainable transport infrastructure charging and internalisation of transport externalities: main findings. Publications Office of the European Union, ISBN: 978–92–76–03076–8

Sommer M (2020) Europäische Standardisierung. In: Trinckauf J, Maschek U, Kahl R, Krahl C (Hrsg) ETCS in Deutschland. PMC Media House, Leverkusen

SPD, Grüne & FDP (2021) Mehr Fortschritt wagen. Koalitionsvertrag 2021–2025 zwischen der Sozialdemokratischen Partei Deutschlands (SPD), BÜNDNIS 90/DIE GRÜNEN und den Freien Demokraten (FDP)

Spektrum (2001) Lexikon der Geographie, Suchwort „Güterverkehr". https:// www.spektrum.de/lexikon/geographie/gueterverkehr/3282. Zugegriffen: 9. Aug. 2021

Statistik Austria (o. J.) Modal Split – Güterverkehr. https://www.statistik.at/web_de/statistiken/energie_umwelt_innovation_mobilitaet/verkehr/modal_split_gueterverkehr/index.html. Zugegriffen: 13. Aug. 2021

Stumm S (2020) In: Wittenberg K et al (Hrsg) Kommentar zur Eisenbahn-Bau- und Betriebsordnung. PMC Media House, Leverkusen

Suter J, Inglese T (2021) Neue Methode für den Aufbau und die Erhaltung von Sprachkompetenzen von Lokführern und Fahrdienstleitern. In: ETR – Eisenbahntechnische Rundschau, 1+2:17–21

Toll Collect (o. J.) Mauttarife. https://www.toll-collect.de/de/toll_collect/bezahlen/maut_tarife/maut_tarife.html. Zugegriffen: 25. Juni 2022

UBA Umweltbundesamt (Hrsg) (2020) Ökologische Bewertung von Verkehrsarten. Abschlussbericht. Dessau-Roßlau. https://www.umweltbundesamt.de/sites/default/files/medien/479/publikationen/texte_156-2020_oekologische_bewertung_von_verkehrsarten_0.pdf. Zugegriffen: 7. Aug. 2021

UBA Umweltbundesamt (2021a) Übereinkommen von Paris. https://www.umweltbundesamt.de/themen/klima-energie/internationale-eu-klimapolitik/uebereinkommen-von-paris#ziele-des-ubereinkommens-von-paris-uvp. Zugegriffen: 26. Mai 2022

UBA Umweltbundesamt (Hrsg) (2021b) Umweltfreundlich mobil! Ein ökologischer Verkehrsartenvergleich für den Personen- und Güterverkehr in Deutschland. Dessau-Roßlau. https://www.umweltbundesamt.de/sites/default/files/medien/5750/publikationen/2021b_fb_umweltfreundlich_mobil_bf.pdf. Zugegriffen: 16. Apr. 2022

UBA Umweltbundesamt (o. J.) Güterverkehrsleistung nach Verkehrsmitteln. https://www.umweltbundesamt.de/bild/verkehrsleistung-im-gueterverkehr#csv. Zugegriffen: 16. Apr. 2022

UVEK Schweizerische Eidgenossenschaft, Eidgenössisches Departement für Umwelt, Verkehr, Energie und Kommunikation (o. J.) Verkehrsverlagerung. https://www.uvek.admin.ch/uvek/de/home/verkehr/verkehrsverlagerung.html. Zugegriffen: 24. Sept. 2021

VDV und Roland Berger (2022) Schienengüterverkehr als Garant des Klimaschutzes im Verkehr – Qualität, Innovation und Kunden im Fokus. Abschlussbericht, Gutachten zum Schienengüterverkehr bis 2030. https://www.vdv.de/schienengueterverkehr-als-garantdes-klimaschutzes.aspx. Zugegriffen: 4. März 2022

VCÖ (o. J.) Zahlen und Fakten zur Verkehrsinfrastruktur in Österreich. https://blog.vcoe.at/service/fragen-und-antworten/zahlen-und-fakten-zur-verkehrsinfrastruktur-in-oesterreich. Zugegriffen: 7. Aug. 2021

VÖV UTP Verband öffentlicher Verkehr (2009) Manual Schienengüterverkehr. VöV Schriften 7

Zwanziger F (2020) In: Wittenberg K et al (Hrsg) Kommentar zur Eisenbahn-Bau- und Betriebsordnung. PMC Media House, Leverkusen

2 Grundlagen zu Betrieb und Infrastruktur

Zusammenfassung

Das zweite Kapitel führt in die betrieblich-technischen Grundlagen der Eisenbahn ein. Da diese auf den physikalischen Eigenschaften des Systems aufbauen, werden zunächst grundlegende Zusammenhänge wie das Zusammenspiel von Stahlrad und Stahlschiene erläutert. Anschließend werden in den beiden Hauptteilen die Themen Bahnbetrieb und Bahninfrastruktur beschrieben, wobei sich dabei viele Aspekte gegenseitig bedingen: So bestimmen die betrieblichen Anforderungen, z. B. die gewünschte Höchstgeschwindigkeit, wie die Infrastruktur gestaltet sein muss; umgekehrt bedingen technische Unterschiede an Ländergrenzen betriebliche Schnittstellen. Die Beschreibung der Themen geschieht einerseits generisch, andererseits wird stets ein Schwerpunkt auf solche Aspekte gelegt, die von besonderer Relevanz für den Schienengüterverkehr sind. Das Kapitel schließt mit einem Ausblick auf mögliche Entwicklungspfade der Teilsysteme.

Dieses Kapitel richtet sich insbesondere an solche Leser, die bisher über kein oder wenig Grundlagenwissen über das System Eisenbahn verfügen. Nach einem Überblick über die physikalischen Systemeigenschaften (Abschn. 2.1) werden Grundlagen des Bahnbetriebs (Abschn. 2.2) und der Bahninfrastruktur (Abschn. 2.3) ausführlich besprochen, bevor ein Ausblick auf künftige Entwicklungen (Abschn. 2.4) das Kapitel beschließt. Ziel des Kapitels ist die Darstellung allgemeiner eisenbahntechnischer und -technologischer Grundlagen, wobei stets Spezifika des Schienengüterverkehrs (SGV) herausgearbeitet werden.

H. Stuhr et al., *Schienengüterverkehr*, https://doi.org/10.1007/978-3-658-38753-2_2

2.1 Physikalische Eigenschaften

Das Rad-Schiene-System der Eisenbahn bringt tiefgreifende systemische Unterschiede gegenüber anderen Verkehrsträgern mit sich. Obwohl die physikalischen Eigenschaften dabei überall gleich sind und alle Staaten und Bahngesellschaften der Welt somit sehr ähnlichen Herausforderungen und Fragestellungen gegenüberstehen, haben die Akteure darauf in der Vergangenheit unterschiedliche technische und technologische Antworten gefunden (Abschn. 1.3.1).

Als erste wesentliche Determinante ist dabei die Spurführung zu nennen, mittels derer unkontrollierte seitliche Bewegungen der Fahrzeuge verhindert werden. Konkret gewährleistet wird dies durch die passende Kombination von Schienen- und Radprofil, wie in Abb. 2.1 zu sehen ist. Die Spurführung hat zur Folge, dass Fahrzeuge nicht aktiv gelenkt werden können und ein Gleiswechsel (Spurwechsel) nur mit speziellen Infrastrukturkomponenten, im Regelfall Weichen, möglich ist.

Die zweite wesentliche Systemeigenschaft ist die Verwendung von Stahlrädern auf Stahlschienen. Schon ein oberflächlicher Vergleich mit dem Straßenverkehr verdeutlicht hierbei die Unterschiede: Meist werden im Straßenverkehr Gummireifen auf Asphalt verwendet, was im Vergleich zur Kombination Stahl auf Stahl zwar einen höheren Kraftschluss (ausgedrückt durch den Kraftschlussbeiwert) bietet, aber auch zu einem größeren Rollwiderstand führt. Anders ausgedrückt: Ein Eisenbahnfahrzeug hat im Vergleich zum Straßenfahrzeug einen deutlich geringeren Fahrwiderstand zu überwinden. Trotzdem sind die Beschleunigungs- und Bremswege länger, weil der geringere Kraftschlussbeiwert zwischen Stahlrad und Stahlschiene die übertragbaren Traktions- und Bremskräfte begrenzt. Diese technischen Merkmale ermöglichen zwar die Bildung langer Züge,

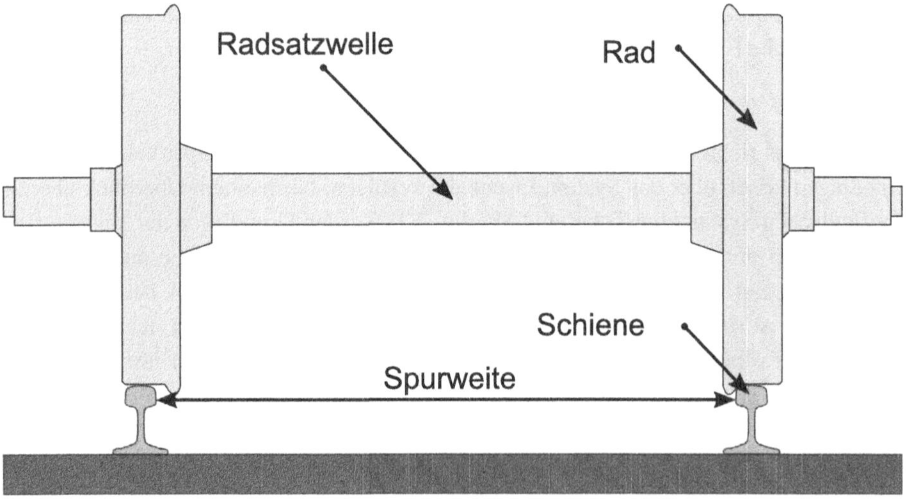

Abb. 2.1 Radsatz im Gleis

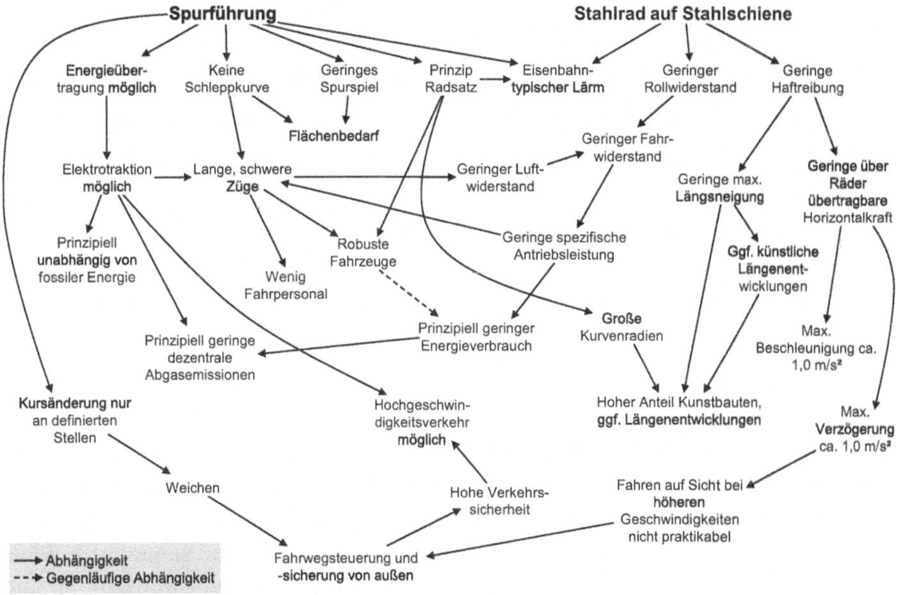

Abb. 2.2 Abhängigkeitsgraph der Systemeigenschaften der Eisenbahn nach Fengler (2013, S. 275)

haben aber zusammen einen höheren Aufwand für die Gestaltung der Bahnanlagen und die sichere Betriebsdurchführung zur Folge, wie in Abschn. 2.2.1 gezeigt wird.

Die grundlegenden Systemmerkmale Spurführung und „Stahlrad auf Stahlschiene" sind Ausgangspunkt aller wesentlichen technischen Eigenschaften des Systems Eisenbahn, wie Fengler (2013) darlegt und Abb. 2.2 illustriert.

Neben dem Rollwiderstand sind der Bewegung des Eisenbahnfahrzeugs weitere Widerstandskräfte entgegengerichtet. Der Gesamtwiderstand für die Fahrt eines Fahrzeugs ergibt sich unter Berücksichtigung all dieser Komponenten. Einige davon sind streckenabhängig wie der Neigungs- oder der Bogenwiderstand, andere fahrzeugabhängig wie der Luft- oder der Anfahrwiderstand. Soll sich ein Fahrzeug in Bewegung setzen oder beschleunigen, muss die Antriebskraft (oder auch Zugkraft) größer als die Summe aller Widerstandskräfte sein; soll es eine Geschwindigkeit halten, muss die Antriebskraft dieser Summe entsprechen. Das Gebiet der Fahrdynamik behandelt diese Zusammenhänge; eine eingehende Abhandlung dazu findet sich bei Wende (2003), inklusive spezifischer Parameter für den SGV.

Aus dem geringeren Kraftschlussbeiwert im Rad-Schiene-System resultieren Bremswege, die weit länger sind, als sie von einem Triebfahrzeugführer überblickt werden können (Abschn. 3.2.6). Die genaue Länge ist abhängig von diversen Faktoren, insbesondere (Ausgangs-)Geschwindigkeit und Zugmasse, welche gemeinsam die kinetische Energie eines Objekts ausmachen. Daneben spielen aber unter anderem auch

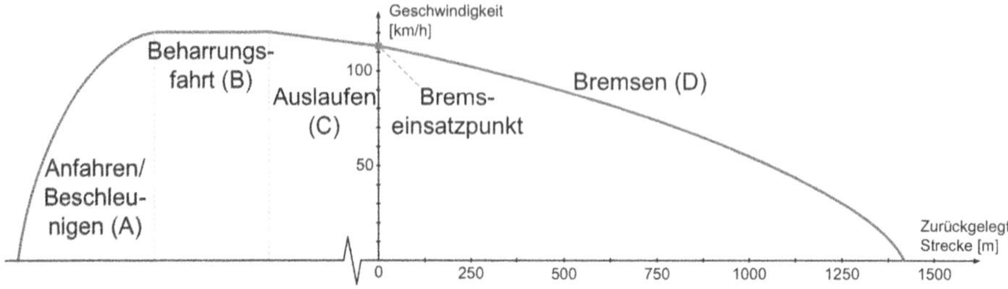

Abb. 2.3 Fahrspiel und Betriebsbremsung eines Güterzuges

Witterungsverhältnisse, Bremsvermögen, Art der Bremsung und Neigungsverhältnisse eine Rolle.

Abb. 2.3 zeigt beispielhaft alle Bewegungsphasen, aus denen sich eine Zugfahrt zusammensetzen kann: Beim Anfahren (A) ist das Beschleunigungsvermögen des Zuges für den Kurvenverlauf verantwortlich. Für die Beharrungsfahrt (B), also dem Halten der gewünschten Geschwindigkeit, entspricht die Antriebskraft der Summe der Widerstandskräfte. Beim Auslaufen (C) sorgen die relevanten Widerstandskräfte für eine Geschwindigkeitsreduktion, wobei die Bremsen des Zuges nicht bedient werden. Im Bild verringert sich so die Geschwindigkeit des Zuges von 120 auf 100 km/h. Der Kurvenverlauf der Bremsung (D) nach dem Bremseinsatzpunkt hängt von der Art der Bremsung und den örtlichen Verhältnissen ab. Hier wird die Betriebsbremsung[1] eines schweren Güterzuges dargestellt. Es zeigt sich, dass bei einer Ausgangsgeschwindigkeit von 100 km/h ein beispielhafter Bremsweg von ca. 1400 m nötig ist.

Straßenfahrzeuge verkehren auf Sicht, der Fahrer reguliert den Abstand zum vorausfahrenden Fahrzeug und die Geschwindigkeit vor bestimmten Infrastrukturelementen wie zum Beispiel Lichtsignalanlagen oder engen Bögen dergestalt, dass er stets rechtzeitig zum Halten kommen kann. Dies ist aufgrund der langen Bremswege im System Eisenbahn im Regelfall nicht möglich. Das führt zu zwei weiteren Grundprinzipien des Systems:

- Zum einen muss technologisch sichergestellt werden, dass der Abstand zweier Züge ausreichend groß ist, sodass es zu keiner Gefährdung kommen kann. Hierbei kommt das Fahren im festen Raumabstand zum Einsatz, das in Abschn. 2.2.1 näher erläutert wird.
- Zum anderen ergibt sich durch die unzureichende Voraussicht vom Fahrzeug der Bedarf nach einer Außensteuerung des Systems. Die Verantwortung für das Bedienen beweglicher Fahrwegelemente (z. B. von Weichen) und Signalen wird auf eine Funktion außerhalb des Fahrzeugs übertragen (Abschn. 2.2.2).

[1] Eine Betriebsbremsung stellt die „sanfteste“ Bremsung im Bahnbetrieb dar. Im Gefahrenfall kann bspw. durch eine Schnellbremsung ein deutlich kürzerer Bremsweg erreicht werden. Mehr zu Bremsen und Bremstechnik in Abschn. 3.2.6.

Beides, Abstandshaltung und Außensteuerung, wird nicht allein über betriebliche Regeln, sondern auch über Systeme der sogenannten Eisenbahnsicherungstechnik sichergestellt. Einen Überblick hierzu bietet u. a. Maschek (2019).

Auf Basis der physikalischen Systemeigenschaften können nach Weidmann (2020, S. 32 f.) drei Einsatzfelder abgeleitet werden, in denen die Eisenbahn aufgrund ihrer komparativen Stärken der optimale Verkehrsträger ist. Neben zwei Einsatzfeldern im Personenverkehr – dem Fernverkehr für Reisedistanzen bis 700 km bei Geschwindigkeiten von 250 bis 350 km/h mit dem Vorteil kurzer Reisezeiten sowie dem urbanen Verkehr mit dem Vorteil hoher Flächeneffizienz und Beförderungskapazität – ist dies im SGV der effiziente Transport großer Gütermengen über lange Strecken. Hier kommen auch die aus Tab. 1.7 (Abschn. 1.5.4) bekannten positiven Systemaspekte bestmöglich zur Geltung.

2.2 Bahnbetrieb

▶ Bahnbetrieb = „Gesamtheit aller Tätigkeiten zur Koordination, Regelung und Sicherung von Fahrten mit Eisenbahnfahrzeugen auf einer Eisenbahninfrastruktur.“ (Pachl 2021b, o. S.)

Der Definition des Begriffs „Bahnbetrieb“ folgend, geht es in diesem Abschnitt zunächst um eine Darstellung allgemeiner, systemtechnischer Grundlagen zur Sicherung der Zugfolge (Abschn. 2.2.1), bevor in den folgenden Abschnitten auf die praktischen Aspekte der Betriebsplanung und -durchführung eingegangen wird. Ein Schwerpunkt ist dabei der Rangierbetrieb (Abschn. 2.2.4). Einige Besonderheiten, bspw. das Nachschieben von Zügen und Spezifika von Gefahrguttransporten, werden hingegen ausgespart.

In einer allgemeinen Form haben Scheidt et al. (2018) die für den Bahnbetrieb relevanten Prozesse in einer Prozesslandschaft beschrieben. Durch den in Abb. 2.4 angewandten generischen Ansatz gelten die Teilprozesse länderübergreifend, wenngleich sie auf unterschiedliche Art und Weise konkret ausgestaltet werden. Die Begriffe

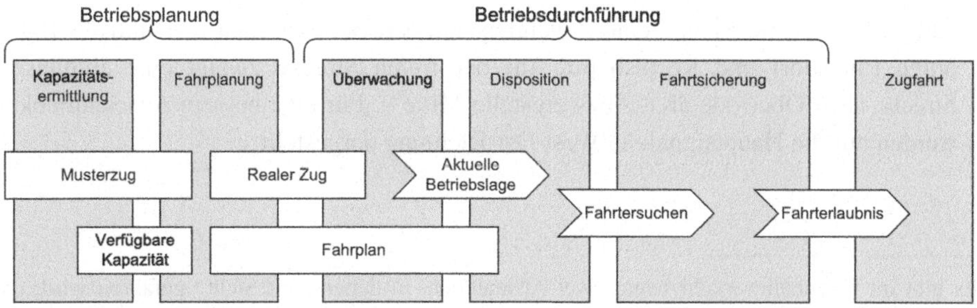

Abb. 2.4 Prozesslandschaft Bahnbetrieb in Anlehnung an Scheidt et al. (2018)

sind daher auch losgelöst von den jeweiligen Regelwerken eines Landes zu betrachten – eine Zugfahrt umfasst in diesem Sinne hier auch Rangierfahrten. Auf den Unterschied zwischen beidem wird in Abschn. 2.2.3 eingegangen. Abschn. 2.2.5 behandelt die Planung des Betriebs, zuvor Abschn. 2.2.2 Betriebsverfahren im Allgemeinen.

2.2.1 Sicherung der Zugfolge

Theoretisch sind verschiedene Abstandshalteverfahren zur Sicherung der Zugfolge möglich (vgl. Pachl 2021a, S. 39 ff.), praktische Anwendung findet heute aber fast ausschließlich das *Fahren im festen Raumabstand.*[2] Hierbei wird die Infrastruktur in Abschnitte (Blockabschnitte bzw. „Blöcke“) unterteilt, die in der Regel mindestens so lang sind wie der maximale Bremsweg der Züge, die auf dieser Strecke zugelassen sind. Unter den in Europa häufig vorzufindenden Rahmenbedingungen ergibt sich auf vielen Strecken eine Mindestblocklänge von 1000 m. Die tatsächlich umgesetzte Blocklänge ist das Resultat örtlicher Gegebenheiten und der geforderten Leistungsfähigkeit: Je kürzer die Blockabschnitte sind, desto kürzer sind auch die Abstände, in denen zwei Züge einander folgen können.

Begrenzt werden die Blockabschnitte in der Regel durch Hauptsignale, die direkt am Gleis stehen und zur Übermittlung einer Fahrterlaubnis oder eines Haltbegriffs dienen. Die Stellung der Hauptsignale wird durch Vorsignale angekündigt, um Zügen im Falle einer Haltstellung einen hinreichenden Bremsweg zur Verfügung stellen zu können.

Auf diese Ausrüstung kann zugunsten einer Führerstandssignalisierung verzichtet werden – betriebliche Vorgaben werden dann unmittelbar im Triebfahrzeug angezeigt. Möglich ist auch die Kombination beider Systeme, also Führerstandssignalisierung und ortsfeste Signale. Dominant sind heute allerdings noch immer Strecken mit rein ortsfester Signalisierung.

Unabhängig vom Signalsystem müssen bestimmte Voraussetzungen erfüllt sein, damit ein Zug einen Blockabschnitt befahren darf. Insbesondere muss der Blockabschnitt frei von anderen Fahrzeugen sein, um Kollisionen auszuschließen.

Beispiel

Abb. 2.5 zeigt die Skizze einer zweigleisigen Strecke zwischen den fiktiven Bahnhöfen Linksdorf und Rechtsheim. Auf der freien Strecke zweigt eine eingleisige Strecke nach Oberrode ab („Abzweigstelle Mitte“). Für eine bessere Anschaulichkeit werden nur die Hauptsignale in West-Ost-Richtung dargestellt.

[2] Es gibt im Eisenbahnverkehr heute zwei Ausnahmen, in denen „auf Sicht“ gefahren wird: das Rangieren (Abschn. 2.2.2) und betriebliche Rückfallebenen im Störungsfall. Für Straßenbahnen trifft dieses Abstandshalteverfahren ebenfalls zu, diese sind hier aber kein Betrachtungsgegenstand.

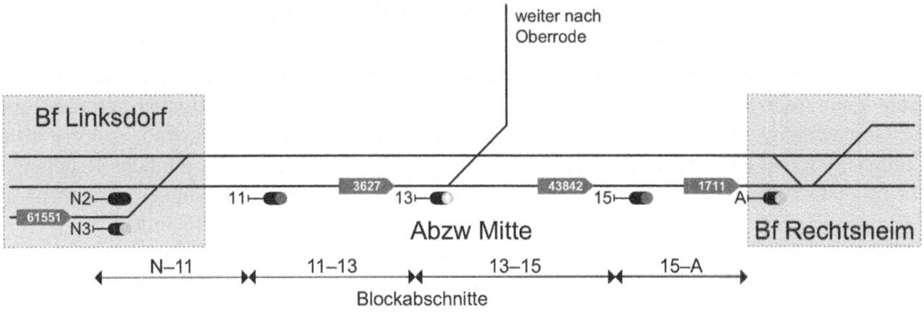

Abb. 2.5 Skizze einer zweigleisigen Strecke[3]

Auf dem Ausschnitt befinden sich mehrere Zugfahrten:

- Der Zug 61551 kann den Bahnhof Linksdorf verlassen – das Ausfahrsignal N3 zeigt Fahrt –, weil der folgende Blockabschnitt frei ist. Der vorausfahrende Zug wird vom Blocksignal 11 geschützt bzw. „gedeckt".
- Der Zug 3627 könnte nicht in Richtung Rechtsheim weiterfahren, weil der folgende Blockabschnitt belegt ist. Da der Zug in Richtung Oberrode weiterfahren soll, zeigt das Blocksignal 13 aber ebenfalls Fahrt an.
- Der Zug 43842 steht vor einem Halt zeigenden Signal, weil der folgende Blockabschnitt belegt ist. Erst, wenn dieser geräumt wurde und der Zug 1711 vom Einfahrsignal A gedeckt wird, kann das Blocksignal 15 die Fahrt zulassen.
- Der Zug 1711 kann in den Bahnhof Rechtsheim einfahren, das Zielgleis ist frei. ◀

Um eine Bremsung angesichts der langen Bremswege rechtzeitig einleiten zu können, ist eine Vorausschau auf die nächsten Signale unerlässlich. Hierzu dienen Vorsignale bei ortsfesten Signalsystemen bzw. wiederum Führerstandsanzeigen. Die korrekte Umsetzung von Signalbegriffen auf die Fahrzeugsteuerung wird dabei in den meisten Fällen durch *Zugbeeinflussungssysteme* überwacht. Leitet der Triebfahrzeugführer beispielsweise bei der Fahrt auf ein „Halt" zeigendes Signal eine Bremsung nicht oder zu spät ein, wird der Zug durch das Zugbeeinflussungssystem zwangsgebremst. Analog findet, je nach Bauform der Zugbeeinflussung, eine Überwachung an weiteren, diskreten Punkten der Infrastruktur oder auch kontinuierlich, d. h. entlang des gesamten Laufwegs, statt.

[3] Diese und alle weiteren Abbildungen dieses Kapitels, die Gleispläne enthalten, wurden mit Hilfe des Tools „Signalschablone" erstellt. Weitere Informationen dazu unter signalschablone.maschexx.de.

Hintergrundinformation: Anforderungen an Zugbeeinflussungssysteme
Bei besonders hohen Geschwindigkeiten (in Deutschland laut EBO (§ 15) bei mehr als 160 km/h) und dementsprechend verlängerten Bremswegen und erschwerten Signalwahrnehmungsmöglichkeiten kann zusätzlich die Führung des Zuges als Funktion der Zugbeeinflussung gefordert sein. Die Geschwindigkeitsüberwachung wird dann nicht mehr punktuell angestoßen, sondern wirkt kontinuierlich und kann Züge jederzeit selbsttätig zum Halten bringen. Sehr ähnliche Regelungen gibt es in Österreich und der Schweiz, wo ebenfalls ab einer Geschwindigkeit von mehr als 160 km/h strengere Vorgaben an die sicherungstechnische Ausrüstung gestellt werden.

Trotz verschiedener Konzepte in der Vergangenheit spielt dieser Hochgeschwindigkeitsbereich im SGV heute keine Rolle (Abschn. 3.2.1). Allerdings ist es durchaus üblich, dass Güterzüge auf Strecken verkehren, die ausschließlich mit solchen Zugbeeinflussungssystemen ausgerüstet sind; dies betrifft einerseits Strecken für hohe Geschwindigkeiten, andererseits aber auch solche mit besonders hohen Kapazitätsanforderungen. Die Züge werden dann, eine entsprechende Fahrzeugausrüstung vorausgesetzt, ebenfalls kontinuierlich überwacht. Da die zur Verfügung stehenden Bremswege dann deutlich länger sind als bei ortsfester Signalisierung, können hier auch schwächer gebremste Güterzüge von höheren möglichen Geschwindigkeiten profitieren, z. B. 120 statt 100 km/h.

Hintergrundinformation: European Train Control System
Unterschiedliche Zugbeeinflussungssysteme sind ein wesentliches Hindernis für die Interoperabilität des Schienenverkehrs in Europa (Abb. 2.21). Daher begannen schon in den 1980er Jahren Überlegungen für eine Harmonisierung in diesem Bereich, die in die Entwicklung des European Train Control System (ETCS) mündeten.[4] Seit den 2000er Jahren arbeiten die europäischen Eisenbahnen in unterschiedlichem Tempo daran, ihre Technik auf den europäischen Standard umzustellen.[5] Weitere Ziele, die mit der Einführung von ETCS verfolgt werden, sind Kostenvorteile, Kapazitätsgewinne und vereinfachte Zulassungsverfahren. Inwieweit sie sich realisieren lassen, hängt vom jeweiligen länderspezifischen Kontext ab. Die Interoperabilität anderer technischer Gewerke oder der betrieblichen Regeln geht mit der Einführung von ETCS nicht zwingend einher.

Die Aufgaben von ETCS sind grundsätzlich dieselben wie bei anderen Zugbeeinflussungssystemen, also im Wesentlichen die Verhinderung unzulässiger Fahrten und Geschwindigkeiten, indem entsprechende Informationen von der Infrastruktur an das Fahrzeug übertragen werden.

Den rechtlichen Rahmen für die Einführung gibt die TSI Zugsteuerung, Zugsicherung und Signalgebung (Verordnung (EU) 2016/919) vor. Unter anderem wird hier die Nutzung von ETCS für Neubauvorhaben auf international bedeutsamen Strecken verpflichtend gemacht (Artikel 9).

Die einzelnen ETCS-Komponenten (fahrzeug- und streckenseitig) und Schnittstellen sind umfangreich spezifiziert worden. Die Hauptversionen der Systemspezifikation werden als Baselines bezeichnet, die aktuelle Version ist Baseline 3.6.0. Bedeutsam ist die Unterscheidung der verschiedenen Level (Ausrüstungsstandards), wobei eine Strecke auch mehrere Level implementieren kann, während in einem Fahrzeug immer nur ein Level aktiv ist:

---

[4] ETCS ist wiederum ein Bestandteil des European Rail Traffic Management System (ERTMS), zu dem auch der einheitliche Zugfunkstandard Global System for Mobile Communications – Railway (GSM-R) gehört.

[5] Der Fortschritt der ETCS-Implementierung weltweit wird auf www.ertms.net dokumentiert.

- Level NTC: Dieses Level wurde als Schnittstelle zwischen einem nationalen Zugbeeinflussungssystem (NTC, National Train Control) und einer ETCS-Fahrzeugausrüstung definiert.
- Level 0: Überwachung der Zug-Höchstgeschwindigkeit, aber praktisch keine ETCS-Funktionalitäten mangels entsprechender Streckenausrüstung – bedarf somit de facto eines weiteren Zugbeeinflussungssystems.
- Level 1: Ergänzung der bestehenden Sicherungstechnik (Stellwerk und i. d. R. ortsfeste Signale) durch diskrete Überwachungseinrichtungen im Gleis (i. d. R. Balisen), die mit kompatiblen Fahrzeugeinrichtungen kommunizieren können.
- Level 2: Ergänzung bestehender Stellwerke durch ein funkbasiertes, kontinuierlich wirkendes Zugbeeinflussungssystem, das auch den Verzicht auf ortsfeste Signale erlaubt. Mittelfristig wird dieses Level in Europa zum Standard werden.
- Level 3[6]: Basierend auf den Funktionalitäten von Level 2, stellen alle Züge kontinuierlich ihre eigene Integrität (Vollständigkeit) sicher und kommunizieren diese Information an die Streckenzentrale; dies ermöglicht den Verzicht auf eine streckenseitige Gleisfreimeldung und in der Konsequenz kürzere Abstände zwischen den Zügen. Dieses Level ist noch nicht im regulären Einsatz.

Die komplette ETCS-Dokumentation findet sich auf der Webseite der Europäischen Eisenbahnagentur (ERA). Vertiefende Literatur zum Thema stammt u. a. von Schnieder (2021) und Trinckauf et al. (2020). An weitergehenden Harmonisierungsschritten in Europa wird gearbeitet (Abschn. 2.4).

2.2.2 Betriebsverfahren und -durchführung

Zum Bahnbetrieb zählen im weiteren Sinne alle Prozesse, die mit der Vorbereitung und Durchführung von Fahrzeugbewegungen – also Zug- und Rangierfahrten (Abschn. 2.2.3) – zusammenhängen. In diesem Abschnitt werden einige Grundlagen dargestellt, die sich mit der unmittelbaren Durchführung des Bahnbetriebs beschäftigen.

Betriebsverfahren sind auch heute noch stark national geprägt. Selbst innerhalb Europas gibt es teils erhebliche Unterschiede. Dies hängt auch mit unterschiedlichen Denkschulen zusammen, die aus der Anfangszeit der Eisenbahn stammen und sich weltweit in Einflusssphären niederschlagen (Pachl 2019b, S. 1 ff.). Trotz vieler größerer und kleinerer Unterschiede ähneln sich die betrieblichen Regeln Deutschlands, Österreichs und der Schweiz aufgrund ihrer gemeinsamen historischen Prägung aber relativ stark.

▶ Betriebsverfahren = „System betrieblicher Regeln und technischer Mittel zur Durchführung von Fahrten mit Eisenbahnfahrzeugen auf einer Eisenbahninfrastruktur". (Pachl 2019a, S. 428 f.)

Für den Charakter eines Betriebsverfahrens und resultierende Parameter wie Sicherheit und Leistungsfähigkeit ist beides relevant: Regeln und Prozesse auf der einen

[6] Level 2 und 3 sollen künftig gemeinsam als „Level R" klassifiziert werden, weil die Gemeinsamkeiten in der Spezifikation sehr groß sind.

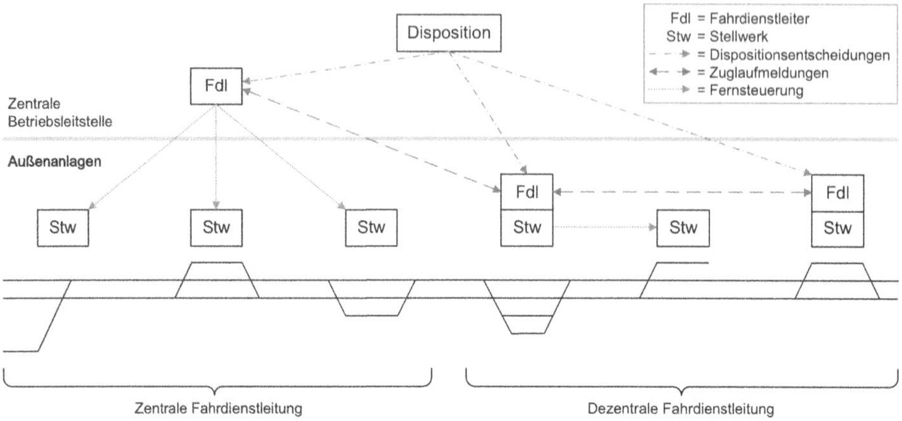

Abb. 2.6 Struktur bei zentralisierter und dezentralisierter Fahrdienstleitung, angelehnt an Pachl (2021a, S. 246)

Seite, andererseits aber auch die technische Infrastruktur. Welches Betriebsverfahren für welche Strecke geeignet ist, muss durch die Analyse der Rahmenbedingungen (z. B. Infrastruktur, Fahrzeuge, Personalbelastung) festgestellt werden.

Fast immer werden heute Betriebsverfahren eingesetzt, die ein Signalisierungssystem beinhalten (ortsfeste Lichtsignale oder Führerstandssignalisierung, Abschn. 2.2.1). Bei einfachen Verhältnissen und geringen Zugzahlen kann auch darauf verzichtet werden. Stattdessen werden Fahrten dann mittels mündlicher oder schriftlicher Weisungen zugelassen. Die reduzierte technische Sicherung wird dann durch angepasste Regeln ersetzt, und das Personal trägt ein höheres Maß an individueller Verantwortung. Solche Verfahren für Zugfahrten werden als Zugleitbetrieb bezeichnet. Auch das Rangieren ist ein solches vereinfachtes Betriebsverfahren für bestimmte Einsatzzwecke (Abschn. 2.2.4).

Die *Betriebssteuerung* wird nach der Struktur der Fahrdienstleitung unterschieden. Diese kann an einem Ort konzentriert sein (zentral), wobei die örtlichen Betriebsstellen unbesetzt sind, wie im linken Teil von Abb. 2.6 illustriert. Das Gegenstück ist eine dezentrale Fahrdienstleitung, bei der die örtlichen Betriebsstellen mit Fahrdienstleitern besetzt sind. Auch in dieser Struktur ist die Fernsteuerung von Stellwerken möglich. Die dezentrale Fahrdienstleitung ist in Europa historisch der Regelfall, der Trend geht jedoch in Richtung Zentralisierung.

Ob in zentraler oder dezentraler Struktur: Fahrdienstleiter (in der Schweiz auch: Zugverkehrsleiter) stehen untereinander in Kontakt und sind in ihrem jeweiligen Bereich für die operative Betriebsdurchführung zuständig. Sie sind (mit-)verantwortlich für die Sicherheit und Pünktlichkeit des Bahnbetriebs. Konkret umfasst die Arbeit des Fahrdienstleiters das Bedienen von Weichen, Signalen und anderen technischen Anlagen sowie die Erteilung von Zustimmungen zu Zugfahrten nach Maßgabe des Fahrplans und des jeweils gültigen betrieblichen Regelwerks.

Dieses Regelwerk wird als Fahrdienstvorschrift bezeichnet. In Deutschland und Österreich wird es vom jeweiligen Eisenbahninfrastrukturunternehmen (EIU) herausgegeben und muss von den Aufsichtsbehörden genehmigt werden. In der Schweiz ist das Bundesamt für Verkehr für die Herausgabe der Fahrdienstvorschrift zuständig, sie hat damit hier EIU-übergreifende Gültigkeit.[7] Es enthält Regelungen für den Regelbetrieb, den gestörten Betrieb und Notsituationen.[8] Sowohl bei der Herausgeberschaft als auch beim strukturellen Aufbau und Detail-Regelungen offenbaren sich hier die eingangs angeführten Unterschiede zwischen den Infrastrukturbetreibern.

Fahrdienstleiter sind grundsätzlich auch für die Regelung der Reihenfolge der Züge zuständig; abhängig von der Organisation des EIU und der betrachteten Infrastruktur wird diese Aufgabe ab einer gewissen Betrachtungsebene aber meist von separaten Disponenten wahrgenommen (Abb. 2.6). Diese arbeiten meist zentralisiert in einer Betriebszentrale[9] – teils auch im Team mit den zugeordneten Fahrdienstleitern – und treffen ihre dispositiven Entscheidungen auf Grundlage eines aktuellen betrieblichen Lagebilds und definierter Dispositionsregeln, mit denen vor Ereigniseintritt eine Priorisierung für betriebliche Konflikte festgelegt ist. Sie arbeiten dabei auch mit den Disponenten der EVU zusammen, treffen ihre Entscheidungen aber unabhängig. EIU- und EVU-Disponenten haben zwar dieselbe Berufsbezeichnung, ihrer Arbeit liegen jedoch unterschiedliche Optimierungskriterien zugrunde: Das EIU betrachtet meist alle EVU auf einem bestimmten Teilnetz oder einem Streckenabschnitt, das EVU jeweils nur seine eigenen Verkehre.

2.2.3 Unterscheidung von Zug- und Rangierfahrten

Für das Bewegen von Fahrzeugen im Eisenbahnbetrieb gibt es grundsätzlich zwei verschiedene Verfahren: das Fahren von Zügen und das Rangieren (österr. Verschieben). Der Definition des Rangierens liegt dabei eine Art „Auffangtatbestand" zugrunde: Jede beabsichtigte Fahrzeugbewegung, die nicht dem Fahren von Zügen zugeordnet werden kann, gilt demnach als Rangieren. Auf dessen besondere Rolle für den SGV wird im folgenden Abschn. 2.2.4 näher eingegangen.[10]

Zugfahrten zeichnen sich betrieblich insbesondere dadurch aus, dass sie stets über eine Zugnummer und einen Fahrplan verfügen, der allen Beteiligten bekannt sein muss (Abschn. 2.2.5). Im Betriebsablauf gelten für sie andere – strengere – Regeln, die

---

[7] Siehe hierzu auch die Einordnung der Vorschriften in die Normenhierarchie in Abb. 1.7.

[8] Diese Einteilung verschiedener betrieblicher Szenarien basiert auf Durchführungsverordnung (EU) Nr. 2019/773, Abschn. 4.2.1.2.1.

[9] In Österreich auch: Betriebsführungszentrale.

[10] In diesem wie auch den folgenden Abschnitten werden viele Informationen zu betrieblichen Regelungen aus den maßgebenden Fahrdienstvorschriften der deutschsprachigen Länder gewonnen: (DB Netz AG 2019, Bundesamt für Verkehr 2020, ÖBB AG 2015).

unter anderem höhere Geschwindigkeiten erlauben und ein höheres Maß an Sicherheit erfordern, was regelmäßig in der Nutzung bewährter Technologien (z. B. Fahrstraßen[11]) und sicherungstechnischer Einrichtungen (z. B. Zugbeeinflussungssysteme) Ausdruck findet. Nur Zugfahrten können auf die freie Strecke übergehen. Sie verkehren im festen Raumabstand: Der Triebfahrzeugführer muss zwar den Fahrweg beobachten, um auf externe Einflüsse reagieren zu können; er kann aber davon ausgehen, dass sich keine „feindlichen" Fahrten im Gleis befinden und der Fahrweg korrekt eingestellt ist. Dies ergibt sich aus den physikalischen Grundeigenschaften des Bahnsystems (Abschn. 2.1).

Für *Rangierfahrten*[12] gelten die Zugcharakteristika im Umkehrschluss nicht: Sie haben keinen Fahrplan, was die flexible, oft kurzfristige Abwicklung der Fahrten vereinfacht. Die betrieblichen Regeln sind weniger streng. So kann beispielsweise auch ohne die Nutzung von Fahrstraßen rangiert werden. Ferner kann Rangierfahrten auch per Handzeichen oder fernmündlich die Zustimmung zur Fahrt übermittelt werden. In modernen Stellwerken[13] ist ein höherer Sicherungsstandard, u. a. mittels Rangierfahrstraßen, allerdings üblich. Bei Werks- und Industriebahnen (Abschn. 2.3.3) gibt es im Bereich Rangierbetrieb/-technik eine große Bandbreite weiterer Verfahren.

Rangierfahrten haben in der Regel eine Höchstgeschwindigkeit von maximal 25 km/h und finden nur innerhalb von Bahnhöfen (Abschn. 2.3.1), in Gleisanschlüssen (Abschn. 2.3.3) sowie in Baugleisen statt. Sie verkehren dabei auf Sicht, d. h. der Triebfahrzeugführer muss seine Fahrweise so regeln, dass er jederzeit vor einem Hindernis zum Halten kommen kann.

Während die Klassifizierung von Fahrten als Zug- bzw. Rangierfahrt zwischen Deutschland und Österreich bei unterschiedlichem Vokabular funktional ähnlich ist (wobei es in Österreich noch die Mischform der „Nebenfahrt" gibt), werden in der Schweiz weitaus mehr Fahrten dem Rangieren zugeordnet. Rangierfahrten können dort auch auf die freie Strecke übergehen, was eine eigene Fahrtenkategorie darstellt und betrieblich eher einer Zugfahrt ähnelt. Eine Übersicht zu den länderspezifischen Unterschieden findet sich bei Pachl (2019a, S. 433 ff.).

Zugfahrten als Hauptprozess von Eisenbahnen dienen in der Regel verkehrlichen Zwecken, nämlich eine Ortsveränderung von Personen oder Gütern herbeizuführen; darüber hinaus finden regelmäßig – wenn auch in relativ geringer Zahl, gemessen an der Gesamtsumme aller Zugfahrten – Fahrten zu rein betrieblichen Zwecken statt, z. B.

[11] Die Fahrstraße ist im Eisenbahnwesen ein technologischer Begriff, der einen technisch gesicherten Fahrweg beschreibt. Sie muss für jede Fahrt neu eingestellt werden. Ausführlich dazu Pachl (2021a, S. 105 ff.).

[12] In Österreich wird der Begriff „Verschub" synonym verwendet: Eine Rangierfahrt ist dort eine Verschubfahrt, ein Rangierer ist ein Verschieber, ein Rangierbahnhof ein Verschubbahnhof.

[13] Ein Stellwerk ist eine Einrichtung zum Bedienen von Weichen und Signalen in einem abgegrenzten Bereich.

Mess- und Kontrollfahrten oder Fahrten von Baufahrzeugen. Leerfahrten sind hierfür ein weiteres Beispiel, das zudem im SGV regelmäßig vorkommt, beispielsweise bei einem Pendelverkehr mit Ganzzügen, die beladen hin- und leer zurückfahren (Abschn. 4.2).

Rangierfahrten als Hilfsprozess von Eisenbahnen dienen demgegenüber häufig innerbetrieblichen Zwecken, z. B. dem Bereitstellen von Fahrzeugen, können aber auch verkehrliche Zwecke verfolgen. Eine ausführliche Beschreibung der Prozesse findet in Abschn. 2.2.4 statt.

Eine Übersicht zur Unterscheidung von Zug- und Rangierfahrten bietet Tab. 2.1. Einige der dort aufgeführten Merkmale werden noch in den nachfolgenden Abschnitten erläutert. Die Tabelle stellt Regelfälle dar; zu manchen der Merkmale existieren in der Praxis zahlreiche Ausnahmen und Einschränkungen.

Zwar wird die Sicherheit der Fahrten in beiden Fällen durch alle Beteiligte – EVU und EIU – gemeinsam gewährleistet. Jedoch verschiebt sich die Verantwortung bei Rangierfahrten teilweise in Richtung EVU und es gibt mehr Freiheitsgrade bei der Art der Durchführung der Fahrten. Daraus resultierenden Risiken wird insbesondere durch eine geringere Höchstgeschwindigkeit begegnet.

2.2.4 Besondere Rolle des Rangierens

Während im Personenverkehr durch die Verwendung von Triebwagen bzw. dauerhaft verbundenen Zugkompositionen immer weniger rangiert werden muss, ist das Rangieren im Güterverkehr vor allem im Einzelwagenverkehr (EWV) äußerst bedeutsam. Gleich-

Tab. 2.1 Unterscheidung Zug- und Rangierfahrten (Regelfälle)

Merkmal	Zugfahrten	Rangierfahrten
Primärer Zweck	Personenbeförderung und Gütertransport	a) Zugbildung und -auflösung b) Bedienen von Güterverkehrsanlagen c) Zugvor- und -nachbereitung
Verantwortung für die Fahrzeugbewegung	Triebfahrzeugführer	Triebfahrzeugführer (Aufgaben können an einen Rangierbegleiter delegiert werden)
Einheiten	Feste Zugeinheiten[14]	Häufig neue Zusammenstellung der Fahrzeugkompositionen

(Fortsetzung)

[14] Dies trifft nicht auf den Einzelwagenverkehr zu Abschn. 4.3.

Tab. 2.1 (Fortsetzung)

Merkmal	Zugfahrten	Rangierfahrten
Fahrplan (Abschn. 2.2.5)	Immer	Nie
Zugnummer	Immer	Nie
Verkehrsgleise im Bahnhof	Hauptgleise	Haupt- und Nebengleise
Freie Strecke	In der Regel Übergang auf die freie Strecke	In der Regel kein Übergang auf die freie Strecke
Fahrwegsicherung	Hohes Sicherheitsniveau	Geringes Sicherheitsniveau
Durchgehende Bremse (Abschn. 3.2.6)	Obligatorisch	Nicht vorgeschrieben
Bremsberechnung	Nach Zuggewicht	Meist unnötig, ggf. überschlägig nach Achsenzahl
Bremsprobe (Abschn. 3.2.7)	Volle Bremsprobe	Meist unnötig, ggf. vereinfachte Bremsprobe
Betriebliche Randbedingungen zur Abfahrt	Fahrplan liegt vor Gleise sind i. d. R. frei Zustimmung des Fahrdienstleiters liegt vor Abfahrauftrag	Rangiervereinbarung Gleise können besetzt sein Zustimmung des Weichenwärters liegt vor Rangierauftrag
Zustimmung zur Fahrt	Durch den Fahrdienstleiter mittels Hauptsignal, Zusatzsignal, schriftlichem Befehl oder über Führerstandssignalisierung	Durch den Weichenwärter mittels Rangiersignal, mündlich oder per Handzeichen; in abgetrennten Bereich auch Rangieren in Eigenverantwortung möglich
Geschwindigkeit (Abschn. 3.2.1)	Restriktivste Geschwindigkeit, die sich aus Fahrplan, Signalisierung und weiteren Quellen ergibt	Höchstens 25 km/h und so, dass vor einem Hindernis stets rechtzeitig angehalten werden kann[15]
Maximale Länge (Abschn. 3.2.2)	740 m (Deutschland) bzw. 750 m (Österreich/Schweiz)	Keine formale Begrenzung, faktisch limitiert durch örtliche Infrastruktur

Quelle: Hausmann und Enders (2017, S. 187) mit eigenen Ergänzungen

wohl sind alle EVU daran interessiert, die Zahl der personal- und anlagenintensiven Rangiervorgänge zu verringern.

Im vorigen Abschnitt wurde der Zweck von Rangierfahrten bereits grob in verkehrliche und betriebliche Zwecke unterschieden. Verkehrliche – unmittelbar produktive –

[15] Schweiz: im Bahnhof 30 km/h; Österreich: 25 km/h; in allen drei Ländern sind unter bestimmten Voraussetzungen höhere Geschwindigkeiten möglich.

Zwecke werden beim Rangieren z. B. dann verfolgt, wenn eine Güterverkehrsanlage bedient wird. Dies geschieht häufig vor dem späteren Hauptlauf des Zuges und ist ein integraler Bestandteil der Transportkette, der gemäß bahnbetrieblichem Regelwerk nicht als Zugfahrt durchgeführt werden darf.

Häufig dient das Rangieren aber eher betrieblichen Zwecken und wird durch die Produktionsform (insbesondere im EWV, Abschn. 4.3) oder die Gegebenheiten der Infrastruktur bzw. des Fahrzeugs erzwungen. Hierzu zählen beispielsweise Fahrzeugbewegungen zum Bilden, Umsortieren oder Auflösen von Fahrzeugverbänden oder Fahrten zur Ver- oder Entsorgung.

Die Unterschiede zwischen Zug- und Rangierfahrten sind aus Abschn. 2.2.3 bekannt, ebenso wie die fehlende, international uneinheitliche Trennung zwischen beiden (Pachl 2021a, S. 13). Im Folgenden wird detailliert auf Abläufe und Beteiligte beim Rangieren eingegangen.

2.2.4.1 Rangierverfahren

Neben der Rangierfahrt, die als das Bewegen mindestens eines arbeitenden Triebfahrzeugs definiert ist, insoweit es sich dabei nicht um eine Zugfahrt handelt, gibt es weitere Rangierverfahren:

- Abstoßen: Beim Abstoßen fährt – im Gegensatz zur Rangierfahrt – nicht der gesamte Fahrzeugverband in das jeweilige Sammelgleis. Stattdessen wird in einem Ausziehgleis (Abb. 2.7, Gleis 13 in Teil a)) die zu verteilende Wagengruppe, die sich an der Spitze des Verbandes befindet, von der restlichen Rangiereinheit getrennt. Dann wird der gesamte Fahrzeugverband beschleunigt, das Triebfahrzeug bremst, und der entkuppelte Wagen(-verband) rollt mit der verbliebenen kinetischen Energie bis zum Laufziel. Ggf. muss er im Zielgleis abgebremst werden. Dieses Verfahren findet in mittelgroßen Rangieranlagen ohne Ablaufbetrieb Anwendung.
- Abdrücken/Ablaufen (österr. Abrollen): Wie beim Abstoßen laufen beim Abdrücken die Wagen oder Wagengruppen ohne verbundenes Triebfahrzeug in das Sammelgleis. Die notwendige kinetische Energie erhalten die Wagen jedoch nicht durch die Beschleunigung durch das Triebfahrzeug. Stattdessen schiebt dieses die Wagen mit gleichmäßig langsamer Geschwindigkeit über eine künstlich hergestellte Bergkuppe, hinter der sich die getrennten Wagen bzw. Wagengruppen lösen und nacheinander selbsttätig durch das Gefälle „talwärts“ laufen. Abdrücken bzw. der Ablaufbetrieb ist das Rangierverfahren, das in großen Rangieranlagen mit großem Wagenaufkommen verwendet wird (Abschn. 4.3.4).
- Verschieben[16]: Bewegen von Fahrzeugen durch eine nicht von einem Triebfahrzeug stammende Kraft, z. B. Zweiwegefahrzeuge, Rangierwagen oder Seilzuganlagen.

[16] Zur Erinnerung: In Österreich wird das Rangieren allgemein als „Verschieben“ bezeichnet, die Begrifflichkeiten beziehen sich hier auf Deutschland.

Die folgenden zwei Rangierverfahren sind speziell für den Prozess des Zusammenstellens oder Auflösens – also in einem engeren Sinne das Kuppeln bzw. Entkuppeln – von Fahrzeugverbänden relevant; sie haben nicht den Zweck, eine Ortsveränderung herbeizuführen. Als eigenständige Rangierverfahren finden sie sich nur in der deutschen Fahrdienstvorschrift:

- Aufdrücken: Stehen zwei Wagen schon auf Berührung oder nur auf leichte Berührung, so können diese noch weiter zusammengeschoben („aufgedrückt") werden, zum Teil unter leichtem Eindrücken des Federwegs der Puffer. Dies erleichtert den Kuppel- oder Entkupplungsvorgang durch das Rangierpersonal. Sind zwei gekuppelte Wagen mit starkem Zug auf der Schraubenkupplung zum Stehen gekommen, so ist es für den Entkuppler nur unter hohem Kraftaufwand und teilweise gar nicht möglich, die Spindel der Schraubenkupplung zu drehen, um die Kupplung zu lösen (Abschn. 5.3.2). Hier muss dann erst durch Aufdrücken mit einem Triebfahrzeug entlastet werden.
- Beidrücken: Stehen zwei oder mehr Wagen in einem Gleis, jedoch mit Lücken zwischen den Wagen, sodass diese noch nicht gekuppelt werden können, so müssen diese aneinandergeschoben – „beigedrückt" – werden. Diese Situation tritt z. B. in den Sammelgleisen nach dem Abstoßen oder Abdrücken auf, wenn die Wagen nicht genügend kinetische Energie erhalten haben, um bis an den nächsten Wagen zu rollen, oder wenn sie im umgekehrten Fall so stark angestoßen wurden, dass sie nach dem Zusammenstoßen wieder zurückgerollt sind.

Die fünf vorgenannten Rangierverfahren sind vor allem in Güter- bzw. Rangierbahnhöfen und anderen Knotenpunkten des SGV relevant. Detaillierte Ausführungen zu den Prozessen in einem Rangierbahnhof finden sich in Abschn. 4.3.4 im Kontext des EWV.

Beispiel

In einem Bahnhof ist ein Güterzug angekommen. Dieser soll nun seine Wagen passend auf drei verschiedene Ladegleise (in Österreich auch: Manipulationsgleise) verteilen. In diesen Ladegleisen befinden sich bereits Wagen mit demselben Verwendungszweck. Abb. 2.7 illustriert die Situation und den nötigen Rangieraufwand.

In Teil a) ist zunächst die Infrastruktur des Bahnhofs dargestellt. Man erkennt, dass es sich um einen Bahnhof mit drei Haupt- und drei Nebengleisen handelt (Abschn. 2.3.1). An Letzteren befinden sich auch die Laderampen. Hauptsignale dienen der Zulassung von Zugfahrten, Sperrsignale unter anderem der Zulassung von Rangierfahrten. Die Rangierhalttafel markiert die Stelle, bis zu der Rangierfahrten im Regelfall fahren dürfen. Die Gleissperre ist eine Schutzvorrichtung gegen gefährdende Fahrzeugbewegungen für die Zugfahrten in den Hauptgleisen. Die Weichen in den Hauptgleisen werden von einem Stellwerk aus bedient (können lokal also nicht umgestellt werden), die Weichen in den Nebengleisen sind ortsbedient. Die Aus-

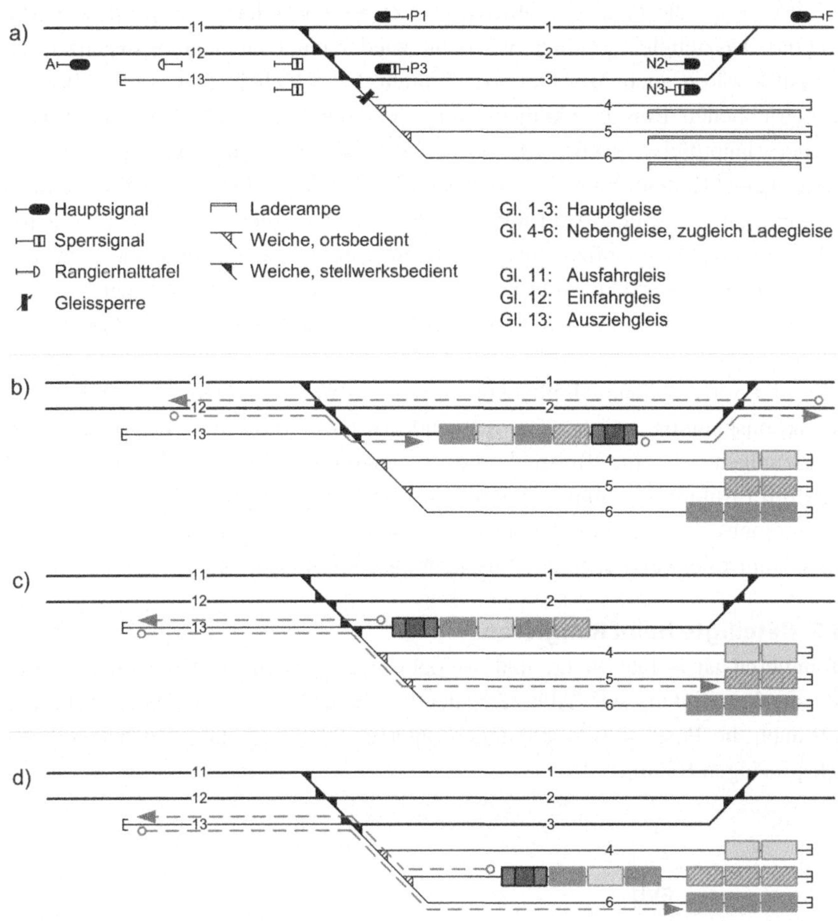

Abb. 2.7 Rangierbewegungen

rüstung eines Bahnhofs ist nicht standardisiert, sondern unterliegt lokalen Gegebenheiten und betrieblichen Anforderungen. Maschek (2018) setzt sich detailliert mit der sicherungstechnischen Ausrüstung von Gleisinfrastrukturen auseinander.

In Teil b), wie auch in den folgenden Teilen, wird zur Vereinfachung auf die Darstellung einiger Details verzichtet. Hier ist nun der aus Richtung Westen angekommene Zug in Gleis 3 zu sehen. Die Wagen sollen ihrem Verwendungszweck entsprechend auf die Ladegleise 4 bis 6 verteilt werden. Dafür ist zunächst das Umsetzen des Triebfahrzeugs erforderlich, was insgesamt zu drei Fahrtvorgängen mit zwei Richtungswechseln führt. Die Fahrten sind mit dem Stellwerksbediener (Abschn. 2.2.4.2) abzustimmen, dieser muss auch den Fahrweg einstellen. Am Beginn und am Ende ist auch jeweils ein Kupplungsvorgang nötig.

Teil c) zeigt die Fahrt des ehemaligen Zuges von Gleis 3 nach Gleis 5. Hierfür wird das Ausziehgleis genutzt, wo dann wieder ein Fahrtrichtungswechsel erfolgt. Alternativ wären auch Ausfahr- oder Einfahrgleis möglich, hier wären aber jeweils die betrieblichen Einschränkungen, vor allem durch die zeitweise Nichtverfügbarkeit der Hauptgleise, größer. Die erste Fahrt ist eine „gezogene", die zweite eine „geschobene" Rangierfahrt. Die ortsgestellten Weichen müssen vom Rangierpersonal selbst umgestellt werden. Am Ende kann der Wagen in Gleis 5 abgestellt werden.

Teil d) zeigt schließlich einen weiteren Umsetzvorgang und das sich wiederholende Fahrtmuster; auf die Darstellung der weiteren Schritte wird verzichtet. Letztlich sind insgesamt acht Fahrzeugbewegungen nötig, um alle Wagen in ihre Bestimmungsgleise zu bringen.

Es gibt verschiedene Möglichkeiten, den Aufwand zu reduzieren. Vonseiten der Produktionsplanung würde eine passende Vorsortierung der Wagen den Ablauf beschleunigen, da im Beispiel die blauen/dunklen Wagen nicht vorgruppiert sind. Infrastrukturell könnten mit einem ortsbedienten Bereich (Abschn. 2.2.4.2) Abstimmungsaufwand und Behinderungspotenzial verringert werden; dieser Bereich müsste sinnvollerweise auch das Ausziehgleis einbeziehen. ◀

2.2.4.2 Beteiligte beim Rangieren

Das Rangieren ist – mal mehr, mal weniger – eine Gemeinschaftsaufgabe mit verschiedenen Beteiligten, wie Abb. 2.8 deutlich macht. Die Aufgabenverteilung und speziell auch die Positionsbezeichnungen unterscheiden sich dabei auch innerhalb des deutschsprachigen Raums.

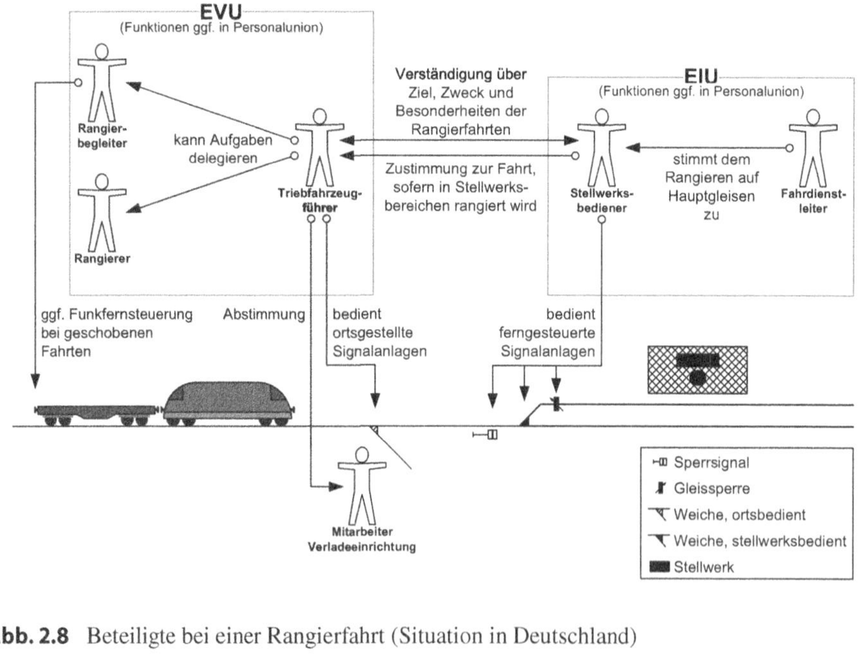

Abb. 2.8 Beteiligte bei einer Rangierfahrt (Situation in Deutschland)

Die Ausführungen dieses Abschnitts beziehen sich in der Regel auf die Situation in Deutschland; sofern nicht anders gekennzeichnet, stammen alle Informationen aus den Fahrdienstvorschriften Deutschlands (DB Netz AG 2021), Österreichs (ÖBB AG 2015) und der Schweiz (Bundesamt für Verkehr 2020).

Triebfahrzeuge müssen bei der Fahrt grundsätzlich mit einem *Triebfahrzeugführer* bzw. Lokführer besetzt sein. Dieser muss dabei den Fahrweg und Signale beobachten. Hierbei kann der Triebfahrzeugführer Unterstützung bekommen, in Deutschland von einem *Rangierbegleiter.* Diesem können einzelne seiner Aufgaben, wie die Fahrweg- und Signalbeobachtung, übertragen werden. In Österreich und der Schweiz sind grundsätzlich der Verschubleiter bzw. der Rangierleiter für das Rangieren verantwortlich, sie können aber in Personalunion auch Triebfahrzeugführer sein.

Der Einsatz eines Rangierbegleiters ist zum Beispiel bei geschobenen Rangierfahrten von Bedeutung. Hier befindet sich das Triebfahrzeug in Fahrtrichtung an letzter Position des Fahrzeugverbands. Der Rangierbegleiter besetzt die Spitze des Verbands und kommuniziert über Funk mit dem Triebfahrzeugführer auf dem Triebfahrzeug (Jelitto 2020, S. 33). Dabei steht der Rangierbegleiter auf dem Rangiertritt des vordersten Güterwagens.

Alternativ und mit größerer Effizienz, da nur eine Person notwendig ist, kommt im Zusammenspiel mit einem funkferngesteuerten Triebfahrzeug ein *Lokrangierführer* zum Einsatz. Bei ihm sind „die Funktionen Triebfahrzeugführer und Rangierbegleiter in einer Person vereint“ (Jelitto 2020, S. 28). Der Lokrangierführer kann sich mit der Funkfernsteuerung so aufstellen, dass er selbst den Fahrweg auch bei geschobenen Rangierfahrten überblicken kann.

Unterstützend mitwirken kann weiterhin der *Rangierer.* Auch ihm können einzelne Tätigkeiten, die im Zusammenhang mit der Rangierfahrt stehen, übertragen werden. Seine Tätigkeiten beschränken sich jedoch überwiegend auf vor- und nachgelagerte Arbeiten, nicht die Durchführung der eigentlichen Fahrzeugbewegung. Beispiele der Tätigkeiten des Rangierers sind das Kuppeln und Entkuppeln von Fahrzeugen.

Neben diesen Beteiligten, die zum EVU gehören, ist ein zum EIU gehörender *Stellwerksbediener* für den Rangierprozess relevant. Er verständigt die verschiedenen am Prozess Beteiligten, bedient Weichen und Signale vom Stellwerk aus und stimmt den notwendigen Fahrzeugbewegungen zu. Diese Tätigkeiten führt er in einem Rangierbezirk aus, wobei ein Bahnhof in mehrere Rangierbezirke aufgeteilt sein kann. Vereinzelt gibt es noch separate Weichenwärter, die ausschließlich Rangierbewegungen steuern, jedoch keine Zugfahrten.

Ohne Mitwirken eines Stellwerksbedieners erfolgen die Rangierprozesse in einem „ortsbedienten Bereich“. Dies bezeichnet einen aus Nebengleisen bestehenden Bereich mit ortsgestellten Weichen und Gleissperren, die durch das Rangierpersonal bedient werden. Die Weichen sind entweder mit rein mechanischem Antrieb durch Muskelkraft umzulegen, oder es existieren elektrisch ortsbediente Weichen (EOW) wie in Abb. 2.9. Bedient werden diese durch Schlagtaster (im Bild vorne links zur Bedienung der Weiche in der Bildmitte), zum Beispiel beim Herauslehnen aus dem Fahrzeug während der Vorbeifahrt. Alternativ bzw. zusätzlich existieren Stelltafeln neben dem Gleis zur Bedienung von Weichenfeldern.

Neben rein ortsbedienten Gleisbereichen existieren auch Mischformen, sogenannte „Nahbedienbereiche“: Der Rangierbetrieb wird hier grundsätzlich durch einen Stell-

Abb. 2.9 Elektrisch ortsgestellte Weiche mit Schlagtaster im Bahnhof Westhafen, Berlin (Autorenfoto)

werksbediener gesteuert, die Verantwortung kann jedoch temporär auf das örtliche Rangierpersonal übertragen werden. (Maschek 2018, S. 147 f.)

Der hohe Anteil manueller Tätigkeiten führt dazu, dass das Rangieren für die Beteiligten im Gleisbereich mit vielen Gefahren einhergeht. Arbeitsschutzmaßnahmen wie dem Tragen einer persönlichen Schutzausrüstung, der Abgabe und Beachtung von Warnsignalen oder dem Einhalten eines Sicherheitsabstands zu Fahrzeugen kommt daher eine hohe Bedeutung zu.

2.2.5 Betriebsplanung

In Abschn. 1.3 wurde bereits die grundlegende Organisation des Eisenbahnsektors in Europa dargestellt. Kurz zusammengefasst: Zentrale Akteure sind EIU, die ihre Infrastruktur verwalten, pflegen, betreiben und vermarkten. Die Kunden des EIU sind Eisenbahnverkehrsunternehmen (EVU), die das Rollmaterial betreiben und ihre Produkte (Transportdienstleistungen) an Endkunden (im SGV z. B. Speditionen) verkaufen. Der Trassenvergabeprozess – z. B. Zeiträume, Regeln, Vertrags- und Preismodelle – kann dabei ebenso von Land zu Land variieren wie die Marktsituation (Art und Anzahl von EVU und EIU).

2.2.5.1 Fahrplantechnische Grundlagen

Bevor der Betrieb operativ durchgeführt wird, muss er planerisch vorbereitet werden. Von zentraler Bedeutung ist dabei der *Fahrplan.* Dieser wird von Pachl (2021a, S. 199) als „die vorausschauende Festlegung des Fahrtverlaufs der Züge“ verstanden und erfüllt drei Aufgaben: Koordination von Trassenwünschen der EVU, Beschreibung des Soll-Betriebsablaufs (auch als Grundlage für die Produktionsplanung der beteiligten Unternehmen) sowie Information der Kunden und interner Beteiligter an der Betriebsdurchführung.

Für den Begriff der Trasse – hier im Sinne einer Fahrplantrasse in Abgrenzung zur baulichen Trasse im ingenieurtechnischen Sinn – gibt es verschiedene Definitionen, die sich aber ähneln. Beispielhaft sei hier die Definition der Richtlinie 2012/34/EU (Art. 3) genannt:

▶ Trasse: Fahrwegkapazität, die erforderlich ist, damit ein Zug zu einer bestimmten Zeit zwischen zwei Orten verkehren kann.

Der Fahrplan wird vom EIU erstellt. Ohne gültigen Fahrplan darf ein Zug nicht verkehren. Die Inhalte können je nach Adressat variieren. Infrage kommt ein Einsatz für den innerbetrieblichen oder öffentlichen Gebrauch. Konkrete Anwender sind beispielsweise Personal von EIU und EVU, aber auch Fahrgäste am Bahnsteig oder gewerbliche Versender.

Der Gesamtfahrplan – also das Gefüge der Zugfahrten über den einzelnen Zug hinaus – ist so strukturiert, dass es bei planmäßiger Betriebsdurchführung zu keinerlei Konflikten zwischen den Fahrten kommt. Dabei gibt es eine Vielzahl von Faktoren, die Einfluss auf die Fahrplankonstruktion haben[17]:

- Infrastrukturelle Gegebenheiten, insbesondere Höchstgeschwindigkeiten als Resultat von Trassierung, Sicherungstechnik und baulichen Gegebenheiten
- Zugcharakteristika (z. B. Traktionsleistung, Masse und Länge) und daraus folgend maximales Beschleunigungs- und Bremsvermögen sowie zugspezifische Höchstgeschwindigkeit
- Regulierungsrechtliche Grundlagen bezüglich des Netzzugangs und der Aufsichtsbehörden (Abschn. 1.3 und 1.4)
- Vorgaben zur Fahrplankonstruktion, insbesondere hinsichtlich Pufferzeiten und Fahrzeitzuschlägen (Abschn. 2.2.6)

Die für den Betrieb wichtigste Darstellungsform des Fahrplans ist der Bildfahrplan. Dieser besteht aus einer Weg- und einer Zeitachse sowie Zugläufen, die als Zeit-Wege-Linien dargestellt sind. So illustriert, können das Betriebsprogramm einer Strecke schnell erfasst und auch mögliche Konflikte erkannt werden. In Abb. 2.10 kann man bei-

[17] Nähere Ausführungen zu Grundsätzen der Fahrplanerstellung bietet Pachl (2021a, 2021b); darüber hinaus haben EIU eigene Richtlinien zum Thema.

spielsweise die unterschiedlichen Begegnungsmöglichkeiten zwischen zweigleisigen und eingleisigen Streckenabschnitten erkennen: Während sich die Zugläufe zwischen Astadt und Cdorf auf der freien Strecke kreuzen, geschieht dies zwischen Cdorf und Erode nur im Kreuzungsbahnhof Dbach.

Die Darstellung eines Bildfahrplans ist nicht standardisiert, sodass der Detailgrad je nach Verfasser und Zweck variieren kann und international auch die Achsen vertauscht sein können – so im Gegensatz zu Abb. 2.10 beispielsweise in der Schweiz.

Neben dem Bildfahrplan gibt es auch Darstellungen in Tabellen- oder Netzform.

Im Gesamtfahrplan wird grundsätzlich nicht zwischen Zügen des Personen- und des Güterverkehrs unterschieden: Alle Züge benötigen gleichermaßen freie Trassenkapazitäten und müssen einen Anmeldeprozess durchlaufen, der in jedem Land leicht unterschiedlich organisiert ist.

In der Praxis ist es so, dass der Personenverkehr insbesondere in seinen „Hauptverkehrszeiten" (morgens und nachmittags) – abhängig von der betrachteten Infrastruktur – einen Großteil der vorhandenen Trassenkapazitäten verbraucht. Durch die vertakteten Verkehre (regelmäßige Abfahrtszeiten in festen Abständen beschreiben einen „Taktfahr-

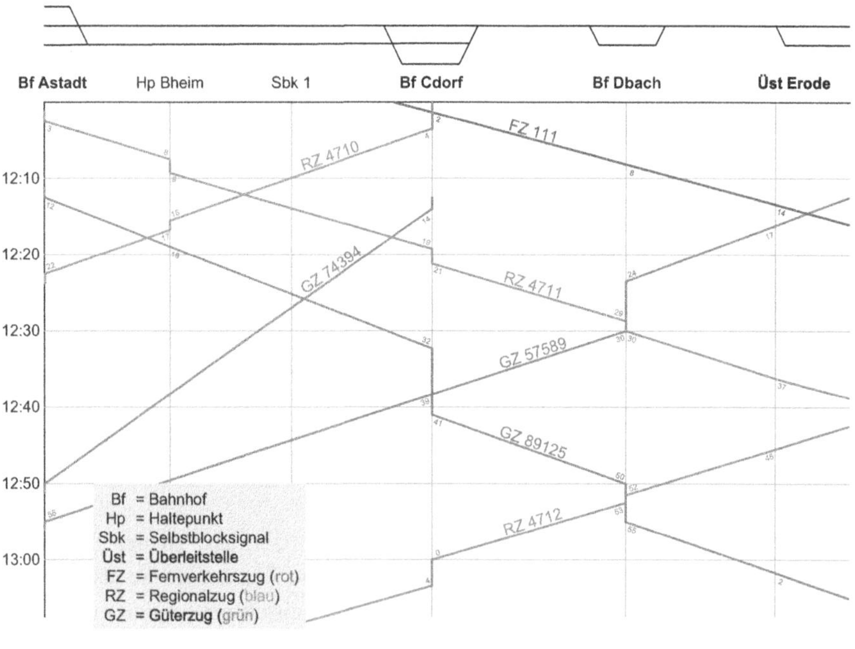

Abb. 2.10 Exemplarischer Bildfahrplan mit Streckenband

plan") und die gegenüber dem Güterverkehr höheren Geschwindigkeiten[18] bieten diese Tagesabschnitte wenig Raum für zusätzliche Fahrten oder bringen verlängerte Transportdauern durch zusätzliche Wartezeiten mit sich. Ein Großteil des SGV findet in der Folge in Schwachlastzeiten des Personenverkehrs, insb. nachts, statt. Die Problematik des Mischverkehrs wird in Abschn. 2.3.4.2 näher beleuchtet.

Hintergrundinformation: Merkmale integraler Taktfahrpläne

Aus einem Taktfahrplan wird ein *integraler Taktfahrplan* (ITF), wenn die Fahrpläne der Züge dergestalt miteinander verbunden werden, dass in geografisch fixierten Umsteigeknoten regelmäßig die Möglichkeit zum Umstieg zwischen den Zügen besteht. Hierzu müssen alle einbezogenen Züge kurz vor einer definierten Symmetriezeit (meist zur halben oder vollen Stunde) im Knoten ankommen und ihn kurz danach wieder verlassen. Viele Staaten Europas streben einen ITF an, wobei die Schweiz als einer der Vorreiter gilt. In Deutschland („Deutschlandtakt") und Österreich wird das ITF-Konzept ebenfalls als verkehrspolitisches Ziel verfolgt.

Wesentliche Vorteile des ITF sind kurze Umsteigezeiten, optimierte Reiseketten und ein leicht zu merkendes Angebot. Nachteilig sind ggf. verlängerte Aufenthaltszeiten (Symmetriezeiten) in den Knoten und hohe Kosten für ITF-gerechte Infrastrukturanpassungen.

Wie aus der allgemeinen Beschreibung bereits deutlich wurde, dient der ITF der Optimierung der Verkehrsbeziehungen im Personenverkehr. Der Güterverkehr hat sich demzufolge dem Personenverkehr unterzuordnen. Verfügbare Trassen ergeben sich i. d. R. so, dass die Güterzüge „zwischen" den Personenzügen verkehren, welche (gebündelt) zu den Symmetriezeiten die ITF-Knoten erreichen. EVU des Güterverkehrs können ihnen fest zugeordnete Trassen dann frühzeitig im Netzfahrplan reservieren oder vorgeplante, aber noch nicht an ein EVU vergebene Trassen zu einem späteren Zeitpunkt buchen. Solche Systemtrassen sind für bestimmte Zugcharakteristika – z. B. eine Geschwindigkeit von 100 km/h – konstruiert, die das EVU erfüllen muss, um die Betriebsqualität (Abschn. 2.2.6) nicht zu gefährden.

Perspektivisch ist es auch denkbar, dass der gesamte Güterverkehr ausschließlich über Systemtrassen abgewickelt wird. Unter der Devise „Industrialisierung des Fahrplans" wird eine Standardisierung (ähnliche Zugcharakteristika) und Harmonisierung (zeitliche Bündelung ähnlicher Trassen) der Güterverkehre angestrebt (Nachtigall et al. 2014, S. 29 ff.).

Damit sich ein ITF nicht in einem Rückgang der für den Güterverkehr verfügbaren Kapazität oder unattraktiveren Fahrzeiten niederschlägt, sind – je nach betrachteter Strecke – gezielte Infrastrukturmaßnahmen, wie zusätzliche Streckengleise, Überholgleise oder Weichenverbindungen nötig.

[18] Aus Abb. 2.10 kann erkannt werden, dass ein homogenes Geschwindigkeitsprofil der Züge die Kapazität einer Strecke erhöht, während heterogene Geschwindigkeiten einen hohen Trassenverbrauch mit sich bringen und die Leistungsfähigkeit einer Strecke so senken. (Pachl 2021a, 2021b, S. 156 f.) Im Bild weist der GZ 74.394 eine deutlich niedrigere Geschwindigkeit als die übrigen Züge auf und verhindert so die Nutzung weiterer Trassenkapazitäten.

2.2.5.2 Prozess der Fahrplanerstellung

In Europa haben die meisten EIU ihr Fahrplanwesen dergestalt organisiert, dass es einen *Netzfahrplan* als Rahmengerüst gibt, der den EVU für ein Fahrplanjahr konkrete Trassen zuweist.[19] Dies trifft für all jene Trassenanmeldungen zu, die rechtzeitig in einem definierten Prozess beim EIU eingegangen sind; diese unterliegen daher einer langen Vorlaufzeit.

Der Prozess beinhaltet mehrere Phasen, in denen das EIU alle notwendigen Trassen konstruiert, d. h. Entwurfsfahrpläne erstellt, und diese mit den EVU abstimmt, um auch bei konkurrierenden Trassenwünschen verschiedener EVU eine möglichst einvernehmliche Lösung zu erzielen.

Der Netzfahrplan ist oft eine Fortschreibung der Vorjahre mit kleinen Änderungen; bedeutende Änderungen im Verkehrsangebot der EVU oder umfangreiche Infrastrukturmaßnahmen können aber auch größere Anpassungen nach sich ziehen. Die Netzfahrplanperiode ist europaweit einheitlich definiert und beginnt stets am zweiten Sonntag im Dezember.

Zwar werden auch im Güterverkehr viele langfristig planbare Trassen für den Netzfahrplan angemeldet. Während dies im Personenverkehr aber den Normalfall darstellt, gibt es im Güterverkehr einen großen Anteil von (unterjährigen) Trassenanmeldungen zum *Gelegenheitsverkehr* – in Deutschland gemäß Netzwerk Europäischer Eisenbahnen (2019, S. 9) über 30 %. Dies ist die Konsequenz aus dem vergleichsweise volatilen Geschäft der Güterbahnen. Gleichzeitig sind diese Trassen, die im Vergleich zu den Zügen des Netzfahrplans einen unterproportionalen Anteil an der gesamten Verkehrsleistung haben, mit einem hohen Bearbeitungsaufwand aufseiten des EIU verbunden (Nachtigall et al. 2014, S. 28).

Unterjährige Trassenanmeldungen sind zwar nicht teurer als solche zum Netzfahrplan (zu Trassenpreisen Abschn. 1.4.2.1), können aber nur in dem Umfang bedient werden, wie sich im Netzfahrplan freie Restkapazitäten befinden. Dafür können sie mit sehr geringem zeitlichem Vorlauf beim EIU angemeldet werden. Meist verkehren Züge mit Trassen im Gelegenheitsverkehr nur an einem oder wenigen ausgewählten Tagen, während Trassen im Netzfahrplan oft regelmäßig wiederkehrende Fahrten (z. B. jeden Werktag) sind. Für viele Verkehre ist eine verlässliche Regelmäßigkeit Voraussetzung für ein hinsichtlich aller Ressourcen effektives Umlaufkonzept (Abschn. 4.2.4).

Abb. 2.11 stellt den Planungsvorlauf bis zum Inkrafttreten eines neuen Netzfahrplans in allgemeiner Form dar. Sie gilt dank des in Bezug auf die Netzfahrplanerstellung weitgehend harmonisierten EU-Rechts (Richtlinie 2012/34/EU, Anhang VII) für Deutschland, Österreich und die Schweiz gleichermaßen, inklusiver präziser Fristen für Anträge zur Trassenzuweisung, zur Erstellung internationaler Trassen, zur Veröffentlichung eines Fahrplanentwurfs und des eigentlichen Fahrplanwechsels.

[19] Dieser Abschnitt stellt den Prozess primär aus Sicht eines EIU dar. In Abschn. 4.2.5 wird die EVU-Perspektive stärker betont.

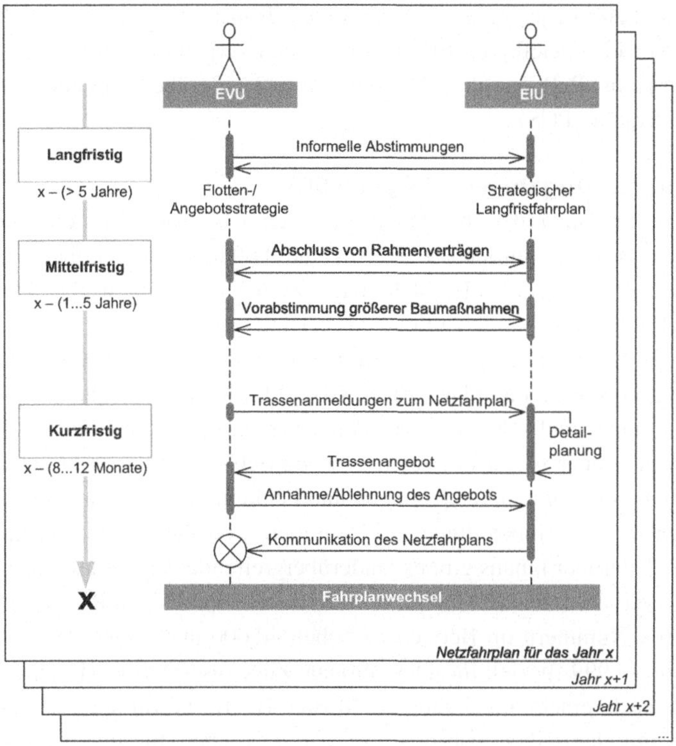

Abb. 2.11 Planungsvorlauf bis zum Inkrafttreten eines Netzfahrplans

Bei genauerer Betrachtung treten aber Unterschiede zwischen den Staaten zutage. Beispielhaft ist hier die Existenz der Schweizer Trassenvergabestelle als öffentliche Institution zu nennen, der Umgang mit Rahmenverträgen (in der Schweiz: Rahmenvereinbarungen) zur netzfahrplanperiodenübergreifenden Kapazitätssicherung oder die institutionelle Ausgestaltung der Aufsichtsbehörden, die einen diskriminierungsfreien Netzzugang für alle EVU gewährleisten sollen. Der mittel- und langfristige Betrachtungsraum ist darüber hinaus deutlich weniger streng reguliert, wodurch die länderspezifischen Unterschiede noch größer sind.

Ein weiteres Charakteristikum des SGV ist der hohe Anteil an grenzüberschreitenden Verkehren. In Deutschland betrifft dies ca. die Hälfte der Transportleistung im Güterverkehr (NEE 2019, S. 6), in Österreich und der Schweiz ist dieser Anteil aufgrund der Transitfunktionen beider Länder noch deutlich höher (Tab. 2.5 in Abschn. 2.3.4). Dies verdeutlicht, dass insbesondere der SGV von den Interoperabilitätsbestrebungen der EU profitiert.

Zugleich verkompliziert dieser Umstand die Trassenanmeldungen für die EVU, weil sie dabei mehrere Ansprech- und Vertragspartner haben. Vor diesem Hintergrund ist die Initiative der Güterverkehrskorridore (Abschn. 2.3.4) zu sehen, mit der die Schaffung von „Corridor One-Stop Shops“ (C-OSS) einhergeht, also einheitlicher Abwicklungsstellen für das Fahrplanprozedere des gesamten Transportwegs. Diese C-OSS werden von den am Korridor beteiligten EIU betrieben und vermarkten vorkonstruierte Trassen (Pre-arranged paths, PaPs) an die EVU über eine korridorübergreifende Plattform (Path Coordination System, PCS).

2.2.5.3 Fahrplan-Angaben für Züge im SGV

Der Fahrplan für Güterzüge beinhaltet obligatorische Angaben, die für Personenzüge gleichermaßen relevant sind, z. B. An- und Abfahrtszeiten entlang des Laufwegs, Angaben zum Rollmaterial (Triebfahrzeug, Zuglänge, Zuggewicht, Mindestbremshundertstel), Höchstgeschwindigkeit und das bestellende EVU.

Mit dem Fahrplan einher geht die Zugnummer, die zur eindeutigen Identifikation eines Zuges und seines Fahrplans dient (sowohl für Kunden als auch für betriebliche Steuersysteme) und – bezogen auf einen Verkehrstag – einmalig ist. Eine korrekt hinterlegte Zugnummer ist für den operativen Betrieb von hoher Wichtigkeit, da falsch zugeordnete Zugnummern zu Verspätungen und Fehlleitungen führen können.

Die Vergabe der fünfstelligen Zugnummern erfolgt nach länderspezifischen Systematiken[20], darüber hinaus gibt es länderübergreifende Zugnummernkontingente für internationale Verkehre. Für Güterzüge sind im deutschsprachigen Raum oft – aber nicht ausschließlich – Nummern im Bereich zwischen 40.000 und 79.999 vorgesehen, wobei der Bereich bis 49.999 speziell für internationale Züge reserviert ist (Butzbach 2010).

Züge, die nach einem regelmäßigen Muster (z. B. bestimmte Verkehrstage oder wöchentlich) mit demselben Fahrplan verkehren, können für diese wiederkehrenden Fahrten auch dieselbe Zugnummer erhalten. Während eines Zuglaufs kann die Zugnummer – geplant oder ungeplant, bspw. durch Verspätungen – wechseln, wenngleich dies zu vermeiden ist (Durchführungsverordnung (EU) Nr. 2019/773, Abschn. 4.2.3.2).

Der Zugnummer vorangestellt wird die Zuggattungsbezeichnung. Sie dient der kompakten Erfassung wesentlicher Zugcharakteristika. Die Zuggattungsbezeichnung kann um einen Zusatz ergänzt sein, bspw. „-K“ für Züge mit offenen Autotransportwagen oder „-Z“ für Züge, die die zulässige Gesamtzuglänge überschreiten (Butzbach 2013).

Abb. 2.12 zeigt eine fiktive Fahrplananordnung (Fplo). Fplo dienen zur Bekanntmachung der Fahrpläne von Sonderzügen an die an der Zugfahrt beteiligten Stellen. Aus dieser werden die nötigen Fahrplanangaben nochmal kompakt ersichtlich.[21] Die Kategorisierung von Triebfahrzeugen und Güterwagen (Baureihen von Triebfahrzeugen,

---

[20] Beispiele: In Italien erfolgt die Vergabe von geraden bzw. ungeraden Zugnummern in Abhängigkeit von der Himmelsrichtung der Fahrt (Nord/Süd), in Frankreich teils in Abhängigkeit der Fahrtrichtung in Bezug auf die Hauptstadt (in Richtung oder weg von Paris).

[21] Die Fahrplanangaben wurden mit dem öffentlichen Tool „Trassenfinder“ der Deutschen Bahn ermittelt (www.trassenfinder.de).

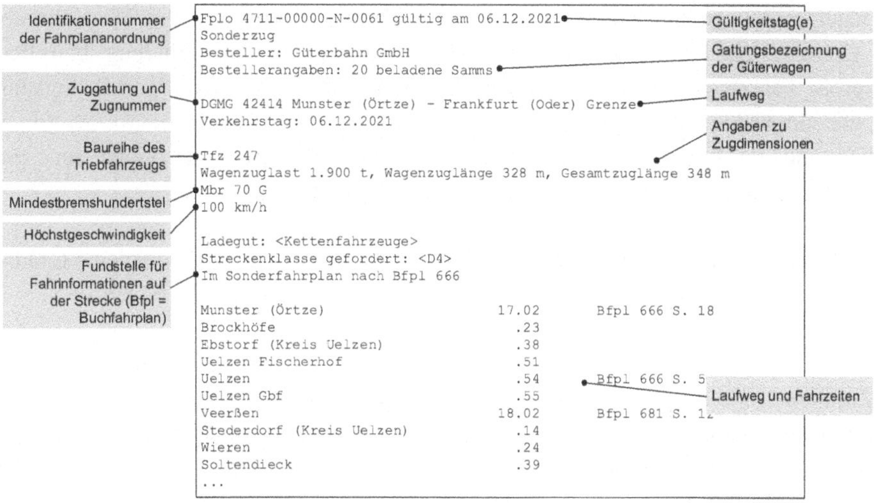

Abb. 2.12 Fiktive Fahrplananordnung

Gattungsbezeichnung von Güterwagen) sowie ein Überblick zur Fahrzeug- und Bremstechnik sind Thema in Kap. 3.

2.2.5.4 Außergewöhnliche Sendungen

In Gestalt der in Abschn. 2.3.2 genannten Infrastrukturparameter gibt ein Infrastrukturbetreiber technische Grenzen vor, welche die Fahrzeuge eines Verkehrsunternehmens nicht überschreiten dürfen. Diese Grenzen definieren zum Beispiel bestimmte äußere Abmessungen oder maximale Massen (Streckenklasse). Es ist jedoch möglich, sie zu überschreiten; mit der Beförderung solcher „außergewöhnlichen Sendungen“ oder auch „außergewöhnlichen Transporte“ gehen allerdings einige betriebliche Einschränkungen und ein erhöhter Planungsaufwand einher.

▶ Eine Sendung gilt als außergewöhnlich, wenn sie wegen ihrer äußeren Abmessung, ihres Gewichtes oder ihrer Beschaffenheit mit Rücksicht auf die Bahnanlagen oder Wagen einer der am Transport beteiligten Bahnen/EVU besondere Schwierigkeiten verursacht und deshalb nur unter besonderen technischen oder betrieblichen Bedingungen zugelassen werden kann. (UIC 2021, Abschn. 7).[22]

[22] Bei der DB AG wird in diesem Kontext nach Richtlinie 810 auch von „außergewöhnlichen Transporten“ gesprochen.

Ein häufiger Anwendungsfall einer außergewöhnlichen Sendung ist das Überschreiten von Grenzwerten im Querschnitt. Dies kann zum einen das Fahrzeug betreffen: Übergroße Fahrzeuge überschreiten dann die Abmessungen der jeweiligen Bezugslinie (G1, G2 oder GC in Abb. 2.15).

Zum anderen kann es sich im Falle übergroßer transportierter Güter um eine *Lademaßüberschreitung* (häufig abgekürzt Lü/LÜ) handeln.

▶ Das Lademaß gibt die Begrenzung des äußeren Umfanges an, bis zu dem eine Ladung auf einem offenen oder flachen Güterwagen reichen darf. (Janicki 2011, S. 190).

Bei Überschreitung des Lademaßes kann ein Aufprall auf ein Infrastrukturelement oder der Zusammenstoß mit einem anderen Fahrzeug nicht ausgeschlossen werden. Für jedes Land können unterschiedliche Lademaße gelten, aufgelistet werden diese von der UIC (2021, Abschn. 8). Für die meisten kontinentaleuropäischen Bahnen gilt ein einheitliches Lademaß.

Typische Ladegüter, die zu einem Transport als außergewöhnliche Sendung führen, sind übergroße Straßenfahrzeuge (Landmaschinen, Militärfahrzeuge) und Produkte der Stahl-/Bauindustrie (Schrägbleche, vormontierte Weichen) oder der Energiewirtschaft (Transformatoren, Teile von Windkraftanlagen).

In Deutschland und Österreich werden Lademaßüberschreitungen vier Gruppen zugeordnet (A bis D[23]), wobei das Ausmaß der Überschreitung und damit die betrieblichen Einschränkungen von A bis D wachsen.[24] Abb. 2.13 illustriert die Zusammenhänge. Während bei einer „Lü A" keine besonderen betrieblichen Maßnahmen nötig sind – die Überschreitung des Lademaßes findet lediglich im oberen Bereich des Lademaßes statt, d. h. in Bezug auf die Fahrzeug- bzw. Ladungshöhe – muss bei einer „Lü D" das benachbarte Gleis komplett für andere Fahrten gesperrt werden. Bei gleichzeitigen Fahrten mit Lü B und Lü C in benachbarten Gleisen sind Begegnungsverbote zur Unfallvermeidung zu beachten; Züge ohne Lademaßüberschreitung können uneingeschränkt verkehren.

Ob und welche Art von Lademaßüberschreitung vorliegt, hängt also zum einen vom Fahrzeug und der Ladung ab, zum anderen vom Lichtraumprofil und dem Gleisabstand der Strecke.

Für außergewöhnliche Sendungen entsteht ein erhöhter Planungsaufwand – und damit entstehen auch höhere Transportkosten –, weil die Durchführbarkeit einer solchen Fahrt grundsätzlich jedes Mal individuell durch das EIU geprüft werden muss; dies geschieht in Form von Machbarkeitsstudien (Jelitto 2014, S. 43). Je nach Art der außergewöhnlichen Sendung werden dabei bspw. die Tragfähigkeit von Brücken,

[23] In der Langform häufig auch Anton, Berta, Cäsar und Dora genannt.

[24] In der Schweiz wird eine ähnliche, aber nur dreistufige Klassifizierung benutzt. Die drei Stufen sind vergleichbar mit den deutschen Kategorien A, C und D.

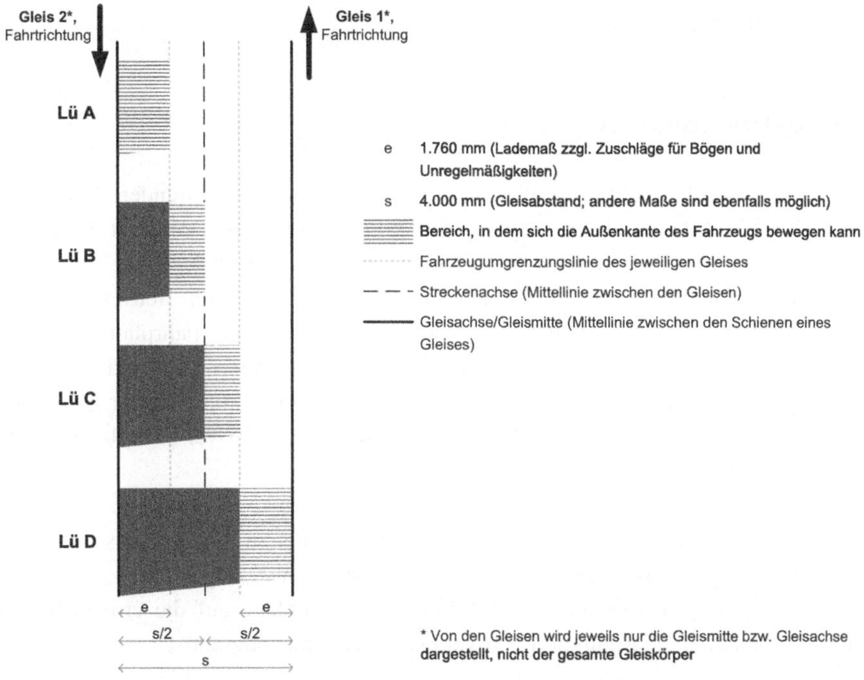

Abb. 2.13 Vergleich der Lademaßüberschreitungen und einhergehender Einschränkungen für das Nachbargleis

das Lichtraumprofil von Tunneln, mögliche Kollisionen mit hohen Bahnsteigen und Gefahren durch Baustellen gesondert untersucht. Bei Bedarf werden bestimmte Restriktionen für die Fahrt erteilt, z. B. ein Ausschluss bestimmter Gleise, Vorgaben zur Reihung im Zug oder sogar temporäre Umbaumaßnahmen an der Infrastruktur, z. B. der Abbau von Signalen.

Hierbei sind auch ein längerer Planungsvorlauf und die Bereitstellung von deutlich mehr Informationen als bei regulären Fahrten zu beachten, was zur Präzisierung der Abweichungen dient und Arbeitsgrundlage für die weitere Behandlung des Zuges in der Betriebsplanung und -durchführung ist. In ihren Benutzungsbedingungen geben die Infrastrukturbetreiber im deutschsprachigen Raum Bearbeitungsfristen von 5 bis 14 Werktagen an, bei Spezialtransporten auch mehr.

Bei regelmäßig wiederkehrenden, hinsichtlich ihrer außergewöhnlichen Umstände identischen Fahrten kann dieser Prozess vereinfacht werden, weil auf Basis einer einmaligen Prüfung mehrere Fahrten durchgeführt werden können. Die Fplo der jeweiligen Verkehrstage verweisen dann nur noch auf die „Dauer-Lü-Anordnung" (Jelitto 2014, S. 44).

Bei internationalen Transporten mit außergewöhnlichen Sendungen werden durch das durchführende EVU Machbarkeitsstudien bei allen beteiligten EIU beantragt. Diese werden parallel erstellt und die Ergebnisse dann dem EVU sowie bei Bedarf benachbarten EIU mitgeteilt.

2.2.6 Betriebsqualität

Nach Pachl (2021a, S. 225) ist die Betriebsqualität die „im laufenden Betrieb festgestellte Qualität des Betriebsablaufs". Sie bildet gemeinsam mit den Kenngrößen Planungsqualität und Stabilität des Fahrplans die Fahrplanqualität.

Die Betriebsqualität kann durch den Quotienten aus der im Betrieb realisierten Beförderungszeit und der planmäßigen Beförderungszeit laut Fahrplan ausgedrückt werden. Ein instabiler oder inkonsistenter Fahrplan führt daher zwangsläufig zu einer geringen Betriebsqualität. Im Umkehrschluss sorgt ein stabil konstruierter Fahrplan für eine hohe Qualität im Betriebsablauf, was insbesondere mit zwei Fahrplanparametern zusammenhängt:

- *Pufferzeiten* zwischen den Fahrplantrassen erlauben bis zu einem gewissen Grad die Vermeidung von Verspätungsübertragungen zwischen zwei Zügen
- *Fahrzeitzuschläge* (prozentuale oder punktuelle Zuschläge auf die errechnete Fahrzeit) ermöglichen die Reduktion von Verspätungen einer Zugfahrt

Die großzügige Verwendung dieser Zeitanteile steht aus Sicht des Infrastrukturbetreibers in einem Zielkonflikt mit der wirtschaftlich optimalen Auslastung der Infrastruktur: „Das Trassenmanagement muss hier stets einen kommerziell tragfähigen Kompromiss zwischen dem Wunsch nach hoher Fahrplanstabilität und dem Wunsch nach hoher Planungsqualität hinsichtlich der Trassenwünsche der Kunden suchen." (Pachl 2021a, S. 225).

Ein häufiger Kennwert für die Betriebsqualität ist auch die *Pünktlichkeit*. Für diesen Begriff existiert eine Vielzahl von Definitionen (Rothe 2014, S. 34 ff.). Die Definition des Internationalen Eisenbahnverbands UIC, „Pünktlichkeit wird anhand von Grenzwerten gemessen, bis zu denen ein Zug als pünktlich gilt, und in Prozent angegeben" (zitiert nach Rothe (2014, S. 35)), ist dabei insofern hilfreich, als sie auf die Bedeutung von Grenzwerten für die Messung der Pünktlichkeit hinweist: Bis wann eine Zugfahrt als „pünktlich" gilt, wird je nach Land unterschiedlich definiert. Tab. 2.2 gibt eine Übersicht über den deutschsprachigen Raum. Die Tabelle vereinfacht den Sachverhalt relativ stark, da gerade im Personenverkehr auch andere Pünktlichkeitsschwellen existieren. Außerdem kann die Pünktlichkeit zeitlich (Abfahrts-/Ankunfts-/Haltepünktlichkeit) oder nach dem Betrachtungsgegenstand (Reisenden-/Sendungspünktlichkeit) differenziert werden. Dies alles macht deutlich, dass Pünktlichkeitswerte aus verschiedenen Quellen nicht unbedingt miteinander vergleichbar sind.

Im Sinne des europäischen Berichtswesens gilt ein Güterzug als pünktlich, wenn er mit bis zu 15:00 min Verspätung sein Ziel erreicht (Durchführungsverordnung (EU) Nr.

2015/1100, Anhang, Abschn. 5). Häufig wird auch von einem „planmäßig" verkehrenden Zug gesprochen, wenn seine Verspätung einen Wert von 0:59 min nicht übersteigt.

Gründe für Verspätungen können im operativen Betriebsablauf vielfältig sein. In Abhängigkeit vom Verursacher können diese wie folgt kategorisiert werden:

- Ursache beim EIU, z. B. technische Störungen an der Infrastruktur, Baumaßnahmen
- Ursache beim EVU, z. B. verspätete Bereitstellung von Fahrzeugen, fehlendes Personal, technische Störungen am Fuhrpark
- Externe Ursachen, z. B. wetterbedingte Einflüsse, Unfälle, Suizide

In Deutschland erhebt die Bundesnetzagentur auf Basis des ERegG (§ 17) in ihrer jährlichen Marktuntersuchung Qualitätsparameter im Eisenbahnverkehr. Für das Berichtsjahr 2019 wird dazu im SGV ein Anteil von 38 % von Zügen festgestellt, die ganz oder auf Teilstrecken ausfielen oder unpünktlich ihr Ziel erreichten (Bundesnetzagentur 2021, S. 31). Ältere Daten zeigen, dass die Pünktlichkeit (± 15 min) am Startort der Güterzüge knapp unter 50 % liegt (Nachtigall et al. 2014, S. 28). In Österreich waren 2020 81,7 % aller Güterzüge pünktlich am Ankunftsort (Schienen-Control 2021, S. 104).

DB Cargo als größtes EVU im Güterverkehr in Deutschland gibt seine Pünktlichkeit für das Jahr 2020 mit 77,6 % an (DB AG 2021, S. 129), Rail Cargo Austria mit 84,5 % (Schienen-Control 2021, S. 104). SBB Cargo veröffentlicht einen Wert von 93,5 % (SBB 2021, S. 30), wobei sich dies auf die für den Endkunden relevantere Sendungs- und nicht die Zugpünktlichkeit bezieht.

Das Pünktlichkeitsniveau ist damit im Güterverkehr im Vergleich zum Personennahverkehr deutlich und zum Personenfernverkehr etwas geringer. Dieses Bild ließe sich durch eine Betrachtung der einzelnen Produktionsformen (Kap. 4) weiter ausdifferenzieren. Für Österreich zeigen detaillierte Zahlen der Regulierungsbehörde Schienen-Control (2021, S. 104), dass der EWV hier positiver abschneidet als Ganzzugverkehr (GV) und Kombinierter Verkehr (KV), welche das Land oft im Transit durchqueren.

Tab. 2.2 Pünktlichkeitsschwellen im deutschsprachigen Raum

	Reguläre Pünktlichkeitsschwelle bei Ankunft des Zuges	
	Personenverkehr [min]	Güterverkehr [min]
Deutschland (DB)	5:59	15:59
Schweiz (SBB)	2:59	„Sendungspünktlichkeit" – Schwellwert abhängig von der Verkehrsart[25]
Österreich (ÖBB)	5:29	29:59

Quelle: Deutschland: Wolters 2017, Österreich: Schienen-Control 2021, Schweiz: Füglistaller 2017

[25] Die zulässige Verspätung, bis zu der eine Sendung als pünktlich beim Kunden eingetroffen gilt, beträgt beispielsweise 10 min für Expresssendungen und 20 min für Güter im Einzelwagenverkehr. (SBB 2021, S. 32).

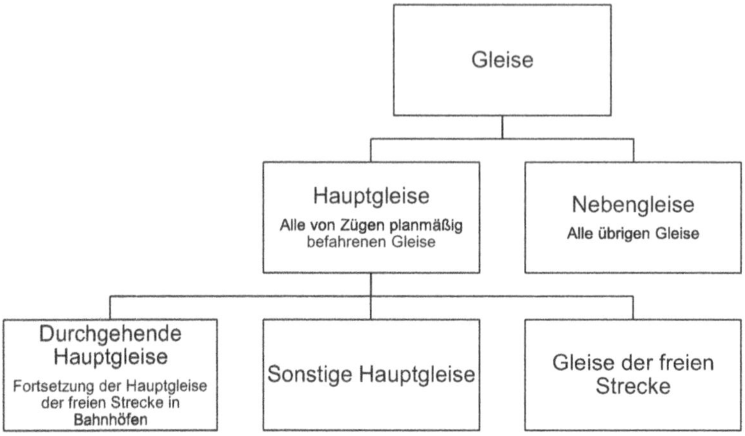

Abb. 2.14 Einteilung der Gleise

Charakteristisch für den Güterverkehr ist, dass die Toleranz gegenüber Verspätungen meist größer ist als im Personenverkehr. Eine Umfrage unter Verladern ergab, dass für eine deutliche Mehrheit unter ihnen erst ab einer Ankunftsverzögerung von mehr als einer Stunde überhaupt von einer Verspätung zu sprechen sei (Oetting 2017, S. 6). Die teils unterschiedlichen Pünktlichkeitsschwellen in Tab. 2.2 bringen dies zum Ausdruck, die Toleranz geht aber bei vielen Verladern noch über die Schwellenwerte hinaus.

Man kann die Kundenbedürfnisse dergestalt zusammenfassen, dass Zuverlässigkeit als Qualitätsmaßstab wichtiger ist als Pünktlichkeit: Entscheidend ist, dass die Produktion am Zielort nicht zum Erliegen kommt (z. B. in der Industrie) bzw. dass der Anschluss an andere Verkehrsträger (z. B. in Seehäfen) erreicht wird (Brill 2017, S. 38). Je nach Marktsegment des Güterverkehrskunden ist die Toleranz für Verspätungen dabei aufgrund großer Lagerbestände sehr groß (z. B. Kohle), eher klein (z. B. Automotive) oder sehr klein (z. B. allgemein im KV) (Wolters 2017).

Primärziel bei der Betriebsqualität im SGV muss also sein, negative Auswirkungen auf korrespondierende Produktions- und Logistikprozesse zu verhindern. Eine pünktliche Abfahrt ist gegenüber einer pünktlichen Ankunft nachrangig, was in der Praxis dazu führt, dass Güterzüge nicht selten auch verfrüht verkehren (was im Personenverkehr nie vorkommt). Allgemein ist die Streuung der im Betrieb realisierten Abweichungen im Güterverkehr deutlich größer als im Personenverkehr, was auch daran liegt, dass Güterzüge nicht selten operativ gefahren werden. Das bedeutet, dass im SGV Abweichungen vom Fahrplan eher in Kauf genommen werden als im Personenverkehr, wenn dadurch ein flüssiger Betriebsablauf bzw. eine höhere Auslastung erreicht werden kann.

2.3 Bahninfrastruktur

In diesem Abschnitt werden Grundlagen der Eisenbahninfrastruktur dargestellt, wobei regelmäßig auf betriebliche Implikationen hingewiesen wird. Am Anfang steht ein allgemeiner Überblick über Bahnanlagen (Abschn. 2.3.1), bevor auf wesentliche Infrastrukturparameter (Abschn. 2.3.2) und das für den SGV besonders wichtige Thema Gleisanschlüsse (Abschn. 2.3.3) eingegangen wird. Am Ende stehen Ausführungen zu spezifischen Eigenschaften europäischer Eisenbahnnetze (Abschn. 2.3.4).

2.3.1 Bahnanlagen

Bahnanlagen bzw. auch Betriebsanlagen sind Einrichtungen, die dem Betrieb einer Eisenbahn dienen – auf diesen gemeinsamen Nenner lassen sich die maßgebenden Rechtsverordnungen des deutschsprachigen Raums[26] zusammenfassen. Weiter unterschieden wird auf dieser Basis in Bahnanlagen des Bahnhofs, Bahnanlagen der freien Strecke und sonstige Bahnanlagen. Dies ist keineswegs die einzige denkbare Kategorisierung von Bahnanlagen, jedoch eine hier weitgehend etablierte. Eine weitere Möglichkeit der Untergliederung des Eisenbahnsystems bieten die auf europäischer Ebene definierten strukturellen und funktionalen Teilsysteme (Abschn. 1.3.3).

Von besonderer Bedeutung für die Regelung der Zugfolge sind Betriebsstellen, also Orte, die der Regelung und Sicherung von Fahrzeugbewegungen dienen.

Der *Bahnhof* ist eine solche Betriebsstelle. Seine Legaldefinition weicht dabei von der umgangssprachlichen Definition ab; demnach ist ein Bahnhof in Deutschland eine Bahnanlage „mit mindestens einer Weiche, wo Züge beginnen, enden, ausweichen oder wenden dürfen“ (EBO § 4), wobei die Einfahrsignale die Grenzen des Bahnhofs sind.[27] Nicht erforderlich sind hingegen Bahnsteige. Dementsprechend kann es auch Bahnhöfe geben, die ausschließlich verkehrliche Aufgaben für den Güterverkehr erfüllen. Genauso haben manche Bahnhöfe rein betriebliche Aufgaben, jedoch keine verkehrliche Funktion, also keine Schnittstelle zu einem Kunden. Hierzu zählen reine Überholbahnhöfe, die meist für Güterzüge im Mischverkehr errichtet werden (Abschn. 2.3.4.2), und auch Rangierbahnhöfe (Abschn. 4.3.4). Die Gestaltung eines Bahnhofs (z. B. Anordnung und Länge der Gleise) bestimmt sich primär nach seinen betrieblichen und verkehrlichen Aufgaben. Größere Bahnhöfe können nach ihren verkehrlichen Funktionen in Bahnhofsteile unterteilt sein, z. B. Personen- und Güterbahnhof.

---

[26] Eisenbahn-Bau- und Betriebsordnung (EBO) in Deutschland, Eisenbahnbau- und -betriebsverordnung (EisbBBV) in Österreich sowie Verordnung über Bau und Betrieb der Eisenbahnen (EBV) in der Schweiz.

[27] Die Definitionen des Bahnhofsbegriffs in Österreich und der Schweiz stimmen inhaltlich mit der der deutschen weitgehend überein (ÖBB AG (2015), Bundesamt für Verkehr (2020)). In der Schweiz werden Bahnhöfe teils auch als Stationen bezeichnet.

Die Gleise der *freien Strecke* verbinden die Bahnhöfe miteinander; definitorisch zählt der gesamte Bereich außerhalb der Bahnhöfe dazu, sofern es sich nicht bspw. um Gleisanschlüsse handelt. Hier finden sich ebenfalls verschiedene Betriebsstellen: Abzweigstellen dienen dem Übergang von einer Strecke auf eine andere, Überleitstellen dem Übergang vom Gleis einer Strecke auf ein anderes Gleis derselben Strecke. Für den SGV sind *Anschlussstellen* von besonderer Relevanz, weil hier angeschlossene Gleise z. B. eines Industriebetriebs befahren werden können. Gleisanschlüsse und Anschlussstellen werden in Abschn. 2.3.3 tiefergehend betrachtet.

Die Gleise der Bahnanlagen werden hinsichtlich ihrer betrieblichen Nutzbarkeit unterschieden (Abb. 2.14): Hauptgleise können planmäßig von Zügen befahren werden und sind dafür entsprechend sicherungstechnisch ausgerüstet. Sie werden wiederum unterschieden in durchgehende Hauptgleise, sonstige Hauptgleise (jeweils nur in Bahnhöfen[28]) und Gleise der freien Strecke. Alle sonstigen Gleise sind Nebengleise – in der Schweiz Rangier- bzw. Anschlussgleise – mit Relevanz primär für den Rangierbetrieb; sie finden sich ausschließlich in Bahnhöfen. In Österreich werden Lade- und Terminalgleise auch als Manipulationsgleise bezeichnet. Zur Unterscheidung von Zug- und Rangierfahrten siehe Abschn. 2.2.3.

Während ein Bahnhof beliebig viele Gleise umfassen kann, ist die Anzahl der Gleise einer Strecke per Definition auf zwei begrenzt, es gibt demzufolge nur ein- bzw. zweigleisige Strecken. Kommt ein drittes Streckengleis hinzu, erhält dieses eine eigene Streckennummer; abhängig vom Nutzungscharakter werden die zwei Strecken jedoch dispositiv oder kapazitiv als Einheit betrachtet, und umgangssprachlich handelt es sich dann um eine dreigleisige Strecke.

Die hier vorgestellte Systematik kann weltweit – teils erheblich – abweichen. Auch innerhalb des deutschsprachigen Raums verliert die Unterscheidung von Bahnhof und freier Strecke, z. B. in der Eisenbahnsicherungstechnik, künftig an Bedeutung.

2.3.2 Infrastrukturparameter und betriebliche Wechselwirkungen

Der geringe zwischen Stahlrad und Stahlschiene wirksame Kraftschlussbeiwert (Abschn. 2.1) sowie der besonders im SGV niedrige Traktionsanteil, z. B. eine Lok mit vier Radsätzen im Verhältnis zu dem angehängten Wagenzug mit 100 Radsätzen, führen dazu, dass Eisenbahnstrecken im Vergleich zu Straßen in der Regel flacher trassiert sind. Die TSI Infrastruktur limitiert die Neigung für Hochgeschwindigkeitsstrecken auf 35 Promille, d. h. 3,5 m Höhenunterschied auf 1000 m Gleislänge (Verordnung (EU) Nr. 1299/2014, Abschn. 4.2.3.3). Für Strecken mit artreinem Güterverkehr werden keine pauschalen Vorgaben gemacht. Güterzüge sind jedoch deutlich sensitiver gegenüber den Neigungsverhältnissen, weil sie meist länger und schwerer sind (vgl. dazu die aus Tab. 2.6 hervorgehenden typischen Zugdimensionen) und die Antriebsleistung ledig-

[28] Bahnhofsgleise werden in der Schweiz als Stationsgleise bezeichnet.

lich auf die Achsen der Lokomotive wirken. Bis zu einer Neigung von 12,5 Promille können Güterzüge in der Regel freizügig verkehren. Allgemein wird zur Festlegung der maximalen Neigung eine Analyse der Zugmassen und Zugkräfte empfohlen (DIN EN 13803, S. 96).

Bei Neu- und Ausbaustrecken muss in der Konsequenz zu Planungsbeginn eine strategische Entscheidung über die (Mit-)Nutzung von Güterzügen getroffen werden (Tab. 3.1). Falls dies gewünscht ist, wird die Trassierung der Strecke wegen geringerer Neigungen meist mehr Kunstbauwerke (z. B. Brücken und Tunnel) benötigen und damit teurer werden. Auf Bestandsstrecken mit größeren Neigungen können einschränkende Vorgaben für Zuggewichte bzw. Triebfahrzeuge existieren. Hier ist daher oftmals eine Grenzlastberechnung erforderlich.

▶ „Der Begriff Grenzlast beschreibt die größte fahrbare Last, die auf einem bestimmten Laufweg möglich ist.“ (Janicki 2011, S. 226) Man unterscheidet Zughaken-, Anfahr- und Anhängegrenzlast, wobei der jeweils geringste Wert maßgeblich ist.

Im Grundriss einer Eisenbahnstrecke ist vor allem die Ausprägung der Bögen von Interesse. Der Gleisbogen wird charakterisiert durch den Radius: Geringe Radien verringern den Platzbedarf, limitieren aber auch die fahrbaren Geschwindigkeiten. Laut (Verordnung (EU) Nr. 1299/2014, Abschn. 4.2.3.4) müssen sie bei Neubauten mindestens 150 m groß sein, wobei dieser Wert nur sehr geringe Geschwindigkeiten ermöglichen würde. Bögen werden, abhängig vom Radius, mit einer Überhöhung von bis zu 170 mm versehen, d. h. die bogenäußere Schiene ist gegenüber der bogeninneren Schiene um diesen Wert erhöht. Dies erlaubt höhere Geschwindigkeiten im Bogen durch die Teilkompensation der Seitenbeschleunigung. Größere Überhöhungswerte sind im Güterverkehr nicht erlaubt, auch um Ladungsverschiebungen bei Halt, langsamer Fahrt und auch unter Windeinfluss zu vermeiden (vgl. Weigand 2019, S. 645).

Neben Grundriss und Aufriss ist für die Trassierung einer Eisenbahnstrecke auch der Querschnitt relevant. Der maximale Querschnitt der Fahrzeuge – definiert durch die sogenannte Fahrzeugbegrenzungslinie – ergibt sich in Abhängigkeit vom lichten Raum der Streckeninfrastruktur. Am heute noch üblichen *Regellichtraum,* „der in seinen wesentlichen Konturen bereits in der Mitte des 19. Jahrhunderts seinen Ursprung hat“ (Weigand et al. 2008, S. 328), sind vor allem die Einschränkungen an den oberen Ecken problematisch. Diese sind eine Folge der frühen Bauweise von „Tunneln (enges Kreisprofil) und Steinbrücken in Bogenbauweise“, wie Siegmann (2010, S. 206) schreibt.

Um den daraus resultierenden Einschränkungen für die Höhe von Sendungen des KV (Abschn. 4.4.8) sowie der Volumenreduktion bei gedeckten Wagen durch die Tonnendächer, die diesem Profil folgen, zu entgehen, ist auf europäischer Ebene beim Neubau von Strecken eine erweiterte Bezugslinie vorgeschrieben (Verordnung (EU) Nr. 1299/2014, Kap. 4). Ein allgemeines Umbauprogramm für Bestandsstrecken existiert jedoch nicht, die Kosten zur Anpassung von Brücken und Tunneln sind immens. Große Erweiterungen wie die Ermöglichung des Doppelstocktransports von Containern,

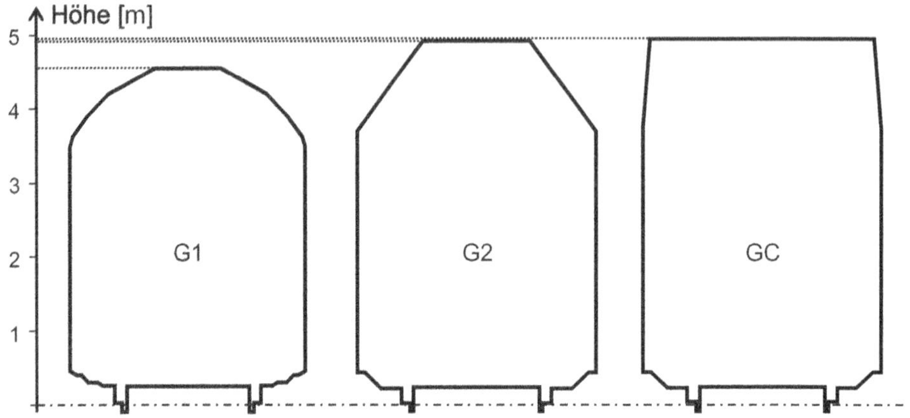

Abb. 2.15 Bezugslinien G1, G2 und GC im Vergleich. (Eigene Darstellung, basierend auf EBO (Anlagen 7 und 8) und DB Netze (o. J.))

wie beispielsweise in den USA üblich, werden in Europa aufgrund des großen infrastrukturellen Anpassungsbedarfs nicht angestrebt, wenngleich auch im Bestandsnetz teilweise Ausbaumaßnahmen stattfinden. Abb. 2.15 zeigt die Profile G1 (grenzüberschreitende Verkehre), G2 (resultierend aus dem deutschen Regellichtraum) und GC (Neu- und Ausbaustrecken in der EU) im Vergleich.

Durch die im SGV oft hohen Zugmassen (Tab. 3.2) sind die Radsatzlast und die Meterlast als Streckenparameter relevant.

► Kennwerte zur Belastbarkeit der Infrastruktur

Radsatzlast

Anteil des Fahrzeuggewichts, der auf einen Radsatz entfällt (Freystein et al. 2015, S. 603). Bei gleichmäßiger Verteilung der Last gilt: Radsatzlast $= \frac{\text{Eigengewicht+Ladungsgewicht}}{\text{Anzahl Radsätze}}$

Meterlast

Die Meterlast ist gleich der Summe von Eigengewicht des Wagens und Gewicht der Ladung, geteilt durch die Länge des Wagens in Metern über die nicht eingedrückten Puffer gemessen (UIC o. J., S. 3).

Hohe *Radsatzlasten* erhöhen den Verschleiß am Ober- und Unterbau; in der Konsequenz müssen Strecken für schwere Güterzüge anders beschaffen sein als solche, auf denen z. B. lediglich leichte Triebwagen des Personenverkehrs fahren. Dies führt bspw. zur Verwendung schwererer Schienen und Schwellen und damit insgesamt zu einer Vergrößerung des Oberbaus. Ist der Oberbau nicht für die Radsatzlasten ausgelegt, die auf ihm verkehren, sinkt die Lebensdauer der Komponenten und die Instandhaltungsintervalle müssen verkürzt werden. Werden die Züge insgesamt schwerer, ist mit längeren Bremswegen zu rechnen, was größere Signalabstände mit sich bringen kann. Auch die maximal fahrbaren Steigungen bzw. Gefälle können sich durch schwerere Züge verändern. Dem stehen mögliche Einsparungen beim EVU gegenüber (Ripke und Kumpfmüller 2009).

In Europa lassen die meisten Hauptbahnen heute Radsatzlasten von bis zu 22,5 t zu. Bei außereuropäischen Güterbahnen, die schwere Massengüter transportieren, sind auch deutlich höhere Radsatzlasten von bis zu 40 t anzutreffen.

Während die zulässige *Meterlast* in der Regel durch die Auslegung der Brücken bestimmt wird, ist die Ausführung von Unter- und Oberbau maßgebend für die zulässige Radsatzlast. In der Betriebspraxis stellt die Meterlast seltener den relevanten Grenzwert dar.

Beide Werte zusammen, Radsatzlast und Meterlast, bilden die Streckenklasse, die als Kennwert für die Belastbarkeit einer Bahnstrecke betrachtet werden kann. Tab. 2.3 zeigt die nach EN 15528 in Europa gängigen Streckenklassen.

In Mitteleuropa sind nahezu alle Hauptstrecken der Streckenklasse D4 zugeordnet. Je weniger bedeutsam eine Strecke für den langlaufenden Güterverkehr ist, desto häufiger finden sich auch niedrigere Streckenklassen.

Durch den Mischverkehr auf den meisten europäischen Strecken (Abschn. 2.3.4.2) ist das Vorhandensein von *Überholgleisen* in ausreichender Länge für den SGV wichtig. Diese Gleise schaffen die Voraussetzung dafür, dass auch im Mischbetrieb der Personenverkehr in guter Qualität durchgeführt werden kann. Eine „ausreichende Länge" bedeutet dabei, dass Züge mit der maximal erlaubten Länge dort halten können, ohne den sonstigen Verkehr zu beeinträchtigen. Für die Planung der Überholgleise ist nicht nur die eigentliche Zuglänge relevant, sondern gerade im SGV auch die Anzahl an Kuppelstellen im Zug – je mehr davon vorhanden sind, desto länger kann sich ein Zug nach dem Halt noch strecken (Maschek 2018, S. 129 f.).

Tab. 2.3 Streckenklassen

		Radsatzlast [t]				
		16	18	20	22,5	25
Meterlast [t/m]	5	A	B1			
	6,4		B2	C2	D2	
	7,2			C3	D3	
	8			C4	D4	E4
	8,8					E5

Datenquelle: DIN EN 15528
Die Streckenklassen werden teils ergänzt um nationale Streckenklassen, z. B. CE und CM2 bis CM4 in Deutschland

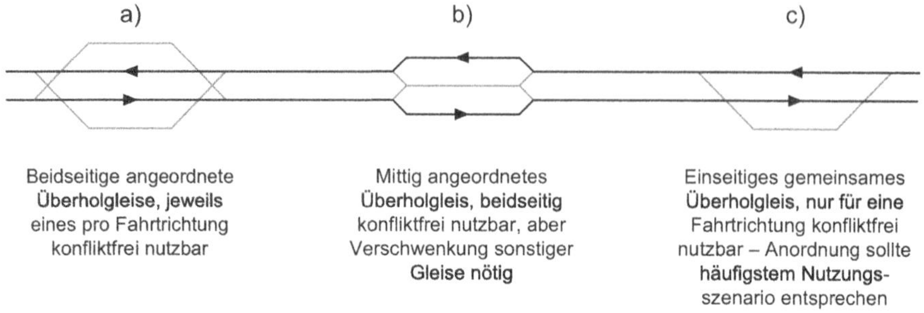

Abb. 2.16 Anordnungsmöglichkeiten für Überholgleise

Abb. 2.16 zeigt Anordnungsmöglichkeiten für Überholgleise:

a. Sie können beidseitig angeordnet sein, was für beide Fahrtrichtungen das Optimum darstellt.
b. Eine mittige Anordnung hat ebenso den Vorteil, dass für eine Überholung nicht das entgegenkommende Gleis gekreuzt werden muss. Nachteilig sind aber die schlechtere Zugänglichkeit von außen (z. B. für Triebfahrzeugführerwechsel) und die Notwendigkeit, die durchgehenden Hauptgleise zu verschwenken.
c. Wird nur ein Überholgleis geplant, so liegt es idealerweise auf jener Seite, auf der die meisten Überholungen stattfinden. So wird die Zahl betrieblicher Konflikte (Kreuzungskonflikte, Fahrstraßenausschlüsse) reduziert.

Längere Überholgleise wären eine wesentliche Voraussetzung für das Verkehren längerer Züge. Weitere Prämissen dafür werden in Abschn. 2.3.4 aufgezeigt.

Hinsichtlich des Streckenquerschnitts ist auch der *Gleisabstand* bei zwei- oder mehrgleisigen Strecken bedeutsam, gemessen von Gleismitte zu Gleismitte. Die TSI Infrastruktur schreibt Mindestwerte für den Gleisabstand zwischen 3,80 und 4,50 m vor (Verordnung (EU) Nr. 1299/2014, Abs. 4.2.3.2), ergänzt durch einen Verweis auf die EN 15273-3 (2017). Im Güterverkehr hat der Gleisabstand einen Einfluss darauf, inwieweit sich Züge begegnen können, die das zulässige Lademaß überschreiten. Zum Verkehren solcher Lademaßüberschreitungen (Lü) siehe Abschn. 2.2.5.4.

Die *Elektrifizierung* einer Strecke bringt einige Implikationen für den Güterverkehr – Vor- und Nachteile – mit sich. So hat die elektrische Traktion (abhängig vom Primärenergieträger) ein größeres Nachhaltigkeitspotenzial, abhängig vom Primärenergieträger, und ist relativ effizient (Abschn. 3.3.1). Demgegenüber stehen große Investitionen in ortsfeste Anlagen und das Einbringen einer möglichen Störungsquelle. Um die Vorteile auszuspielen, müssen alle Strecken eines Zuglaufs elektrifiziert sein – oder ein Wechsel des Triebfahrzeugs wird nötig. In der jüngeren Vergangenheit finden auch Zweikraftlokomotiven Verbreitung.

Tab. 2.4 Leistungskennwerte für Strecken des Güterverkehrs

Verkehrscode	Begrenzungslinie	Radsatzlast [t]	Streckengeschwindigkeit [km/h]	Zuglänge [m]
F1	GC	22,5	100–120	740–1050
F2	GB	22,5	100–120	600–1050
F3	GA	20	60–100	500–1050
F4	G1	18	Nicht relevant	

Quelle: Verordnung (EU) Nr. 1299/2014, Abs. 4.2.1

Typische Leistungskennwerte von Strecken des Güterverkehrs nach TSI Infrastruktur können Tab. 2.4 entnommen werden. Analoge Werte existieren für den Personenverkehr. Freystein et al. (2015, S. 96) weisen darauf hin, dass die „Leistungskennwerte Begrenzungslinie und Radsatzlast […] bei Neubau, Erneuerung und Umrüstung unbedingt einzuhalten [sind], während die Streckengeschwindigkeit, Bahnsteiglänge und Zuglänge als weiche Parameter variieren können". Mit den Verkehrscodes werden bestehende Strecken kategorisiert. Eine Mischverkehrsstrecke kann auch mehreren Verkehrscodes zugeordnet sein.

2.3.3 Netzzugangsstellen und Güterverkehrsanlagen

Die Variabilität an Knotenpunkten ist im SGV im Vergleich zum Personenverkehr relativ groß, weil die transportierten Güter unterschiedliche Eigenschaften aufweisen und daher oft spezielle Umschlageinrichtungen erfordern. Offensichtlich wird dies bei einem Vergleich des Umschlags von Schüttgütern (z. B. Kohle), die direkt verladen werden, mit palettierbaren Stückgütern (z. B. Kartons), die einzeln verladen werden, und Waren, die in Behältern (z. B. Containern) transportiert und in diesen umgeschlagen werden.

Für die meisten dieser Knotenpunkte ist es zweckmäßig, sie im Kontext ihres jeweils prägenden Produktionssystems zu betrachten – zumal die Vielfalt aus bahnbetrieblicher Perspektive deutlich geringer ist: Gleisanschlüsse und Güterbahnhöfe sind regelmäßig Start und Ziel, sowohl im Ganzzug- als auch im EWV, wobei bei letzterem noch die wesentliche Funktion der Zugbildungsanlagen hinzukommt. Im KV sind entsprechende Terminals Start- und Zielpunkt der Verkehre. All diese Knoten und vor allem die zugehörigen Prozesse werden ausführlich im Kontext ihres jeweiligen Produktionssystems (Kap. 4) vorgestellt. In diesem Abschnitt finden sich dazu lediglich kurze Definitionen, um eine Begriffsabgrenzung zu ermöglichen.

Gemein ist allen Zugangsstellen (Gleisanschlüssen und KV-Terminals), dass sie adäquat dimensioniert werden müssen, also der Nachfrage angemessen und mit einer hinreichenden Reserve versehen. Merkmale sind, erweitert nach Weidmann (2020, S. 197) und Berndt (2022, S. 34 f.), beispielsweise:

- Länge, Anzahl und Ausgestaltung von Lade-, Umschlag- und Rangiergleisen
- Kapazitäten zur Behandlung von Eisenbahnfahrzeugen
- Aufstell- und Warteflächen für Fahrzeuge anderer Verkehrsträger
- Integration der Prozesse von Kunden, Partnern und Behörden
- Schutzvorkehrungen bei Gefahrengütern

Wichtige Definitionen rund um SGV-Knotenpunkte und Netzzugangsstellen

Anschlussbahn

Eine Anschlussbahn ist ein EIU variabler Größe und Ausstattung, aus dessen Netz die Möglichkeit eines Fahrzeugübergangs in das Netz eines anderen, in der Regel öffentlichen EIU besteht.

Gleisanschluss

Eisenbahnanlage, die der Anbindung einer Fläche an das Netz eines öffentlichen EIU dient. Im Gegensatz zum Begriff Anschlussbahn, der die organisatorische Sichtweise beinhaltet, bezieht sich der Begriff Gleisanschluss auf die baulichen Anlagen. Im allgemeinen Sprachgebrauch werden beide Begriffe häufig synonym verwendet.

Güterbahnhof (Gbf)

Bahnhof mit verkehrlicher Funktion im Güterverkehr, nämlich der Schnittstelle zum Kunden in Form von Be-/Entladeeinrichtungen. Ein Güterbahnhof kann auch nur ein Teil eines größeren Bahnhofs (mit zusätzlichen betrieblichen oder verkehrlichen Aufgaben) sein.

KV-Terminal (Umschlagbahnhöfe)

In KV-Terminals bzw. Umschlagbahnhöfen erfolgt der Umschlag von Ladeeinheiten des KV (Abschn. 4.4).

Ladegleis

Gleise, die der Be- und Entladung von Güterwagen dienen, werden als Ladegleise bezeichnet. Sie können mit einer Ladestraße oder -rampe kombiniert sein und werden dann als Freilade- bzw. Rampengleise bezeichnet. Beim Ladegleis handelt es sich im bahnbetrieblichen Sinne in der Regel um ein Nebengleis.

Railport

Unter dem Namen Railport werden in Deutschland von der DB Cargo AG mit weiteren Partnern rund 100 multimodale Logistikhubs als Zugang insbesondere zum EWV (Abschn. 4.3) betrieben (DB Cargo AG o. J.). Neben der Umladung von Stück- und Massenstückgut zwischen der Straße und Schiene werden weitere Logistikleistungen wie Lagerung angeboten. Der Railport stellt damit eine Ausprägung eines Gbf dar.

Rangierbahnhof (Rbf)

Große Zugbildungsanlage (Abschn. 4.3.4) des EWV, in der die eingehenden Güterwagen neu nach Zugbildungsrichtungen sortiert werden (Pachl 2021b, o. S.). In Österreich Verschiebebahnhof genannt.

Wagenübergabestelle (WÜST)

Grenze zwischen den Betriebsführungs- und Haftungsbereichen öffentlicher und privater Infrastrukturbetreiber (Arnold et al. 2008, S. 748), die regelmäßig von der eigentumsrechtlichen Grenze – der Anschlussweiche – abweicht. Zweck ist die Schaffung eines behinderungsfreien Übergabegleises zwischen den Betreibern (Michaelsen und Lübs 2020, S. 362).

Werksbahn

Werksbahnen sind Eisenbahnen des nichtöffentlichen Verkehrs, die ausschließlich innerbetrieblichen Zwecken dienen. Sie können mit Anschlussbahnen verbunden sein.

Zugbildungsanlage (ZBA)

Standorte zur Bildung, Behandlung und Auflösung von Zügen mit variabler Größe.

Aus den vorangegangenen Definitionen ergibt sich, dass ein Zugang zum Eisenbahnnetz für Kunden im SGV ausschließlich über KV-Terminals, Güterbahnhöfe oder Gleisanschlüsse möglich ist.

Bei *Gleisanschlüssen* handelt es sich um zumeist nicht-öffentliche Infrastrukturen, die über eine Anschlussweiche an das öffentliche Netz angeschlossen sind. Gleisanschlüsse gehören in der Regel den Unternehmen der verladenden Wirtschaft. Ein entsprechendes Unternehmen bzw. Werk als Teil eines Unternehmens wird Gleisanschließer genannt. Das Bringen und Abholen von Güterwagen zu bzw. von Gleisanschlüssen durch EVU des öffentlichen Verkehrs wird als Gleisanschlussbedienung bezeichnet, die Fahrten in einen Gleisanschluss als Bedienfahrten. In der Regel können Bedienfahrten als Rangierfahrten klassifiziert werden (Abschn. 2.2.4.1). Die technischen Anforderungen an die Infrastruktur von Gleisanschlüssen sind, beispielsweise in Bezug auf Bogenradien oder Zugbeeinflussungssysteme, gegenüber der öffentlichen Infrastruktur deutlich reduziert.

Gleisanschlüsse lassen sich nach der Lage der Anschlussweiche sowie nach ihrer Größe und Komplexität unterteilen. Abb. 2.17 illustriert dies, ergänzt um Beispiele für typische Gleistopologien.

Ein Hauptanschluss ist direkt an das öffentliche Netz angebunden. Ein Nebenanschluss schließt an einen anderen Gleisanschluss an. Industriestammgleise werden von der öffentlichen Hand (Kommunen) vorgehalten, um mehreren Unternehmen in Industriegebieten die Eisenbahnanbindung zu ermöglichen. Ein Stammgleis ist dabei an das öffentliche Netz, die privaten Gleisanschlüsse der Industriebetriebe sind als Nebenanschlüsse an das Stammgleis angebunden (Arnold et al. 2008, S. 748).

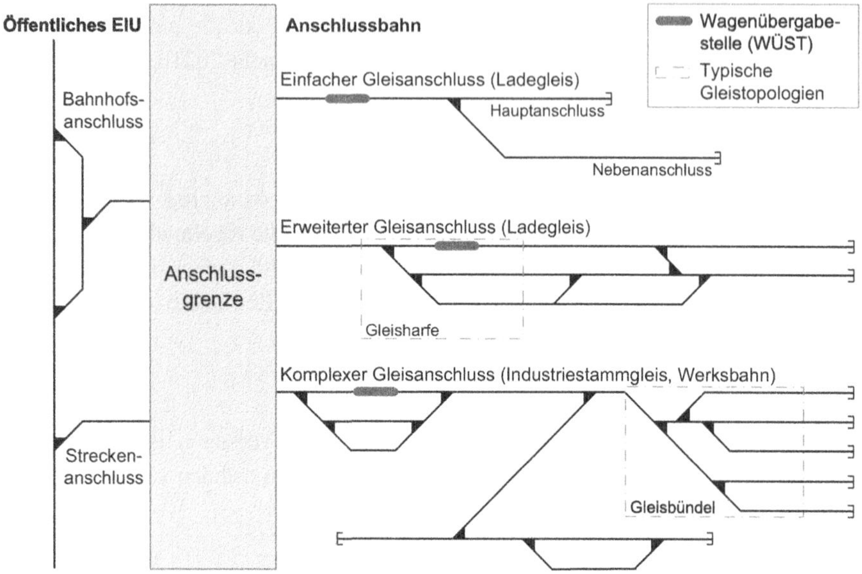

Abb. 2.17 Typisierung von Anschlussbahnen, Beispiele für Gleistopologien nach BMVBS (2003)

Bei komplexen Gleisanschlüssen kann es sich um sehr große Anlagen handeln. So beträgt z. B. die Gleislänge im Stammwerk des Chemieunternehmens BASF in Ludwigshafen 230 km (BASF o. J.), bei der Hamburger Hafenbahn 290 km (Kreft 2020).

Die Zahl der Gleisanschlüsse ist in den letzten Jahren überall in Europa erheblich gesunken. Einige Details dazu finden sich in Abschn. 4.3.2.

Das EIU, das einen Gleisanschluss betreibt, wird als *Anschlussbahn* bezeichnet. Steht die Infrastruktur auch anderen EVU offen – was im Grundsatz für jede Eisenbahninfrastruktur gilt – handelt es sich um ein öffentliches EIU, das aufgrund gesetzlicher Anforderungen Regelungen zum Netzzugang treffen muss.

Anschlussbahnen können sich in vielerlei Hinsicht unterscheiden, beispielsweise hinsichtlich ihrer Spezialisierung auf bestimmte industrielle Prozesse, z. B. in einem Stahlwerk, gegenüber einer verschiedenartigen Nutzung, z. B. als Hafenbahn. Weitere Unterscheidungsmerkmale sind unter anderem die Infrastruktur (Beispiele im vorangegangenen Abschnitt), der Personalbestand, Eigentumsverhältnisse und die rechtliche Zugangsmöglichkeit (siehe folgende Hintergrundinformation). Große Anschlussbahnen sind darüber hinaus regelmäßig auch als EVU tätig, womit weitere Unterscheidungsmerkmale wie der Fahrzeugbestand hinzukommen (Berndt 2022, S. 34 f.).

Hintergrundinformation: Rechtliche Charakterisierung des Anschlussbahn-Begriffs in Deutschland

Die rechtliche Charakterisierung einer Anschlussbahn ist komplizierter, als es in der Literatur teilweise den Anschein hat. So ist der Begriff in der Gesetzgebung des Bundes überhaupt nicht definiert. Vielmehr ist stets nur von einer „anschlussbegehrenden" und einer „anschlussgewährenden" Eisenbahn die Rede (§ 13 AEG).

Grundsätzlich kann jedes EIU Anschluss an jede angrenzende Eisenbahn begehren - auch an eine Werksbahn, sogar, wenn diese den Vorbehalt erklärt, Transporte auf der von ihr betriebenen Eisenbahninfrastruktur oder Teilen davon ausschließlich selbst durchzuführen oder durch ein von ihr beauftragtes EVU durchführen zu lassen, und folglich eine nichtöffentliche Eisenbahn ist und ausschließlich innerbetrieblichen Zwecken dient (§ 15 ERegG).

Hintergrund ist, dass der regulierungsrechtliche Zugang – also die Frage, ob eine Eisenbahn öffentlich ist (normiert in § 10 und für die Werksbahn in § 15 ERegG) – und die Herstellung eines infrastrukturellen Anschlusses laut AEG und ERegG zwei voneinander unabhängige Regelungsregime sind. Zwar nehmen beide aufeinander Bezug, sie bedingen sich gegenseitig aber nicht bzw. sie entscheiden nicht über das „Schicksal" des jeweils anderen.

In diesem Sinne ist *jede* Eisenbahninfrastruktur, die an eine andere Eisenbahninfrastruktur angeschlossen ist, eine Anschlussbahn. Dies ist unabhängig davon, ob es sich um öffentliche oder nichtöffentliche EIU handelt. Demgegenüber wird in der Praxis mit dem Begriff Anschlussbahn oft implizit unterstellt, dass es sich um eine meist nichtöffentliche Eisenbahn handelt, die an eine öffentliche Eisenbahn angeschlossen ist.

Daneben steht auch noch die Frage der anzuwendenden technischen Vorschriften. Zwei Normen sind hier grundsätzlich relevant: Handelt es sich um ein öffentliches EIU, so ist die Anwendung der EBO zwingend. Bei nichtöffentlichen EIU können die Betriebsordnungen für Anschlussbahnen angewendet werden, die in der Zuständigkeit der Länder stehen und dementsprechend in 16 verschiedenen Versionen existieren. Die technischen Anforderungen der EBO sind durchweg wesentlich höher.

Die Schnittstelle zwischen zwei Infrastrukturbetreibern, also die *Anschlussweiche,* kann sich sowohl in einem Bahnhof (Bahnhofsanschlussbahn) als auch auf der freien Strecke (Streckenanschlussbahn) befinden. Die Anbindung an einen Bahnhof hat den Vorteil, dass sie kostengünstiger zu realisieren und betrieblich einfacher zu handhaben ist: Fahrzeuge können den Anschluss in der Regel ohne Einschränkungen bedienen, sie verkehren dabei als Rangierfahrten (siehe Bahnhof Astadt in Abb. 2.19).

Beispiel

Die Firma Rubikon nutzt für den Transport ihrer Erzeugnisse die Eisenbahn. Sie verfügt dafür über eigene Gleisanlagen, die direkt an den Bahnhof Astadt angeschlossen sind (Abb. 2.18). Die Anschlussweiche befindet sich in Gleis 1. Das Signal N1 fungiert als Ausfahrsignal für Zugfahrten in westlicher Richtung; ferner ist es kombiniert mit einem Sperrsignal, das zur Zulassung von Rangierfahrten dient

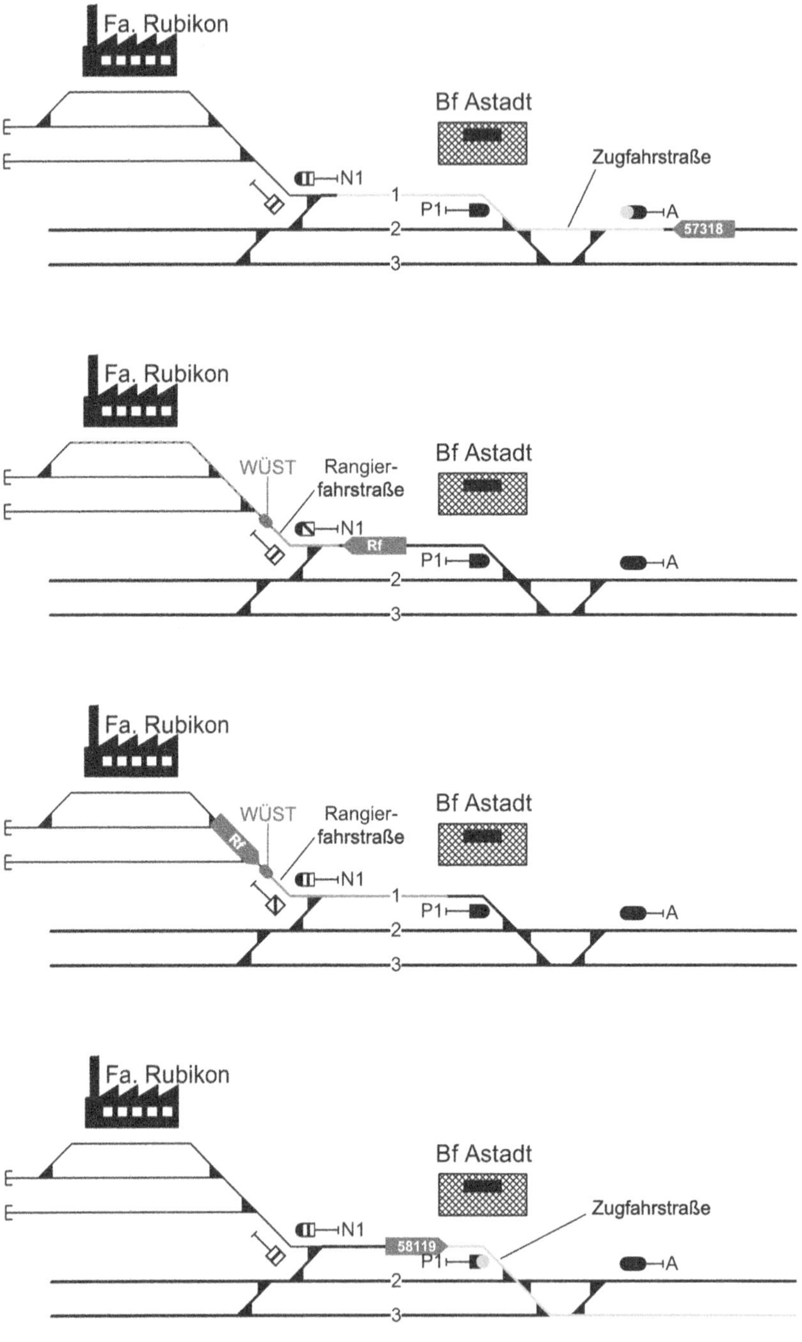

Abb. 2.18 Bedienung eines Gleisanschlusses im Bahnhof (vereinfachter Übersichtsplan, nach den betrieblichen Regeln in Deutschland)

Die folgenden Schritte zeigen auf, wie die Bedienung des Gleisanschlusses erfolgt:

1. Der Zug 57813 liefert Rohstoffe für das Werk der Firma Rubikon. Der Fahrdienstleiter des Bahnhofs Astadt stellt eine Zugfahrstraße zur Einfahrt in den Bahnhof ein. Die Zugfahrt endet in Gleis 1, der Fahrplan ist mit Ankunft des Zuges vollständig abgefahren.
2. Nach Rücksprache mit dem Triebfahrzeugführer und ggf. auch dem Betreiber des Gleisanschlusses stimmt der Weichenwärter Astadt der Rangierfahrt (verkehrlich auch: Bedienfahrt) in den Gleisanschluss zu. Der Weichenwärter ist hier in Personalunion zugleich Fahrdienstleiter. Die Ausdehnung der Rangierfahrt – die keine Zugnummer und keinen Fahrplan hat – reicht zunächst bis zur Wagenübergabestelle (WÜST). Von hier an gelten die betrieblichen Regeln der Anschlussbahn, also des EIU, das den Gleisanschluss betreibt. Das Zugpersonal rangiert im Gleisanschluss ggf. eigenständig.
3. Gleis 1 ist nun wieder frei benutzbar. Der Aufenthalt des Fahrzeugverbands im Gleisanschluss kann beliebig lang sein. Nach Beendigung der für das Unternehmen nötigen Ent- und Beladungsaktivitäten sowie der Zusammenstellung eines neuen Zugverbands meldet sich der Triebfahrzeugführer von der WÜST beim Weichenwärter. Spricht aus betrieblicher Sicht nichts dagegen, kann dann nach Gleis 1 bis vor das Ausfahrsignal P1 rangiert werden.
4. Der Fahrdienstleiter stimmt der Abfahrt des Zuges 58119 zu. Dieser hat eine neue Zugnummer und einen neuen Fahrplan. Außerdem muss der Zug eine wagentechnische Untersuchung und eine Bremsprobe (Abschn. 3.2.8) erhalten haben und über die nötigen Papiere (u. a. Bremszettel, Wagenliste sowie Fahrplanunterlagen) verfügen. ◀

Befindet sich das anzuschließende Werksgrundstück nicht in der Nähe eines Bahnhofs, existieren drei Möglichkeiten zum Anschluss:

- Die Anschlussweiche kann trotzdem im Bahnhof liegen und muss über ein entsprechend langes Verbindungsgleis mit dem Werksgrundstück verbunden werden. Diese Option scheidet in der Regel als zu aufwendig aus.
- Der Anschluss an das öffentliche Netz befindet sich auf der freien Strecke. Bei sehr hohem Verkehrsaufkommen könnte dabei die Einrichtung einer Abzweigstelle gerechtfertigt sein. Die Bedienfahrten können dann als Zugfahrten stattfinden (Abzweigstelle Bheim in Abb. 2.19).
- Meist wird bei einer Anbindung auf der freien Strecke die Einrichtung einer Anschlussstelle vorzuziehen sein (Bahnhof Cdorf in Abb. 2.19). Die Bedienfahrten finden dann als Rangierfahrten statt; der sicherungstechnische Aufwand ist deutlich geringer, die Leistungsfähigkeit allerdings auch.

Bei den *Anschlussstellen* ist zu differenzieren zwischen Ausweichanschlussstellen und einfachen Anschlussstellen. Bei beiden ist technisch sicherzustellen, dass weder Zug-

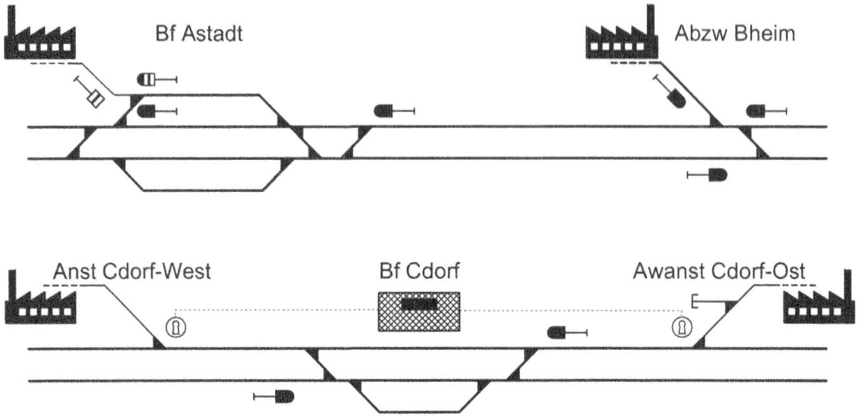

Abb. 2.19 Varianten für Gleisanbindungen

fahrten von der freien Strecke unbeabsichtigt in den Gleisanschluss fahren noch versehentlich Fahrzeuge aus dem Gleisanschluss auf die Strecke fahren bzw. rollen und dort mit einer Zugfahrt kollidieren. Daher ist die Anschlussweiche im Grundzustand dergestalt verschlossen, dass Fahrten auf der freien Strecke stattfinden können, nicht jedoch in den bzw. aus dem Anschluss. Nur durch eine Schlüsselfreigabe kann die Weiche umgestellt werden. Dazu besteht eine Abhängigkeit zu einem Stellwerk (Bahnhof Cdorf in Abb. 2.19). Zur Aufstellung betrieblicher Regelungen und Berücksichtigung lokaler Besonderheiten bei der Anschlussbedienung muss das EIU für jede Anschlussstelle eine Bedienungsanweisung aufstellen.

Einfache Anschlussstellen (Anst) wie Cdorf-West in Abb. 2.19 haben den Nachteil einer deutlich sinkenden Streckenkapazität, weil die anbindende Strecke für die gesamte Dauer der Anschlussbedienung betrieblich gesperrt bleiben muss. Solche Anschlussstellen finden sich daher nur in Altanlagen.

Der Regelfall – insbesondere auf höher belasteten Strecken – sind Ausweichanschlussstellen (Awanst) wie Cdorf-Ost in Abb. 2.19. Durch die Bedienhandlungen zum Herstellen des Fahrwegs in den Gleisanschluss (Umstellen und Verschließen der Anschlussweiche) sinkt die Kapazität der anbindenden Strecke zwar ebenfalls, aber in einem deutlich geringeren Umfang. Ist eine Bedienfahrt einmal im Gleisanschluss angekommen, kann die freie Strecke wieder uneingeschränkt befahren werden. Das folgende Beispiel verdeutlicht die betrieblichen Abläufe.

Beispiele

Zwischen den Bahnhöfen Cdorf und Rechtshausen befindet sich auf der freien Strecke der Anschluss „Kuchenfabrik“, an das öffentliche Netz angebunden über die Awanst Cdorf-Ost. Abb. 2.20 zeigt die wichtigsten bahntechnischen Einrichtungen vor Ort.

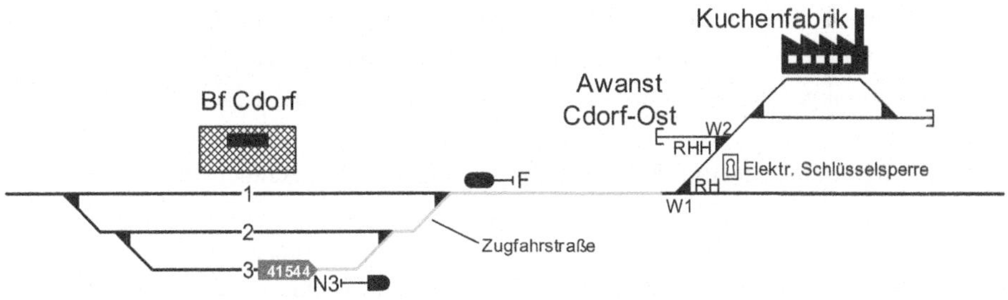

Abb. 2.20 Bedienung eines Gleisanschlusses über eine Ausweichanschlussstelle (vereinfachter Übersichtsplan)

In der Awanst Cdorf-Ost liegen zwei Weichen: Die Anschlussweiche W1 ist mit einem einfachen (RH), die Schutzweiche W2 mit einem doppelten Riegelhandschloss (RHH) gesichert. Diese Weichen lassen sich nur mit einem passenden Schlüssel umstellen. Zwischen den beiden Weichen besteht eine Folgeabhängigkeit: W1 lässt sich nur umstellen, wenn zuvor W2 umgestellt wurde. W2 dient dem alleinigen Zweck, eine ungewollte Fahrzeugbewegung aus der Anschlussbahn auf die freie Strecke in Richtung Gleisabschluss abzuleiten.

Im Bahnhof Cdorf steht der Zug 41544 bereit. Beteiligte sind der Fahrdienstleiter (Fdl) Cdorf und der Triebfahrzeugführer (Tf) des Zuges 41544. Für die Bedienung des Gleisanschlusses sind – in einer verkürzten Darstellung – folgende Schritte nötig:

1. Der Tf des Zuges 41544 erhält vom Fahrdienstleiter die Zustimmung zur Abfahrt. Er fährt zur Awanst Cdorf-Ost und hält vor W1 an. Durch die Gleisfreimeldeanlage wird dem Fdl der Streckenabschnitt Cdorf – Rechtshausen als besetzt angezeigt. Weitere Zugfahrten aus Richtung Cdorf oder Rechtshausen können nicht abgelassen werden.
2. Nach Meldung des Tf an den Fdl gibt dieser die elektrische Schlüsselsperre frei.
3. Mit dem frei gewordenen Schlüssel kann das doppelte Riegelhandschloss von W2 aufgeschlossen werden und W2 umgestellt werden. Nun ist es möglich, aus dem zweiten Riegelhandschloss an W2 den Schlüssel zum Umlegen der W1 zu entnehmen. Mit der Entnahme des Schlüssels für W1 kann W2 nicht mehr umgestellt werden.
4. Der Tf schließt den frei gewordenen Schlüssel im Riegelhandschloss der Weiche 1 ein und stellt diese um.
5. Der Tf befährt nun den Gleisanschluss als Rangierfahrt. Nachdem sich alle Fahrzeuge hinter W2 befinden, werden die Schritte 2 bis 4 in umgekehrter Reihenfolge abgearbeitet. Der Schlüssel von W2 wird in der elektrischen Schlüsselsperre eingeschlossen. Dem Fdl wird dies über Melder angezeigt. Die Gleisfreimeldeanlage detektiert die Räumung des Streckengleises.

6. Im Gleisanschluss kann nun in beliebigem Umfang rangiert werden, während auf der freien Strecke wieder reguläre Zugfahrten stattfinden können. Die Rangierfahrt bzw. der vormalige Zug 41544 hat sich in der Ausweichanschlussstelle „eingeschlossen".

Für die Rückfahrt sind die Bedienhandlungen analog vorzunehmen. ◀

Die Anschlussweiche stellt in der Regel die Infrastrukturgrenze des Gleisanschlusses dar – genauer: der Schienenstoß am Ende der Weiche in Richtung des Gleisanschlusses. Diese Grenze ist aus kommerzieller und juristischer Sicht relevant, weil hier ein Wechsel der Verantwortlichkeiten und des anzuwendenden technischen Regelwerks stattfindet. Letzteres ist für die freie Strecke wesentlich anspruchsvoller und damit in der Umsetzung kostenintensiver – Gleisanschlüsse sind geprägt durch einfache betriebliche Verhältnisse. Oft gibt es sogar mehrere technische Schnittstellen zwischen benachbarten Bahnen. Diese können unterschiedliche Grenzen bei der Bahnstromversorgung, der Sicherungstechnik oder dem Zugfunk betreffen.

Relevant ist die Infrastrukturgrenze auch dahingehend, dass hier Regelungen zum Betriebsablauf zwischen den beteiligten Bahnen zu treffen sind. Die Übergabe der Wagen zwischen dem öffentlichen EVU und dem Gleisanschließer findet dabei in der Regel an der Wagenübergabestelle (WÜST) statt. Die Lage der WÜST wird zwischen den beteiligten Bahnen vereinbart. Es handelt sich dabei nicht um einen konkreten Punkt, sondern um ein Gleis oder mehrere Gleise mit einer zu den verkehrlichen Anforderungen passenden Länge.

Bei (einfachen) Gleisanschlüssen werden vielfach alle Wagenbewegungen auch innerhalb des Gleisanschlusses ausschließlich durch das Triebfahrzeug und das Personal der Bedienfahrt – also des öffentlichen EVU – im Auftrag des Gleisanschließers durchgeführt. Der Gleisanschließer kann somit lediglich während der Bedienzeiten Wagenbewegungen innerhalb seines Gleisanschlusses durchführen lassen. Besteht die Notwendigkeit, Wagen im Gleisanschluss außerhalb dieser Zeiten zu verschieben – z. B. um nach und nach einzelne Wagen an die Ladestelle vorzurücken –, werden teilweise kleinere, auf dem öffentlichen Netz nicht zugelassene Verschiebefahrzeuge oder -einrichtungen wie Seilzuganlagen, Rangierroboter oder Zweiwegefahrzeuge (z. B. Zweiwege-Unimog) eingesetzt.

2.3.4 Eigenschaften europäischer Eisenbahnnetze

2.3.4.1 Überblick

Im globalen Maßstab verfügen die Staaten Europas über Eisenbahnnetze mit einer relativ hohen Netzdichte[32]. Die Auslastung der Strecken ist vor allem in Ballungsräumen und den verbindenden Strecken hoch, die Reise- und Transportdistanzen sind oft relativ

[32] Definiert als Quotient aus Netzlänge und Fläche des Staatsgebiets. Basierend auf den Zahlen aus Tab. 1.1 ergeben sich für Deutschland 111 m/km^2, für Österreich 68 m/km^2 und für die Schweiz 130 m/km^2.

gering. Die Größenvorteile des SGV (Abschn. 1.5.4) entfalten sich aber grundsätzlich erst mit wachsender Transportdistanz, was der Siedlungsstruktur in Europa zuwiderläuft. Aufgrund der hohen Bevölkerungs- und Bebauungsdichte sowie historisch gewachsener Strecken, deren Linienführungen und Kunstbauwerke in vielen Fällen aus dem 19. Jahrhundert stammen, ergaben sich teilweise bis heute verschiedene Restriktionen für den rollenden Verkehr bezüglich fahrbarer Geschwindigkeiten, Ausmaße und Massen. Als weitere Folge haben sich in Europa nur relativ wenige getrennte Strecken für den Personen- und Güterverkehr entwickelt, was für beide Verkehrsarten zu weiteren Restriktionen und Herausforderungen führt, wie in Abschn. 2.3.4.2 gezeigt wird.

Historisch gesehen waren Eisenbahnen zunächst isolierte Strecken. Diese wurden bald auf nationaler Ebene zu Netzen, indem Strecken verknüpft wurden. Schon bald wurden diese nationalen Netze aber auch international untereinander verbunden, wenngleich alle Staaten in vielerlei Hinsicht eigene Regularien pflegten. Teilweise waren die Unterschiede marginal (wie in Abschn. 2.2.2 für den Bereich Betrieb beschrieben), gerade in der technischen Domäne gibt es aber Unterschiede, die nach wie vor gültig sind und noch bis weit in die Zukunft nachwirken werden.

Hintergrundinformation: Technische Interoperabilität in Europa
Abb. 2.21 stellt für vier Teilbereiche die systemischen Unterschiede dar.

a. Bei den Spurweiten[33] zeigt sich ein weitgehend einheitliches, von der Normalspur (1435 mm) dominiertes Bild. Wo verschiedene Spurweiten aufeinandertreffen – insbesondere zwischen Frankreich und Spanien sowie in Osteuropa – sind die betrieblichen Hemmnisse allerdings enorm.
b. Die Variantenvielfalt bei den Stromsystemen ist deutlich größer, allerdings nicht im deutschsprachigen Raum und generell durch mehrsystemfähige Triebfahrzeuge überwindbar, wenngleich dies zu Mehrkosten beim Rollmaterial führt (Abschn. 3.3.2.1).
c. Dies gilt ebenso für die Zugbeeinflussungssysteme. Diese Karte zeigt ausschließlich die national entwickelten Systeme, nicht jedoch die unterschiedlich weit vorangeschrittene Einführung von ETCS (Abschn. 2.2.1). Außerdem werden nur die wichtigsten Systeme Mitteleuropas explizit genannt.
d. Die maximal zulässigen Zuglängen können für den Güterverkehr ein besonderes Interoperabilitätshemmnis darstellen. Zu sehen sind die generell gültigen Obergrenzen sowie davon nach oben abweichende Ausnahmestrecken. Nicht sichtbar ist, dass auf vielen Strecken die Obergrenzen z. B. wegen zu kurzer Überholgleise gar nicht ausgenutzt werden können.

[33] Die Spurweite ist definiert als Abstand zwischen den Innenseiten der beiden Schienenköpfe, siehe auch Abb. 2.1.

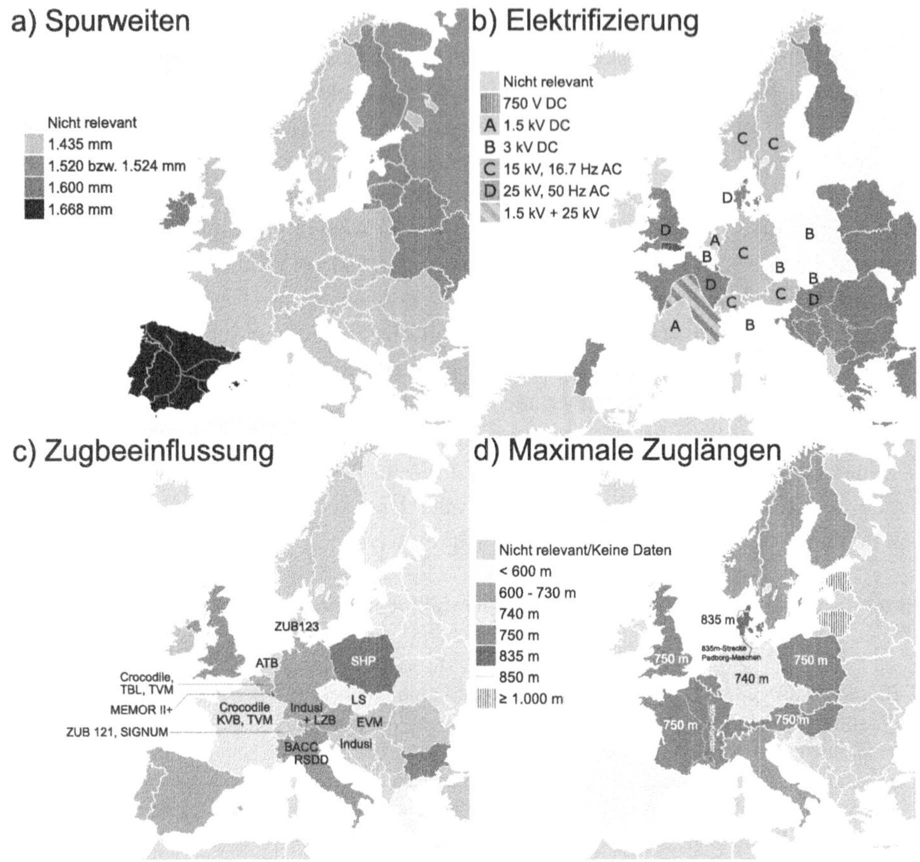

Abb. 2.21 Technische Unterschiede im europäischen Eisenbahnraum, Daten aus a) EC 2019, b) Wikipedia 2015, o.S., c) ERA 2019, S. 4 ff. und d) CER 2018, S. 25

Spätestens seit den 1990er Jahren gibt es seitens der EU, ausgehend vom Hochgeschwindigkeitsverkehr, Bestrebungen zur Schaffung eines einheitlichen europäischen Eisenbahnraums (Abschn. 1.3). Ziel ist die möglichst weitgehende Interoperabilität der Eisenbahnsysteme. Von den typischen Segmenten des Eisenbahnverkehrs ist der SGV vermutlich der größte Nutznießer dieser Entwicklung, da ein großer Anteil der Verkehre grenzüberschreitend ist, also Start oder Ziel in einem anderen Land hat oder das betrachtete Land nur durchfährt (Transitverkehr), wie Tab. 2.5 zeigt.

Vor diesem Hintergrund ist das System der Transeuropäischen Netze des Verkehrs (TEN-T) zu sehen.[34] Es bezieht sich grundsätzlich auf alle Verkehrsträger und dient der

[34] Rechtliche Grundlage: Verordnung (EU) Nr. 1315/2013.

Tab. 2.5 Internationale Anteile am Transportaufkommen im SGV im Jahr 2020

	Deutschland	Österreich	Schweiz
Transportaufkommen insgesamt [in 1.000 t]	320.143	97.512	56.214
– davon national	65 %	27 %	34 %
– davon international	29 %	42 %	16 %
– davon Transit	6 %	31 %	50 %

Quelle: Eurostat 2021

Kohäsion der EU, aber auch den Zielen Effizienz und Nachhaltigkeit. Die bestehende europäische Eisenbahninfrastruktur wird dazu in drei Kategorien aufgegliedert:

- TEN-Gesamtnetz: Alle überregional relevanten Knoten und Strecken
- TEN-Kernnetz: Strategisch wichtigste Knoten und Strecken
- TEN-Korridore: Wichtigste transeuropäische Langstreckenverbindungen – insgesamt wurden neun Korridore definiert, die mehrere Strecken und Alternativrouten umfassen.

Abb. 2.22 zeigt die Güterverkehrskorridore in Europa. Das deutsche Eisenbahnnetz ist Teil von sechs, das österreichische von fünf und das Schweizer Netz von zwei Korridoren. Ziel dieser Korridore ist eine Verkehrsverlagerung auf die Schiene, nicht zuletzt durch eine Senkung der Zutrittsbarrieren für Marktneulinge. Die Korridoranrainer werden zur Zusammenarbeit inklusive abgestimmter Investitionsplanungen sowie zur Etablierung zentraler Anlaufstellen (Abschn. 2.2.5.2) verpflichtet (Verordnung (EU) Nr. 913/2010).

Die TEN-Strecken sollen perspektivisch – mit Priorität auf den Korridoren – europaweit in vielen technischen Teilsystemen über einheitliche Standards verfügen, z. B. eine Ausrüstung mit dem europäischen Zugbeeinflussungssystem ETCS. Entsprechende Vorgaben werden auf EU-Ebene vereinbart und in TSI kodifiziert (Abschn. 1.3.3).

Während TEN-T als kontinentale Netzstrategie im Eisenbahnwesen bezeichnet werden kann, verfolgen die Mitgliedsstaaten der EU teils auch eigene nationale und darüber hinaus regionale Strategien zur Entwicklung ihrer Eisenbahnnetze.

2.3.4.2 Problematik des Mischverkehrs

Auf den Eisenbahnnetzen der europäischen Staaten sind Personen- und Güterverkehr häufig gemeinsam unterwegs, das zuständige EIU verkauft also an EVU aller Verkehrsarten gleichermaßen Trassen. Daraus resultiert ein Mischverkehr aus drei typischen Segmenten, deren uneinheitliche Charakteristika in Tab. 2.6 deutlich werden. Die Angaben stellen in der Regel keine Grenzwerte dar, sondern für das jeweilige Segment gängige Größenordnungen. Es werden auch keine Länderspezifika berücksichtigt; so liegen beispielsweise im Binnenverkehr in der Schweiz die Transportweiten grundsätzlich unter dem angegebenen Wert von 300 km.

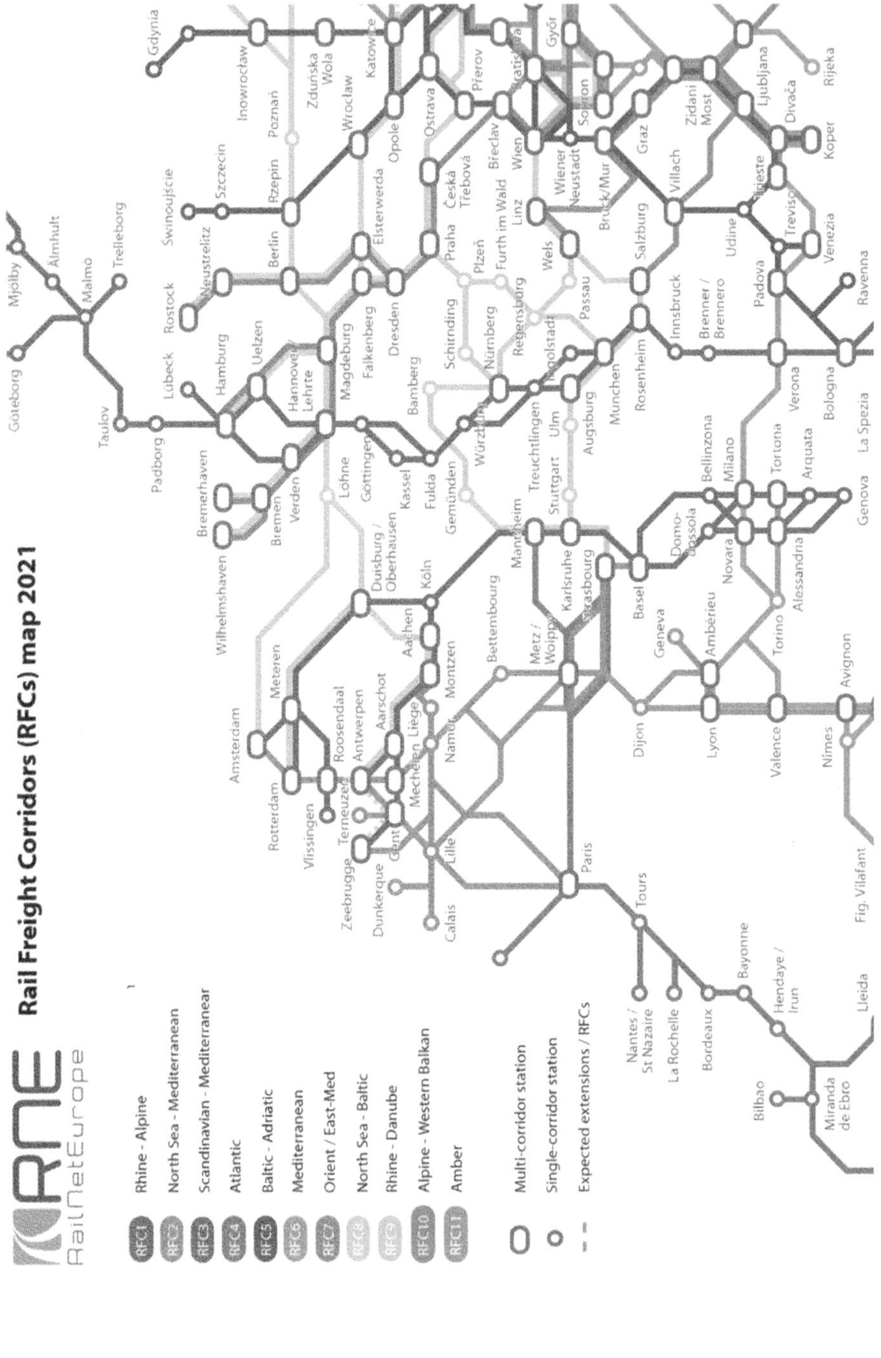

Abb. 2.22 Güterverkehrskorridore in Mitteleuropa

Tab. 2.6 Mischverkehr – segmenttypische Eigenschaften vom Schienenpersonennahverkehr, -fernverkehr und -güterverkehr in Deutschland, Österreich und der Schweiz

	SPNV	SPFV	SGV
Absolute Geschwindigkeiten (Abschn. 3.2.1)	Fahrzeug- und streckenseitig meist höchstens 160 km/h	Sehr hoch, fahrzeugseitig zwischen 200 und 300 km/h, teils relativiert durch niedrigere Höchstgeschwindigkeiten auf den befahrenen Strecken	Fahrzeugseitig meist auf 100 oder 120 km/h begrenzt
Reisegeschwindigkeiten[29]	Viele Verkehrshalte reduzieren die Reisegeschwindigkeit deutlich; dies wird durch das hohe Beschleunigungsvermögen teilweise kompensiert	Hoch aufgrund relativ weniger Verkehrshalte und Wartezeiten	Bezogen auf einen einzelnen Zuglauf[30] ist die Reisegeschwindigkeit aufgrund wegfallender verkehrlicher Unterwegshalte oft nahe an der des SPNV – betriebliche Halte treiben sie ggf. nach unten
Beschleunigungs- und Bremsvermögen (Abschn. 3.2)	In der Regel relativ hoch	Geringer als im SPNV – Optimierung fahrzeugseitig auf konstantes Fahren, nicht auf häufiges Bremsen und Beschleunigen	Sehr gering – Optimierung fahrzeugseitig auf konstantes Fahren, nicht auf häufiges Bremsen und Beschleunigen
Radsatzlasten[31]	10–18 t	15–20 t	16–22,5 t
Zugmasse (Abschn. 3.2.3)	40–400 t	200–900 t	1.000–3.000 t
Zuglänge (Abschn. 3.2.2)	bis 200 m	120–400 m	400–750 m
Pünktlichkeit (Abschn. 2.2.6)	Sehr hoch, oft über 95 %	Mittelmäßig bis hoch, ca. 75 bis 90 %	Eher niedrig und mit hoher Streuung, 65 bis 90 %
Abstand Verkehrshalte	3–8 km	50–150 km	300–1.000 km

Quelle: (Pyrgidis und Christogiannis 2012, S. 1154) sowie eigene Erfahrungswerte

[29] Mittlere Geschwindigkeit unter Berücksichtigung aller (geplanten) Fahr- und Haltezeiten

[30] Dies ist unabhängig von der Produktionsform, nach der man für einen genauen Einblick differenzieren müsste (Kap. 4).

[31] Die Werte im Personenverkehr beziehen sich auf die häufig eingesetzten Triebzüge bzw. reguläre Personenwagen. Sofern der Antrieb durch eine Lokomotive erfolgt, hat diese im Regelfall eine Radsatzlast von bis zu 22,5 t.

Zu beachten ist beim Thema Mischbetrieb, dass sich die Züge der unterschiedlichen Verkehrsarten mit ihren stark unterschiedlichen Beschleunigungs- und Geschwindigkeitsprofilen nicht wie Straßenfahrzeuge auf einer mehrspurigen Autobahn an jeder Stelle beliebig überholen können, sondern dafür dezidierte Betriebsstellen (Abschn. 2.3.1) nötig sind.

Neben den Mischbetriebsstrecken existieren auch Strecken speziell für einzelne Verkehrsarten, dies jedoch überwiegend für den Personenverkehr (z. B. Hochgeschwindigkeitsstrecken oder auch Strecken einiger S-Bahn-Systeme des Nahverkehrs). Reine überregionale Güterverkehrsstrecken wie die Betuwe-Route in den Niederlanden vom Rotterdamer Hafen bis zur deutschen Grenze stellen eine Ausnahme dar. Davon unbenommen gibt es einige Strecken, auf denen nachfragebedingt ausschließlich eines der Segmente verkehrt. Viele Strecken sind darüber hinaus durch eine nachfragebedingte zeitliche Entmischung der Verkehre geprägt, wobei der SGV auf die Nachtstunden verdrängt wird.

Für Güterzüge besteht – und bestand schon aus historischer Sicht – damit der Zwang, sich so gut wie möglich in das Netz zusammen mit dem „dynamischeren" Personenverkehr zu integrieren, wobei dieser nach Pyrgidis und Christogiannis (2012, S. 1152) für die meisten technischen Parameter den Rahmen vorgibt. Das Ergebnis ist im Vergleich zu Ländern mit reinen Güterverkehrsnetzen (z. B. den USA)

- eine geringe Zuglänge im Güterverkehr im Bereich von maximal ca. 500 bis 750 m Länge (je nach Land bzw. Strecke, Abb. 2.21)
- mit dem Bedarf nach kurzen Bremswegen (z. B. maximal 1000 m bei Hauptbahnen in Deutschland, Abschn. 3.2.6) sowie
- der regelmäßigen Notwendigkeit der Überholung von Güterzügen an geeigneten Orten (i. d. R. Überholgleise in Bahnhöfen).

Dass es in Europa nicht wie in anderen Teilen der Welt mehrere Kilometer lange Züge (mit auch mehreren Kilometer langen Bremswegen) gibt, liegt also maßgeblich am Mischbetrieb.

2.4 Ausblick

Abschließend soll ein Ausblick auf einige künftige Entwicklungen von Technik und Betrieb im Eisenbahnwesen gegeben werden. Im Fokus stehen dabei aus heutiger Sicht wahrscheinliche Entwicklungspfade für die europäischen Eisenbahnen, wobei hier viele Unsicherheiten existieren. Spezifische Innovationen des SGV werden in Kap. 5 behandelt.

Hinter dem Schlagwort *Digitalisierung* des Bahnbetriebs verbergen sich verschiedene Themenfelder: Zum einen werden Stellwerke älterer Generationen – in Deutschland nicht wenige davon mechanischer Bauart – durch elektronische Stellwerke ersetzt. Dieser Prozess läuft bereits länger. Die elektronischen bzw. „digitalen" Stellwerke werden aber selbst fortlaufend weiterentwickelt und perspektivisch zum Teil ebenso europäisch standardisiert wie andere Komponenten und Schnittstellen.[35] Ziel ist eine Stellwerkslandschaft, die leistungsfähiger, homogener und insgesamt kostengünstiger als die heutige fragmentierte ist.

Ebenfalls bereits im Gange ist die Umstellung der verschiedenen nationalen Zugbeeinflussungssysteme auf das europäische System ETCS, wie in Abschn. 2.2.1 beschrieben. Ein flächendeckender Einsatz ist in manchen Staaten Europas schon geplant (z. B. Dänemark und Norwegen) oder – wie in der Schweiz als kompletter Ersatz der Alttechnik auf allen Normalspurstrecken – bereits umgesetzt. Allerdings werden bis zum europaweiten Ersatz aller Bestandssysteme (Abb. 2.21) noch Jahrzehnte vergehen.

Auch beim Thema ETCS stehen weitere Implementierungsstufen im Raum: Mit der langfristig denkbaren Einführung von ETCS Level 3, das im Jahr 2022 noch an keinem Ort im Regelbetrieb angewendet wird, wäre das Fahren im absoluten Bremswegabstand („Moving block") anstelle des Fahrens im festen Raumabstand (Abschn. 2.2.1) möglich, was Kapazitätsgewinne bei niedrigeren infrastrukturseitigen Ausrüstungskosten ermöglichen würde. Dies wäre ein bedeutsamer Schritt, weil ETCS Level 2 im Vergleich zu Bestandssystemen nur dann Kapazitätsgewinne zu bieten vermag, wenn gleichzeitig die Länge der Blockabschnitte optimiert wird. Insbesondere Güterzüge bereiten bei der Einführung von Level 3 jedoch Probleme, weil bei ihnen eine technische Voraussetzung, nämlich die stetige Sicherstellung der Zugintegrität, einige Probleme in der Umsetzung mit sich bringt (Abschn. 5.3).

Mittelfristig absehbare betriebliche Veränderungen betreffen die wegfallenden prozessualen Unterscheidungen von Regel- und Gegengleis sowie Bahnhöfen und freier Strecke. Interessant für den SGV könnte die Aufhebung der betrieblichen Unterscheidung von Zug- und Rangierfahrten sein: In einer durchgehend von ETCS geprägten Eisenbahnlandschaft wäre eine Differenzierung von Fahrten nach dem Status ihrer Überwachung durch das Zugbeeinflussungssystem das maßgebende Unterscheidungskriterium.

Ein großes Potenzial aufseiten der Wirtschaftlichkeit, Sicherheit und Leistungsfähigkeit bietet das Thema *automatisches Fahren* („Automatic Train Operation" – ATO). Gemeint sind damit hohe Automatisierungsstufen, also im Sinne der im Bahnverkehr üblichen Klassifizierung die Level GoA 3 und 4 („Grade of Automation"), bei denen das Fahrzeug rechnergesteuert fährt und menschliche Fahrzeugführer allenfalls als Rückfallebene fungieren (IEC 62290-1, Abschn. 4.2.1).

Hochautomatisiertes Fahren ist für Metro-Systeme weltweit schon heute Stand der Technik, im Eisenbahnbereich jedoch die Ausnahme, insbesondere, weil die einfache Zugänglichkeit des Eisenbahnnetzes durch betriebsfremde Personen die sichere technische Umsetzung erschwert. Potenziale für den SGV bietet ATO vor allem durch

[35] Siehe hierzu bspw. die Webseite der europäischen Standardisierungsinitiative Eulynx: www.eulynx.eu.

die Reduktion der Abhängigkeit der Betriebsdurchführung vom Vorhandensein des für die jeweilige Fahrt qualifizierten Fahrpersonals, ferner auch durch mögliche Kapazitätsgewinne auf hochbelasteten Strecken, flexiblere Betriebsabläufe und Energieeinsparmöglichkeiten, wobei hierfür schon das niedrigere Automatisierungslevel GoA 2 hilfreich wäre. Außerdem bietet ETCS eine solide technische Grundlage für das automatische Fahren.

Hintergrundinformation: Ziele von ATO im SGV

Das fahrerlose Fahren von Zügen schafft eine erhöhte Flexibilität und Verlässlichkeit, da in der Planung und Disposition das Fahrpersonal nicht mehr berücksichtigt werden muss. Heute müssen bei der Planung und Durchführung von Verkehren maximale Lenkzeiten und Schichtlängen sowie Baureihen-, Strecken- und Sprachkenntnisse beachtet werden.

Im Zuge einer zunehmenden Knappheit bei Triebfahrzeugführern (Tf) in der gesamten SGV-Branche haben diese Aspekte stark an Bedeutung gewonnen. Zum Teil hat die Tf-Planung die Triebfahrzeug-Planung als führende Ressource im Planungsprozess bereits abgelöst – womit der Fokus der maximalen Effizienz auf der knappsten und nicht mehr der teuersten Einzelressource liegt. Hinzu kommt die Problematik des kurzfristigen Personal-Ersatzes (Reserven) für den Fall von Krankheitsausfällen sowie bei Verspätungen von Zügen, bei denen aufgrund der Verspätung das geplante Personal den Zug nicht mehr bis zum geplanten Ziel fahren kann. ATO kann also einen Beitrag für einen robusteren Betrieb leisten.

Das Potenzial zur Kostenreduzierung durch Wegfall des Fahrpersonals ist ebenso gegeben, jedoch im Vergleich zur Straße gering, da die Anzahl des Personals pro Transportmenge zumindest im Fernbereich bereits wesentlich geringer, das System in diesem Bereich also bereits deutlich effizienter ist. Vor diesem Gesichtspunkt ist der fahrerlose Betrieb insbesondere im Nahbereich des EWV interessant, da hier die Transportmenge pro Zug wesentlich geringer ist.

Den Sortier- und Zugbildungsvorgängen in Zugbildungsanlagen wird im Vergleich zum Fahren von Zügen hinsichtlich möglicher Effizienzsteigerungen ein noch größeres Automatisierungspotenzial zugeschrieben. Dies wird auch mit dem hohen Personaleinsatz und dem Stillstandsrisiko bspw. bei Personalengpässen begründet (Knapmöller und Pritsching 2018, S. 23 f.). Dabei sollte jedoch nicht nur das reine hochautomatisierte oder autonome Bewegen der Fahrzeuge betrachtet werden; vielmehr gibt es hier viele weitere begleitende Aktivitäten, die ein Automatisierungspotenzial bieten (z. B. Kuppeln und Entkuppeln der Wagen und Erfassung der Wagen) und schon als eigenständige Innovationen Effizienzpotenziale bieten.

Beispiel

In Europa existiert im SGV-Bereich keine Anwendung fahrerlosen Fahrens. Der weltweit größte vollautomatische Betrieb im Eisenbahnbereich – Metro-Systeme nicht eingeschlossen – findet sich im westaustralischen Eisenbahnnetz des Bergbauunternehmens **Rio Tinto.**

Dort verkehren gleichzeitig bis zu 50 fahrerlose Züge, deren Charakteristika deutlich von dem abweichen, was in diesem Kapitel bisher vorgestellt wurde: zwei bis drei Triebfahrzeuge und 240 Wagen pro Zug, 2,4 km Zuglänge sowie ca. 28.000 t Zugmasse (Abschn. 3.2). Von den Minen im Landesinneren fahren diese Züge eine Strecke von 800 km vollautomatisch – d. h. im Level GoA 4 – zu Häfen, an denen die

Ladung (Eisenerz) verschifft wird. Laden und Beladen der Wagen ist ebenfalls automatisiert, die „letzte Meile", also die Fahrt durch die Häfen, verantwortet allerdings ein Triebfahrzeugführer (Smith 2019, o.S.).

Technisch handelt es sich bei „AutoHaul" – so der Projektname des Betreibers und des Bahntechnik-Ausrüsters – um ein ATO-System, das gemeinsam mit ETCS Level 2 für die Steuerung der Züge sorgt, ohne dabei alle europäischen Spezifikationen zu berücksichtigen.

Dieses Beispiel ist insofern interessant, als es sich um eine reine Güterverkehrsanwendung handelt. Hier beginnt aber auch das Problem der schwierigen Übertragbarkeit auf europäische Verhältnisse, wo zu einem großen Anteil Strecken mit Mischverkehr (Abschn. 2.3.4.2) betrieben werden. Das Gebiet, in dem die Rio-Tinto-Strecken liegen, ist darüber hinaus außerordentlich dünn besiedelt, und es gibt keine Anbindung an das übrige australische Eisenbahnnetz (Inselbetrieb). Es existieren einige Bahnübergänge, diese werden allerdings stationär videoüberwacht.

Zwar lassen sich für andere Eisenbahnen Lehren aus dem Projekt ziehen, eine unmittelbare Übertragbarkeit dürfte aber eher für solche Betreiber gegeben sein, die unter ähnlichen Rahmenbedingungen, bspw. in manchen Teilen Asiens und Amerikas, operieren. Auch die sozioökonomischen (z. B. Arbeitsbedingungen und -kosten) und rechtlichen Rahmenbedingungen müssen für einen Business Case des Betreibers gegeben sein. ◀

Neben den vorgenannten Entwicklungen im Themenfeld Digitalisierung gibt es weitere Entwicklungschancen, die für den SGV Vorteile hätten, z. B. die Erhöhung von Zuglängen und Radsatzlasten. Beides erlaubt die – politisch gewünschte – Steigerung des Transportaufkommens, beansprucht aber im Gegensatz zu einer einfachen Erhöhung der Zugzahlen keine oder weniger zusätzliche Kapazität, die auf vielen Strecken schon heute knapp ist.

Wie in Abb. 2.21 (d) beschrieben, ist die Zuglänge auf 740 bzw. 750 m begrenzt, im Grenzverkehr zu Dänemark sind in Deutschland teils auch 835 m erlaubt. Längere Zugeinheiten können die Leistungsfähigkeit steigern, Transportkosten senken und sich positiv auf die Umwelt auswirken. Allerdings sind dafür Anpassungen an der Infrastruktur nötig, z. B. die Erhöhung von Überholgleislängen und Streckschutzabschnitten oder die Anpassung von Bahnübergangssicherungsanlagen (Fischer 2012). Außerdem sind auch in anderen Staaten Europas Zuglängen zwischen 600 und 750 m Standard (CER 2018), und die realen Zuglängen liegen in Deutschland nach Zahlen, die von der Allianz pro Schiene (2016) publiziert wurden, für zwei Drittel aller Güterzüge bei unter 600 m. Weil hier offensichtlich noch Spielraum besteht und entsprechende Maßnahmen einen hohen Aufwand mit sich brächten, scheint eine Erhöhung der maximal zulässigen Zuglänge daher eher eine langfristige bzw. lokale oder auf einzelne Korridore beschränkte Option zu sein.

Eine Erhöhung der maximal zulässigen Radsatzlasten würde es erlauben, schwerere Züge fahren zu lassen. Das Ziel der TEN-Strategie ist ein Radsatzlast-Grenzwert von

22,5 t, was in Deutschland, Österreich und der Schweiz weitgehend erreicht ist. Eine weitere Erhöhung ist auf einigen Strecken baulich vorbereitet, lohnt sich jedoch nur auf ausgewählten Relationen mit passendem Güteraufkommen (Ladungen mit besonders hoher Dichte). Die Erhöhung von Radsatzlasten bringt Anfangsinvestitionen in Ober- und Unterbau und vor allem erhöhte Betriebskosten durch zusätzlichen Verschleiß und verkürzte Instandhaltungsintervalle mit sich.

Literatur

AEG – Allgemeines Eisenbahngesetz vom 27. Dezember 1993 (BGBl. I S. 2378, 2396; 1994 I S. 2439), das zuletzt durch Artikel 10 des Gesetzes vom 10. September 2021 (BGBl. I S. 4147) geändert worden ist

Allianz pro Schiene (2016) Überblick: Wie der Güterzug länger werden kann. https://www.allianz-pro-schiene.de/themen/aktuell/740-meter-gueterzug/. Zugegriffen: 20. Aug 2021

Arnold D, Kuhn A, Furmans K, Isermann H, Tempelmaier H (2008) Handbuch Logistik. Springer, Berlin

BASF (o. J.) Geschickt vernetzt: Der Logistikverbund. https://www.basf.com/global/de/who-we-are/organization/locations/europe/german-sites/ludwigshafen/production/transport-and-logistics.html. Zugegriffen: 30. Aug 2021

Berndt T (2022) Anschlussbahnen in Deutschland. Deine Bahn 01(2022):32–37

BMVBS (Bundesministerium für Verkehr, Bau und Stadtentwicklung) (2003) Förderprogramm zur Errichtung und Reaktivierung von Gleisanschlüssen

Brill J (2017) Pünktlichkeit im Eisenbahnbetrieb. EI – Der Eisenbahningenieur 07/2017: 38–39

Bundesamt für Verkehr (2020) Schweizerische Fahrdienstvorschriften. Bern, Stand 1. Juli 2020

Bundesnetzagentur (2021) Marktuntersuchung Eisenbahnen 2020. https://www.bundesnetzagentur.de/SharedDocs/Downloads/DE/Sachgebiete/Eisenbahn/Unternehmen_Institutionen/Veroeffentlichungen/Marktuntersuchungen/MarktuntersuchungEisenbahnen/MarktuntersuchungEisenbahn2020.pdf?__blob=publicationFile&v=3. Zugegriffen: 25. Aug 2021

Butzbach V (2010) Eindeutige Zugnummer. Deine Bahn 11(2010):23–29

Butzbach V (2013) Zuggattungen kategorisieren Züge. Deine Bahn 3(2013):31–35

CER (Community of European Railway and Infrastructure Companies) (2018) Longer trains – Facts & Experiences in Europe. http://www.cer.be/sites/default/files/publication/180525_Longer%20Trains_Facts%20and%20Experiences%20in%20Europe.pdf. Zugegriffen: 19. Okt 2021

DB (Deutsche Bahn) AG (2021) Integrierter Bericht 2020. Berlin. https://ibir.deutschebahn.com/2020/fileadmin/downloads/pdf/DB_IB20_d_web_01.pdf. Zugegriffen: 6. Jan 2022

DB Cargo AG (o. J.) Wir bringen Ihre Güter ganz einfach auf die Schiene. https://www.dbcargo.com/rail-de-de/logistik-news/wir-bringen-ihre-gueter-ganz-einfach-auf-die-schiene-6200798. Zugegriffen: 25. Juni 2022

DB Netz AG (2021) Fahrdienstvorschrift, Ril 408 Frankfurt, gültig ab 12.12.2021

DB Netze (o. J.) Grundsätze Lichtraum. https://fahrweg.dbnetze.com/fahrweg-de/kunden/nutzungsbedingungen/technischer_netzzugang/lichtraum/grundsaetze_lichtraum-1369000. Zugegriffen: 19. März 2021

DIN EN 15528 (2022) Bahnanwendungen – Streckenklassen zur Behandlung der Schnittstelle zwischen Lastgrenzen der Fahrzeuge und Infrastruktur. Beuth Verlag, Berlin

DIN EN 13803 (2017) Bahnanwendungen – Oberbau – Trassierungsparameter. Beuth Verlag, Berlin

DIN EN 15273-3 (2017) Bahnanwendungen – Begrenzungslinien – Teil 3: Lichtraumprofile. Beuth Verlag, Berlin

Durchführungsverordnung (EU) Nr. 2019/773 der Kommission vom 16. Mai 2019 über die technische Spezifikation für die Interoperabilität des Teilsystems „Verkehrsbetrieb und Verkehrssteuerung“ des Eisenbahnsystems in der Europäischen Union und zur Aufhebung des Beschlusses 2012/757/EU

Durchführungsverordnung (EU) Nr. 2015/1100 der Kommission vom 7. Juli 2015 über die Berichtspflichten der Mitgliedstaaten im Rahmen der Überwachung des Schienenverkehrsmarkts

EBO – Eisenbahn-Bau- und Betriebsordnung vom 8. Mai 1967 (BGBl. 1967 II S. 1563), die zuletzt durch Artikel 2 der Verordnung vom 5. April 2019 (BGBl. I S. 479) geändert worden ist

EC (European Commission) (2019) Transport in the European Union. https://ec.europa.eu/transport/sites/default/files/2019-transport-in-the-eu-current-trends-and-issues.pdf. Zugegriffen: 19. Okt 2021

ERA (European Railway Agency) (2019) List of CCS Class B systems. https://www.era.europa.eu/sites/default/files/activities/docs/ertms_ccs_class_b_systems_en.pdf. Zugegriffen: 19. Okt 2021

ERegG – Eisenbahnregulierungsgesetz vom 29. August 2016 (BGBl. I S. 2082), das zuletzt durch Artikel 2 des Gesetzes vom 9. Juni 2021 (BGBl. I S. 1737) geändert worden ist

Eurostat (2021) Goods transported by type of transport. (Datensatz rail_go_typepas.) http://ec.europa.eu/eurostat/product?code=rail_go_typepas&mode=view&language=en. Zugegriffen: 29. Dez 2021

Fengler W (2013) Systemeigenschaften der Eisenbahn. In: Verband Deutscher Eisenbahn-Ingenieure e.V. (Hrsg.) Eisenbahn Ingenieur Kalender 2013. DVV Media Group, Hamburg, S 271–286

Fischer R (2012) Projekt „Überlange Güterzüge“ bei der DB Netz AG aus Sicht des EBA. EI – Der Eisenbahningenieur 07/2012: 12–16

Freystein H, Muncke M, Schollmeier P (2015) Handbuch Entwerfen von Bahnanlagen. DVV Media Group, Hamburg

Füglistaller S (2017) Pünktlichkeit bei der SBB. Vortrag beim Eisenbahntechnischen Kolloquium 2017, Darmstadt

Hausmann A, Enders D (2017) Grundlagen des Bahnbetriebs. Bahn Fachverlag, Berlin

IEC 62290-1:2014/DIN EN 62290-1 – Bahnanwendungen – Betriebsleit- und Zugsicherungssysteme für den städtischen schienengebundenen Personennahverkehr – Teil 1: Systemgrundsätze und grundlegende Konzepte. VDE Verlag, Berlin

Janicki J (2011) Systemwissen Eisenbahn. Bahn-Fachverlag, Berlin

Jelitto M (2014) Außergewöhnlich unterwegs. Deine Bahn 1(2014):40–44

Jelitto M (2020) Rangieren (Teil 1). Deine Bahn 10(2020):26–34

Knapmöller A, Pritsching C (2018) Pilotprojekt automatisiertes Rangieren – Die Zukunft des Rangierens. *Signal+Draht* (110) 6/2018: 23–27

Kreft H (2020) HPA – Eisenbahnverkehr im Hamburger Hafen. Vortrag im Eisenbahnwesen-Seminar der TU Berlin. https://www.ews.tu-berlin.de/fileadmin/fg98/aushaenge/2020-sose/20200622_EWS_Kreft_Eisenbahnverkehr_Hamburger_Hafen.pdf. Zugegriffen: 30. Aug 2021

Maschek U (2018) Sicherung des Schienenverkehrs. Springer Vieweg, Wiesbaden

Maschek U (2019) Leit- und Sicherungstechnik. In: Fendrich L, Fengler W (Hrsg) Handbuch Eisenbahninfrastruktur. Springer Vieweg, Berlin, S 525–582

Michaelsen R, Lübs J (2020) Verknüpfung öffentlicher und nichtöffentlicher Infrastrukturen. In: Verband Deutscher Eisenbahn-Ingenieure (Hrsg) EIK – Eisenbahn-Ingenieur Kompendium. DVV Media Group, Hamburg, S 352–377

Nachtigall K, Noll O, Pöhle D (2014) Ein innovatives Belegungsverfahren für den zukünftigen industrialisierten Fahrplanprozess. Eisenbahntechnische Rundschau 58:28–33

Netzwerk Europäischer Eisenbahnen (2019) Deutschland-Takt. Präsentation von Peter Westenberger bei Pro Bahn, Darmstadt. https://www.netzwerk-bahnen.de/assets/files/news/2019/2019_10_26_deutschland-takt_pro_bahn_darmstadt.pdf. Zugegriffen: 11. Okt 2021

ÖBB AG (2015) Dienstvorschrift V3 – Betriebsvorschrift. Wien, Stand 12/2015

Oetting A (2017) Pünktlichkeit – Begriff, betriebliche und verkehrliche Bedeutung. Vortrag beim Eisenbahntechnischen Kolloquium 2017, Darmstadt

Pachl J (2019a) Betriebsführung der Infrastruktur. In: Fendrich L, Fengler W (Hrsg) Handbuch Eisenbahninfrastruktur. Springer Vieweg, Berlin, S 427–466

Pachl J (2019b) Besonderheiten ausländischer Eisenbahnbetriebsverfahren. Springer Vieweg, Wiesbaden

Pachl J (2021a) Systemtechnik des Schienenverkehrs. Springer Vieweg, Wiesbaden

Pachl J (2021b) Glossar der Systemtechnik des Schienenverkehrs. http://www.joernpachl.de/glossar.htm. Zugegriffen: 30. Nov 2021b

Pyrgidis C, Christogiannis, E (2012) The problems of the presence of passenger and freight trains on the same track. Procedia – Social and Behavioral Sciences 48: 1143–1154. https://doi.org/10.1016/j.sbspro.2012.06.1090

Rothe S (2014) Entwicklung eines Verfahrens zur Steigerung der Pünktlichkeit im deutschen SPNV. Dissertation, Technische Universität Berlin. http://dx.doi.org/https://doi.org/10.14279/depositonce-4130

Richtlinie 2012/34/EU des europäischen Parlaments und des europäischen Rates vom 21. November 2012 zur Schaffung eines einheitlichen europäischen Eisenbahnraums

Ripke B, Kumpfmüller N (2009) Technische und wirtschaftliche Auswirkungen höherer Radsatzlasten auf das Gleis. Eisenbahntechnische Rundschau 53:574–583

SBB (Schweizerische Bundesbahnen) (2021) Geschäftsbericht 2020. Bern. https://company.sbb.ch/content/dam/internet/corporate/de/medien/publikationen/geschaeftsbericht/SBB-Geschaeftsbericht-2020.pdf.sbbdownload.pdf. Zugegriffen: 13. Okt 2021

Scheidt M, Pelster L, Bosse G, Pachl J (2018) Process map railway operation. https://doi.org/10.24355/dbbs.084-201901211619-0

Schienen-Control (2021) Jahresbericht 2020. https://www.schienencontrol.gv.at/files/1-Homepage-Schienen-Control/1f-Publikationen/SC-Jahresbericht-2020_Web.pdf. Zugegriffen: 25. Aug 2021

Schnieder L (2021) European Train Control System (ETCS). Springer Vieweg, Wiesbaden. https://doi.org/10.1007/978-3-662-62878-2

Siegmann, J (2010) Innovationskraft des Schienengüterverkehr – stärken oder sterben? ETR – Eisenbahntechnische Rundschau 59: 204–207

Smith K (2019) Rise of the machines: Rio Tinto breaks new ground with AutoHaul. International Railway Journal. https://www.railjournal.com/in_depth/rise-machines-rio-tinto-autohaul. Zugegriffen: 26. Okt 2021

Trinckauf J, Maschek U, Kahl R, Krahl C (Hrsg.) (2020) ETCS in Deutschland. PMC Media House, Leverkusen

UIC (Internationaler Eisenbahnverband) (o. J.) Line categories – explanation guide. https://uic.org/IMG/pdf/explanation_guide_22.03.2012_fr_de_en.pdf. Zugegriffen: 1. Okt 2021

UIC (Internationaler Eisenbahnverband) (2021) Verladerichtlinien – Kodex für die Verladung und Sicherung von Ladegütern auf Fahrzeugen im Schienengüterverkehr – Band 1 Grundsätze. Version 01.04.2021

Verordnung (EU) Nr. 2016/919 der Kommission vom 27. Mai 2016 über die technische Spezifikation für die Interoperabilität der Teilsysteme „Zugsteuerung, Zugsicherung und Signalgebung" des Eisenbahnsystems in der Europäischen Union

Verordnung (EU) Nr. 1299/2014 der Kommission vom 18. November 2014 über die technische Spezifikation für die Interoperabilität des Teilsystems „Infrastruktur" des Eisenbahnsystems in der Europäischen Union

Verordnung (EU) Nr. 1315/2013 des Europäischen Parlaments und des Rates vom 11. Dezember 2013 über Leitlinien der Union für den Aufbau eines transeuropäischen Verkehrsnetzes und zur Aufhebung des Beschlusses Nr. 661/2010/EU

Verordnung (EU) Nr. 913/2010 des Europäischen Parlaments und des Rates vom 22. September 2010 zur Schaffung eines europäischen Schienennetzes für einen wettbewerbsfähigen Güterverkehr

Weidmann U (2020) Bahninfrastrukturen. vdf Hochschulverlag AG, Zürich

Weigand W, Mittmann W, Fengler W (2008) Die Infrastruktur. In: Hecht M, Jänsch E, Lang H, Lübke D, Mayer J, Mittmann W, Pachl J, Siegmann J, Weigand W (Hrsg) Das System Bahn. DVV Media Group, Hamburg, S 295–424

Weigend M (2019) Trassierung und Gleisplangestaltung. In: Fendrich L, Fengler W (Hrsg.) Handbuch Eisenbahninfrastruktur. Springer Vieweg, Berlin, S 639–672

Wende D (2003) Fahrdynamik des Schienenverkehrs. B.G. Teubner, Stuttgart

Wikipedia (2015) Datei: Europe rail electrification, Version vom 27. August 2015. https://de.wikipedia.org/wiki/Datei:Europe_rail_electrification.png. Zugegriffen: 19. Okt 2021

Wolters A (2017) Pünktlichkeit – Das Rätsel wird gelöst. Vortrag beim Eisenbahntechnischen Kolloquium 2017, Darmstadt

Fahrzeuge

3

Zusammenfassung

Das dritte Kapitel gibt einen Überblick über die im SGV verwendeten Lokomotiven und Güterwagen und ihre Prägung durch technische, betriebliche und verkehrliche Anforderungen. Diese Anforderungen werden mit ihren Wechselwirkungen mit dem gesamten Bahnsystem dargestellt; die Technik des Einzelfahrzeugs wird ebenso wie das Zusammenwirken im Zugverband betrachtet. Dabei wird auf die Besonderheiten hingewiesen, die speziell in Europa aus der kleinteiligen Landschaft der immer noch stark national geprägten Bahnsysteme für die Gestaltung und Zulassung der Fahrzeuge resultiert. Die Entwicklung der verschiedenen Fahrzeuggattungen und ihrer Komponenten wird anhand von typischen Beispielen vorgeführt. Schwerpunkte finden sich in den Bereichen der Grenzparameter von Güterzügen, der Bremstechnik und der Dekarbonisierung im Antriebsbereich.

3.1 Einordnung der Fahrzeuge

Wagen für den Schienengüterverkehr (SGV) lassen sich klar von denen des Personenverkehrs abgrenzen. Sie sind zwar rein technisch kompatibel, werden aber heute nur noch selten zusammen mit Reisezugwagen, wie z. B. in Militärzügen, eingesetzt. Allerdings wird der SGV gelegentlich genutzt, um neugebaute oder schadhafte Reisezugwagen unbesetzt zu befördern. Eine Ausnahme stellen Güterzüge des Kombinierten Verkehrs (KV) dar, die vom Typ „Rollende Landstraße“ neben den Tragwagen auch Reisezugwagen für die begleitenden Fahrer mitführen.

An der Grenze zwischen Personen- und Güterverkehr operieren allerdings spezielle Wagen für den Post- und KEP-Verkehr, die zwar die Bauform eines Güterwagens aufweisen, von ihren technischen Eigenschaften her auch für den Einsatz in Reisezügen

H. Stuhr et al., *Schienengüterverkehr,* https://doi.org/10.1007/978-3-658-38753-2_3

Abb. 3.1 Wagen der schweizerischen Post für 160 km/h zum Einsatz im Personen- und Güterverkehr (Foto Philippe Blaser)

geeignet sind. Ein solches Beispiel ist der Wagen der schweizerischen Post für Geschwindigkeiten bis 160 km/h (Abb. 3.1).

Im Gegensatz zu den Güterwagen lassen sich die Triebfahrzeuge nicht so klar von anderen Einsatzfeldern abgrenzen, denn sie sind heute in aller Regel für den Mehrzweckeinsatz entwickelt worden. Das gilt sowohl für Strecken- als auch Rangierlokomotiven. So sind die gängigen Lokomotiv-Plattformen durchwegs für die Verwendung im Güter- und Personenverkehr ausgelegt, weil dadurch dank der aktuellen Antriebstechnik keine Einschränkungen mehr verbunden sind. Eine Reduzierung von Parametern speziell für den SGV, z. B. für die Bremsausrüstung, erfolgt daher allenfalls willkürlich, beispielsweise aus wirtschaftlichen Gründen.

3.2 Anforderungen und Eigenschaften

3.2.1 Fahrgeschwindigkeit

Die Fahrgeschwindigkeiten im SGV konnten im Laufe der letzten Jahrzehnte dank Weiterentwicklungen bei der Fahr- und Bremstechnik sowie bezüglich der zur Verfügung gestellten Traktionsleistung stufenweise angehoben werden. Die Auslegung der Bremsausrüstung muss dabei die besonderen physikalischen Eigenschaften berücksichtigen,

Abb. 3.2 Einzelfahrwerk mit Parabelfeder und Doppelschakengehänge (Foto Günter Köhler)

die sich einerseits aus dem Rad-Schiene-Kontakt und andererseits aus der Bildung langer Züge ergeben (Abschn. 2.1):

- Ursprünglich verkehrten alle Güterzüge noch handgebremst, als die Reisezüge bereits auf die durchgehende Druckluftbremse umgestellt waren. Die maximale Geschwindigkeit betrug so 50 km/h.
- Erst ab 1918 wurde die Druckluftbremse auch in Güterzügen eingeführt, sodass der Lokführer die Bremse im ganzen Zug fernbedienen konnte und die über den Zug verteilten Bremser entbehrlich wurden. Die Geschwindigkeit konnte so auf 65 bis 80 km/h angehoben werden.
- Seit ca. 1950 sind nahezu alle Neubauwagen lauftechnisch für 120 km/h geeignet, nachdem speziell die zweiachsigen Wagen Fahrwerke mit Doppelschaken[1] erhielten (Abb. 3.2).
- Die Höchstgeschwindigkeit im Sinne einer fahrzeugseitigen Übernahmebedingung der in Europa international verkehrenden Güterwagen wurde 1970 auf 80 km/h, 1986 auf 90 km/h und 1990 schließlich auf 100 km/h angehoben.

Heute beträgt die allgemein zugelassene maximale Systemgeschwindigkeit im SGV 120 km/h. Höhere Geschwindigkeiten weisen einzelne KV- und KEP[2]-Züge auf. Zum einen handelt es sich hierbei um besonders ausgestattete Güterzüge, die lauf- und

[1] Eine Schake oder Doppelschake dient der Verbindung des Wagenkastens mit dem Federpaket.

[2] KEP – Kurier-, Express- und Paketdienst.

bremstechnisch auf 140 bis 160 km/h ertüchtigt wurden. Hier seien spezielle KV- und Modalohr-Züge in Frankreich mit 140 km/h genannt oder auch die InterCargo-Züge (ICG) in Deutschland, die von 1991 bis 1995 mit 160 km/h verkehrten. Ab 2001 wurde dann entsprechende Züge mit der Bezeichnung „Parcel InterCity" (PIC) eingesetzt, die ebenfalls Geschwindigkeiten bis 160 km/h erreicht haben (Dorn und Wehrmeyer 2001, S. 447).

Zum anderen besteht die prinzipielle Möglichkeit, alternative Fahrzeugkonzepte aus dem Personenverkehr wie zum Beispiel Triebzüge auch im SGV einzusetzen. Diese verfügen dann weiterhin über ihre bauartbedingte Höchstgeschwindigkeit. Als Beispiele seien hier der TGV Postal in Frankreich, der allerdings schon aus dem Betrieb ausgeschieden ist, sowie die Triebzüge der Class 325 der Royal Mail in Großbritannien genannt (Werner 2017). Beide Anwendungen zielen auf die Beförderung von Post- und KEP-Sendungen, wobei sich immer die Frage stellt, inwieweit die Mengen in einer Relation ausreichen, um regelmäßig verkehrende, ganze Züge auslasten zu können. Diese Frage könnte aber im Hinblick auf eine klimaorientierte Umgestaltung der europäischen Nachtluftpostnetze neu beantwortet werden.

Die zulässige Höchstgeschwindigkeit von Güterzügen wird durch verschiedene Faktoren begrenzt, wobei der restriktivste entscheidend ist:

- Die lauftechnische Höchstgeschwindigkeit wird durch die Fahrdynamik begrenzt und ist beim Güterwagen in erster Linie von der Bauart seiner Fahrwerke abhängig, danach oft auch von der Höhe der Zuladung inkl. Einordnung in eine Streckenklasse (Abb. 3.4). Daher wird schon beim Beladeprozess darauf geachtet, die für einen bestimmten Zuglauf angestrebte Geschwindigkeit sicherzustellen.
- Die bremstechnische Höchstgeschwindigkeit ergibt sich aus dem Bremsvermögen des ganzen Zugs sowie der thermischen Leistungsfähigkeit der einzelnen Bremsen und wird durch die Bremsberechnung für den gebildeten Zug in Kombination mit den Anforderungen der Infrastruktur ermittelt (Abschn. 3.2.6). Die bremstechnische Ausstattung des einzelnen Wagens ist hier nicht allein ausschlaggebend, da es ein Ausgleich zwischen unterschiedlichen Wagen und ihren Beladezuständen geben kann. Das gilt jedoch nicht für Züge, die nur eine Wagenbauart beinhalten, wie z. B. Ganzzüge für den Massengutverkehr.

Für die praktisch erreichbare Geschwindigkeit des gebildeten Zuges ist die von der Lok zu Verfügung gestellte Traktionsleistung entscheidend. Diese sollte ausreichen, um dem Zug seine zulässige Höchstgeschwindigkeit auch tatsächlich zu ermöglichen. Es muss aber sichergestellt sein, dass der Fahrplan, der mit der zugewiesenen Trasse verknüpft ist, sicher eingehalten werden kann.

3.2.2 Zuglänge

Die Bildung langer Züge ist ein herausragendes Merkmal von spurgebundenen Verkehrssystemen und die Königsdisziplin der Eisenbahn . Im Gegensatz zum Straßenverkehr, wo in der Regel nur ein bzw. in der Landwirtschaft maximal zwei Anhänger zulässig sind, und zur Luftfahrt, wo geschleppte Flugzeuge nur noch im Bereich der Sportfliegerei üblich sind, lässt die Eisenbahn grundsätzlich die Bildung von Zügen mit weit über 100 Wagen zu.

Während im Personenverkehr die Zuglänge aus logistischen Gründen, wie Übersichtlichkeit und mögliche Bewegungsfähigkeit der Fahrgäste, auf einen Maximalwert von 400 m begrenzt wurde, ist die Beschränkung im Güterverkehr im Wesentlichen durch die Bahnanlagen bedingt. Während sich weltweit Beispiele für kilometerlange Züge finden lassen, beträgt die maximale Zuglänge in Mitteleuropa 740 bis 835 m (Abb. 2.21). Je nach durchschnittlicher Wagenlänge liegt damit die maximale Wagenanzahl im Bereich zwischen 30 und 45.

Praktisch werden die maximal möglichen Zuglängen in der Trassenplanung ermittelt, im Fahrplan hinterlegt und bei der Zugbildung im Abgangsbahnhof überwacht. Sie wird begrenzt durch das betrieblich-technische Regelwerk des Eisenbahninfrastrukturunternehmens (EIU), welches wiederum

- die Länge der Bahnhofsgleise im Start- und Zielbahnhof,
- die Benutzbarkeit der für die Trassenplanung erforderlichen Überholungsbahnhöfe,
- die Traktionsfähigkeit, speziell auch hinsichtlich der maximalen Steigungen,
- die gewünschte Fahrdynamik und Fahrgeschwindigkeit bei gegebener Traktionsleistung,
- das vorgeschriebene Bremsvermögen in Verbindung mit Begrenzung der Kraftdynamik im Zugverband,
- die im Streckenverlauf gegebenen maximalen Anhängelasten, speziell hinsichtlich der maximal zulässigen Belastung der Kupplung sowie
- sicherungstechnische Anlagen (bspw. Achszähler, Bahnübergänge)

berücksichtigt.

Da die praktisch erreichbare Zuglänge ein wesentlicher Faktor für die Wirtschaftlichkeit des SGV ist, gilt es als wichtiges Ziel, die aktuell möglichen Grenzen voll auszunutzen und künftig durch Verbesserung der genannten Rahmenbedingungen noch anzuheben. Allerdings kann die maximal mögliche Zuglänge auch oftmals aus verkehrlichen Gründen nicht erreicht werden. So können logistische Gründe wie Häufigkeit des Angebots oder die vorgesehene Verbindungswirkung des Zugs dagegensprechen, sodass keine ausreichende Wartezeit zur dafür notwendigen Sammlung von zusätzlichen Sendungen bzw. Wagen mehr zur Verfügung steht.

3.2.3 Zugmasse

Im Kreis der Landverkehrsträger weisen Bahnen dank der Kontaktmechanik zwischen Stahlrad und Stahlschiene die niedrigsten Fahrwiderstände aller Verkehrsträger auf (Abschn. 2.1). Die Steigungswiderstände sind aber unabhängig von dieser Kontaktmechanik, denn sie ergeben sich allein aus dem Hangabtrieb des Fahrzeugs. Wird also ein Landverkehrsmittel auf seinen mittleren Rollwiderstand optimiert, so sollten auch die durch Steigungen bedingten zusätzlichen Widerstände in ähnlicher Größenordnung liegen.

Dieser Zusammenhang führt zu dem gerne formulierten Spruch, dass „jede Neigung ein Feind der Eisenbahn" ist. Denn das System reagiert auf den zusätzlichen Steigungswiderstand besonders sensibel. Dagegen sind die Fahrwiderstände von Straßenfahrzeugen etwa zehnmal so hoch, was nach der gleichen Argumentation auch zu einer besseren Steigungsfähigkeit führt.

Häufig werden die Fahrwiderstände näherungsweise durch die Neigung des entsprechenden Steigungswiderstands ausgedrückt. Damit können alle fahrdynamischen Widerstände direkt miteinander verglichen werden können, was in der Praxis von großem Vorteil ist (siehe folgendes Beispiel).

Beispiel

Der Fahrwiderstand eines Güterzugs mit einer Bruttomasse inkl. Triebfahrzeug von 1000 t wurde auf ebener Strecke bei 100 km/h mit 58,86 kN ermittelt.

- Wie hoch ist die Neigung, die zu einer dem Fahrwiderstand entsprechenden Hangabtriebskraft führen würde bzw. in der dieser Zug antriebslos eine Geschwindigkeit von genau 100 km/h erreichen und dann halten würde?
- Wie hoch ist der Zugkraftbedarf, wenn der Zug nicht in der Ebene fahren würde, sondern diese Steigung noch zusätzlich bewältigen müsste und die Fahrgeschwindigkeit beibehalten werden soll? Welche Traktionsleistung wäre dann erforderlich?

Hangabtriebskraft $$F_H = m\,g\,\sin\alpha$$

$$F_H/(m\,g) = \sin\alpha$$

eingesetzt $$(58{,}86\ \text{kN})/\left(1000\ t \times 9{,}81\ \text{m/s}^2\right) = 0{,}006\ \text{kN/t/m/s}^2 = 0{,}006$$

Die entsprechende Neigung hat demnach einen Wert von 6 Promille.
In einer Steigung von 6 Promille würde sich also der Fahrwiderstand zu 117,72 kN gerade verdoppeln. Die zugehörige Traktionsleistung P lässt sich dann aus Zugkraft F und Geschwindigkeit V

$$\text{F V} = \text{P}$$

berechnen und beträgt damit

117,72 kN × 27,78 m/s = 3270 kW
Zum Vergleich: Eine standardmäßige elektrische Streckenlokomotive (E-Lok) hat heute eine Traktionsleistung von ca. 6000 kW. ◀

Die Definition einer *Flachbahn* unterstellt, dass übliche Güterzüge durchgehend von einer Lokomotive mit der fahrzeugseitig möglichen Höchstgeschwindigkeit gefahren werden können. Daher sollen Flachbahnen also nur Steigungen aufweisen, die den Fahrwiderstand maximal verdoppeln. Damit liegt der definitorische Grenzwert bei ungefähr 7 Promille. In diesem Sinne lassen sich die weiteren Streckenneigungen sinnvoll gruppieren (Tab. 3.1).

Da die durchgehende Anlage von Flachbahnen praktisch nur auf Tief- und Hochebenen sowie parallel zu Flüssen ohne aufwendige Kunstbauten möglich ist, werden für Neubaustrecken mit Mischverkehr etwas größere Neigungen verwendet (Jänsch et al. 2021, S. 347). Das erscheint als sinnvoller Kompromiss zwischen Aufwand für die Herstellung der Anlagen – speziell durch den Anteil an Kunstbauten – und der Betriebserschwernis, die sich speziell im SGV durch den gegenüber der Flachbahn für die Beförderung schwerer Züge erforderlichen zusätzlichen Traktionsaufwand ergibt (Abschn. 2.3.2).

Die praktisch erreichbaren bzw. erforderlichen Zugmassen ergeben sich im Wesentlichen aus der Dichte des Transportgutes. Über die *Ladungslängsmasse,* die sich auf die Ladungsquerschnitts-Fläche zwischen Ladefläche des Güterwagens und Fahrzeugumgrenzungsprofil von ca. 7 m^2 bezieht, erhält man unter Berücksichtigung des Wagenanteils die Längenmasse des Wagenzugs – unter der Voraussetzung, dass der Zug nur dieses Ladegut transportiert, was z. B. für einen Ganzzug (Abschn. 4.2) zutrifft (Tab. 3.2).

Durch die Multiplikation der Längenmasse mit der möglichen Zuglänge lassen sich dem Ladegut entsprechende Zugmassen abschätzen. Während bei Ganzzügen der Voll- und Leerzustand in der Regel auf Hin- und Rückfahrt aufgeteilt ist, ist bei KV-Zügen und gemischten Zügen des Einzelwagenverkehrs (EWV) noch mit einzelnen Leerwagen zu rechneen. Zusätzlich müssen die zulässigen Grenzlasten eingehalten werden (Abschn. 2.3.2). Daher werden die hieraus abzuleitenden Maximalwerte der Zugmassen in der Praxis nicht ganz erreicht.

Grundsätzlich gibt es einen direkten Zusammenhang zwischen Zugmasse und Zuglänge (Abb. 3.3), der zuerst durch die zulässige Radsatzlast und danach durch die maximale Meterlast (2) bestimmt wird. Begrenzt wird diese Funktion zumeist durch die zulässige Zugmasse (1) aus Gründen des Zusammenspiels zwischen Steigung und Triebfahrzeug. Zudem erfährt die Zuglänge eine direkte Begrenzung sowohl seitens der Infrastruktur (3) durch bestimmte Gleislängen als auch seitens der Fahrzeugtechnik (4) z. B. durch die Bremstechnik.

Schwere Züge (A) erreichen die Grenze der Zugmasse in der Regel vor derjenigen der Zuglänge, während es bei leichten Zügen (B) umgekehrt ist. Aufgrund höherer Streckenklassen und entsprechender Fortschritte im Güterwagenbau konnten die Zuladungen in

Tab. 3.1 Typische Neigungen von Vollbahnen

Kategorie	Neigung [‰]	Personenverkehr	Güterverkehr	Max. Zugmasse je 4-achsiger E-Lok [t]	Max. Gesamtzugmasse [t]	Beispiele
Flachbahn	≤ 7	ja	ja	2000	6000	Rheintal, Zielwert NEAT
NBS für Mischverkehr; Standardwert	12,5	ja	ja	1600	3000	NBS H-WÜ, MA-S, VDE 8.2, Mittelland Schweiz
Gebirgshauptbahnen	20…27	ja	ja	700	1800	Alpenbahnen, Spessart, Frankenwald, Albaufstieg
NBS nur für Personenverkehr	35…40	ja	nein	400	800	NBS KRM, LGV, DML
EBO-Grenze für Vollbahnen in Deutschland	40	ja	wenig	400	800	
Sog. Steilstrecken in Deutschland	< 62	ja	wenig	200	400	Ehemalige Zahnradbahnen wie Höllentalbahn oder Rübelandbahn

NBS – Neubaustrecke
H – Hannover, WÜ – Würzburg, MA – Mannheim, S – Stuttgart
NEAT – Neue Alpentransversale über Lötschberg (ab 2007) und Gotthard (ab 2016)
VDE 8.2 – Verkehrsprojekte Deutsche Einheit 8.2: Halle/Leipzig-Nürnberg
KRM – NBS Köln – Rhein-Main
LGV – Ligne á Grande Vitesse
DML – Durchmesserlinie Zürich
EBO – Eisenbahn-Bau- und Betriebsordnung

Tab. 3.2 Längenmasse je nach Transportgut (Eigene Darstellung nach LRT 2022)

Transportgut	Dichte Material [t/m³]	Ladungslängenmasse bezogen auf Ladungsquerschnitt von 7 m² [t/m]	Längenmasse im Ganzzug [t/m]	Mögliche Zugmasse eines Ganzzuges mit 700 m [t]
Leerzüge		0	1,0	700
Pkw, doppelstöckig			1,4 … 1,7	980…1190
Sammelgut, Stückgut, KEP	< 0,1	< 0,7	< 1,6	< 1120
KV durchschnittl. (13 t je Container 20 Fuß oder WB)		2,0 … 2,2	2,9	2030
KV schwer (30 t je Container 20 Fuß)		5,0 … 5,1	5,7 (40-Fuß-Wagen)	3990
Stammholz (Querschnittsnutzung 70 %)	0,4 … 0,7	2,0 … 3,4	<3,9	<2730
Kohle	0,8 … 0,9	5,4	6,9 (Selbstentladewagen)	4830
Baustoffe, Kies, Schotter	1,4 … 1,8	9,8 … 12,6	7,1 (z. B. Wagengattung Faccns)	4970
Mineralölprodukte	0,7	4,9	5,3	3710
Erze und Stahl	2,2 … 2,4	15,4 … 16,8	8,0	5600

den letzten Jahrzehnten gesteigert werden, sodass die spezifischen Zugmassen je Zuglänge durchschnittlich gestiegen sind. Um das System Bahn auch für den SGV noch attraktiver und wirtschaftlicher zu gestalten, wird diese Entwicklung fortgesetzt. Die Zugmasse kann dabei durch stärkere Kupplungen und leistungsfähigere Triebfahrzeuge gewinnen (a), während die Infrastruktur durch Anhebung der spezifischen Massenwerte wie Radsatzmasse und Meterlast beitragen kann (b). Der entsprechende Rahmen wird durch die gleichzeitige Anhebung der Zuglängen erweitert. Hier steht der Ausbau der Gleisanlagen (c) im Vordergrund, während die Verbesserung im Fahrzeugbereich (d) auch darauf abzielt, die größeren möglichen Zuglängen auch mit höheren Fahrgeschwindigkeiten vereinen zu können.

Hintergrundinformation: Festigkeit der Schraubenkupplung

Die in Europa übliche Standardschraubenkupplung mit der Bezeichnung 1 MN – abgeleitet von der Mindestbruchlast im Zugverband von Zugeinrichtung und Zughaken von 1,0 Meganewton (MN) und normiert in der DIN EN 15566 (2006) – hat an der Sollbruchstelle

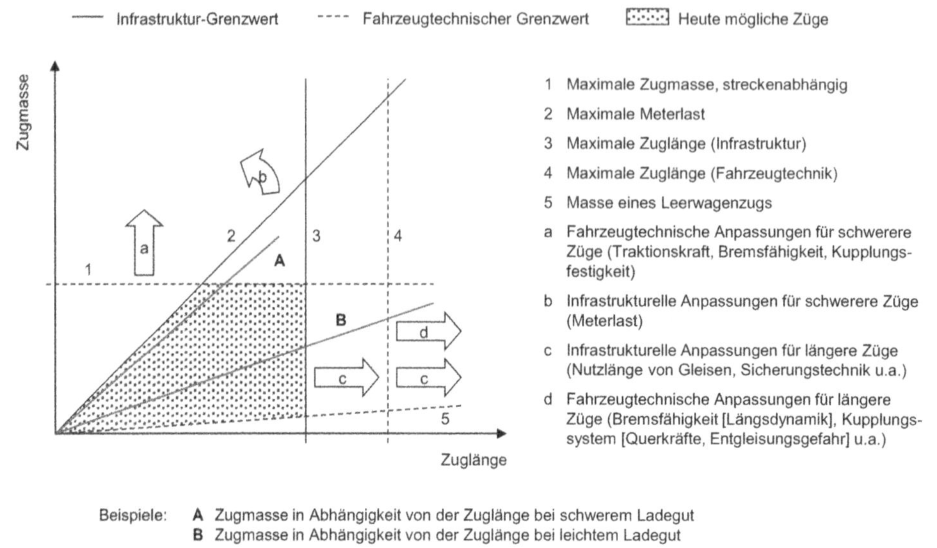

Abb. 3.3 Zugmasse über Zuglänge

eine Mindestbruchlast von 850 kN. Da es jedoch bereits vor dieser Belastung zu Ermüdungserscheinungen durch dynamische Belastungen kommt, sind die im Betrieb zulässigen Zugkräfte nochmals wesentlich geringer. Ein gängiger Grenzwert für die Kupplungsgrenzlast im Regelbetrieb liegt für das 1 MN-System bei 450 kN, wobei in Deutschland die letztendliche Festlegung dem jeweiligen EVU als Zugangsberechtigen zum Netz obliegt (DB Netz AG o. J.). Die damit fahrbare Wagenzugmasse hängt von den Neigungen der Strecke ab (Abschn. 3.2.3); für die Strecke von Bebra nach Cornberg liegt sie beispielsweise bei 2360 t (DB Netz AG 2021, S. 3).

Erhöhte Zuggewichte mit verstärkten Schraubenkupplungen sind seit vielen Jahrzehnten speziell bei Ganzzügen für den Massengutverkehr im Segment Kohle und Erz üblich. Diese Systeme erlauben betriebliche Kupplungsgrenzlasten von 500 kN und genügen für Züge bis etwa max. 4000 t auf Flachbahnen, während darüber hinaus die automatische Mittelpufferkupplung eingesetzt wird, um mit einer betrieblichen Kupplungsgrenzlast von 850 kN auch in Europa Zugmassen bis 6000 t, ebenfalls auf der Flachbahn, befördern zu können. Mit der Einführung der DAK wird ein Wert in etwa dieser Größenordnung, also einer Verdopplung gegenüber der heutigen verstärkten Schraubenkupplung, angestrebt (Abschn. 5.3).

Die maximale Zugkraft einer vierachsigen elektrischen Standardlokomotive beträgt ca. 300 kN (Abschn. 3.3), bei Doppeltraktion also 600 kN, die ggf. durch die Steuerung auf einen niedrigeren Wert begrenzbar ist.

3.2.4 Fahrdynamik und Zugfolge

Die Bespannung mit einer oder mehreren Lokomotiven muss alle Anforderungen an die Traktion eines Güterzugs erfüllen:

1. Die Anfahrt muss sichergestellt werden. Das gilt grundsätzlich für alle Punkte des Laufwegs, d. h. auch für die größte vorkommende Steigung. Die technisch maximal mögliche Anfahrzugkraft der Lokomotive ist dafür auf einen empirisch abgesicherten Wert zu begrenzen, der nahezu alle Witterungseinflüsse berücksichtigt und so den Anforderungen an die vorgegebene Robustheit des Bahnbetriebs genügt. (Abschn. 2.2.6)
2. Die vorgesehene Fahrgeschwindigkeit muss sowohl in der Ebene als auch in Steigungen im vorgesehenen Rahmen soweit erreichbar sein, dass der zugrunde gelegte Fahrplan eingehalten werden kann. Um einem traktionsbedingten Liegenbleiben des Zuges vorzeugen, ist zudem auf jeden Fall ein Unterschreiten der Übergangsgeschwindigkeit – im Zugkraft-Geschwindigkeits-Diagramm deutlich als Knick, hier bei 80 km/h erkennbar – zu vermeiden (Abb. 3.8).
3. Die Beschleunigung soll so hoch sein, dass die Fahrplantrasse sicher eingehalten werden kann. Zudem ist die Anfahrbeschleunigung von Güterzügen der entscheidende Parameter für deren mögliche kürzeste Zugfolge. Diese entspricht genau der Summe aus der Wartezeit des folgenden Zuges hinter dem vorausfahrenden Zug und der Fahrzeit des folgenden Zuges vom Stillstand bis zum Zeitpunkt der Angleichung der Fahrgeschwindigkeiten beider Züge.

Können diese Anforderungen auf dem Laufweg des Zuges mit einer Lokomotive mehrfach nicht erfüllt werden und scheiden Alternativen wie Laufwegänderung oder Reduktion der Zugmasse aus, so muss die Anzahl der Lokomotiven durchgehend erhöht werden. Das wird dadurch erleichtert, dass heute die meisten neuen Lokomotiven zur Steuerung in Doppeltraktion vorgesehen sind, je nach Standardisierungsgrad teilweise sogar zwischen unterschiedlichen Bauarten. Allerdings werden durch Doppeltraktion die Zugfahrtkosten (Abschn. 1.4.2.2) signifikant erhöht, sodass der resultierende Gewinn an Zugmasse entsprechend deutlich sein sollte.

Beschränkt sich die Überschreitung nur auf einen kürzeren Rampenabschnitt, so kann auch der lokale Einsatz einer Vorspann- oder Schiebelok in Betracht gezogen werden.

3.2.5 Technischer Netzzugang

Jedes Schienenfahrzeug in einem Zugverband muss die Anforderungen der Infrastruktur erfüllen, die über den gesamten Streckenverlauf, den der Zug passiert, gelten. Dies gilt nicht nur für die Streckengleise, sondern auch innerhalb aller Bahnhöfe, die befahren werden. Besonders im SGV muss die Prüfung der Zulässigkeit der Fahrzeuge im betrieblichen Alltag so praktikabel sein, dass der ohnehin bereits recht aufwendige Prozess der Zugbildung nicht noch weiter erschwert wird.

Die Prüfung der Netzkompatibilität erfolgt für die Fahrzeuge zweistufig:

- Im ersten Schritt der Fahrzeugzulassung, die eine Aufgabe des Herstellers ist, wird zunächst untersucht, ob das Fahrzeug prinzipiell alle Bauvorschriften erfüllt. Der zugehörige Zulassungsprozess läuft seit dem Inkrafttreten des 4. Eisenbahn-Pakets 2019 zentral über die ERA ab (VDB 2020 S. 6). Fast alle Güterwagen werden dabei für die Verwendung in ganz Europa zugelassen und sind dann die Anschrift „GE" – Go anywhere (Abschn. 3.4.3) zu erkennen.
- Im zweiten Schritt ist das EVU verpflichtet, zusätzlich eine sogenannte „Streckenkompatibilitätsprüfung" für den konkreten Einsatz auf einer bestimmten Strecke durchzuführen. Dies ist erforderlich, da nicht alle fahrzeug- und infrastrukturseitigen Parameter in jedem Fall miteinander kompatibel sind, auch wenn sie jeweils für sich zulässig sein mögen. Einfaches Beispiel ist ein S-Bahn-Zug, der mit Hocheinstieg ausgestattet ist und mangels Trittstufen keinesfalls an niedrigen Bahnsteigen verkehren darf, sondern immer nur an den für ihn vorgesehnen S-Bahn-Stationen halten darf. Die Streckenkompatibilitätsprüfung erfolgt auf Basis der von den EIU in den Schienennetz-Benutzungsbedingungen (SNB) bzw. im Infrastrukturregister (RINF) veröffentlichten Informationen und streckenbezogenen Daten.

Nachdem die prinzipielle Eignung für das Einsatzgebiet geklärt ist, sind die Parameter festzustellen, die beladungsabhängig sind und deren Kompatibilität daher für den vorgesehenen Laufweg bzw. die fahrplantechnisch festgelegte Zugfahrt sichergestellt werden muss. Dazu gehören speziell im SGV

- die Übereinstimmung mit dem zulässigen Fahrzeugumgrenzungsprofil,
- die maximale Radsatzlast,
- die auf die Fahrzeuglänge bezogene Meterlast sowie
- die maximale Zuladung des Wagens im Hinblick auf das Bremsvermögen.

Zur Vereinfachung werden diese Daten vom EVU für den Zugverband verdichtet und bei der Trassenanmeldung hinterlegt. Je nach Möglichkeit des EIU werden sie dann im Fahrplan des Zuges bestätigt. Dabei werden für die vereinfachte Kommunikation normierte Begriffe und Größen verwendet.

Das Fahrzeugumgrenzungsprofil ist international zunächst auf das sog. G1-Profil beschränkt, kann aber auf bestimmten Strecken erweitert werden, z. B. unter den Bezeichnungen G2, GA, GB oder GC (Abschn. 2.3.2). Welchem Profil der einzelne Wagen genügt, ist den Fahrzeuganschriften zu entnehmen. Allerdings ist die Profilausnutzung bei allen offenen Wagen sowie Flach- und Autotransportwagen vom Ladegut abhängig und muss somit bei jeder Beladung individuell geprüft werden.

Ganz besonders gilt diese Abhängigkeit für den KV, wo der Aufbau alleine durch die Ladungseinheit gebildet wird. Aufgrund dieser Komplexität wird im KV eine speziell entwickelte Kodifizierung verwendet, mit deren Hilfe recht unkompliziert überprüft werden kann, ob die Kombination aus Tragwagen und Sendung zu den Profilanforderungen der befahrenen Strecke passt (Abschn. 4.4.8).

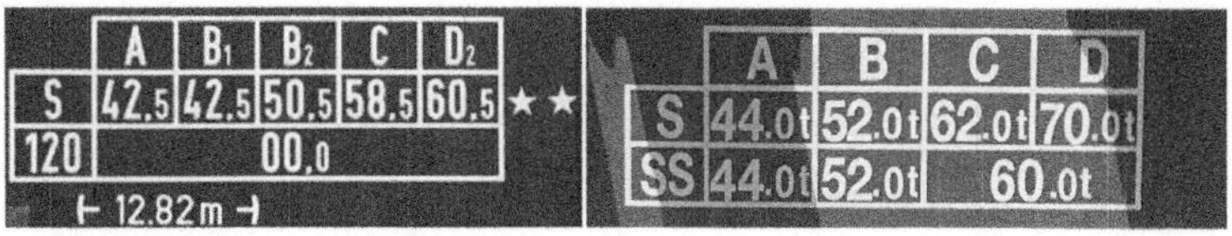

Abb. 3.4 Lastgrenzraster

Die zulässige Beladung der Wagen wird seit über 100 Jahren durch die Einteilung des Streckennetzes in sogenannte Streckenklassen ermittelt (Tab. 2.3). Entscheidend ist die niedrigste Streckenklasse, die auf dem Laufweg des Zuges anzutreffen ist und ebenfalls im Fahrplan angegeben wird. Der Zusammenhang von zulässiger Beladung des Wagens und Streckenklasse ergibt sich aus dem an jedem Güterwagen angebrachten Lastgrenzraster, das im Rahmen der Fahrzeugzulassung für jeden Güterwagen festgelegt wird (Abb. 3.4).

Während die zulässigen Radsatzlasten in Buchstaben ausgedrückt werden, werden die Meterlasten durch Zahlen gekennzeichnet, die allerdings in der Regel nur bei den höheren Radsatzlastklassen C, D und später E von Interesse sind. Radsatzlasten werden überwiegend durch die Form des Oberbaus bestimmt; für die Meterlasten sind die Tragfähigkeiten der Brückenbauwerke entscheidend (Abschn. 2.3.2).

3.2.6 Bremstechnik des Güterzugs

3.2.6.1 Funktionsweise der Druckluftbremse

Ab 1918 fand die Umrüstung der damals z. B. in Deutschland vorhandenen über 500.000 Güterwagen statt (DRG 1927, S. 488), wobei die ursprünglichen „Bremswagen“ als erstes eine mehrlösige Druckluftbremse erhielten, während der ungebremste, größere Teil nur mit der Bremsleitung ausgerüstet wurde, sog. „Leitungswagen“. Über diesen Migrationsweg konnte bis Anfang der 1960er-Jahre der Regelbetrieb mit ganzen handgebremsten Zügen oder einzelnen Zugteilen beendet werden. Nachdem auch die verbliebenen Leitungswagen entweder ausgemustert wurden oder eine vollständige Bremsausrüstung erhalten hatten, verfügten alle Güterwagen über eine eigene Druckluftbremse.

Der prinzipielle Aufbau der pneumatischen Bremse ist in Abb. 3.5 dargestellt. Der notwendige Luftdruck wird durch den Luftpresser (Kompressor) auf der Lokomotive erzeugt, während der Hauptluftbehälter als Druckluftspeicher dient. Wird der Luftdruck in der Hauptluftleitung durch den Triebfahrzeugführer über das Führerbremsventil abgesenkt, werden die Bremsen in Wagen und Lokomotive über Luftdruck im Bremszylinder angelegt. Bei Entlüften des Bremszylinders werden die Bremsen durch Federkraft wieder gelöst.

Die Bremszylinder werden jedoch nicht direkt durch den Luftdruck aus der HL gespeist. Hier kommen Vorratsluftbehälter (auch Hilfsluftbehälter genannt) und Steuerventile,

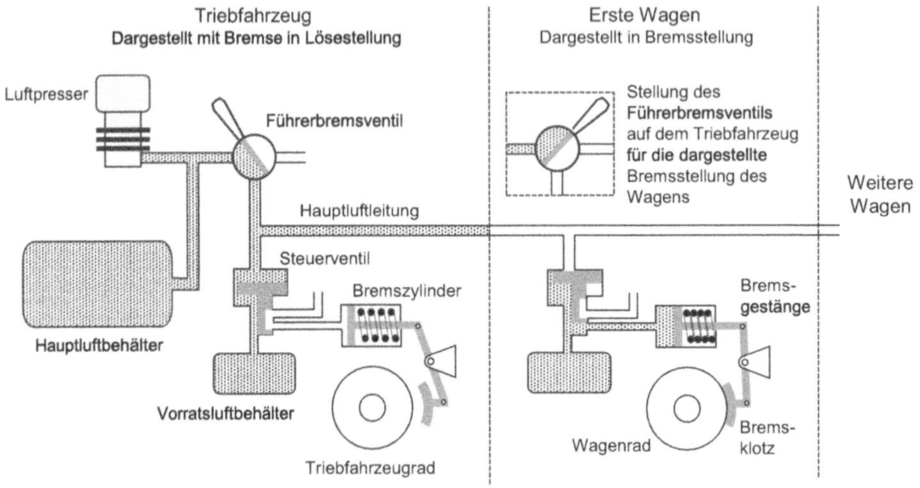

Abb. 3.5 Druckluftbremse

die sich in jedem Wagen befinden, zum Einsatz. Beim Füllen der HL auf maximal 5 bar verbindet das Steuerventil die HL mit dem Vorratsluftbehälter, sodass dieser jeweils den gleichen Luftdruck aufweist. Gleichzeitig sind die Bremszylinder entlüftet. Zum Bremsen wird der Luftdruck der HL über das Führerbremsventil auf 3,5–4,5 bar abgesenkt. Die Steuerventile schalten dadurch *selbsttätig* um und stellen nun eine Verbindung zwischen den Vorratsluftbehältern und den Bremszylindern her. Je stärker der Druck in der HL abgesenkt wird, desto höher wird der Luftdruck in den Bremszylindern mit entsprechender Wirkung auf die Bremskraft aufgebaut. Durch das Wiederanheben des Luftdrucks in der HL schaltet das Steuerventil zurück in die Lösestellung und entlüftet damit die Bremszylinder, sodass sich die Bremse wieder löst. (Janicki 2018, S. 18 ff.)

Wie beim Anlegen kann auch das Lösen in mehreren Stufen erfolgen. Diese Mehrlösigkeit der Druckluftbremse war eine Eigenschaft, die speziell für den Güterverkehr entwickelt werden musste. Sie besagt, dass nicht nur – wie schon bei „einlösigen" Bremsbauarten möglich – die Bremskraft durch den Lokführer in beliebigen Stufen erhöht werden kann, sondern sich die Bremse darüber hinaus genauso wieder stufenweise lösen lässt.

Dagegen lassen sich einlösige Bremsen nur in einem Bediengang vollständig lösen, was speziell bei langen Zügen zu unzulässigen Längskräften und entsprechenden Zerrungen bzw. Stauchungen führen kann.

Ein weiteres wichtiges Merkmal der mehrlösigen Bremse ist ihre Unerschöpfbarkeit, da der Lösevorgang nur in dem Maße ausgeführt werden kann, wie die Nachspeisung der HL fortschreitet. Sollte also der Luftvorrat im Hauptluftbehälter der Lokomotive erschöpft sein, bleibt die aktuelle Bremsstufe bestehen und kann nicht weiter reduziert werden. Dieser Sicherheitsgewinn, der besonders bei langen Gefällefahrten von

Bedeutung ist, war neben dem Bedienungskomfort für den Lokführer so wichtig, dass später auch die Reisezüge und Lokomotiven mit mehrlösigen Bremsen ausgerüstet wurden.

Wird die HL während einer Zugfahrt getrennt, wie z. B. bei einer Zugtrennung nach Überlastung der Kupplung, so wird sie an dieser Stelle entlüftet. Gemäß oben beschriebener Funktionsweise der Bremse kommt es aufgrund der *selbsttätig* resultierenden Luftdruckabsenkung automatisch zu einer Bremsung aller Fahrzeuge beidseitig der Trennstelle. Neben diesem prinzipiellen fail-safe-Mechanismus verfügt die Druckluftbremse jedoch über keinerlei Funktionen, die ihre korrekte, sicherheitsrelevante Einsatzbereitschaft selbsttätig überprüfen. Hieraus folgt die Notwendigkeit der nach einer Zugzusammenstellung mit hohem Personal- und Zeitaufwand durchgeführten Bremsproben (Abschn. 3.2.8).

3.2.6.2 Notwendigkeit und Auswirkungen von Bremsstellungen

Mit der bereits benannten Mehrlösigkeit ist das Problem möglicher, unzulässiger Längskräfte, insbesondere Längsdruckkräfte, alleine jedoch nicht gelöst.

Da sich die signalgebenden Druckänderungen lediglich mit 250 bis 280 m pro Sekunde in der HL ausbreiten (sogenannte Durchschlagsgeschwindigkeit), wird eine Bremsung im hinteren Zugteil erst verspätet ausgelöst, wodurch er dem vorderen, bereits bremsenden Zugteil aufläuft. Hierdurch kann es zu starken Längsdruckkräften im Zugverband kommen. Beim Lösen der Bremse kommt es hingegen zu Zugkräften, wenn im hinteren Zugteil die Bremsen länger anliegen und das Triebfahrzeug schon wieder beschleunigt. Beide Effekte können sich aufschaukeln (Zug als Mehrmassenschwinger mit Zug- und Stoßeinrichtung als Feder/Dämpfer-Elemente) und es kann zu Zugtrennungen und Längsdruckentgleisungen kommen. Das Problem der hohen Längsdruckkräfte tritt insbesondere bei Bremsungen aus niedrigen Geschwindigkeiten auf. (Lang 2008, S. 178–179; Stieler 1995, S. 811)

Dem benannten Problem wird bei rein pneumatischen Systemen durch eine bewusste Verlängerung der Füll- und Lösezeiten der Bremszylinder und damit einem verlangsamten Aufbau der Bremskraft am Rad in der Bremsstellung „G“ wie „Güterzug“ entgegengewirkt. Die zugehörigen Zeiten zum Anlegen und Lösen der Bremse sind im UIC-Merkblatt 540 (UIC 2016) festgelegt (Tab. 3.3). Auf diese Weise wird der Bremskraftunterschied zwischen Zugspitze und Zugende reduziert. (Lang 2008, S. 178–179; Minde und Witte 2001, S. 257)

Seitdem fast alle Güterwagen über eine lauftechnische Höchstgeschwindigkeit von 120 km/h verfügen, wird die betrieblich mögliche Geschwindigkeit allein durch die Bremstechnik bestimmt. Die Einzelwagen verfügen für sich heute entweder über eine Bremsausrüstung für 100 km/h und werden dann mit einem „S“ im Lastgrenzraster und in der Gattungsbezeichnung gekennzeichnet. Wagen mit verstärkter Bremsausrüstung können entsprechend mit einem „SS“ versehen sein und sind damit für 120 km/h

Tab. 3.3 Bremsstellung und Wirksamkeit der Bremse nach UIC-Merkblatt 540 (UIC 2016)

Bremsstellung	Wirkung	Einsatzgebiet (Bremsweg 1000 m)	Bremszylinderfüll- und Lösezeiten	Erreichbare Bremshunderstel Abschn. 3.2.7
G	Langsam wirkende Bremse	Güterzüge bis 90 km/h (Bremsweg 1000 m) bzw. 120 km/h (LZB oder ETCS L2)	Bremszylinderfüllzeit 18–30 s, Lösezeit 45–60 s	60–125 Der Anrechenfaktor zu Bremsstellung P ist 0,8
P	Schnell wirkende Bremse	Personen- und Güterzüge bis 120 km/h	Bremszylinderfüllzeit 3–6 s, Lösezeit 15–20 s (−25 s bei Wagengewichten ab 70 t)	65–125 (Güterzug) 105–125 (Reisezug)
R	Schnell und stark wirkende Bremse	Personenzüge über 120 km/h	Bremszylinderfüll- und -lösezeit wie Bremsstellung P, aber höhere Bremskraft	126–170
R + Mg	R-Bremse und zusätzliche Magnetschienenbremsen	Vor allem Personenzüge über 140 km/h		bis 208

geeignet (Abb. 3.4). Beide Zuordnungen beziehen sich jeweils ausschließlich auf einen Bremsweg von 1000 m und die Bremsstellung P.

Bei schwereren Zügen ergeben sich zur Begrenzung der bereits benannten Längsdruckkräfte allerdings zusätzliche Einschränkungen, die eine Nutzung dieser Höchstgeschwindigkeit der einzelnen Wagen wiederrum verwehren können (Tab. 3.4). Diese Vorgaben führen nicht nur zur erheblichen Reduzierung der Bremshundertstel, sondern verzögern auch die Zugvorbereitung, weil die Einstellung der Bremsen sowie die Bremsberechnung erst nach vollständiger Zusammenstellung des Zuges ausgeführt werden können.

Entsprechend ist auch bei jeder Unterwegsbehandlung mit Veränderung der Zugbildung eine neue Bremsberechnung durchzuführen. Das Gleiche gilt auch schon bei der Änderung der Fahrtrichtung, weil bereits ab einer Wagenzugmasse von 1200 t die „Lange Lok“[3] an das andere Zugende verlegt werden muss. Erleichterungen sind hier erst nach der Vollausrüstung mit DAK (Abschn. 5.3) und/oder einer elektropneumatischen Bremssteuerung (ep-Bremse) (Abschn. 5.4.2) zu erwarten.

[3] „Lange Lok“ bedeutet die Einstellung der Lok und der folgenden fünf Güterwagen in Bremsstellung G, um die Dynamik im ansonsten P-gebremsten Wagenzug stärker zu dämpfen.

Tab. 3.4 Bremsstellungen in Güterzügen in Deutschland nach Minde (2007, S. 31)

Wagenzugmasse	Bremsstellung Lok/Wagenzug	Zu erfüllende Bedingung
800 t	P/P	
800 t bis 1200 t	G/P	
1200 t bis 1600 t	Lok und erste 5 Wagen in G („Lange Lok")/Rest in P	
1600 t bis 2500 t	Lok und erste 5 Wagen in G („Lange Lok")/Rest in P	Der Zug muss ausschließlich aus Wagen mit einem Gesamtgewicht ab 32 t gebildet sein
2500 t bis 4000 t	Lok und erste 5 Wagen in G („Lange Lok")/Rest in P	Der Zug muss ausschließlich aus Wagen mit einem Gesamtgewicht ab 40 t gebildet sein
Unabhängig von der Last	Lok und erste 5 Wagen in G („Lange Lok")/Rest in P	Alle Fahrzeuge sind mit automatischer Kupplung (UIC-AK oder DAK) ausgerüstet
> 1600 t, wenn die Bedingungen der 3. Spalte nicht erfüllt sind	G/G	Ohne zusätzliche Bedingungen

Ziel der aufeinander abgestimmten Entwicklung von Brems- und Kupplungstechnologie muss es sein, auf den technisch bedingten Wechsel von Bremsstellungen verzichten zu können, um so das bremstechnische Potenzial der Einzelfahrzeuge gemäß UIC-Merkblatt 540 (UIC 2016) auch in Güterzügen von europäischem Standardformat uneingeschränkt nutzen zu können. Das bedeutet praktisch die Beherrschung folgender Parametergruppe:

- Zuglängen bis 740/750 m, mittelfristig bis 1000 m,
- durchschnittliche KV-Beladung und einer Längenmasse von 2,9 t/m (Tab. 3.2),
- entsprechend einer Zugmasse des Wagenzuges bis zu 2000 t bei 700 m bzw. 2700 t bei 1000 m,
- Lok und alle Wagen in Bremsstellung P,
- damit ein Bremsvermögen entsprechend 90 bis 100 Bremshunderstel und somit
- ausreichend für eine Höchstgeschwindigkeit von 120 km/h bei einem Bremsweg von 1000 m bis zu einem maximalen Gefälle von 5 Promille.

Dabei ist zu beachten, dass die Anforderungen an die Bremstechnik und die entsprechende fahrbare Geschwindigkeit durch den verfügbaren Bremsweg maßgeblich bestimmt werden. Doch auch hier gibt es Unterschiede in Europa. Während die großflächigen, aber im Durchschnitt weniger dicht besiedelten Länder wie Frankreich,

Spanien und Italien zu längeren Vorsignalabständen[4] zwischen 1300 und 1500 m tendieren, haben sich in Zentraleuropa wohl auch wegen der höheren Dichte der Ballungsräume Bremswege um 1000 m auf den Hauptstrecken durchgesetzt. Relevant ist dies u. a., da der Vorsignalabstand bei konventioneller Signalisierung in der Regel auch den kürzesten Blockabstand und damit maßgeblich die kürzestmögliche Zugfolge bestimmt.

Hintergrundinformation: Länge der Bremswege

- Regelbremsweg auf Hauptstrecken in Deutschland 1000 m, in selteneren Fällen auch noch 700 m, auf Nebenbahnen mindestens 400 m.
- Bremsweglängen in Österreich je nach Anforderung 400 bis 1500 m.
- Vorsignalabstände in der Schweiz zwischen 250 m und 1800 m variabel; Anordnung je nach Entwurfsgeschwindigkeit und Streckenneigung.
- Auf dem Führerstand angezeigte Voraussicht, in der die Bremswege abgebildet werden, können unter LZB oder ETCS weitaus länger sein, mindestens aber 3000 m. (Abschn. 2.2.1)

Eine deutliche Ausbreitung eines schnelleren SGV kann sich durch die flächendeckende Einführung der Führerstandssignalisierung ergeben. Damit wird eine nahezu beliebige Verlängerung der Bremswege möglich, sodass trotz niedriger Bremsleistung im Zug, also auch in Bremsstellung G, die lauftechnische Höchstgeschwindigkeit von 120 km/h selbst im Gefälle ausgenutzt werden kann.

Ausgeführt wurde die Führerstandssignalisierung in Deutschland und Österreich seit 1987 zunächst mithilfe der LZB und später in ganz Europa mit der Einführung von ETCS. In diesem Zusammenhang wurden die Anschriften an den Güterwagen erweitert, um die lauf- und bremstechnische Höchstgeschwindigkeit differenzieren zu können: Werden die Ladungsmassen in der Zeile „SS" eingehalten, so verfügt der Wagen bzw. Zug über genügend Bremshundertstel, um auch ohne Führerstandssignalisierung mit 120 km/h verkehren zu können (Abb. 3.4). Die Sterne auf der rechten Seite des Lastgrenzrasters bedeuten dagegen, dass auch bei der höheren Beladung zwar ebenfalls mit 120 km/h gefahren werden darf, dann aber die für einen Bremsweg von 1000 m erforderlichen Bremshundertstel nicht erreicht werden. Damit ist diese Option für längere Bremswege bzw. für die Verwendung einer Führerstandssignalisierung bestimmt. Der leere und damit immer hoch abgebremste Wagen kann dagegen in allen Fällen mit 120 km/h befördert werden.

3.2.6.3 Bremsberechnung

Im Gegensatz zu anderen Verkehrsmitteln werden bei der Eisenbahn Züge gebildet, die aus vielen Wagen bestehen und eine beträchtliche Länge erreichen können. Der Zug

---

[4] Der Vorsignalabstand definiert den Abstand zwischen Vorsignal und Hauptsignal (Abschn. 2.2.1). Zeigt das Vorsignal „Halt erwarten", so muss der Zug ab dort bis zum Hauptsignal zum Stehen kommen.

bildet danach eine Einheit mit einem Satz von betrieblich wirksamen Parametern wie Länge, Masse, Höchstgeschwindigkeit und nicht zuletzt dem Bremsvermögen. Dieser Satz beinhaltet die spezifische Bremsfähigkeit aller Fahrzeuge eines Zuges und wird in einer sogenannten *Bremsberechnung* ermittelt.

Voraussetzung der Bremsberechnung ist die Kenntnis des Bremsvermögens jedes einzelnen Wagens. Dazu wird jedes Fahrzeug im Rahmen seiner Zulassung Bremsversuchen unterworfen. Aus den so festgestellten Bremswegen erhält das Fahrzeug eine Bewertungszahl, die seine Bremsfähigkeit vergleichbar macht. Diese Bewertungszahl heißt „Bremshundertstel" mit dem Formelzeichen λ. 100 Bremshundertstel, also den Wert 1,0, erhält z. B. ein Wagen, der aus einer Geschwindigkeit von 120 km/h einen Bremsweg von ca. 700 m in der Ebene nachweisen kann. Ein 500 m langer Zug, gebildet aus diesen Wagen, erreicht aufgrund der wirkenden Durchschlagzeit aus einer Geschwindigkeit von 120 km/h einen Bremsweg von ca. 820 m.

Um die Bremshunderstel im Zugverband zusammenfassen zu können, muss auch die Masse der einzelnen Fahrzeuge berücksichtigt werden. Daher werden nicht die Bremshundertstel direkt am Fahrzeug angeschrieben, sondern dessen Bremsgewicht. Das ist das Produkt aus Bremshundertstel und Fahrzeugmasse:[5]

$$\text{Bremsgewicht}\,[\text{t}] = \lambda \times \text{Fahrzeugmasse}\,[\text{t}]$$

In der praktischen Bremsberechnung werden nun die Bremsgewichte aller Fahrzeuge im Zugverband addiert und am Schluss durch die Gesamtmasse des Zuges, also inkl. Zuladung geteilt. Daraus resultierten die Bremshundertstel des Zuges:

$$\lambda_{Zug} = \frac{\sum \text{Bremsgewicht}}{\sum \text{Fahrzeugmasse}}$$

Praktische Herausforderung ist dabei die richtige Wahl des Bremsgewichts für jedes Fahrzeug, da hier je nach gewählter Bremsstellung und Beladezustand des Wagens unterschiedliche Werte anzusetzen und entsprechend am Fahrzeug angeschrieben sind (Abb. 3.6) sowie die Erfassung der Ladungsmasse.

Die Bremshundertstel des Zuges werden mit dem im Fahrplan angegebenen Mindestwert verglichen. Bei Abweichungen nach unten muss die Betriebsleitung Maßnahmen verfügen, meist eine reduzierte Höchstgeschwindigkeit, sodass der zur Verfügung stehenden Bremsweg auch im Gefälle immer eingehalten werden kann.

3.2.6.4 Zusammenstellung der Kernmerkmale

Heute besitzen alle Güterwagen eine Druckluftbremse gemäß UIC-Merkblatt 540 (UIC 2016), die über folgende Merkmale verfügt:

---

[5] Die physikalische Ungenauigkeit ergibt sich aus der historischen Entwicklung. Eigentlich müsste es „Bremsmasse" heißen.

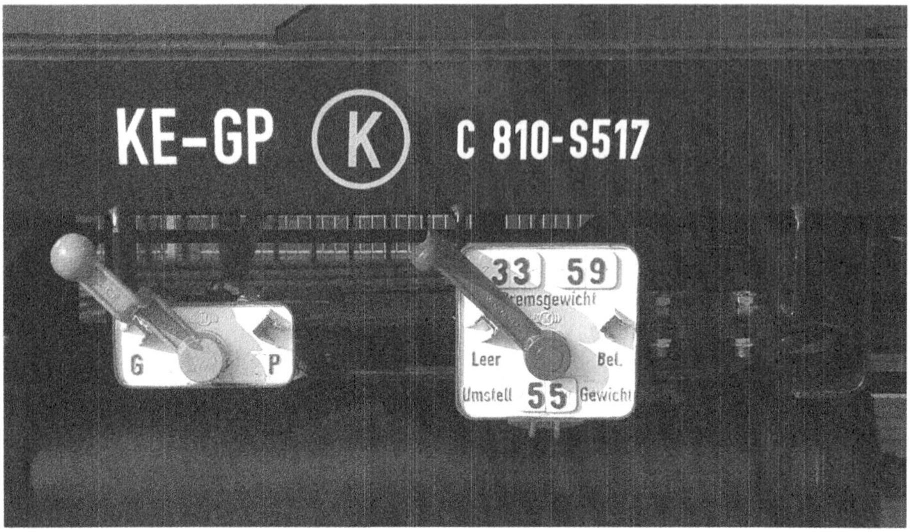

Abb. 3.6 Wechsel Bremsstellung „G-P“ und Lastwechsel „leer“/„beladen“ (Foto Manfred Enning)

- Selbsttätigkeit, Mehrlösigkeit und Unerschöpfbarkeit.
- Bremskrafterzeugung überwiegend durch Klotzbremsen, die direkt auf die Radlaufflächen wirken. Bei besonderen Anforderungen wie z. B. kleinere Räder auch Ausführung als Scheibenbremse.
- Lastabhängigkeit, um die Bremskraft an die Zuladung anzupassen; früher meist zweistufig mit manueller Umstellung „leer“ und „beladen“ (Abb. 3.6), heute überwiegend automatische Lastabbremsung mit Erfassung der Zuladung durch eine an der Federung angeordneten Wiegevorrichtung,
- Umstellvorrichtung für Stellungen G(üterzug) und P(ersonenzug) zur Veränderung der Wirkungsgeschwindigkeit (Abb. 3.6). Einstellung in Abhängigkeit von der Zugmasse mit dem Ziel, Zerrungen und Stauchungen zu reduzieren (Tab. 3.4).
- Bremsvermögen gemäß Bremsberechnung entweder mind. 65 oder 90 Bremshundertstel für 100 bzw. 120 km/h bei einem Bremsweg von 1000 m in einem entsprechenden Zugverband.
- In der Regel rein pneumatische Bremssteuerung über die Hauptluftleitung. Eine zusätzliche elektropneumatische Bremssteuerung ist gemäß UIC-Merkblatt 541-5 (UIC 2005) zwar beschrieben, aber im Güterverkehr bisher kaum angewendet worden (Abschn. 5.4.2).

Ein Ausblick auf mögliche bremstechnische Innovationen zur Überwindung hier benannter Problemfelder – d. h. der Nutzung eines rein pneumatischen Systems mit der Notwendigkeit der verschiedenen Bremsstellungen sowie der Aufwand für die manuelle Prüfung der Funktionsfähigkeit der Bremse – wird in Abschn. 5.4 gegeben.

3.2.7 Bedingungen für die Zugbildung

Innerhalb des Betriebs stellt der fertig gebildete Zug eine „integrale Einheit“ dar, die entsprechend ihrer Zusammenstellung über festgelegte technische Eigenschaften verfügt.

Da der Bestimmungsort des Zuges und sein vorgesehener Laufweg bekannt sind, müssen die entsprechenden in den vorigen Abschnitten beschriebenen infrastrukturellen und betrieblichen Anforderungen bei der Zugbildung überwacht und nach Abschluss der Zugzusammenstellung inklusive der Lokomotive überprüft und festgestellt werden.

Die für die Zugfahrt erforderlichen Parameter wurden bereits bei der Fahrplanerstellung ermittelt und müssen vor Abfahrt nun als Ergebnis der Zugbildung mit den in den Fahrplanunterlagen kommunizierten Werten abgeglichen werden (Abschn. 2.2.5.3):

- Zuglänge
- Zugmasse
- Erforderliche Streckenklasse
- Tatsächliche genutztes Fahrzeugbegrenzungsprofil bzw. KV-Code
- Ggf. Lademaßüberschreitung (Abschn. 2.2.5.4)
- Lauftechnische Höchstgeschwindigkeit
- Bremsstellung und Bremshundertstel
- Steigungsfähigkeit und Fahrdynamik (indirekt über Angabe Traktionsmittel und maximale Zugmasse)
- Gefällefähigkeit (indirekt über Vergleich mit Mindestbremshundertstel)

Für eine erfolgreiche Zugbildung muss selbstverständlich die Kompatibilität der Fahrzeuge gewährleistet sein. Hierzu gehört die prinzipielle Kuppelbarkeit untereinander, mindestens mechanisch und pneumatisch, ggf. auch elektrisch. Für europäisch allgemein zugelassene Güterwagen mit der „RIV“-, „GE“- oder „TEN“-Markierung ist dies grundsätzlich sichergestellt (Abschn. 3.4.3). Allenfalls gibt es Güterwagen mit speziellen Eigenschaften, die nur bei Verbindung mit gleichartigen Fahrzeugen nutzbar sind, wie z. B. Schüttgutwagen, deren Öffnung eine durchgehende Hauptluftbehälterleitung (HBL) erfordert. Ein Einsatz in Zügen z. B. als Leerwagen ist aber immer möglich.

Im Zuge der Einführung einer neuartigen Kupplung wie der DAK (Abschn. 5.3.5) kann die allgemeine Kompatibilität der Wagen untereinander zeitweise, also während der Migrationsphase, aufgehoben oder eingeschränkt sein. Für diese Zeit werden dann besondere Bestimmungen gelten.

Allerdings gibt es gewisse Ausprägungen, um speziellen Anforderungen zu genügen, z. B. verstärkte Schrauben-Kupplungen zur Eignung für besonders hohe Zuggewichte oder aber der Einsatz von Mittelpufferkupplungen als reine Insellösungen für besonders schwere Züge (Abschn. 3.2.3).

3.2.8 Prozess der Zugbildung

Bei der *wagentechnischen Untersuchung (WTU)*, die von einem Wagenmeister durchgeführt wird, wird die Betriebssicherheit der Wagen und ein ordnungsgemäßer Ladungszustand überprüft. Hierzu gehört u. a. das Entdecken bzw. Ausschließen möglicher Beschädigungen am Wagen ebenso wie die Überprüfung, dass alle Ladetüren, -verdecke und -klappen geschlossen sind. Wird ein Schaden entdeckt, ist durch den Wagenmeister zu klassifizieren, ob der Wagen sofort aus dem Zugverband ausgesetzt und einer Reparatur zugeführt werden muss oder ob eine Reparatur alsbald, aber nicht sofort, notwendig ist. Ein Aussetzen von Wagen, d. h. Herausrangieren aus dem schon fertig zusammengestellten Zug, ist zeitaufwendig und führt in vielen Fällen zu einer massiven Abfahrtsverspätung.

Der Umfang der *Bremsprobe* kann variieren: Bei der *vollen Bremsprobe* wird die Funktionsfähigkeit und der Zustand aller eingeschalteten Bremsen überprüft.[6] Hierzu muss das Personal den Zug mindestens zweimal ablaufen: einmal bei angelegten und einmal bei gelösten Bremsen. Vorgelagert ist bei Güterzügen in spezifischen Fällen ein separater Zustandsgang erforderlich. Im Falle nur einer mitwirkenden Person ohne Funkfernsteuerung, die somit nur manuell an der Lok oder der ortsfesten Bremsprobeanlage die Bremse bedienen kann, sind bis zu sechs Gänge – drei Zugumrundungen – mit mehreren Kilometern Laufweg notwendig.

Wird an einzelnen Wagen eine defekte Bremse festgestellt, so wird diese ausgeschaltet. Es muss anschließend durch eine Wiederholung der Bremsberechnung festgestellt werden, dass die fahrplantechnisch vorgegebenen Mindestbremshundertstel (Abschn. 3.2.6.3) dennoch erreicht werden, der Zug also über ein ausreichendes Bremsvermögen verfügt. Ist dies nicht gegeben, kann die Zugfahrt mit reduzierter Maximalgeschwindigkeit dennoch möglich sein, oder es müssen einzelne Wagen aus dem Wagenzug entfernt werden. Eine volle Bremsprobe ist u. a. dann notwendig und frühestens 24 h vor Abfahrt des Zuges auszuführen, wenn ein Zug neu gebildet wurde, oder wenn er länger als 24 h abgestellt war (Janicki 2018, S. 22).

Hat ein Zug bereits eine volle Bremsprobe erhalten, so reicht unter bestimmten Bedingungen bei einzelnen Veränderungen am Zug eine *vereinfachte Bremsprobe* mit deutlich reduziertem Personal- und Zeitaufwand. Ein Beispiel ist das Ansetzen des Streckentriebfahrzeugs z. B. nach der Prüfung der Wagen an einer örtlichen Bremsprobeanlage oder nach einem Triebfahrzeugwechsel.

Grundsätzlich ist im SGV davon auszugehen, dass beide Prüfungen – WTU und Bremsprobe – nach Be- und/oder Entladung in einer Netzzugangsstelle (Abschn. 2.3.3) zu erfolgen haben. Insofern werden sie in der Regel auch zusammen ausgeführt, sodass das Personal beide Prüfungen parallel durchführen kann. Für die Zeitaufwände lassen sich kaum Standardwerte finden. Einige Unternehmen planen mit Faustwerten von

[6] Eine kurze Beschreibung der Funktionsweise der rein pneumatischen Eisenbahnbremse findet sich in Abschn. 3.2.6.

bis zu 90 s pro Achse des Zuges für beide Tätigkeiten zusammen und inklusive Folgeprozessen wir der Dokumentation von entdeckten Mängeln, was für einen Zug je nach dessen Länge bei Einsatz einer einzelnen Person 90 min bis über zwei Stunden bedeuten kann. Andere Unternehmen setzen pro Achse bzw. Wagen wesentlich geringere Werte an, kommen mit zusätzlichen Zuschlägen für den Zug jedoch auf ähnliche Größenordnungen. Bei Einsatz von zwei Mitarbeitern im Personal kann die resultierende Zeit bis zur möglichen Abfahrt des Zuges verringert werden.

3.2.9 Ökologische Aspekte

Nach der Erstellung der Bahnanlagen resultieren die Umweltbelastungen des Systems Eisenbahn zum weit überwiegenden Teil aus dem Bahnbetrieb und damit aus der Bewegung der Fahrzeuge auf dem Netz. Die Umwelteinwirkungen umfassen die Emissionen von Luftschadstoffen und von Kohlendioxid (CO_2) sowie die Lärmemissionen der Fahrzeuge.

Die Luftreinhaltung zielt auf die Fernhaltung von allen Fremdstoffen aus der Atmosphäre ab, die auch als Luftschadstoffe bezeichnet werden. Im Verkehrssektor sind hier im Wesentlichen zwei Emissionsprodukte von Bedeutung:

- Schadstoffe aus Verbrennungsprozessen aus Antriebsmotoren, heute meist Benzin- und Dieselmotoren. Hauptsächlich in der Form von Stickstoffoxid und Kohlenmonoxid, die aber durch Abgasnachbehandlung in den letzten Jahren entsprechend der Vorgaben gemäß den Abgasnormen für Straßenfahrzeuge Euro1 bis Euro6 bzw. für Schienenfahrzeuge gemäß EU-Verordnung 2016/1628 (Verordnung 2016) stark reduziert werden konnten.
- Feinstaubbelastung aus Dieselmotoren, Reifen- und Bremsabrieb.

Im Bereich der Eisenbahnen konnte die Belastung aus Dieselmotoren durch spezielle Partikelfilter, deren Anwendung bei neueren Fahrzeugen vorgeschrieben ist, deutlich reduziert werden. Die durch den Bremsabrieb verursachte Belastung kann durch die Materialwahl der Bremsbeläge beeinflusst werden. Hier sind entsprechende Forschungsprojekte bereits im Gange. Grundsätzlich kann aber auch die Betriebsführung hier einen Beitrag liefern, indem durch vorausschauendes Fahren der Einsatz der Reibungsbremse zugunsten der elektrischen und dazu noch rekuperativ wirkenden Bremse der elektrischen Triebfahrzeuge minimiert wird.

Der Klimaschutz zielt auf die Eindämmung der weiteren Anreicherung von Kohlendioxid (CO_2) in der Atmosphäre ab, die überwiegend durch Verbrennungsprozesse bei der Stromerzeugung, durch industrielle Prozesse und nicht zuletzt durch Verbrennungsmotoren für den Land-, See- und Luftverkehr verursacht wird. Letztendlich sollen die geplanten Klimaschutzmaßnahmen bis Mitte des Jahrhunderts zu einer fast vollständigen Eliminierung der CO_2-Emissionen führen (Abschn. 1.5.1).

Die Klimaschutzmaßnahmen im Verkehrsbereich werden unter dem Begriff „Dekarbonisierung“ zusammengefasst und sind wie auch in den anderen Wirtschaftssektoren den drei Rubriken „Verbessern“, „Verlagern“ und „Vermeiden“ zugeordnet (Robinius et al. 2019, S. 19). Für die Weiterentwicklung der Schienenfahrzeuge ist hiervon in erster Linie der Aspekt „Verbessern“ von Bedeutung. Dies kann beispielsweise mit dem Ersatz von Verbrennungsmotoren durch elektrische Antriebe unter der Voraussetzung geschehen, dass parallel die Quellen der Versorgung mit Elektrizität auf erneuerbare Energien umgestellt werden. Dies gilt sinngemäß auch für die Versorgung der elektrischen Bahnen.

Lärmemissionen sind ebenfalls eine besondere Herausforderung des Verkehrssektors, weil dessen Anlagen naturgemäß flächendeckend angeordnet sind. Als besonders problematisch erweisen sich dabei Hochleistungsstraßen und Schienenstrecken durch Wohngebiete sowie die An- und Abflugbereiche um Flughäfen.

Der Betrieb von Eisenbahnen führt zu verschiedenen Geräuschen, die von mehreren Faktoren abhängig sind (Jänsch et al. 2021, S. 238–252; Fendrich 2019, S. 952):

- Maschinengeräusche durch Traktionseinrichtungen in Triebfahrzeugen sowie von Nebenbetrieben wie Kompressoren für Kühlanlagen und Klimaanlagen,
- Geräusche aus dem Fahrbetrieb durch den Kontakt zwischen Rad und Schiene, sowohl im geraden Gleis als auch meist verstärkt im Gleisbogen,
- aerodynamische Geräusche aus dem Luftwiderstand bei sehr hohen Geschwindigkeiten,
- Geräusche beim Betrieb der Reibungsbremsen durch den Kontakt zwischen Bremsklotz und Rad bzw. Bremsbelag und Bremsscheibe sowie
- vorübergehende und lokal abgrenzbare Geräusche durch den Betrieb in Bahnhöfe durch Gleisbremsen und Hemmschuhe sowie Aufstöße bei Kuppelvorgängen zwischen Fahrzeugen.

Welche Geräusche dominant sind, hängt von den Örtlichkeiten und den gefahrenen Geschwindigkeiten ab. Aerodynamische Geräusche spielen im SGV beispielsweise kaum eine Rolle, während sie im Hochgeschwindigkeitsverkehr relevant sind.

Hintergrundinformation: Lärmemissionen des SGV

Zu einem besonderen Problem hatten sich in den letzten Jahrzehnten die Schallemissionen des SGV infolge einer deutlichen und gleichzeitigen Anhebung von Zuglängen, Zugmassen, Radsatzlasten und mittleren Fahrgeschwindigkeiten entwickelt, womit sich die Belastungen speziell für Anwohner an Bahnanlagen stark erhöht haben. Entsprechend wurde die Differenz zum Personenverkehr immer größer. Denn während dort in den letzten Jahren ein vollständiger Wechsel von der Klotz- zur Scheibenbremse stattgefunden hat, blieb bei Güterwagen bis auf wenige Ausnahmen im KV die Klotzbremse das Maß der Dinge.

Jahrzehntelang waren dabei Klötze aus Grauguss Standard. Diese führen aber während der Bremsung zu Rauhigkeiten und Wellen auf den Radlaufflächen, wodurch die Schallentwicklungen, die im Berührpunkt zwischen dem Rad und der ebenfalls von Rauhigkeiten betroffenen Schiene entstehen, auch bei ungebremster Fahrt deutlich zunehmen. Der Schallpegel kann so um bis zu 10 dB(A) im Vergleich zu einem neuen Rad ansteigen, was einer Verdopplung der Schallemissionen entspricht.

Nach längerer Systementwicklung konnten inzwischen Bremsklötze aus Kunststoff entwickelt werden, die alle Anforderungen aus der Bremstechnik erfüllen, dabei aber keinerlei Rauhigkeiten und Wellen auf den Radlaufflächen verursachen.

Während die Schienenfahrzeuge in der Schweiz mit Förderung des Bundes schon bis 2016 lärmsaniert waren, wurde die überwiegende Zahl der deutschen und österreichischen Güterwagen bis 2020 von Grauguss- auf Kunststoff-Klötze umgestellt. Die entsprechende Frist zu Umrüstung in ganz Europa endet 2024.

3.3 Triebfahrzeuge

3.3.1 Konzept der Energiezuführung

3.3.1.1 Elektrischer Betrieb

Seit über 100 Jahren werden Eisenbahnen in Europa elektrifiziert. Die Systementwicklung begann dabei schon an der Wende vom 19. zum 20. Jahrhundert. Ausgehend von den Stadtschnellbahnen wurde zunächst die Anwendung von niedriger Gleichspannung präferiert. Doch schon bald darauf konnte der wichtige Entwicklungsschritt zu hoher Wechselspannung mit niedriger Frequenz auf Basis des Elektrifizierungsübereinkommens der deutscher Staatsbahnen Baden, Bayern und Preußen mit Festlegung des (heutigen) Einphasenwechselstromsystems mit einer Spannung von 15 kV und einer Frequenz 16 2/3 Hz[7] (=1/3 von 50 Hz) vollzogen werden. Diesem Vertrag haben sich Österreich, die Schweiz, Norwegen und Schweden später angeschlossen, was als Beispiel einer frühen gelungenen Bemühung um Interoperabilität in Europa gelten kann (Steimel 2006, S. 5).

Seitdem wurde das elektrifizierte Netz systematisch und nach wirtschaftlichen Gesichtspunkten – wenngleich in unterschiedlichem Tempo und mit unterschiedlichen Primärenergiequellen – erweitert. Um die Wirtschaftlichkeit einer Streckenelektrifizierung sicherzustellen, ist eine gewisse Mindestleistungsfähigkeit erforderlich, die sich aus der Nachfrage ergeben muss (Abschn. 2.3.2). Diese ergibt sich aus den Anforderungen der Kapazität bzw. der Zugfolge, der Fahrdynamik und des Streckenprofils. Je länger die betrachtete Strecke ist, desto höher wird der Aufwand für eine Elektrifizierung. Als Richtwert für die Elektrifizierungswürdigkeit einer Strecke gelten Streckenbelastungen im Bereich von 30.000 bis 60.000 Brutto-tkm pro Tag (Bendel 1981, S. 22; Fendrich 2019, S. 712).

[7] Seit 1995 auf 16,7 Hz umgestellt.

Aktuell beträgt der Elektrifizierungsgrad bezogen auf die Netzlänge in Deutschland 62 % und in Österreich 74 %. Im Hinblick auf die Diskussionen um den Klimaschutz werden entsprechende Ausbauziele auf 70 % (SPD et al. 2021) bzw. 85 % (ÖBB 2021, S. 15) genannt. Dabei stehen nun vor allen Dingen Lückenschlüsse im Vordergrund, um die Abhängigkeit vom Verbrennungsmotor im Zuge der Dekarbonisierung schrittweise zu verringern. Die elektrisch erbrachte Verkehrsleistung liegt in beiden Ländern bereits bei über 90 %; es wurden also vor allem jene Strecken elektrifiziert, die eine große verkehrliche Bedeutung haben.

Aufgrund des Mangels an eigenen fossilen Rohstoffen sowie dem auf die Landesfläche bezogenen großen Angebot an Wasserkraft ist die Elektrifizierung des schweizerischen Bahnnetzes bereits seit mehreren Jahrzehnten nahezu vollständig und damit abgeschlossen. Lediglich einige Gleisanschlüsse sind nicht in das elektrische Netz integriert.

Für den SGV bringt der elektrische Betrieb vor allen Dingen den Vorzug einer speziell in Steigungsbereichen höheren Fahrgeschwindigkeit mit, da elektrische Triebfahrzeuge in der Regel eine im Vergleich zu Diesellokomotiven vielfache Traktionsleistung aufweisen. Dagegen sind höhere Zugmassen kein grundsätzlicher Gewinn einer Elektrifizierung, da schwere Diesellokomotiven ebenfalls hohe Zugkräfte aufweisen können, aber entsprechend ihrer kleineren Leistung nur im unteren Geschwindigkeitsbereich (Tab. 3.5). Dies zeigt sich auch in der dominanten Nutzung von Diesellokomotiven für sehr schwere Güterzüge außerhalb Europas.

3.3.1.2 Fossiler Antrieb

Mit dem Ende der Dampflokomotive sind auf nichtelektrifizierten Strecken Triebfahrzeuge mit Verbrennungsmotor, der in der Regel als Dieselmotor ausgeführt wird, an ihre Stelle getreten.

Beispiel

(Siehe Tab. 3.5) ◄

Tab. 3.5 Vergleich Ellok und Diesellok der gleichen Plattform TRAXX (Alstom)

	F140 AC1	F140 DE
Länge	18,9 m	18,9 m
Lokmasse	84 t	82 t
Max. Zugkraft	300 kN	270 bis 300 kN
Traktionsleistung am Rad	bis 5600 kW	1825 kW
Höchstgeschwindigkeit	140 km/h	140 km/h

Im Gegensatz zur Elektrotraktion kommt es bei der Dieseltraktion nicht nur zu einem lokalen Schadstoffausstoß am Fahrzeug, auch die negative Klimawirkung ist unter

Beachtung der gesamten Kette der Energiebereitstellung bis zum Verbrauch am Zug höher. Dabei ist der Faktor des zusätzlichen CO_2-Ausstoßes maßgeblich von der Art der Stromerzeugung beim Referenzwert des elektrischen Antriebs abhängig. Während beim derzeitigen Bahnstrommix bei Dieseltraktion rund 1,5 Mal mehr CO_2 pro Tonnenkilometer anfällt[8], steigt dieser Faktor mit Reduktion des fossilen Anteils in der Stromerzeugung natürlich maßgeblich an. Es sind also Maßnahmen auch für die heutige Dieseltraktion gefordert.

Ein Weg, die vorhandenen Dieselantriebe direkt zu dekarbonisieren, wäre die Verwendung sogenannter E-Fuels, die unter Verwendung von Kohlendioxid aus der Atmosphäre synthetisch herstellbar sind. Da deren Produktion derzeit aufgrund mangelnder Kapazität und Wirtschaftlichkeit noch nicht absehbar ist, seien an dieser Stelle zunächst die Alternativen genannt:

Frühzeitige Reduzierung der CO_2-Emission durch Vermeidung des Einsatzes fossiler Antriebe unter Fahrdraht durch Zweikraft-Lösungen als *Brückentechnologie,* solange keine vollständige Dekarbonisierung möglich ist. Beispiele sind die Reihe Eem 923 der SBB und diverse Standard-Elektrolokomotiven mit Power-Unit als „Last Mile"-Antriebe sowie Streckenlokomotiven mit zweifacher vollständiger Antriebsausrüstung (Diesel und elektrisch) wie Vectron Dual Mode und Eurodual.

Zur *vollständigen Dekarbonisierung* sind hingegen batterie-elektrische Lokomotiven geeignet, wegen der begrenzten Speicherkapazität bisher nur als Rangierlok. Vorteilhaft ist die Auslegung als Zweikraft-Variante für den zusätzlichen Betrieb unter Oberleitung, womit auch die Batterieladung einfach möglich ist.

Demgegenüber eignen sich für Streckeneinsätze mit hoher Leistung *wasserstoffgetriebene Lokomotiven mit Brennstoffzelle* wegen der im Vergleich zur Batterie höheren Speicherfähigkeit besser, die aber bisher in dieser Form noch nicht ausgeführt wurden. Die Herausforderung würde hier in erster Linie das höhere Speichervolumen zum Mitführen des gasförmigen Wasserstoffs sein, je nachdem welches der beiden bereits eingeführten Druckniveaus verwendet würde – 350 oder 700 bar. Das erforderliche Tankvolumen wäre bei ähnlicher Reichweite im Vergleich zu fossilen Kraftstoffen um den Faktor fünf bis zehn höher (Tab. 3.6). Auch diese Fahrzeuge sind als Zweikraftfahrzeuge für den Oberleitungsbetrieb denkbar, da sie im Kern über elektrische Antriebe verfügen.

Wasserstoff-gespeiste Verbrennungsmotoren sind ebenfalls möglich, aber eher als Brückentechnologie im Zuge von Umrüstungen fossiler Fahrzeuge. Nachteile finden sich in einer Leistungsminderung gegenüber dem fossilen Antrieb sowie den natürlichen Lärmemissionen des Verbrennungsmotors.

[8] Eigene Berechnung basierend auf Bieler und Sutter (2019, S. 35), dortige Quellenangabe ist „Tremod 5.82, Methodenkonvention 3.0, Ecoinvent 3.4".

Tab. 3.6 Tankvolumen von Wasserstoff (VDB 2022, S. 10)

	Wasserstoff flüssig	Wasserstoff gasförmig 350 bar	Wasserstoff gasförmig 700 bar	zum Vergleich: Dieselkraftstoff
Druck	1 bis 4 bar	350 bar	700 bar	Umgebung
Temperatur	−250 °C	Umgebung	Betankung mit -40 °C, dann Umgebung	Umgebung
Energiedichte je Volumen (netto)	2,36 kWh/l	0,93 kWh/l	1,86 kWh/l	9,7 kWh/l
Einsatzfeld	Pkw, Schienenfahrzeuge	Lkw, Schienenfahrzeuge	Pkw	alle

Grundsätzlich ist aber die Herkunft von sogenanntem „grünen", d. h. klimaneutral hergestellten Wasserstoff noch offen und damit auch dessen generelle Wirtschaftlichkeit für den Einsatz im Verkehrssektor.

3.3.2 Einsatzbereiche

3.3.2.1 Zugförderung Fernbereich

Der Fernbereich des SGV zeichnet sich durch folgende Merkmale aus:

- Benutzung von Hauptstrecken mit zulässigen Geschwindigkeiten von mindestens 100 km/h auf festgelegten Fahrplantrassen, die einfacher planbar sind, je besser die Fahrdynamik des angemeldeten Zuges ist und
- Streben nach Ausnutzung der vollen Zuglänge, also in Europa 740 bzw. 750 m, ohne dabei vorzeitig die Grenzlast (Abschn. 2.3.2) bei den gegebenen Neigungsverhältnissen zu erreichen.

Zu den Güterzügen des Fernbereichs gehören insbesondere mindestens alle langlaufenden Ganzzüge mit entsprechend hohen Zugmassen sowie alle zwischen den Rangierbahnhöfen (Rbf) sowie zu den Knotenpunktbahnhöfen (Kbf) verkehrenden durchgehenden Züge des Einzelwagenverkehrs. Auch der Kombinierte Verkehr weist überwiegend langlaufende Verbindungen auf, die aus Gründen der Wirtschaftlichkeit durch das EVU in der Regel optimal ausgelastet werden.

Die Zugförderung im Fernbereich erfolgt überwiegend im elektrifizierten Netz und obliegt dort heute fast ausschließlich vierachsigen Elektrolokomotiven der Standardklasse, die Marketingbezeichnungen tragen wie Prima, Traxx oder Vectron (Abschn. 3.3.3.1) sowie neuerdings auch sechsachsige Lokomotiven wie Euro 9000. Sie können heute durchweg als Mehrsystem-Lokomotiven ausgeführt werden.

Hintergrundinformation: Systemübergänge und Mehrsystem-Triebfahrzeuge
Aufgrund der historischen Entwicklung weist das europäische Eisenbahnnetz verschiedene Stromsysteme und Verfahren zur Zugsicherung auf (Abschn. 2.3.4). Das Bestreben zur Vereinfachung grenzüberschreitender Verkehre hat zu folgender Entwicklung geführt:

- Ursprünglich bildeten größere Bahnhöfe an den Grenzen, zumeist gleich Staatsgrenze, die Systemschnittstellen. Die technischen Systeme waren durch Doppelausrüstung der Zugsicherung im Bahnhofsbereich bzw. durch zwischen den Stromsystemen umschaltbare Gleisbereiche überlappend ausgeführt, was den Wechsel zwischen den Einsystem-Triebfahrzeugen, die jeweils nur über die Fähigkeiten für den Binnenverkehr in einem Land verfügen, vereinfacht. Der Triebfahrzeugwechsel konnte so nur im Stillstand des Zuges erfolgen, weshalb der Systemübergang als *stehende Transition* bezeichnet wird. Die Technik war ebenfalls relativ einfach und der Zusatzaufwand entstand nur auf der Seite der Infrastruktur. Das Verfahren blieb aber stets betrieblich umständlich und langsam. Bespiele waren Aachen und Frankfurt (Oder).
- Seit den sechziger Jahren des letzten Jahrhunderts begann die Entwicklung von *Mehrsystem-Triebfahrzeugen,* die unter verschiedenen Stromsystemen funktionierten und gleichzeitig über verschieden Zugsicherungssysteme verfügten. Eine Beschleunigung dieses Trends erfolgte durch die Einführung der Leistungselektronik in den siebziger Jahren. Die Mehrsystem-Fahrzeuge wurden zunächst nur verwendet, um den Triebfahrzeugwechsel zu vermeiden. Die *stehende Transition* blieb aber zunächst erhalten.
- Letzter Entwicklungsschritt war das Antizipieren der allgemeinen Verbreitung von Mehrsystem-Triebfahrzeugen, insbesondere auch im schnellen Personenfernverkehr, durch die Infrastruktur. Das führte zur Verlegung der Systemschnittstellen aus dem Bahnhof heraus auf die freie Strecke und damit auch zur Umstellung auf die *fahrende Transition:* Der Wechsel von Stromsystem und ggf. auch Stromabnehmer erfolgt nun bei Streckengeschwindigkeit. Die unterschiedlichen Zugsicherungssysteme sind schon meist im parallelen Stand-By-Betrieb und lösen sich ab. Bald erfolgt ohnehin die Einführung des einheitlichen ETCS-Systems. Die *fahrende Transition* ist technisch komplex, bietet aber betrieblich und verkehrlich die größten Vorteile. Beispiele: Horka – Wegliniec und Emmerich – Zevenaar.

Auf den wenigen Verbindungen außerhalb des elektrifizierten Netzes werden überwiegend sechsachsige Großdieselloks eingesetzt und, um durchgehende Leistungen anbieten zu können – dies vielfach auch noch auf Teilabschnitten unter Oberleitung. Daraus resultiert offensichtlich ein Bedarf an weiteren Zweikraft-Lokomotiven, wie sie zunehmend z. B. als Eurodual oder Vectron Dual Mode, aber immer noch auf fossiler Basis, erscheinen. Mit vermehrten Lückenschlüssen im elektrifizierten Netz wird sich hier das Einsatzbild allmählich ändern, da die zu überbrückenden Abschnitte immer kürzer werden.

Trotzdem bleibt die Dekarbonisierung der Zugförderung im Fernbereich eine Herausforderung. Während für den Ersatz von Dieselantrieben bei mittleren Leistungsanforderungen, wie z. B. Regionaltriebwagen, die oben genannten Optionen bereits zur Verfügung stehen, sind sowohl die Massen- als auch Raumgrenzen von Hochleistungslokomotiven schon voll ausgenutzt, sodass ausreichende Speicherkapazitäten für Batterien oder Wasserstofftanks kaum zusätzlich in den heutigen Fahrzeugkonzepten untergebracht werden können. Bis jetzt sind daher noch keine Streckenlokomotiven mit elektrischer Speichertechnik oder einem Wasserstoffantrieb bekannt.

Tab. 3.7 Parameter vier- und sechsachsiger Elektrolokomotiven

	Vierachsig	Sechsachsig
Masse	≤ 90 t	≤ 123 t
Anfahrzugkraft	≤ 330 kN	≤ 500 kN
Traktionsleistung	ca. 6000 kW	bis zu 9000 kW
Masse des Wagenzugs in der Ebene bei 120 km/h (Fahrwiderstand 8 N/kN) in Steigung 5 ‰	≤ 1295 t	≤ 1940 t
Masse des Wagenzugs in der Ebene bei 100 km/h (Fahrwiderstand 6 N/kN) in Steigung 5 ‰	≤ 1880 t	≤ 2815 t
Grenzmasse des Wagenzugs bei Anfahrt in Steigung 12,5 ‰ und schlechter Witterung (Kraftschlussbeiwert 0,25)	1710 t	2565 t

Zusammengefasst lauten die praktischen Anforderungen für den Einsatz von Lokomotiven im Fernbereich des mitteleuropäischen SGV

- sichere Anfahrt an jeder Stelle des Zuglaufs, auch bei schlechten Witterungsverhältnissen,
- unter Beachtung ausreichender Grenzlasten auch bei Steigungen zwischen 12 und 14 Promille (deutsche Mittelgebirge, Alpenzuläufe, Neubaustrecken für Mischverkehr) und dies
- bei Gewährung von Zugmassen, die mit den vorgesehenen Zuglängen korrelieren sowie
- möglichst bei Einhaltung der Zughöchstgeschwindigkeit.

Damit kann das betreffende Einsatzfeld abgegrenzt werden um festzustellen, ob es entweder durch eine vier- oder eine sechsachsige Lokomotive ausgefüllt werden kann (Tab. 3.7).

Bis heute sind vierachsige Lokomotiven meist noch ausreichend, da der Ausbau auf eine Zuglänge von 740/750 m auf den meisten Strecken noch im Gange ist. Daher führt die Lastbegrenzung der vierachsigen Lok von knapp 2000 t noch nicht zur Längenrestriktion in Zugbildungsbahnhöfen.

Allerdings ändern sich die Parameter in naher Zukunft:

- Vollausbau der europäischen Netze auf Zuglängen von 740/750 m.
- Einführung von ETCS L2 auf den Korridoren des Fernverkehrs. Dadurch sind fast immer Geschwindigkeiten von 120 km/h unabhängig von der Bremsstellung möglich.
- Geringere Einschränkungen für den Einsatz der Bremsstellung P nach Einführung der DAK.

Damit könnte es mittelfristig zu einer deutlichen Verschiebung der Einsatzfelder hin zur sechsachsigen E-Lok kommen, um Fahrten mit Doppeltraktion von vierachsigen Lokomotiven auf längeren Abschnitten zu vermeiden.

3.3.2.2 Zugförderung im Regionalbereich (Mischdienst)

Der Mischdienst im Regionalbereich wird durch folgende Festlegungen eingegrenzt:

- Alle Verkehre zur Sammlung- und Verteilung, speziell im Einzelwagenverkehr,
- dritte Ebene des Einzelwagenverkehrs (Abschn. 4.2.4.1), entsprechend des ehemaligen Segments „Nahgüterzug" bzw. heute Züge von den Knotenpunkt- zu den Satellitenbahnhöfen,
- Entfernungsbereich deutlich unter 200 km, eher um 100 km,
- Zuglängen und -massen entsprechend Aufkommen, da die Verkehrszeiten dieser Züge eher an der Produktionsfrequenz orientiert sind,
- teilweise Benutzung von Hauptstrecken, überwiegend aber Nebenstrecken
- mit niedrigerem Elektrifizierungsanteil und
- einem schon nennenswerten Anteil von Rangiertätigkeit, speziell in und um die Satellitenbahnhöfe.

Vor diesem Hintergrund werden im Mischdienst heute noch überwiegend Diesellokomotiven in der Leistungsklasse 1200 bis 2000 kW, meist mit Mittelführerstand zwecks einfacherem Rangierbetrieb, eingesetzt.

Eine Dekarbonisierung in diesem Bereich wird durch Zweikraftlokomotiven mit alternativem Betrieb durch Oberleitung, Batterie oder Dieselmotor erfolgen, wie z. B. bei der Lokomotive DM20 von Vossloh oder der auch für den Fernbereich geeigneten und dort bereits benannten Vectron Dual Mode von Siemens. Angesichts des noch vorhandenen umfangreichen Bestands an relativ modernen Diesellokomotiven können auch Umbauprojekte sinnvoll sein, wie z. B. das Projekt Aem 843 der SBB, in dem der vorhandene Dieselantrieb durch einen wahlweise oberleitungs- oder batteriegestützten Elektroantrieb ersetzt wird. Solche Konzepte sind dann besonders geeignet, wenn die Elektrifizierungslücken nicht zu groß sind.

3.3.2.3 Rangieren und Zugbildung

Die Ziele und die dazu verwendeten Verfahren des Rangierens sind bereits im Abschn. 2.2.4 beschrieben. Die maßgebenden Eigenschaften von Triebfahrzeugen, die überwiegend im Rangierdienst eingesetzt werden, sind

- eine Zugkraft, die für das entsprechende Rangierverfahren ausreichend ist, und die nur den Bereich der Rangiergeschwindigkeit bis 25 km/h, in Ausnahmefällen 40 km/h, abdecken muss,
- die Eignung für die durch die Infrastruktur angebotenen Energien, evtl. mehrere,

- die für den Rangierbetrieb erforderliche Zugänglichkeit, Bedienbarkeit und Übersichtlichkeit,
- die Fähigkeit für besondere Betriebsverfahren wie Fernsteuerung oder automatisierter Ablaufbetrieb sowie
- eine ausreichende Traktionsleistung und Geschwindigkeit, um Übergabefahrten auch auf ggf. hochbelasteten Strecken durchführen zu können.

Bei der Bemessung der Zugkraft, die durch die Lokmasse verbunden mit dem Kraftschlussbeiwert zwischen Rad und Schiene begrenzt wird, ist zu berücksichtigen, dass speziell in Rbf Wagengruppen zu bewegen sind, die länger und schwerer sein können als die später gebildeten Züge. Auch beim Betrieb an Ablaufbergen kann der Steigungswiderstand, hier als „Bergwiderstand" bezeichnet, erheblich sein.

Sowohl Anschlussgleise als auch ganze Gleisgruppen in Rbf, meist die Richtungsgruppen, sind nicht elektrifiziert. Daher wurden hier in der Vergangenheit zumeist ausschließlich Diesellokomotiven eingesetzt. Zwecks Dekarbonisierung werden nun zunehmend Zweikraft-Lokomotiven entwickelt, um die CO_2-Emissionen entweder zu minimieren oder im Falle von rein elektrischen Antrieben mit Batterien sogar zu eliminieren.

Aufgrund dieser Umfeldbedingungen müssen moderne Rangierlokomotiven ähnliche Zugkräfte wie Lokomotiven für den Streckendienst aufweisen. Je nachdem welche Radsatzlast – vor allen Dingen hinsichtlich der Möglichkeiten von Anschlussgleisen – möglich ist, sind mindestens vier angetriebene Radsätze erforderlich. Für den Ablaufbetrieb in großen Rbf werden teilweise sogar spezielle Lokomotiven mit bis zu sechs Radsätzen eingesetzt wie z. B. die Reihe Ee6/6 der SBB.

Für Überführungsfahrten auf der Strecke mit mittleren Zuglasten sind dagegen geringere Traktionsleistungen ausreichend, d. h. 800 bis 1400 kW, bei elektrisch gespeisten Fahrzeugen auch bis 2000 kW.

Im Hinblick auf die Automatisierung im Rangierbetrieb sind Rangierlokomotiven heute nahezu durchweg für die Bedienung über Fernsteuerung geeignet (Abschn. 2.2.4.2). Dadurch ist entweder der Lokführer frei in seiner Standortwahl, um z. B. beim Rangieren mit einer geschobenen Einheit den Fahrweg überblicken zu können, oder das Fahrzeug kann direkt vom Stellwerk aus bedient werden. Hierzu gehört auch die direkte Fernsteuerung beim Ablaufbetrieb, um die je nach Situation optimale Geschwindigkeit auswählen zu können.

Hintergrundinformation: Anordnung der Führerräume

Seit dem Übergang von Dampf- zu Elektro- und Diesellokomotiven war es üblich, Rangierlokomotiven nur mit einem Führerraum in der Mitte auszustatten. Vorteil sind die bessere Übersicht rundherum, die direkte Sicht auf die Pufferebene beim Heranfahren an den Zug sowie der einfachere Fahrtrichtungswechsel ohne Wechsel des Führerraums. Deutlicher Nachteil ist dagegen der Verlust an Bauvolumen in den Geräte- und Maschinenräumen durch die Notwendigkeit, die entsprechenden Sichtachsen über und neben den Vorbauten freizuhalten (Abb. 3.7).

Abb. 3.7 Vergleich Anordnung der Führerräume am Beispiel Lok DE18 (Foto Vossloh) und Vectron Dual Mode (Foto Siemens Mobility GmbH)

3.3.3 Typische Triebfahrzeugkonzepte je Einsatzbereich

3.3.3.1 Elektrolokomotiven für den Fernbereich

Der Typ „Vectron" steht hier exemplarisch für vergleichbare Fahrzeuge anderer europäischer Hersteller wie z. B. „Traxx" oder „Prima" von Alstom oder „Emil Zátopek" von Skoda, von denen im letzten Jahrzehnt zusammen mehrere tausend Exemplare produziert wurden. Alle diese vierachsigen Lokomotiven verfügen in etwa über die gleiche Leistungsfähigkeit (Abb. 3.8) und werden aufgrund des aktuellen Trends zu Triebzügen im Personenverkehr überwiegend im Güterverkehr im Fernbereich eingesetzt (Abschn. 3.2.8). Die Rahmendaten der Elektrolokomotive „Vectron" von Siemens **als Beispiel einer Standard-Elektrolokomotive** lauten:

- Vier Radsätze mit einer Betriebsmasse bis zu 90 t
- Maximale Zugkraft bis zu 330 kN
- Traktionsleistung bis zu 6400 kW
- Höchstgeschwindigkeit je nach Version bis zu 200 km/h, künftig auch 230 km/h
- Weitreichende Interoperabilität durch Zulassung in 20 Ländern, jeweils einzeln oder in bestimmten Kombinationen
- Einsystem-Varianten können durch einen Hilfsdieselmotor, sog. „Power-Pack" ergänzt werden, um z. B. im Rangierdienst bis 40 km/h auch Gleise ohne Oberleitung befahren zu können

Diese E-Loks der „6-MW-Klasse" sind in der Lage, Züge im Fernbereich in durchschnittlicher Zusammensetzung bis zu der Standardlänge von 740/750 m auf nahezu allen europäischen Hauptstrecken zu befördern. Um solche Züge auch auf stärker geneigten Strecken der Mittelgebirge oder schwerere Züge auf Flachbahnen zu transportieren , können diese Lokomotiven in Doppeltraktion eingesetzt werden.

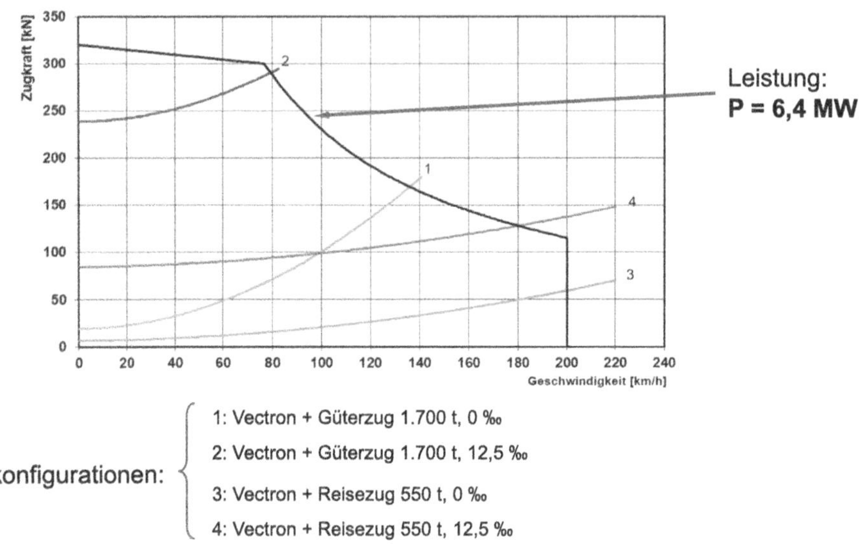

Abb. 3.8 Standard-E-Lok – Zugkraftdiagramm Prinzip (Siemens Mobility GmbH)

Oberhalb der Standardlokomotive der „6-MW-Klasse" gibt es nun auch schwere sechsachsige Lokomotiven. Die Lokomotive „Eurodual" von Stadler dient so z. B. als **schwere Zweikraftlokomotive auf elektrifizierten und nichtelektrifizierten Hauptstrecken**. Ihre Variante mit der Bezeichnung „Euro 9000" ist als elektrische Hochleistungslokomotive für schwere Güterzüge auf Hauptstrecken und mit Hilfsdieselmotor für leichteren Streckeneinsatz und den Rangierdienst bestimmt. Die Rahmendaten beider Versionen sind:

- Sechs Radsätze mit einer Betriebsmasse bis zu 123 t
- Maximale Zugkraft bis zu 500 kN
- Traktionsleistung auf elektrifizierten Strecken bis zu 6100 kW (Eurodual) oder 9000 kW (Euro 9000)
- Traktionsleistung auf nichtelektrifizierten Strecken 2800 kW (Eurodual) oder 900 bis 1800 kW (Euro 9000)
- Höchstgeschwindigkeit je nach Version 120 oder 160 km/h
- Interoperabilität durch Zulassung in mehreren Ländern

Diese Lokomotiven sind unabhängig von ihrer Zweikraft-Fähigkeit eine Alternative zur den vierachsigen Standard-Elektrolokomotiven, um auch für schwere Züge oder größeren Neigungen nicht auf Doppeltraktion zurückgreifen zu müssen. Mögliche Einsatzgebiete sind beispielsweise der alpenquerende Verkehr, wo im Zulauf zu den neuen Basistunneln Lötschberg, Gotthard und Brenner auch noch für längere Zeit deutliche

Steigungen bis zu 14 Promille zu bewältigen sind, oder die Hauptstrecken im Bereich der deutschen Mittelgebirge.

3.3.3.2 Lokomotiven für den Mischdienst

Dieser **hier als Muster für die modernste Form der klassischen Diesellokomotive** verwendete Typ wurde aus der Traxx-Familie von Bombardier, heute Alstom, entwickelt und verfügt über einen dieselelektrischen Antrieb mit Drehstromantriebstechnik. Ihre Anfahrzugkraft entspricht nahezu der entsprechender Elektrolokomotiven, während aber die Traktionsleistung nur etwa ein Drittel beträgt. Somit ist zwar die Beförderung gleicher Zugmassen wie mit der Elektrolokomotive möglich, aber nur bei deutlich geringeren Geschwindigkeiten. Die Rahmendaten in der Ausführung Traxx F140 DE können der Tab. 3.5 entnommen werden.

Im Zuge der Dekarbonisierung ist das erste Ziel, den Einsatzbereich des Dieselmotors soweit als möglich einzuschränken. Daher sind nun Zweikraftlokomotiven auf den Markt gekommen, die vergleichbare Traktionsleistungen mit und ohne Oberleitung bieten und so freizügig auch in den Randbereichen des Bahnnetzes eingesetzt werden können. Die Rahmendaten einer solchen Zweikraftlokomotive für den Streckeneinsatz am Beispiel der Vectron Dual Mode (Abb. 3.7 rechts) von Siemens in der Normal-Ausführung sind:

- Wahlweise für Speisung aus der Oberleitung oder dieselelektrischem Antrieb
- Vier Radsätze mit einer Lokmasse von 90 t
- Anfahrzugkraft 300 kN
- Traktionsleistung bei elektrischer Speisung 2400 kW und im Dieselbetrieb 2000 kW
- Höchstgeschwindigkeit 160 km/h
- Zusatzausrüstung mit Fernsteuerung für Kuppelvorgänge und geschobene Rangiereinheiten

Dank Zweikraftantrieb ist diese Lokomotive besonders für die Bedienung der sogenannten Fläche z. B. an Kbf geeignet. Einsatzpläne können ohne Berücksichtigung der infrastrukturellen Rahmenbedingungen ausgestaltet werden. Ebenso sind einzelne gut ausgebaute Anschlussgleise bedienbar.

Die Rahmendaten einer **hier als Beispiel verwendeten 4-achsigen Diesellokomotive mit Mittelführerhaus** vom Typ DE12 bzw. DE18 (Abb. 3.7 links) der Firma Vossloh sind:

- Vier Radsätze für eine Lokmasse von 80 bis 90 t
- Zugkraft bis zu 300 kN
- Motor- bzw. Traktionsleistung 1200 kW (DE12) oder 1800 kW (DE18).
- Höchstgeschwindigkeit 120 km/h

Die benannten Vossloh-Lokomotiven werden voraussichtlich zu den letzten Standard-Diesellokomotiven für den Mischverkehr vor der Dekarbonisierung zählen. Durch den dieselelektrischen Antrieb auf Basis der Drehstrom-Antriebstechnik kann die maximale Zugkraft auch bei niedrigster Fahrgeschwindigkeit auf Dauer erbracht werden. Die Fahrzeuge sind somit für schwere Anfahrten wie auch besonders für den Ablaufbetrieb geeignet.

Die direkte Weiterentwicklung zur *Mehrsystem-Zweikraftlokomotive* vom Typ DM20 bietet verschiedene Möglichkeiten, um die Dekarbonisierung auch im Bereich des Mischverkehrs, dessen Einsatzbereich noch für gewisse Zeit durch viele Abschnitte ohne Oberleitung gekennzeichnet sein wird, entweder vorzubereiten oder sogar schon umzusetzen:

- Variante 1 ist bereits voll dekarbonisiert und wird rein elektrisch betrieben. Entweder erfolgt die Speisung über die vorhandene Oberleitung oder aber durch einen Akkumulator.
- Variante 2 bietet ebenfalls den reinen Oberleitungsbetrieb an. Alternativ kommt hier zur Reichweitensteigerung im Bereich ohne Oberleitung aber ein dieselelektrischer Antrieb zum Einsatz.
- Variante 3 verfügt ebenfalls über einen Dieselmotor zur Erzeugung der elektrischen Traktionsenergie, verfügt aber zusätzlich noch über einen Akkumulator, der entweder mit Fremdstrom oder aber durch die Motor-Generator-Einheit wiederaufgeladen werden kann.

Die Rahmendaten dieser Mehrsystem-Zweikraftlokomotive, gültig für alle drei Varianten, sind:

- Vier Radsätze für eine Lokmasse von 84 t, um auch Netzteile mit Streckenklasse C bedienen zu können (Abschn. 2.3.2).
- Zugkraft bis zu 300 kN
- Traktionsleistung bei Oberleitungsbetrieb 2100 kW, bei Dieselbetrieb 900 kW und mit Speisung durch Akkumulator 500 kW
- Kapazität des Akkumulators 350 kWh, ausreichend zur Bedienung eines wenige Kilometer entfernten Gleisanschlusses
- Höchstgeschwindigkeit 120 km/h

Mit der Variante 1 lässt sich dabei schon das Ziel der vollen Dekarbonisierung erreichen. Voraussetzung hierfür ist allerdings eine Verkürzung der stromlosen Abschnitte so weit, dass sie mit einer Akku-Ladung überbrückbar sind. Das gleiche gilt sinngemäß für die Bedienung nicht überspannter Anschlussgleise.

3.3.3.3 Lokomotiven für Rangieren und Zugbildung

Grundsätzlich sind die im letzten Abschnitt beschrieben Lokomotiven für den Mischverkehr auch für den reinen Rangierbetrieb geeignet, zumal dieser im Rahmen der Feinverteilung und Bedienung von Gleisanschlüssen zum Betriebsprogramm gehört. Trotzdem seien hier noch zwei typische Vertreter beschrieben, die speziell für den Rangierbetrieb optimiert worden sind.

Die Rahmendaten einer **leichten 3-achsigen Rangierlok mit variabler Antriebskonfiguration** beziehen sich auf den Typ Prima H3 von Alstom als Beispiel. Diese kann in vier Varianten ausgeführt werden und zwar

- als klassische Diesellokomotive mit dieselelektrischem Antrieb, entweder mit einer Motor-Generator-Einheit mit 1000 kW oder
- mit zwei wahlweise zuschaltbaren Einheiten von je 350 kW, bestimmt für den mittleren und schweren Rangierdienst,
- als Hybrid-Variante mit nur einer Dieselmotor-Generator-Einheit mit 350 kW und dafür einer Batterie mit einer Kapazität von 92 kWh für den mittelschweren Rangierdienst oder
- als reine Akkulokomotive mit zwei Batterien mit einer Kapazität von je 92 kWh, die in den Einsatzpausen von außen geladen werden, bestimmt für leichtere Einsatzfälle.

Alle vier Varianten verfügen über

- eine Lokmasse von ca. 67 t, die sich auf drei Radsätze verteilt,
- eine Zugkraft von bis zu 240 kN,
- eine maximale Traktionsleistung je nach Variante zwischen 600 und 1000 kW sowie
- eine Höchstgeschwindigkeit, insbesondere für Überführungsfahrten, von 100 km/h.

Die Batterien in der Hybrid- und in der Akku-Variante haben eine Pufferfunktion. Daher wird die kurzzeitige Traktionsleistung von 600 kW und mehr allein durch die Stromrichter und Fahrmotoren der Lokomotive bestimmt. Diese Boosterfunktion ist besonders im Rangierbetrieb sinnvoll, da höhere Traktionsleistungen alleine für die Beschleunigung der Rangiereinheiten und damit nur kurzzeitig benötigt werden.

Für schwere Rangiereinsätze in großen Rangierbahnhöfen sind sehr hohe Zugkräfte erforderlich, um die in der Einfahrgruppe angekommen Güterzüge aus dem Fernbereich ungeteilt und damit in voller Länge über den Ablaufberg drücken zu können. In der Schweiz wurden dafür in den drei Rangierbahnhöfen Zürich Limmatal, Basel Muttenz und Lausanne Triage bisher spezielle Lokomotiven mit sechs Radsätzen verwendet, die Züge bis zu 2500 t bedienen konnten.

Im Rahmen der Erneuerung und mit der Absicht, zumindest in die Dekarbonisierung einzusteigen, wird seit 2019 die **schwere 4-achsige Zweikraft-Rangierlokomotive** vom Typ Prima H4 von Alstom eingesetzt, die bei der SBB als Aem 940 eingereiht ist. Neben dem Oberleitungs-gespeisten rein elektrischen Antrieb verfügt sie über zwei Dieselmotor-Generator-Einheiten von je 540 kW, sodass im Teillastbereich ein Motor abgeschaltet werden kann.

Ihre Rahmendaten lauten:

- Vier Radsätze für eine Lokmasse von 90 t.
- Eine maximale Zugkraft von 300 kN - in jeder Konfiguration erreichbar.
- Eine Traktionsleistung im Dieselbetrieb mit beiden Motoren von 810 kW, im rein elektrischen Betrieb von 1600 kW.

Die Transition zwischen den beiden Antriebsarten ist während der Fahrt bei voller Zugkraft möglich. Die Lokomotiven verfügen über eine Funkfernsteuerung und sind mit Anschlüssen zur Bedienung einer Rangierkupplung ausgerüstet. Diese Lokomotiven können Zuggarnituren bis zu einer Gesamtmasse von 1800 t bewältigen, auch im Ablaufbetrieb. Aufgrund der verschiedenen Antriebssysteme können sie zudem für Übergabezüge und im Baudienst eingesetzt werden.

Hintergrundinformation: Rangierkupplung
Bei einer Rangierkupplung handelt es sich um eine automatische Kupplung, die an einer Rangierlokomotive angebracht ist. Diese kann ohne weiteren manuellen Eingriff mit dem Zughaken des ansonsten manuell zu bedienenden Schraubekupplungssystems (Abschn. 5.3.2) am Güterwagen einkuppeln und auch wieder fernausgelöst lösen. Dies dient der Beschleunigung von Rangierprozessen. Je nach angehänger Last oder bei Übergang auf die Strecke ist die Hauptluftleitung der pneumatischen Bremse zusätzlich manuell zu kuppeln. Im hochgeklappten Zustand (Abb. 3.9) ist der Zughaken der Lokomotive frei für das konventionelle (manuelle) Kuppeln mit der Schraubenkupplung des zu verbindenden Fahrzeugs.

3.4 Güterwagen

3.4.1 Einsatzfelder von Güterwagen

Für die Einteilung der Einsatzfelder von Güterwagen ist in erster Linie das Ladegut entscheidend, das befördert werden kann. Aus dieser Perspektive ergibt sich folgende prinzipielle Einteilung der Ladegüter und deren Zuordnung zu bestimmten Wagengattungen:

- Für Stückgut, meist in palettierter Form je nach Menge als Sammelgut, als Teilladung eines Wagens oder als komplette Wagenladung werden *gedeckte Standardwagen*[9] verwendet, heutzutage überwiegend in der Form von Schiebewand- oder Schiebeplanenwagen.

[9] Ein Standardwagen ist ein von verschiedenen Bahnverwaltungen standardisiertes Fahrzeug, sodass dem Kunden unabhängig vom einzelnen Wagen gleiche Hauptabmessungen, Lademassen und Bedienung angeboten werden.

Abb. 3.9 Automatische Rangierkupplung (Autorenfoto)

Für Lebensmittel, die in einer Kühlkette transportiert werden müssen, existieren entsprechende gedeckte Wagen, jedoch mit Temperaturisolation oder aktiver Kühlung als Kühlwagen.

- Massengut in Form von Schüttgut kann in *offenen Standardwagen* transportiert werden. Bei besonderen Anforderungen an die Be- und Entladung sowie infolge der Ladungsmasse werden aber häufig Spezialgüterwagen verwendet, wie z. B. Schüttgutwagen mit Schnellentladeeinrichtung (Schwerkraftentladung).
- Für alle flüssigen oder gasförmigen Massengüter in flüssiger Form gibt es *Kesselwagen,* die zumeist auf eine Gutart optimiert sind. Das betrifft das Volumen-Masse-Verhältnis sowie ihre Eignung für spezielle Druck- und Temperaturanforderungen.
- Langholz, Rohre u. ä. werden in *Rungenwagen* befördert.
- Für Stahlprodukte in ganz unterschiedlichen Formen wie Brammen, Stahlträger oder Blech-Coils stehen eine Vielzahl von Wagentypen zur Verfügung, die überwiegend der Hauptgattung *Flachwagen* angehören und für das entsprechende Produkt bezüglich Länge, Befestigung und Witterungsschutz optimiert sind.

- Fertige Straßenfahrzeuge werden, wenn ihre Größe es zulässt, meist auf zweistöckigen *Auto-Transportwagen* transportiert; die Alternative dazu sind Flachwagen, die bspw. für Lkw zum Einsatz kommen.
- Für besonders große Spezialgüter wie Mähdrescher, Transformatoren u. ä. sind eigene *Niederflurwagen* entwickelt worden, um das Fahrzeugumgrenzungsprofil maximal ausnutzen zu können.

Einige der hier genannten Güter können unter Beachtung einer bestimmten Gewichts- und Volumenbegrenzung auch mit KV-Behältern im KV befördert werden – unabhängig vom Produktionssystem. Ein Beispiel hierfür sind Tankcontainer.

3.4.2 Fahrzeugkonzepte für Güterwagen

3.4.2.1 Güterwagen mit Einzelfahrwerken

Güterwagen mit zwei Radsätzen, die in Einzelfahrwerken an den beiden Wagenenden angeordnet sind, stellen bei den europäischen Eisenbahnen auch heute noch das Basisangebot mit der kleinstmöglichsten Kapazität dar, wichtig z. B. für einen Wiedereinstieg in den Einzelwagenverkehr.

Aufgrund der technischen Weiterentwicklung in den letzten einhundert Jahren konnte beispielsweise die Wagenlänge ausgehend vom gedeckten zweiachsigen Wagens Typ G10 von 9,6 m bis hin zum zweiachsigen Schiebewandwagen Hbbills 310 (Abb. 3.10) auf 17,3 m, also um 80 %, gesteigert werden und die Zuladung entsprechend von 15 auf 27 t, also ebenfalls um 80 %.[10] Das Ladevolumen hat sich von 45 auf 126 m^3 nahezu verdreifacht und entspricht ungefähr dem eines Lkw, ausgeführt als Sattelschlepper mit 40 t zulässiger Gesamtmasse.

Dank der Radsatzeinzelfahrwerke mit Parabelfederung und Doppelschakengehänge[11] beträgt die lauftechnische Höchstgeschwindigkeit der so ausgerüsteten Güterwagen 120 km/h (Abb. 3.2). Sie kann durch zusätzliche hydraulische Drehdämpfer bis auf 160 km/h erhöht werden.

Einzelwagen mit zwei Radsätzen können auch über eine im Betrieb nicht trennbare Kurzkupplung zu einem zweiteiligen Güterwagen mit Längen über 30 m zusammengefügt werden. Auf diese Weise werden in der Regel auch Autotransportwagen gebildet.

3.4.2.2 Güterwagen mit Drehgestellen

Ab einer gewissen Wagenlänge benötigen Güterwagen mehr Radsätze, um je nach Ladegut die zulässigen Radsatzlasten einzuhalten. Da Güterwagen mit drei einzelnen

---

[10] Eine umfassende Übersicht nahezu aller deutschen historischen und aktuellen Güterwagen bieten die Güterwagen-Bücher von Stefan Carstens (u. a.), die in 13 Bänden von 1989 bis 2021 erschienen sind (https://www.stefancarstens.de).

[11] Eine Schake oder Doppelschake dient der Verbindung des Wagenkastens mit dem Federpaket.

Abb. 3.10 Schiebewandwagen Hbbills 310 von DB Cargo (Foto Stefan Carstens)

Radsätzen heute nicht mehr üblich sind, erfolgt dann sofort der Sprung zum sogenannten „Drehgestellwagen", dessen vier Radsätze auf zwei Drehgestelle an den Wagenenden aufgeteilt sind.

Drehgestelle sind – bildlich gesprochen – eigene kurze Wagen mit zwei Radsätzen, in wenigen Fällen auch drei Radsätzen, die die Last eines als „Brücke" fungierenden Wagenkastens aufnehmen. Die Drehbarkeit um die Hochachse verleiht diesen Fahrwerken ihre Bezeichnung und sorgt für die unproblematischen Bogeneigenschaften aller so ausgerüsteten Fahrzeuge und Wagen (Abb. 3.11).

Wagen mit Drehgestellen weisen je nach Masse des Ladeguts Längen zwischen 14 und 26 m auf, sodass die Radsatzlast bei voller Beladung optimal ausgenutzt werden kann. Je länger der Wagen ist, desto stärker müssen die Abmessungen des Wagenkastens in Breite und Höhe eingeschränkt werden, um das Fahrzeugumgrenzungsprofil auch in Gleisbögen und über Gleiskuppen einzuhalten (Abb. 3.12).

3.4.2.3 Gelenkwagen

Ein Vorteil von Gelenkwagen und -zügen ist die bessere Auslastung der einzelnen Drehgestelle. Bei diesem Konzept teilen sich zwei Wagenteile ein Drehgestell. Bei der Bemessung muss beachtet werden, dass dieses doppelt belastete Drehgestell nicht überlastet wird. Je nach Masse des Ladeguts muss also die Länge der einzelnen Wagenteile entsprechend begrenzt werden.

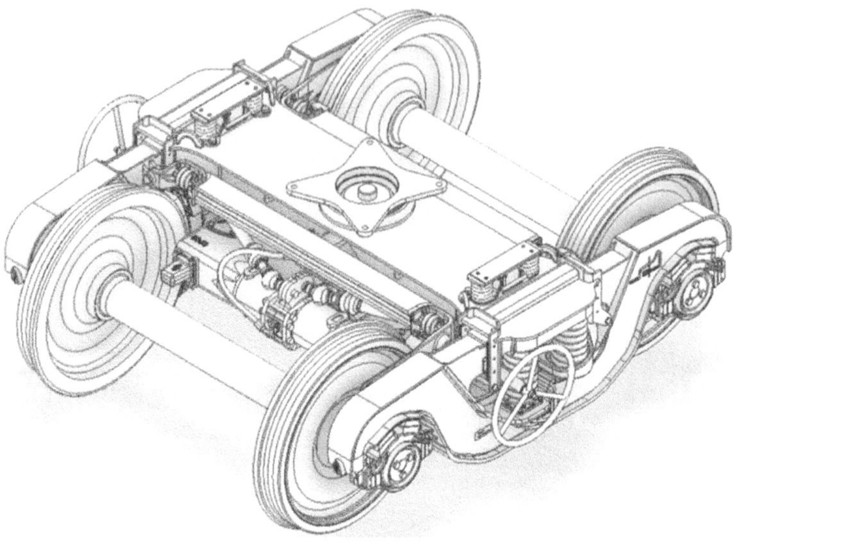

Abb. 3.11 Drehgestell für Güterwagen (ELH – www.elh.de/produkte/rc25nt)

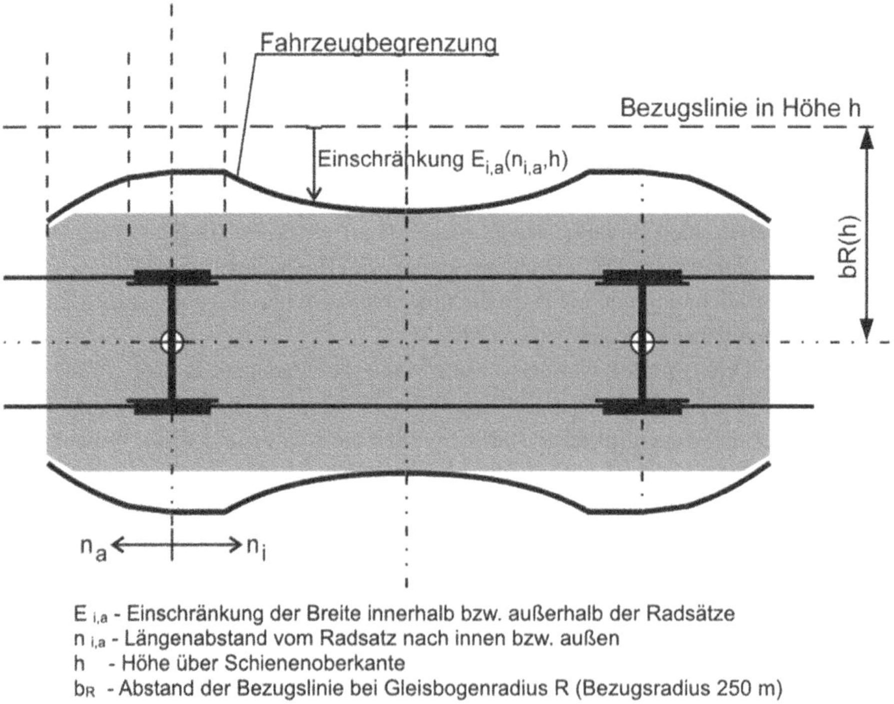

Abb. 3.12 Einschränkung der Wagenkastenbreite im Gleisbogen

Dieser Wagen kann je Wagenteil entweder einen Sattelauflieger oder zwei Wechselbehälter transportieren, d. h. insgesamt zwei Sattelauflieger oder vier Wechselbehälter (Abb. 3.13). Natürlich ist auch eine gemischte Beladung der beiden Wagenteile möglich, sodass jeweils flexibel auf die aktuelle Nachfrage reagiert werden kann.

3.4.3 Einteilung und Bezeichnung der Güterwagen

Alle Güterwagen in Europa werden als Grundlage für eine allgemeine und grenzüberschreitende Nutzung einheitlich benannt und damit jeweils mit einem bestimmten Gattungszeichen versehen. Das *Gattungszeichen* beginnt mit einem großgeschriebenen Gattungsbuchstaben. Diese sind international für 61 Länder in Europa, Asien und Afrika vereinheitlicht und lauten (DB Cargo 2015):

E für offene Wagen in Regelbauart
F für offene Wagen in Sonderbauart
G für gedeckte Wagen in Regelbauart
H für gedeckte Wagen in Sonderbauart
I für Wagen mit Temperaturbeeinflussung
K für Flachwagen mit zwei Radsätzen
L für Flachwagen mit unabhängigen Radsätzen
O für gemischte Offen-Flachwagen
R für Drehgestell-Flachwagen in Regelbauart
S für Drehgestell-Flachwagen in Sonderbauart
T für Wagen mit öffnungsfähigem Dach
U für Sonderwagen
Z für Kesselwagen

Diese Gattungsbuchstaben sind bereits seit mehreren Jahrzehnten definiert. Dass sich in der Zwischenzeit der Güterwagenpark verändert hat, wird insbesondere an der Verschiebung von Regel- zu Sonderbauarten hin deutlich: So sind beispielsweise die Wagen mit dem Gattungsbuchstaben G nahezu vollständig ausgemustert und wurden durch die dem Gattungsbuchstaben H zugeteilten Schiebewandwagen ersetzt. Insofern haben sich hier die Begriffe „Regelbauart“ und „Sonderbauart“ relativiert. Ähnliches gilt für die Tragwagen des KV, die mit tausenden Exemplaren den Buchstaben L und S zugeordnet sind.

Der Gattungsbuchstabe wird durch kleingeschriebene Kennbuchstaben zum Gattungszeichen erweitert (DB Cargo 2015) . Mit diesem Gattungszeichen sind die Eigenschaften eines Güterwagens nahezu vollständig definiert. Wagen mit demselben Gattungszeichen weisen unabhängig vom Herkunftsland und ihres Eigentümers nur noch so geringe technische Unterschiede auf, dass sie grundsätzlich freizügig für gleiche Verkehrszwecke eingesetzt werden können. Selbstverständlich muss hierfür die gegenseitige Verwendbarkeit administrativ und kommerziell geregelt werden. Als Beispiel sei hier das

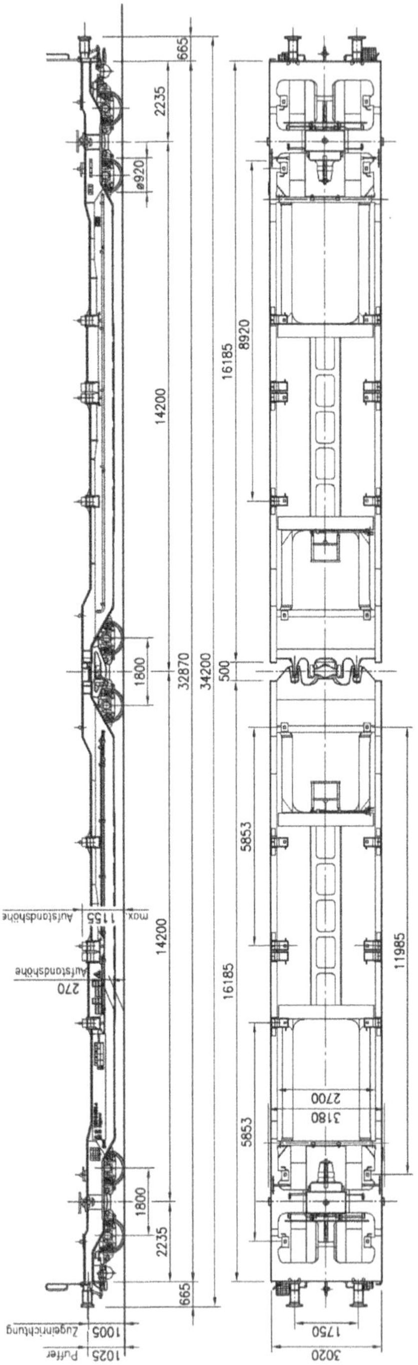

Abb. 3.13 Multifunktionaler Taschenwagen T3000e als Beispiel für einen Gelenkwagen (VTG AG)

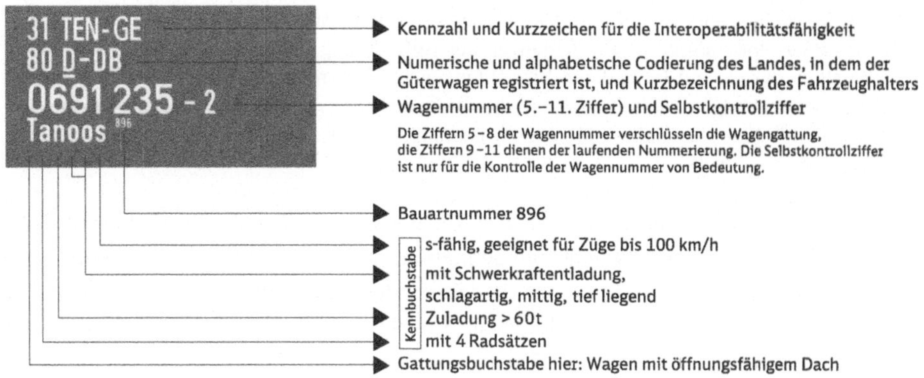

Abb. 3.14 Überblick Güterwagenanschrift (DB Cargo AG)

Gattungszeichen des oben schon erwähnten multifunktionalen Taschenwagens T3000e ausgewählt. Es lautet

Sdggmrss
und bedeutet

S Gattungsbuchstabe für „Drehgestell-Flachwagen in Sonderbauart",
d Kennbuchstabe „ohne Stockwerk für die Beförderung von Kraftfahrzeugen eingerichtet",
gg Kennbuchstabe „für den Transport von Großcontainern (außer pa-Mittelcontainer) mit einer Gesamtlänge von > 60 Fuß eingerichtet",
m Kennbuchstabe „Ladelänge mit 2 Elementen und einer Ladelänge $\geq$ 27 m",
r Kennbuchstabe für „Gelenkwagen" sowie.
ss Kennbuchstabe für „für SS-Verkehre zugelassen"
(V_{max} = 120 km/h und dafür festgelegte Bremsleistung).

Die vollständig vorgeschriebenen Güterwagenanschriften beinhalten neben dem Gattungszeichen noch weitere Angaben zur Interoperabilität, zum Land der Registrierung sowie zum Fahrzeughalter. Zentraler Bestandteil ist natürlich auch die international eindeutige Fahrzeugnummer (Abb. 3.14).

3.4.4 Typische Güterwagen

Durch die Begriffswelt der Güterwagen zieht sich die Einteilung in Fahrzeuge der „Regelbauart" und „Sonderbauart", dessen Herkunft hier durch ein Zitat erklärt wird (Rossberg 1988, S. 334–335):

> „Seit den Anfangstagen der Eisenbahn werden zwei Arten von Güterwagen gebaut: Regelgüterwagen ohne besondere Einrichtungen zur Beförderung unterschiedlichster Güter und Spezialgüterwagen mit besonderen Einrichtungen zur Beförderung bestimmter Güter... Zu den Regelgüterwagen zählten zunächst die offenen Wagen. Durch Hinzufügen oder Weglassen von Teilen entstanden die anderen Gattungen des Regelgüterwagens wie gedeckte Wagen und Flachwagen."

Offene Wagen und *gedeckte Wagen* der Regelbauart bildeten den Grundstock des europäischen Wagenparks und machten gemeinsam bis in die 1990er Jahre nahezu 80 % des Bestands aus. Erst im Zuge der fortschreitenden Übernahme von Verkehrsanteilen durch den Straßengüterverkehr verloren die Regelgüterwagen an Bedeutung zugunsten der Spezialgüterwagen, die in den verbleibenden Bereichen dank besserer Wettbewerbsfähigkeit des SGV gegenüber dem Straßenverkehr zunehmend eingesetzt wurden.

3.4.4.1 Europäische Einheitsgüterwagen

Vom Internationalen Eisenbahnverband wurden in den 1950er Jahren standardisierte Fahrzeuge entwickelt. Hierzu war 1950 ein eigenes internationales Forschungs- und Versuchsamt, das ORE (Office de Recherches et d'Essais), eingerichtet worden. Diese Entwicklung führte auch zur Vereinheitlichung der Hauptabmessungen der Einheitsgüterwagen. Die Ergebnisse wurden in UIC-Merkblättern festgehalten, die von den UIC-Mitgliedern verbindlich oder freiwillig angewendet werden konnten. Die Einheitsgüterwagen sind in den Merkblättern

- UIC 571-1 – Einheitsgüterwagen – Güterwagen der Regelbauart mit zwei Radsätzen (UIC 2004a),
- UIC 571-2 – Einheitsgüterwagen – Drehgestellgüterwagen der Regelbauart (UIC 2001),
- UIC 571-3 – Einheitsgüterwagen – Güterwagen der Sonderbauart (UIC 2004b) und
- UIC 571-5 – Güterwagen des Kombinierten Verkehrsenthalten.

Das Merkblatt UIC 571-5 wurde inzwischen durch IRS 50571-5 ersetzt (UIC 2021).

In diesen Merkblättern sind Abmessungen und bestimmte technische Eigenschaften definiert. Viele europäische EVU und Fahrzeughalter beschaffen seitdem Wagen in Anlehnung an diese UIC-Merkblätter; solche Wagen werden auch als „UIC-Standardwagen" bezeichnet. Diese Standardisierung vereinfacht insbesondere die betriebliche Abwicklung, da die Verlader unabhängig von der Herkunft eines Wagens im Wesentlichen die gleichen Funktionen, Bedienungen, Abmessungen und Lastgrenzen von einem Standardwagen erwarten können.

3.4.4.2 Güterwagen der Regelbauart

Offene Güterwagen in zweiachsiger Ausführung waren ursprünglich die Wagen mit der höchsten Stückzahl im Bestand. Aufgrund der Marktanforderungen und aus Gründen der Wirtschaftlichkeit sind sie seit den 1970er Jahren kontinuierlich durch entsprechende

Tab. 3.8 Offene Güterwagen der Regelbauart nach UIC 571-1 und UIC 571-2

	UIC 571-1: Güterwagen mit zwei Radsätzen	UIC 571-2: Drehgestellgüterwagen vierachsig	
		Bauart 1	Bauart 2
Gattung	E(s)	Ea(o)s	Ean(o)s
Radsatzstand	6,00 m	-	-
Drehzapfenabstand	-	9,00 m	10,70 m
Länge über Puffer	10,00 m	14,04 m	15,74 m
Länge des Untergestells	8,76 m	12,80 m	14,50 m
Nutzbare Bodenfläche, etwa	24 m^2	35 m^2	39 m^2
Nutzbarer Laderaum	36 m^3	71 m^3	82 m^3
Fahrtechnische Höchstgeschwindigkeit	100 km/h	120 km/h	120 km/h

Drehgestellgüterwagen ersetzt worden. Diese vierachsigen Wagen wurden zunächst als „Bauart 1" der UIC 571-2 ausgeführt und in Deutschland von der DB unter der Bezeichnung Eaos[106] ab 1977 eingesetzt[12]. Inzwischen wurden auch diese durch Typen der Gattung Eanos mit einer Radsatzlast von 22,5 t und mit entsprechend vergrößerter Wagenlänge und Ladevolumen entsprechend der „Bauart 2" ersetzt. So konnten beispielsweise in Deutschland die zweiachsigen Wagen bis 2006 vollständig ausgemustert werden (Tab. 3.8).

Während die offenen Wagen seit jeher vor allen Dingen den Bereich der Massengüter wie Schrott, Brenn- und Baustoffe sowie Vorprodukte bedienten und deswegen die häufigste Gattung im Wagenpark der Bahnen bildeten, standen die **gedeckten Wagen** immer auf Position zwei der Bestandslisten. Sie übernahmen den kompletten Bereich der sogenannten Kaufmannsgüter, die entweder eine ganze Wagenladung eines Verladers auslasteten oder für Bahn oder Spediteur zwischen Güterbahnhöfen als Sammelgut verkehrten.

Ebenso wie die offenen Wagen wurden auch die **gedeckten Wagen** auf nationaler Ebene frühzeitig standardisiert, um Beladung und Betrieb zu vereinfachen, in Deutschland schon seit Ende des 19. Jahrhunderts. Die europäische Standardisierung erfolgte nach dem zweiten Weltkrieg und wird seitdem bis heute fortgesetzt. Auch für gedeckte Wagen ist hier das UIC-Merkblatt 571-1 maßgebend, in dem die Abmessungen für Wagen mit zwei Radsätzen sowie für die Ausführung als Drehgestellgüterwagen in jeweils unterschiedlichen Varianten vorgegeben sind.

---

[12] Aktuelle Fotos dieser und weiterer Güterwagen unter https://gueterwagenkatalog.dbcargo.com/katalog oder https://www.dybas.de

Im Gegensatz zu den offenen Wagen ist es bei den gedeckten Wagen nicht zum konsequenten Wechsel vom Wagen mit zwei Radsätzen zu den längeren Drehgestellwagen gekommen, sondern aufgrund einer anderen Marktsituation hat der zweiachsige Wagen bis heute eine bedeutende Rolle behalten. Die Bedeutung der kleineren Ladekapazität ist ein Gesichtspunkt, der bei offenen Wagen und dessen Tendenz zu Massengütern weniger entscheidend war.

Durch den technischen Fortschritt sind in Europa die meisten gedeckten Wagen durch Schiebewandwagen ersetzt worden. Deshalb sollen die Schiebewandwagen auch in diesem Abschnitt behandelt werden, auch wenn sie entsprechend UIC-Merkblatt 571-3 zu den Güterwagen der Sonderbauart zählen.

Der Nachteil der klassischen gedeckten Wagen bestand in den relativ schmalen Ladetüren, die die Beladung von Paletten durch Gabelstapler erschwerten und verzögerten. Bei Schiebewandwagen konnte dieser Nachteil eliminiert werden, nachdem aufgrund der Fortschritte in der Aluminium-Technik ganze Seitenwandteile mit niedrigem Gewicht produziert werden konnten. Nun kann jeweils die Hälfte der Wagenlänge an einem Stück mit geringem Kraftaufwand manuell geöffnet werden, sodass der Be- und Entladevorgang besonders mit Gabelstaplern erheblich erleichtert und beschleunigt wird, da jeder Bereich des Wagens von der Seite erreicht werden kann.

Ein weiterer Vorteil des Schiebewandwagens ist seine größere Ladehöhe, da heute die Schiebewände bis in den Bereich der Dachvoute hochgezogen sind. Zudem besteht die Möglichkeit zur Sicherung des Ladegutes durch Zwischenwände, mit denen sich einzelne Abteile im Wagen bilden lassen, die eine Verschiebung und gegenseitige Beschädigung des Ladeguts verhindern (Abb. 3.15).

Schiebewandwagen zählen wie alle gedeckten Güterwagen, die weder der Regelbauart G entsprechen noch über eine Isolation im Sinne eines Wärmeschutzwagens verfügen, zur Sonderbauart H.

Schiebewandwagen gibt es, wie schon die gedeckten Wagen, in zwei- und vierachsiger Ausführung sowie zusätzlich als Verband aus zwei kurzgekuppelten zweiachsigen Wagen. Diese Differenzierung ist in erster Linie marktgetrieben. Gerade bei regelmäßigen Stückgutverkehren werden die Wagen zielorientiert beladen. Dabei lässt sich die Kapazität je Relation mit den kleineren Wagen wesentlich feineren Schritten anpassen. Die größere Ladekapazität des Vierachsers verspricht dagegen einen wirtschaftlicheren Transport größerer Mengen, z. B. bei artrein verladenen Gütern, auch in Ganzzügen.

Bis Anfang der 1980er Jahre gebaute Schiebewandwagen der Bauart 1A/1B nach UIC-Merkblatt 571-3 (UIC 2004b) hatten noch keine Trennwände und konnten maximal 30 Europoolpaletten aufnehmen (Kennbuchstabe b). Ab 1985 wurden die Wagen in der Normung in mehreren Schritten vergrößert:

Abb. 3.15 Schiebewandwagen mit Transportsicherung (Autorenfoto)

- Bauart 2A/2B – Bei diesen konnten die Abmessungen dank eines speziell ausgelegten verwindungsweichen Untergestells weiter optimiert werden. Auf 41,0 m^2 Ladefläche (ohne Trennwände) lassen sich bis zu 40 Europoolpaletten transportieren (Kennbuchstabe bb).
- Die Bauart 3A/3B wurde ab dem Jahr 2000 in den Wagenpark aufgenommen. Dank der Verlängerung um zwei Meter konnte nun sogar eine Ladefläche von 46 m^2 erreicht werden.

Die vierachsigen Wagen wurden entsprechend normiert:

- Die Bauart 1 verfügt über eine nutzbare Ladefläche von 50,0 m^2 bei einer Gesamtlänge von 21,7 m.
- Die Bauarten 2A/2B weisen entsprechend Gesamtlängen bis zu 24 m auf und bieten somit Ladeflächen bis zu 62,5 m^2.

3.4.4.3 Güterwagen der Sonderbauart

Da die Güterwagen der Sonder- im Vergleich zu denen der Regelbauart eine immer größere Rolle spielen und um die gleichen Vorteile zu bieten wie bei den Regelbauarten, wurden im UIC-Merkblatt 571-3 auch die aus verkehrlicher Sicht wichtigsten Güterwagen der Sonderbauart normiert, die im Folgenden genannt werden.

Wagen mit Temperaturbeeinflussung

Hierzu zählen Kühl-, Wärmeschutz- und Maschinenkühlwagen, die in zwei- und vierachsiger Ausführung beschrieben sind. Ihre Abmessungen lehnen sich eng an die der Schiebewandwagen an. Diese Wagenart ist heute starker intramodaler (Abschn. 1.2.1) Konkurrenz durch entsprechende Behälter für den KV ausgesetzt, insbesondere auch wegen der Erhaltung einer durchgehenden Kühlkette.

Wagen mit öffnungsfähigem Dach

Unter diesem Titel wurden vierachsiger Güterwagen auf Basis der entsprechen offenen Wagen definiert, die jedoch durch ein Rolldach ergänzt sind und speziell zur Beförderung nässeempfindlicher Schüttgüter wie Ton oder Gips bestimmt sind.

Doppelstockwagen zur Beförderung von Kraftfahrzeugen

Die Bauart 1 der Autotransportwagen ist als Verband aus zwei kurzgekuppelten Wagenhälften normiert, die Bauart 2 dagegen als Gelenkwagen mit drei Radsätzen.

Heute wird fast nur noch die Bauart 1 beschafft. Durch einen weiten Verschiebungsbereich der oberen Plattform besteht die Möglichkeit, auch größere Fahrzeuge wie Transporter zu befördern. Heute wird auch ein Teil dieser Wagen geschlossen ausgeführt, um für besonders wertvolle Pkw einen besseren Transportschutz zu gewährleisten.

Wagen für die Beförderung von Blechrollen („Coils“)

Bleche stellen ein wichtiges und relativ wertvolles Endprodukt der Stahlindustrie dar und werden beispielsweise für den Karosseriebau benötigt. Sie werden in Form von Rollen – auch als „Coils“ bezeichnet – geliefert, die Durchmesser von über zwei Meter haben und dann ein Einzelgewicht von bis zu vierzig Tonnen erreichen können. Damit stellen sie wie auch andere Produkte der Stahlindustrie ein „bahnaffines“ Ladegut dar.

Für diese Produkte sind wiederum im Merkblatt UIC 571-3 (UIC 2004b) spezielle Wagen definiert und in drei Bauarten ausgeführt:

- Bauart 1A als vierachsiger Wagen mit Teleskophauben aus Blech
- Bauart 1B ebenfalls vierachsig, aber mit Kunststoffplanenverdeck
- Bauart 2 als sechsachsiger Wagen mit zwei Drehgestelle mit je drei Radsätzen und Teleskophauben aus Blech

Abb. 3.16 Schüttgutwagen der Gattung Falns (VTG AG)

Für Blechrollen ohne Witterungsempfindlichkeit werden im Prinzip baugleiche Wagen, jedoch ohne bewegliche Abdeckung verwendet.

Schüttgutwagen mit tiefliegender zweiseitiger schlagartiger Schwerkraftentladung
Diese Wagen werden überwiegend für die Beförderung von Kohle und in angelehnter Ausführung auch für Eisenerze eingesetzt (Abb. 3.16). Daher verkehren sie fast ausschließlich in Ganzzügen, die mit Zugmassen von 4000 bis 6000 t zu den schwersten Zügen in Mitteleuropa gehören. Der Einsatz dieser Fahrzeuge setzt spezielle Entladeeinrichtungen mit Tiefbunkern voraus, die das Ladegut nach Entriegelung der seitlichen Klappen und der folgenden schlagartigen Entladung aufnehmen können. In Sonderfällen verfügen die Wagen auch über ein öffnungsfähiges Dach , um auch witterungsempfindliche Güter wie z. B. Salze transportieren zu können.

Drehgestellflachwagen mit verschiebbarem Planverdeck
Diese Güterwagen lassen sich durch Zusammenschieben des Planverdecks zwecks Be- und Entladung nahezu vollständig öffnen und sind somit eine Alternative zum ebenfalls vierachsigen Schiebewandwagen. Unterschiede zwischen beiden Wagentypen bestehen

- einerseits durch den höheren Grad der möglichen Beladeöffnung von bis zu 80 % der Wagenlänge, während der Schiebewandwagen naturgemäß nur jeweils 50 % bietet und somit beide Wagenhälften nacheinander bedient werden müssen sowie
- andererseits durch die wagenseitige Transportsicherung mit verschiebbaren Querwänden, die einen festen Dachbereich voraussetzt und daher nur beim Schiebewandwagen realisiert werden kann.

Es werden nur noch Wagen der Bauart B gemäß UIC 571-3 hergestellt, da heute nahezu alle Güterwagen für die Nutzung der Streckenklasse D ausgelegt werden.

Abb. 3.17 Drehgestellflachwagen mit hohen Rungen, Gattungszeichen Spns (Autorenfoto)

Drehgestellflachwagen mit hohen Rungen

Einer der ersten Wagentypen, die von vorneherein ausschließlich für die Streckenklasse D (Abschn. 2.3.2) normiert wurde, ist dieser Flachwagen mit stabilen und hohen Rungen. Dank dieser kann er bis zur Grenze des Fahrzeugumgrenzungsprofils bspw. mit Stamm- und Rundholz beladen werden. Weiterhin ist das Fahrzeug vor allen Dingen zur Beförderung von Rohren bestimmt. Wagen nach dieser Definition werden nun seit über 40 Jahren mit nahezu unveränderten Abmessungen gefertigt (Abb. 3.17).

Kesselwagen

Kesselwagen dienen zur Beförderung von flüssigen und gasförmigen Stoffen. Während es früher Wagen mit mehreren Behältern gab, hat sich inzwischen die Ausführung mit einem Behälter durchgesetzt. Kesselwagen werden für eine bestimmte Stoffgruppe optimiert, also entweder für Druckgase oder für flüssige Stoffe. Kesselwagen waren schon zu Zeiten der Staatsbahnen überwiegend Eigentum von privaten Vermietern (Rossberg 1988, S. 334–335).

Kesselwagen sind in der Regel genau für ein Ladegut bestimmt, indem sie bezüglich der Dichte von Flüssigkeiten und Gasen, den möglichen Drücken sowie hinsichtlich der erforderlichen Vorrichtungen für Be- und Entladung genau angepasst sind. Häufigste Ausführung ist der *Kesselwagen für Mineralölprodukte* (Abb. 3.18), die heute fast immer als Drehgestellwagen ausgeführt sind und zumeist in Ganzzügen verkehren. Das Kesselvolumen dieser ersten Gruppe von Wagen variiert zwischen 80 und 100 Kubikmetern.

Die zweite Gruppe stellen die *Kesselwagen für chemische Produkte* dar, ebenfalls angepasst an das Ladegut durch verschiedene Kesselvolumen, um die Lastgrenze optimal

Abb. 3.18 Kesselwagen für Mineralölprodukte, Volumen 95 m^3 (Wascosa AG)

ausnutzen zu können. Daraus ergibt sich die größere Bandbreite des Ladevolumens zwischen 50 und 100 Kubikmetern. Die Wagen können über Heizvorrichtungen verfügen, mit denen das Gut je nach Eigenschaften bei niedrigen Temperaturen entladefähig gemacht werden kann.

Die dritte Gruppe umfasst alle **Druckgaskesselwagen,** die für Gase wie LPG, Ammoniak, sonstige chemische Gase und tiefkalte Gase wie z. B. Kohlendioxid ausgelegt sind. Während die oben genannten Kessel für Flüssigkeiten für einen maximalen Druck von 4 bar dimensioniert werden, gibt es Druckgaskesselwagen, die für bis zu 30 bar ausgelegt sind. Für die Beförderung tiefkalter Gase verfügen die entsprechenden Wagen über ausreichend isolierte Kessel.

3.4.4.4 Tragwagen für den Kombinierten Verkehr

Für den Transport der Ladeeinheiten (LE) (Abschn. 4.4.5) – also Container und Wechselbehälter – kommen Tragwagen zum Einsatz, die entsprechend UIC-Merkblatt IRS 50571-4 definiert sind.

Diese sind mit Aufsetzzapfen zur Sicherung der LE über deren Eckbeschläge ausgestattet. Die Zapfen sind je nach Einsatzzweck im passenden Abstand für ISO-Container (20-Fuß-Raster) oder für Wechselbrücken am Wagenrahmen angeordnet; in der Regel sind sie ein- und ausklappbar, um eine flexible Verwendung für LE unterschiedlicher Länge zu gewährleisten.

Für Sattelanhänger kommen sogenannte Taschenwagen zum Einsatz (Abschn. 4.4.5.4). Die Tasche liegt zwischen den Drehgestellen möglichst tief und nimmt die Radgruppe des Sattelaufliegers auf (Abb. 3.13). Diese tiefe Konstruktion ist notwendig, um das durch den Sattelauflieger im oberen Bereich beanspruchte Fahrzeugumgrenzungsprofil zu minimieren. Gesichert wird der Sattelauflieger über einen Königszapfen am Wagen wie an einer Lkw-Zugmaschine. Um flexibel auch für Container und Wechselbehälter nutzbar zu sein, können Aufsetzzapfen ausgeklappt werden bzw. zusätzliche einhängbare Querträger samt Aufsetzzapfen über der Tasche montiert werden.

Abb. 3.19 zeigt schematisch die Längenevolution der Tragwagen des KV. Herausforderung bei der Wahl des jeweils optimalen Fahrzeugkonzepts ist die Kombination von Ladelänge bzw. der Anzahl der Radsätze pro Meter der Ladelänge und der zu

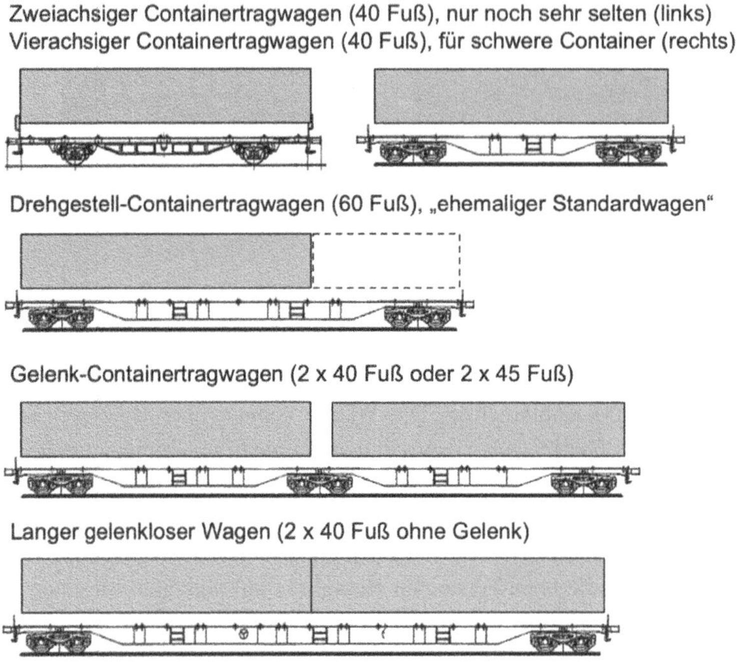

Abb. 3.19 Längenevolution der Tragwagen des KV (eigene Darstellung mit Bestandteilen aus DB Cargo o. J.)

erwartenden Masse der jeweiligen intermodalen Transporteinheiten (ITE). Beispielsweise hat ein 20-Fuß-Container eine maximal zulässige Gesamtmasse von etwa 30 t, während die Durchschnittsmasse aller umgeschlagenen ITE (Container, Wechselbrücken und Sattelauflieger), umgerechnet auf die Länge von 20 Fuß, unterhalb der Hälfte dieses Werts liegen[13].

Das Gleiche gilt sinngemäß auch für alle anderen KV-Behälter. Nur beladene Tankcontainer nutzen die maximal mögliche Containermasse nahezu immer aus.

Die teilweise widersprüchlichen Ziele bei der Zugbildung und für die Wahl der Tragwagen lauten demnach:

- Zunächst Nutzung möglichst langer Wagen, um die Ladelänge des Zugverbands zu maximieren (durch eine Minimierung der Zahl der Kuppelstellen).
- Danach vollständige Ausnutzung der im Zugverband vorhandenen Ladelänge durch optimale Zuteilung der LE zu den angebotenen Wagentypen zur Vermeidung von maß- oder lastbedingten Leerpositionen.

[13] Eigene Berechnung auf Basis (UIRR 2021, S. 37).

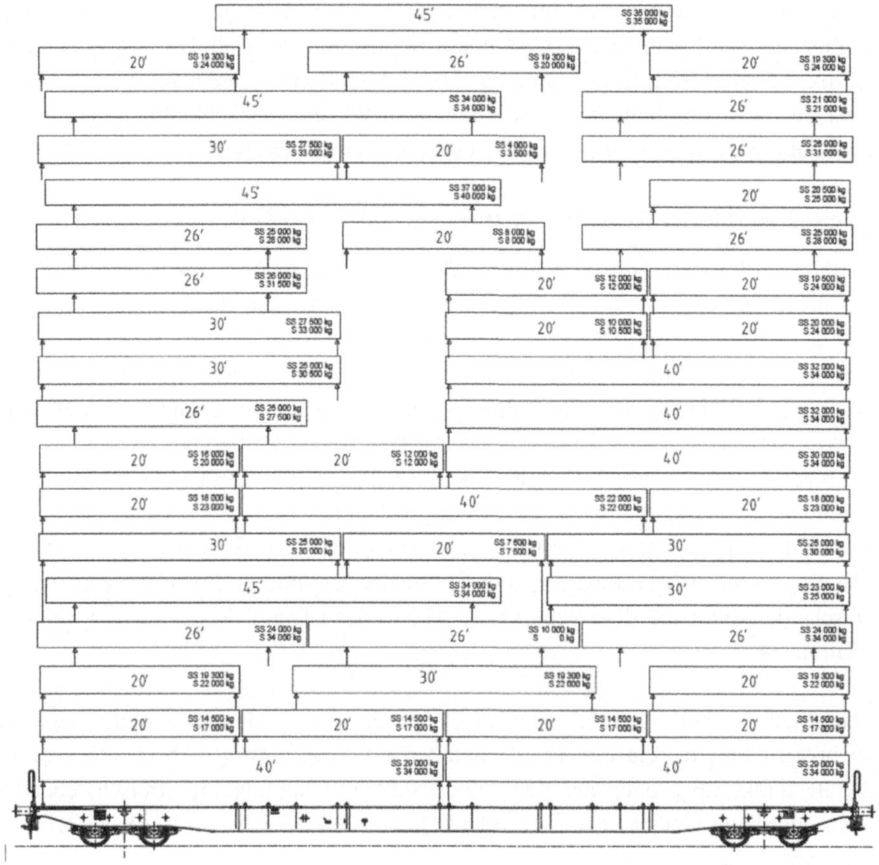

Abb. 3.20 Beladeschema für einen Tragwagen (Tatravagonka a.s)

Erschwert wird die Optimierung der Beladung von der Vielzahl der verschiedenen im Umlauf befindlichen ITE, die sich nicht nur durch Längen und Massen unterscheiden, sondern zusätzlich durch die Position der Beschläge bis hin zu deren asymmetrischer Anordnung (Abb. 3.20).

Zweiachsige Tragwagen für zwei 20-Fuß-, eine 40-Fuß-Einheit oder zwei Wechselbehälter werden aufgrund ihrer geringen Variabilität nur noch selten und dann überwiegend artrein in Ganzzügen eingesetzt. Neu sind hingegen Drehgestellwagen der gleichen Länge, um speziell Container mit maximaler Masse von 30 t, vor allen Dingen Tankcontainer, befördern zu können.

Langjähriger Standard war der 60-Fuß-Tragwagen, der sich aber eher für Container eignet und mit den etwas längeren Wechselbehältern nicht ausgenutzt werden kann. Getrieben durch den maritimen KV und dort der Entwicklung hin zu einem immer größeren Mengenanteil von 40-Fuß-Containern (gegenüber 20-Fuß-Containern) sind

80-Fuß-Gelenk-Tragwagen mit Mitteldrehgestell auf den Markt gekommen. Dem ebenso zunehmenden Anteil von 45-Fuß-Containern folgten dann 90-Fuß-Tragwagen derselben Bauform. Längste Wagen mit durchgehender Ladefläche waren zeitweilig 73-Fuß-Tragwagen für Wechselbehälter im kontinentalen Verkehr, bis schließlich auch gelenklose 80-Fuß-Tragwagen mit nur zwei Drehgestellen eingeführt wurden.

Vergleich von 80-Fuß-Containertragwagen mit und ohne Gelenk

Vorteile der Variante ohne Gelenk sind der einfachere Aufbau sowie der Verzicht auf das dritte Drehgestell und die folglich geringeren Kosten, die Erhöhung der nutzbaren Ladelänge durch Reduktion der Verlustflächen sowie die bessere Flexibilität für den (gemischten) Einsatz mit LE unterschiedlicher Länge durch die längere ununterbrochene Ladefläche. Den Vorteilen gegenüber steht eine geringere Nutzlast pro Längeneinheit: Bei einer zulässigen Radsatzlast von 22,5 t beträgt das Eigengewicht der 6-achsigen Variante des 80-Fuß-Gelenkwagens ca. 28 t (DB Cargo o. J.) und seine maximale Tragfähigkeit 107 t. Beim entsprechenden Drehgestellwagen erreicht die maximale Zuladung trotz identischer Ladelänge und des reduzierten Eigengewichts von ca. 22 t nur 68 t (Tatravagonka o. J.). Welche Variante im Einzelfall günstiger ist, entscheidet somit die durchschnittliche Masse der LE auf der jeweiligen Verkehrsrelation. ◀

Zu beachten ist bei allen KV-Tragwagen neben der gesamten Ladungsmasse die Gewichtsverteilung der einzelnen Ladeeinheiten auf dem Tragwagen. So ist die zulässige Tragkraft direkt über ober bei den Drehgestellen höher als im „freischwebenden" Bereich oder beim Gelenk, wo das mittlere Drehgestell die Last beider Wagenteile aufnimmt (Abb. 3.20).

3.4.4.5 Innovative Konzepte für Güterwagen

Güterwagen wurden seit Anbeginn der Eisenbahn millionenfach gebaut und für die verschiedenen Gutarten erfolgreich eingesetzt. Ihre Grundstruktur aus den drei Elementen Fahrwerk, Untergestell und Aufbau ist prinzipiell unverändert geblieben. Der Fokus bei der kontinuierlichen Weiterentwicklung und Verbesserung richtete sich seitdem auf die Abmessungen, auf die Tragfähigkeit und ihre Komponenten.

Schwachpunkte der modernen Fahrzeuge sind vor allen Dingen die fehlende schnelle Anpassbarkeit an die ständig fortschreitenden Marktanforderungen, bedingt durch die lange Lebensdauer aufgrund der stabilen Fahrzeugstruktur (Abschn. 1.5.3.2). Um hier in Zukunft flexibler reagieren zu können, gibt es unterschiedliche Ansätze, die alle grundsätzlich auf der getrennten Behandlung von Wagenuntergestell und -aufbau beruhen.

Die Firma *Innofreight* aus Österreich hat sich schon seit über zwei Jahrzehnten auf Kombinationen von Wagenuntergestellen und separaten Wagenaufbauten spezialisiert, die beide über eine den KV-Normen entsprechende Schnittstelle verfügen (Innofreight 2022). Mit unterschiedlichen Tragwagenlängen und den zugehörigen je nach Ladegut ausgeführten Aufbauten lassen sich Zuladungen erreichen, die mindestens herkömmlichen Güterwagen entsprechen. Falls sich aber die Marktbedingungen ändern, können Aufbau und Untergestell getrennt weiterverwendet werden. Obwohl die normalen KV-üblichen Aufsetzzapfen verwendet werden, sind die Aufbauten gemäß den Fahrzeugumgrenzungsprofilen der Eisenbahn dimensioniert und damit nicht für den Straßenverkehr zugelassen. Bestimmte Aufbauten, z. B. für Schüttgüter, können jedoch für innerbetriebliche Bewegungen und Be-/Entladeprozesse beladen vom Tragwagen genommen bzw. auf den Tragwagen gesetzt werden. Zudem sind auch LE des normalen KV mit den Innofreight-Untergestellen nutzbar.

Rail Cargo Austria (RCA) hat über das Projekt *Transant* einen ähnlichen Weg eingeschlagen (Railcargo 2022). Basis bildet hier eine Gruppe von sieben Untergestellen mit abgestuften Längen zwischen 33 und 70 Fuß. Das besondere Merkmal dieser als Plattformwagen bezeichneten Untergestelle ist extremer Leichtbau, sodass sie bis zu 23 % geringere Massen aufweisen als aktuelle Tragwagen gleicher Länge für den KV.

Nutzbar sind diese Tragwagen mit entsprechenden Aufbauten mit den Bezeichnungen „Flat Box“, „Cover Box“, „Multi Box“ und „Bulk Box“, die über lösbare Verbindungen fest montiert werden. Damit kann ein Wechsel der Aufbauten in einer Werkstatt relativ einfach vorgenommen werden. Vorausgesetzt wird die Zulassung der verschiedenen Untergestelle mit den jeweiligen Aufbauten. Gattung und Anschriften müssen nach einem Umbau ebenfalls aktualisiert werden.

Die Plattformwagen können je nach Länge ebenfalls als Tragwagen im KV eingesetzt werden. Dafür erhalten sie die KV-üblichen Aufsetzzapfen und noch eine Ballastierung, um als Leerwagen das Mindestgewicht zu erreichen.

Die Flexibilität des neuen *Güterwagensystems m2,* das durch das EVU DB Cargo und den Waggonvermieter VTG entwickelt wird, soll ebenfalls aus der getrennten Entwicklung und Verwendung von Untergestellen und Aufbauten resultieren, die beide miteinander kombinierbar und modular sind DB Cargo (2022). Die Notwendigkeit, den Wagen über die Bauart schon bei der Zulassung einem Verwendungszweck zuordnen zu müssen, soll dabei eliminiert sein. Das neue System soll die Einsatzmöglichkeiten der Güterwagen dadurch erweitern, dass

- die Aufbauten nicht Bestandteil der Wagenzulassung sind und relativ schnell getauscht werden können, d. h. der Wechsel je nach Einsatzszenario maximal einen Tag, teilweise sogar nur Minuten dauern soll und
- zusätzlich die Ladelänge dank des modularen Systems zwischen rund 10 bis über 22 m Länge konfiguriert werden kann.

Ziel dieses Konzepts ist es, alle Wagen, die für spezielle Ladegüter ausgelegt sind, in Zukunft nur noch modular zu realisieren, um vom wirtschaftlichen Vorteil unterschiedlicher Nutzungszeiten von Untergestell und Aufbau z. B. im Verhältnis zwei oder drei möglichst bald profitieren zu können.

3.5 Fahrzeugvorhaltung

Die Darstellungen zur Fahrzeughaltung beschränken sich im Folgenden auf Güterwagen. Für entsprechende Aspekte mit dem Fokus auf Triebfahrzeuge sei z. B. auf Schindler (2014) verwiesen.

3.5.1 Organisatorische Rahmenbedingungen

Rund um den Güterwagen sind die Verantwortlichkeiten auf die verschiedenen Stakeholder genau aufgeteilt.

Am Anfang der Kette steht der *Hersteller* und *Lieferant* des Fahrzeugs, der über eine Hersteller-Zertifizierung verfügen muss. Er ist verantwortlich für die ordnungsgemäße Gestaltung und Herstellung des Fahrzeugs, die er im Rahmen der Fahrzeugzulassung nachzuweisen hat. Während der Produktion ist er zudem zuständig für den stetigen Nachweis der Konformität, d. h. dass alle folgenden Exemplare mit den ursprünglichen Plänen übereinstimmen, die dem zugelassenen Fahrzeug zugrunde liegen.

Nach Lieferung geht die Verantwortung für das Fahrzeug vom Lieferanten auf den *Fahrzeughalter* über, sobald er es offiziell abgenommen hat. Der Halter ist damit grundsätzlich für den ordnungsgemäßen Zustand des Fahrzeugs im Betrieb verantwortlich. Er kann diese Rolle jedoch an eine von ihm ausgewählten *„Entity in Charge of Maintenance"* (ECM) abtreten, die dann für den Inhalt und die Durchführung der Instandhaltung zuständig ist. Beim Fahrzeughalter kann es sich um ein EVU handeln oder um einen Waggonvermieter, der nicht als EVU zugelassen ist und damit seine eigenen Fahrzeuge gar nicht selbst auf dem öffentlichen Netz bewegen darf.

Die *ECM-Funktion* setzen sich aus verschiedenen Teilen zusammen, die weiter unten näher beschrieben sind. In einzelnen Fällen können diese Teilfunktionen auch zwischen Halter und ECM aufgeteilt werden.

Natürlich kann einer dieser Stakeholder gleichzeitig mehrere Rollen übernehmen; so liegen z. B. häufig Halter- und ECM-Funktionen in einer Hand.

3.5.2 Zulassung der Fahrzeuge

Zulassungen von neu entwickelten Güterwagen für den freizügigen Einsatz in Europa werden seit 2019 grundsätzlich durch die European Union Agency for Railways (ERA) durchgeführt. Entsprechende Anträge, die in den meisten Fällen durch den Hersteller des Fahrzeugs gestellt werden, sind online in dem dafür eingerichteten One-Stop-Shop (OSS) einzureichen. Die Zulassungsprüfung aufgrund der eingereichten Unterlagen erfolgt gegen die Anforderungen der Technischen Spezifikation für Interoperabilität (TSI) für Wagen.

Zu jeder Zulassung (Genehmigung der Inverkehrbringung) erfolgt auch automatisch eine Typenzulassung und Eintragung im European Register of Authorised Types of Vehicles ERATV (2022) zwecks Förderung der Standardisierung der Schienenfahrzeuge.

Die abschließende Erlangung des Netz- und Streckenzugangs erfordert den Nachweis der Kompatibilität des Fahrzeugs mit dem Netz durch den Antragsteller. Dies erfolgt in zwei Schritten:

- Nachweis der sicheren Integration des neu zugelassenen Fahrzeugs in den Zugverband
- Nachweis der Verträglichkeit des Fahrzeugs mit der Strecke auf Basis der im europäischen Infrastrukturregister (RINF) hinterlegten Streckenforderungen

3.5.3 Praktische Verwendung von Güterwagen

Die Verwendung ist in der Praxis komplizierter, als es im vorigen Abschnitt beschrieben wurde, da im SGV meist mehrere EVU an der Beförderung einer Sendung beteiligt sind (Abschn. 1.4.3). Daher ist es erforderlich, dass ein praktikabler Regelungsrahmen geschaffen wird, der in allen Fallkonstellationen der Übergabe von Güterwagen zwischen EVU untereinander sowie zwischen weiteren Haltern (wie Waggonvermietern) und EVU funktioniert. Maßgebendes Instrument dafür ist die Anlage CUV des COTIF 1999 (Abschn. 1.3.1), die durch den Allgemeinen Vertrag für die Verwendung von Güterwagen (AVV) konkretisiert wird.

Es handelt sich dabei um einen multilateralen Vertrag mit 600 unterzeichnenden Unternehmen aus 20 Ländern. Geregelt sind Rechte und Pflichten und die Haftung zwischen den EVU (als Wagenverwendern) und den Wagenhaltern, so z. B. bezüglich der technischen Zulassung durch die jeweiligen Halter und den Gewahrsam sowie die generelle Behandlung der Wagen durch die EVU. Geregelt werden weiterhin u. a. das Vorgehen zur Feststellung und Behandlung von Schäden an den Wagen und Haftungsfragen bei Beschädigung oder Verlust des Wagens. Kommerzielle Bedingungen sind nicht Gegenstand des Vertrages.

Mit diesen Regelungen ist der Vertrag eine wesentliche Grundlage für den weitgehend freizügigen Einsatz der Güterwagen in Europa, ohne dass jeweils ein eigener bilateraler Vertrag geschlossen werden muss.

Verwaltet wird der Vertrag und die Mitgliedschaft vom GCU Bureau mit Sitz in Brüssel. Als technischen Dienst wird der GCU-Broker zum elektronischen Datenaustausch (z. B. Wagendaten und Wagenschadensberichte) zwischen den Vertragsparteien zur Verfügung gestellt.[14]

---

[14] Website des GCU Bureau mit Downloadmöglichkeit der aktuellen Fassung des AVV: https://gcubureau.org/?lang=de (Zugegriffen: 22. August 2021).

Beispiel

Ein Verlader hat Güterwagen von einem Waggonvermieter angemietet. Beim Transport dieser Wagen mit einem oder mehreren aufeinanderfolgenden EVU – die wie der Vermieter Unterzeichner des AVV sind – ist die Wagenverwendung immer durch den AVV geregelt. Kommerzielle Transportverträge sowie Abkommen zur Übergabe von Zügen zwischen den EVU bleiben davon unberührt. ◀

3.5.4 Instandhaltung

3.5.4.1 Grundlagen und Begriffe

Ziel der Instandhaltung von Schienenfahrzeugen ist es, ihren Sollzustand über die Dauer des Betriebseinsatzes aufrechtzuerhalten oder wieder herzustellen (Schindler 2014, S. 529–560). Dazu gehört im Einzelnen

- die Erhaltung der Sicherheit durch Ausschluss inakzeptabler Risiken,
- die Erhaltung der Zuverlässigkeit insoweit, dass der Güterwagen als Komponente des Gesamtsystems Bahn dessen generelle Zuverlässigkeit nicht besonders belastet,
- die Sicherstellung der Verfügbarkeit des Fahrzeugs, sodass eine ausreichende Anzahl von Fahrzeugen zur Erbringung der Verkehrsleistung bereitsteht bzw. die vorgesehene Betriebsreserve immer genügt sowie
- die wirtschaftliche Zielsetzung, indem die Instandhaltungstätigkeit inkl. Anlagen und Fahrzeugreserve durch die vorgesehenen Lebenszykluskosten (LCC) gedeckt werden kann.

Der Soll-Zustand darf sich dabei zwischen dem Neuzustand und dem definierten Betriebsgrenzzustand bewegen, bei dem das akzeptierte Risiko der Betriebssicherheit oder der Zuverlässigkeit erreicht wird. Danach darf das Fahrzeug ohne weitere Maßnahmen nicht mehr weiter betrieben werden.

Die Veränderung des Fahrzeugzustands wird einerseits durch die Einflüsse des Betriebs verursacht, andererseits auch durch natürliche Alterung, Umwelteinflüsse und unter Umständen auch das Ladegut. Die Instandhaltungssysteme sind an die Komplexität der jeweiligen Fahrzeuge anzupassen, die bei Güterwagen naturgemäß nicht allzu hoch ist. Das Instandhaltungsprogramm beinhaltet u. a. die planmäßig durchzuführenden Instandhaltungsmaßnahmen.

Die Kategorisierung der Instandhaltungstätigkeiten erfolgt nach EN 13306 (Abb. 3.21).

Es muss grundsätzlich zwischen der Instandhaltung gemäß dem ECM-Regime (nächster Abschnitt) und der Behandlung von Schäden („Unterwegsreparaturen") gemäß den Regelungen im AVV unterschieden werden: Beide finden in Werkstätten statt und sehen zunächst gleich aus, basieren aber auf unterschiedlichen Vorgaben.

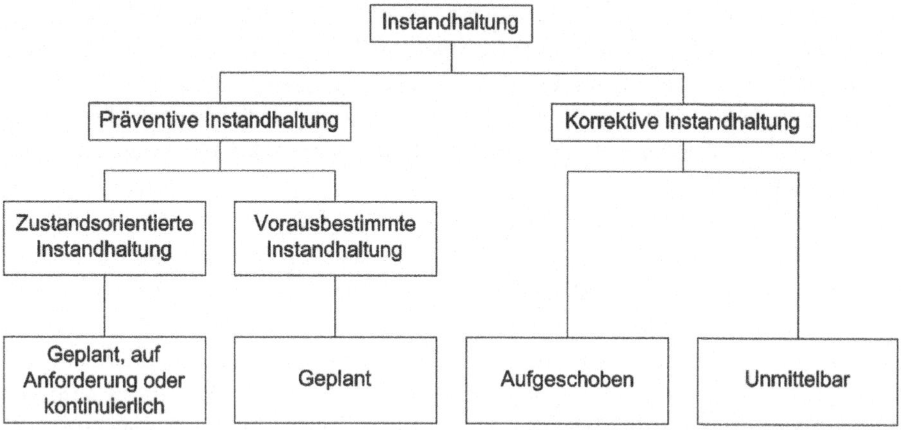

Abb. 3.21 Instandhaltungstätigkeiten nach EN 13306-2018

Unterwegsreparaturen, veranlasst durch das EVU als Wagenverwender, gehören somit nicht zur eigentlichen Instandhaltung, sondern sind „Massnahmen zur Wiederherstellung der Lauffähigkeit der Güterwagen" nach AVV und werden entsprechend abgerechnet.

3.5.4.2 Verantwortung und Organisation (ECM-Funktionen)

Die Verantwortung und Organisation der Güterwagen-Instandhaltung wird durch die ECM-Funktionen abgebildet, die die verschiedenen Entscheidungsebenen einer Instandhaltungs-Organisation widerspiegeln (Schindler 2014, S. 535).

- **ECM I** stellt die **Managementfunktion** dar und beinhaltet die Verantwortung zur Beaufsichtigung und Koordinierung der drei nachfolgenden ECM-Funktionen II, III und IV. ECM I gewährleistet den sicheren Zustand des Güterwagens im Eisenbahnsystem.
- **ECM II** beinhaltet die **Instandhaltungsentwicklung.** Zwar liefert der Hersteller mit dem neuen Fahrzeug auch eine Instandhaltungsvorschrift mit, aber diese muss aufgrund der Betriebsleistung und -erfahrung und nach Änderungen am Fahrzeug fortgeschrieben werden. Dazu gehört auch die Verwaltung der Instandhaltungsunterlagen inkl. eines Konfigurations-Managements.
- **ECM III** ist das **Fuhrpark-IH-Management,** das die Aussetzung der Güterwagen zur Instandhaltung und die Wiederinbetriebnahme nach Abschluss übernimmt. Voraussetzung ist die ständige Übersicht über die Fahrzeugflotte und die Zugriffsbefugnis auf die Güterwagen.
- **ECM IV** umfasst die gesamte **Instandhaltungserbringung** für jeden Güterwagen oder seiner Komponenten inkl. Erstellung der Betriebsfreigabeunterlagen. Sie übernimmt die Verantwortung für die korrekte Ausführung jeder IH-Maßnahme gemäß Instandhaltungsvorschrift. (Abschn. 3.5.4.3)

Gute zehn Jahre nach Einführung der ECM-Verordnung im Jahr 2011 sind die meisten Wagenhalter zugleich ECM für ihre Güterwagen. Der Einkauf der ECM-Funktionen als Dienstleistung ist rechtlich möglich, stellt aber inzwischen einen eher untypischen Sonderfall dar. Will sich ein Wagenhalter nicht selbst um die Instandhaltung seiner Wagen kümmern, kann er sich besser auf die Rolle eines reinen Finanziers von Güterwagen zurückziehen.

Auch bleiben die ECM Funktionen I bis III für Güterwagen inzwischen meistens in einer Hand. Eine Aufteilung der Funktionen auf mehrere Akteure ist ebenfalls rechtlich möglich, die dafür nötigen Vereinbarungen lösen aber in der Praxis einen unverhältnismäßigen Zusatzaufwand aus.

Will heute ein Verlader Güterwagen für Transporte anmieten, dann erhält er diese Wagen praktisch nur noch von Vermietern, die alle ECM-Funktionen selbst wahrnehmen und – in Absprache mit den Kunden – die Wagen selbst in die planmäßige Instandhaltung steuern.

3.5.4.3 Instandhaltungsprogramm

Zur Instandhaltung von Güterwagen gibt es in Deutschland, Österreich und der Schweiz eine Vielzahl von Instandhaltungswerken, die die ECM IV-Funktion übernehmen können. Das Instandhaltungsprogramm von Güterwagen umfasst folgende Instandhaltungsmaßnahmen, die die Hauptuntersuchung, die z. B. in Deutschland nach EBO § 32 nach jeweils sechs Jahren vorgeschrieben ist und hier als Revision bezeichnet wird, bedarfsabhängig ergänzen:

- Fristarbeiten bei Güterwagen, zumeist nur Vermessung der Radsätze
- Planmäßiger Radsatztausch außerhalb der Revision. Nur bei langlaufenden Güterwagen, insbesondere im KV
- Außenreinigung auf Bestellung
- Bei Kesselwagen Innenreinigung, speziell vor Wechsel des Ladeguts

Im Vergleich zum Personenverkehr erreichen Güterwagen keine sonderlich hohen Fahrleistungen. In der Spitzengruppe liegen in der Regel KV-Wagen und Wagen in regelmäßig verkehrenden Ganzzügen des Montan- und Erzverkehrs mit bis zu 200.000 km pro Jahr. Das entspricht in etwa der Laufleistung der Wagen in Zügen des Schienenpersonennahverkehrs. Wagen, die überwiegend im Einzelwagenverkehr bereitgestellt werden, liegen weit darunter.

Sobald weitere Möglichkeiten der Digitalisierung auf Ebene der Güterwagen zur Verfügung stehen, können nächste Schritte in Richtung der zustandsorientierten Instandhaltung gemacht werden. Ziel wäre es dann, den Umfang der korrektiven Instandhaltung deutlich zu reduzieren, da diese meist mit ungeplanten Aussetzungen der Wagen und entsprechender verspäteter Zustellung verbunden ist.

Literatur

Bendel H (1981) Elektrische Triebfahrzeuge. Transpress, Berlin

Bieler C, Sutter D (2019) Externe Kosten des Verkehrs in Deutschland. Schlussbericht. INFRAS AG (Zürich) im Auftrag der Allianz pro Schiene e.V. https://www.allianz-pro-schiene.de/wp-content/uploads/2019/08/190826-infras-studie-externe-kosten-verkehr.pdf. Zugegriffen: 8. Aug. 2021

DB Cargo (2015) Internationale Gattungs- und Kennbuchstaben für Güterwagen. Mainz https://gueterwagenkatalog.dbcargo.com/resource/blob/5883680/2b07a3746233b65b3ec09f861931c54e/Ril_904-3000_3_A01_GattKennbuchst_int_V1-0-data.pdf. Zugegriffen: 19. Juni 2022

DB Cargo (2022) Der Güterwagen der Zukunft: multifunktional und modular. https://www.dbcargo.com/rail-de-de/leistungen/innovationen/m2-wagen. Zugegriffen: 20. Juni 2022

DB Cargo (o. J.) Güterwagenkatalog. https://gueterwagenkatalog.dbcargo.com/de/gueterwagenkatalog/. Zugegriffen: 2010 und 08. Mai 2020

DB Netz AG (2021) Rückfallebene für GretA, Hinweise zur Ermittlung der Regelgrenzlast mittels der Tabellen. https://fahrweg.dbnetze.com/resource/blob/6947756/f1592a0585acbd83612c2e843c2a9fb4/rueckfall_rechenweg-data.pdf. Zugegriffen: 12. Juni 2022

DB Netz AG (o. J.) Grenzlasten. https://fahrweg.dbnetze.com/fahrweg-de/kunden/nutzungsbedingungen/technischer_netzzugang/grenzlasten-1368972. Zugegriffen: 12. Juni 2022

DIN EN 13306, 2018 Instandhaltung – Begriffe der Instandhaltung. Beuth Verlag, Berlin

DIN EN 15566, 2016 Bahnanwendungen – Schienenfahrzeuge – Zugeinrichtung und Schraubenkupplung. Beuth Verlag, Berlin

DRG Deutsche Reichsbahn-Gesellschaft (1927) Reichsbahn-Handbuch 1927. Verlag der verkehrswissenschaftlichen Lehrmittelgesellschaft mbH, Berlin

Dorn, W. & Wehrmeyer, H. Parcel (2001) InterCity, Eisenbahntechnische Rundschau 50(7/8):463-467, https://doi.org/95

ERATV (2022) Welcome to ERATV – European Register of Authorised Types of Vehicles. https://eratv.era.europa.eu/eratv/. Zugegriffen: 20. Juni 2022

Fendrich L (2019) Handbuch Eisenbahninfrastruktur. Springer, Berlin

Innofreight (2022) Homepage. Graz https://www.innofreight.com. Zugegriffen: 20. Juni 2022

Jänsch E, Lang H-P, Niessen N (2021) Handbuch Das System Bahn. PMC Media, Hamburg

Janicki J (2018) Bremstechnik und Bremsproben, 1. Aufl. Bahn Fachverlag, Berlin

Lang HP (2008) Gesamtsystemzusammenhang und Wirkungsmechanismen des Systems Bahn. In: Hecht M, Jänsch E, Lang HP, Lübke D, Mayer J, Mittmann W, Pachl J, Siegmann J, Weigand W (Hrsg) Das System Bahn. Eurailpress, Hamburg, S 123–243

LRT Gmbh (2022) Schüttgüter und ihre Gewichte. https://www.lrtgmbh.de/index_htm_files/LRT-Schuettgewichte.pdf. Zugegriffen: 16. Juni 2022

Minde F (2007) Vorlesung „Schienenfahrzeugtechnik" IVE Hannover – Grundlagen der Eisenbahnbremstechnik. Minden https://kipdf.com/grundlagen-der-eisenbahnbremstechnik_5ac80a981723dd90e73e258c.html. Zugegriffen: 17. Juni 2022

Minde F, Witte S (2001) FEBIS: Kommunikationsbasierte elektronisch gesteuerte Bremse. ETR – Eisenbahntechnische Rundschau 50(5):256–263

ÖBB-Holding (2021) Nachhaltigbereicht 2021. Wien konzern.oebb.at/nhb2021. Zugegriffen: 19. Juni 2022

Railcargo (2022) TransANT Less Weight. More Freight. Wien https://www.railcargo.com/de/leistungen/wagenladungen/equipment/gueterwagen/transant. Zugegriffen: 20. Juni 2022

Robinius M et al (2019) Die Verkehrswende erreichen: vermeiden, verlagern, verbessern. FVEE 2019:19–23

Rossberg R-R (1988) Deutsche Eisenbahnfahrzeuge von 1838 Bis Heute. Springer, Berlin

Schindler C (2014) Handbuch Schienenfahrzeuge. Eurailpress, Hamburg

SPD, Bündnis 90/DIE GRÜNEN, FDP (2021) Mehr Fortschritt wagen – Bündnis für Freiheit, Gerechtigkeit und Nachhaltigkeit. Koalitionsvertrag Berlin

Steimel A (2006) Elektrische Triebfahrzeuge und ihre Energieversorgung – Grundlagen und Praxis. Oldenbourg, München

Stieler G (1995) Der Güterzug in Bremsstellung „Personenzug". ETR – Eisenbahntechnische Rundschau 44(12):811–815

Tatravagonka (o. J.) Unternehmenswebsite des Güterwagenherstellers Tatravagónka Poprad. https://tatravagonka.sk/wagons/sggnss-80/?lang=de. Zugegriffen: 2010 und 08.Mai 2020

UIC (Internationaler Eisenbahnverband) (2001) Einheitsgüterwagen – Drehgestellgüterwagen der Regelbauart – Merkmale. Merkblatt 571-2, 6. Ausgabe. Paris

UIC (Internationaler Eisenbahnverband) (2004a) Einheitsgüterwagen – Güterwagen der Regelbauart mit zwei Radsätzen – Merkmale. Merkblatt 571-1, 4. Ausgabe. Paris

UIC (Internationaler Eisenbahnverband) (2004b) Einheitsgüterwagen – Güterwagen der Sonderbauart- Merkmale. Merkblatt 571-3, 6. Ausgabe. Paris

UIC (Internationaler Eisenbahnverband) (2005) Bremse – Elektropneumatische Bremse (ep-Bremse) Elektropneumatische Notbremsüberbrückung (NBÜ). Merkblatt 541-5, 4. Ausgabe. Paris

UIC (Internationaler Eisenbahnverband) (2016) Bremsen – Druckluftbremsen für Güter- und Personenzügel. Merkblatt 540, 7. Ausgabe, Paris

UIC (Internationaler Eisenbahnverband) (2021) Wagons for combined transport – Vertical transhipment- Characteristics. Merkblatt IRS 50571-4, 3. Ausgabe. Paris

UIRR Internationale Vereinigung für den Kombinierten Verkehr Straße Schiene (2021) 2020–2021 UIRR Report. https://www.uirr.com/de/component/downloads/downloads/1634.html. Zugegriffen: 17. Juni 2022

VDB Verband der Bahnindustrie (2020) Hinweise und Handlungsempfehlungen zur Anwendung der Technischen Säule des Vierten Eisenbahnpaketes. VDB Berlin https://bahnindustrie.info/fileadmin/Leitfaeden_DE/200115_VDB-Fachinformation_Awendung_4.EP.pdf. Zugegriffen: 17. Juni 2022

VDB Verband der Bahnindustrie (2022) Emissionsfreier Schienenverkehr – Leitfaden für den Einsatz von Triebzügen mit wasserstoffbasiertem Antrieb in Deutschland. VDB Berlin

Verordnung (EU) Nr. 2016/1628 der Kommission vom 14. September 2016 über die Anforderungen in Bezug auf die Emissionsgrenzwerte für gasförmige Schadstoffe und luftverunreinigende Partikel und die Typgenehmigung für Verbrennungsmotoren für nicht für den Straßenverkehr bestimmte mobile Maschinen und Geräte, zur Änderung der Verordnungen (EU) Nr. 1024/2012 und (EU) Nr. 167/2013 und zur Änderung und Aufhebung der Richtlinie 97/68/EG

Werner H-G (2017) DB Cargo UK – Class 325 EMU – Royal Mail. Vortrag EWS TU Berlin 10.11.2017 https://www.ews.tu-berlin.de/fileadmin/fg98/aushaenge/2017-wise/2017-11-20_EWS_Werner_DB_Cargo_Postzug_UK.pdf. Zugegriffen: 15. Juni 2022

Produktionssysteme

4

Zusammenfassung

Das vierte Kapitel befasst sich mit den Produktionssystemen des SGV. Nach einer Übersicht werden nacheinander der Ganzzugverkehr (GV), der Einzelwagenverkehr (EWV) und der Kombinierte Verkehr (KV) beschrieben. Hervorgehoben wird jeweils die Abgrenzung ebenso wie die Existenz von Mischformen. Zu jedem System werden die kennzeichnenden Merkmale, Einsatzbereiche und die grundsätzliche Wettbewerbssituation beschrieben, weiterhin Prozesse, Grundsätze der jeweiligen Netzwerkgestaltung und – wo notwendig – eingesetzte spezifische Technologien. Grundlagen der Umlaufplanung sind in die Beschreibung des GV integriert.

4.1 Übersicht der Produktionsstrukturen

Die grundlegende Art und Weise, wie die Eisenbahnverkehrsunternehmen (EVU) die Produktion organisieren, wird durch das Produktionssystem beschrieben. Klassisch wurde zwischen *Wagenladungsverkehr* und *Sammelgutverkehr* (analog *Teilladungsverkehr*) unterschieden (Abb. 4.1)[1]. Beim Wagenladungsverkehr ist die kleinste dem Kunden angebotene Transporteinheit ein Güterwagen, beim Sammelgutverkehr ist die Sendung kleiner, wird also mit den Sendungen anderer Kunden in einem Wagen gebündelt. Während sich der Kombinierte Verkehr über die 50er und 60er Jahre als neues Produktionssystem herausbildete (Wenger 2001, S. 265–266), wurde der Sammelgutverkehr als eigenes Produktionssystem in Deutschland Ende der 1990er Jahre eingestellt

[1] Eine entsprechende Unterteilung ist auch beim Straßengüterverkehr üblich: Lkw-Komplettladung (FTL, Full Truck Load) gegenüber der Lkw-Teilladung (LTL, Less Than Truck Load).

H. Stuhr et al., *Schienengüterverkehr,* https://doi.org/10.1007/978-3-658-38753-2_4

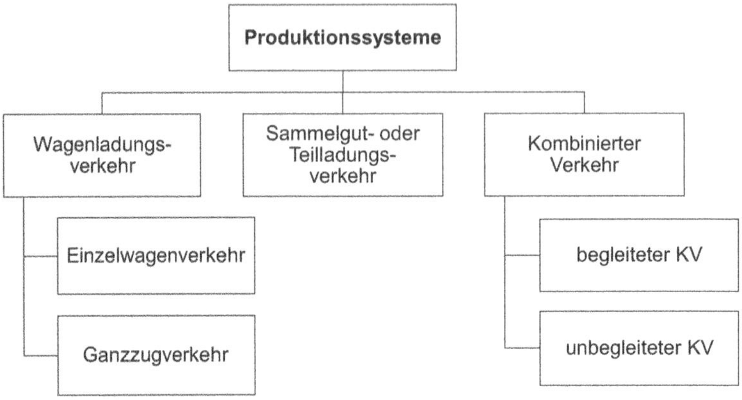

Abb. 4.1 Klassische Einteilung der Produktionssysteme

(Destatis 2019, S. 9). In der Schweiz und Österreich werden von privaten Spediteuren weiterhin Stückguttransporte als Sammelgut auf der Schiene angeboten (Camion o. J.; Planzer o. J.; Bexity o. J.).

Der Wagenladungsverkehr unterteilt sich in dieser klassischen Einteilungsweise weiter in den *Einzelwagenverkehr (EWV)* und den *Ganzzugverkehr (GV)*, die je nach (Wagen-)Transportaufkommen des Kunden und dessen zeitlicher Verteilung (Bündelungsfähigkeit) zum Einsatz kommen.

Mit der Einstellung des Sammelgutverkehrs der Staatsbahnen hat sich ein Sprachgebrauch etabliert, der der Darstellung in Abb. 4.2 mit einer einfachen Dreiteilung entspricht (KV jedoch weiterhin mit Unterteilung in begleitet und unbegleitet, Abschn. 4.4.1.3). Zum Teil finden sich auch Darstellungen, die den Kombinierten Verkehr dem GV zuordnen; hierbei folgt die Unterteilung stärker der betrieblichen Produktionsumsetzung und nicht dem angebotenen Produkt. Folgende Begriffsanalogien sind weiterhin gebräuchlich:

- Einzelwagenverkehr: Einzelwagenladungsverkehr (insb. im deutschsprachigen Raum der Schweiz), verkürzt davon Wagenladungsverkehr (Bedeutungswandlung vom Oberbegriff gemäß Abb. 1.5 zum Detailbegriff), als Abkürzungen EV, EWV, WLV
- Ganzzugverkehr: als Abkürzung GV, bei der DB Cargo AG auch Gag
- Kombinierter Verkehr: Kombinierter Ladungsverkehr, als Abkürzungen KV, KLV

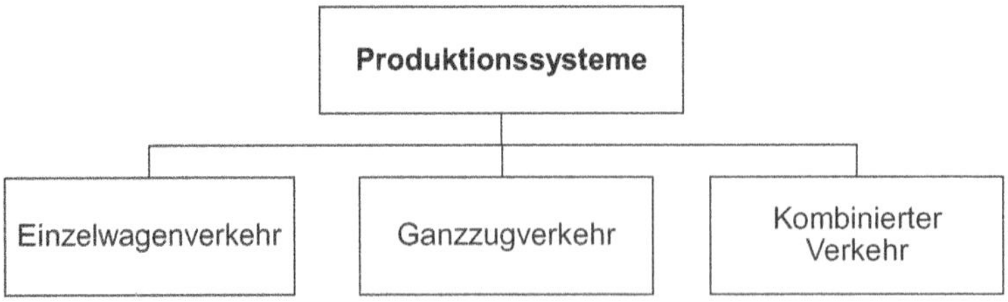

Abb. 4.2 Gebräuchliche Einteilung der Produktionssysteme

Tab. 4.1 fasst wesentliche Unterscheidungsmerkmale der drei Produktionssysteme zusammen. Ausführliche Darstellungen finden sich in Abschn. 4.2 bis 4.4.

Abb. 4.3 vergleicht die Leistungsspektren der drei Produktionssysteme und stellt sie demjenigen des Straßengüterverkehrs gegenüber. In Abgrenzung zum generellen Verkehrsträgervergleich (Performance-Vergleich) in Abb. 1.2 wird hier die mittlere Sendungsgröße gegenüber der mittleren Transportentfernung abgezeichnet. Die Darstellungsweise drückt notwendige Voraussetzungen an das Transportaufkommen aus – entspricht der Transportbedarf nicht dem Leistungsspektrum des jeweiligen Systems, so kann dieses diese Nachfrage nicht wirtschaftlich bedienen.

Tab. 4.1 Wesentliche Unterscheidungsmerkmale der Produktionssysteme

	Ganzzugverkehr	Einzelwagenverkehr	Kombinierter Verkehr
Kleinste Sendungseinheit	Ein Zug (mehrere Güterwagen)	Ein Güterwagen	Eine intermodale Transporteinheit (ITE), z. B. ein Container
Transportkette	Häufig reiner Bahntransport vom Start zum Ziel, zum Teil Vor-/Nachlauf auf der Straße (z. B. Vorlauf bei Langholz aus Waldgebieten und bei Ernteprodukten)	Häufig reiner Bahntransport (analog Ganzzug), Transport des Wagens (bzw. der Wagengruppe) über ein Netzwerk mehrerer Züge und Knotenpunkte	Grundsätzlich (per Definition) Vor- und Nachlauf per Lkw, Hauptlauf per Bahn (ein oder mehrere Züge)
Zugangspunkte zum System Bahn	Gleisanschlüsse, Güterbahnhöfe (mit Freiladegleisen, Laderampen u. a.)	Gleisanschlüsse, Güterbahnhöfe (mit Freiladegleisen, Laderampen u. a.)	KV-Terminals (Umschlagbahnhöfe)
Systemgedanke	Nachfragesystem (Züge fahren nur auf Nachfrage des Transportkunden)	Angebotssystem, das Netzwerk wird unabhängig von der Nachfrage des einzelnen Kunden aufrechterhalten, die Frequenzen einzelner Verbindungen jedoch der Nachfrage bzw. dem resultierenden Aufkommen im System angepasst	Angebotssystem im Hauptlauf, Nachfragesystem im Vor-/Nachlauf
Auslastungsrisiko der Züge bzw. Bahn-Netzwerke	Kunde (und/oder EVU, je nach Vertragsgestaltung zwischen beiden)	EVU	KV-Operateure (Abschn. 4.4.3)

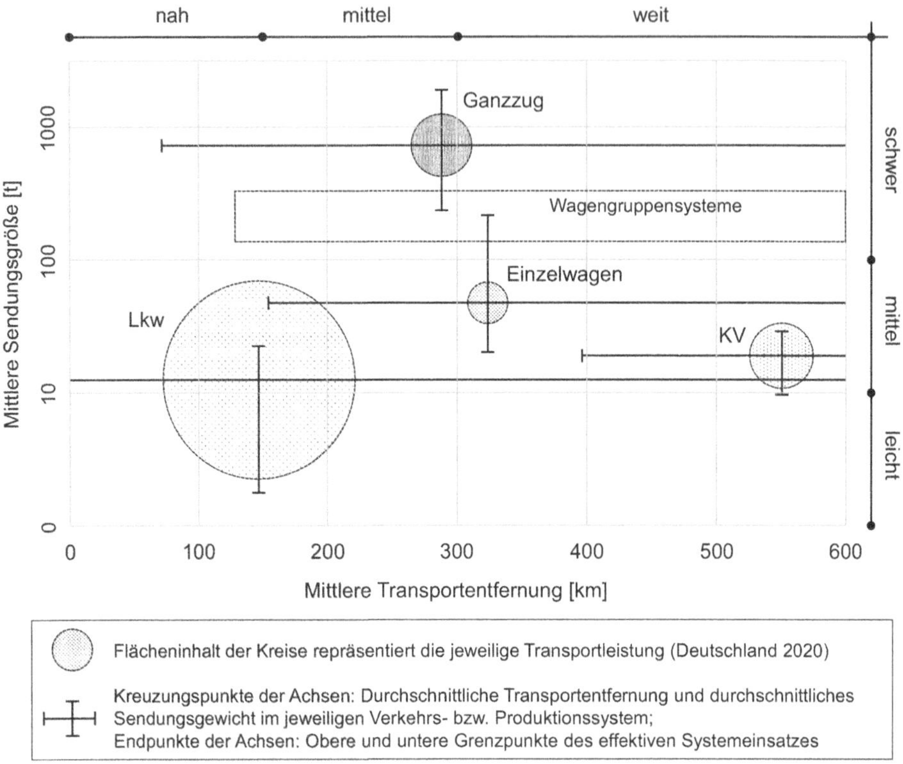

Abb. 4.3 Leistungsspektren der Produktionssysteme im Vergleich zum Straßengüterverkehr[2]

Die benannten Produktionssysteme haben sich zur Beschreibung der Produktion im europäischen SGV etabliert und finden auch in Statistiken Verwendung. Tatsächlich sind die Übergänge jedoch zum Teil fließend, einige Zugsysteme lassen sich nicht eindeutig einem Produktionssystem zuordnen. Abb. 4.4 greift derartige „Überlappungszustände" der Produktionssysteme auf. Der Flächeninhalt der schraffierten Flächen entspricht der Transportleistung in den jeweiligen Produktionssystemen gemäß VDV und Roland Berger (2022, S. 40).

Wagengruppensysteme sind als Mischform zwischen dem EWV, in dem in einem mehrstufigen hierarchischen Netz produziert wird, und dem GV mit Direktzügen

[2] Eigene Abschätzungen und Berechnungen, u. a. mit Transportaufkommens- und -leistungsangaben aus VDV und Roland Berger (2022, S. 39 f.) sowie KCW (2018, S. 45). Letztere Quelle erlaubt eine Berechnung der mittleren Transportentfernung lediglich für den deutschen Streckenanteil (auch bei internationalen Verkehren), sodass die Schwerpunkte ausgehend von diesen Werten mangels weiterer Datenbasis frei erhöht wurden.

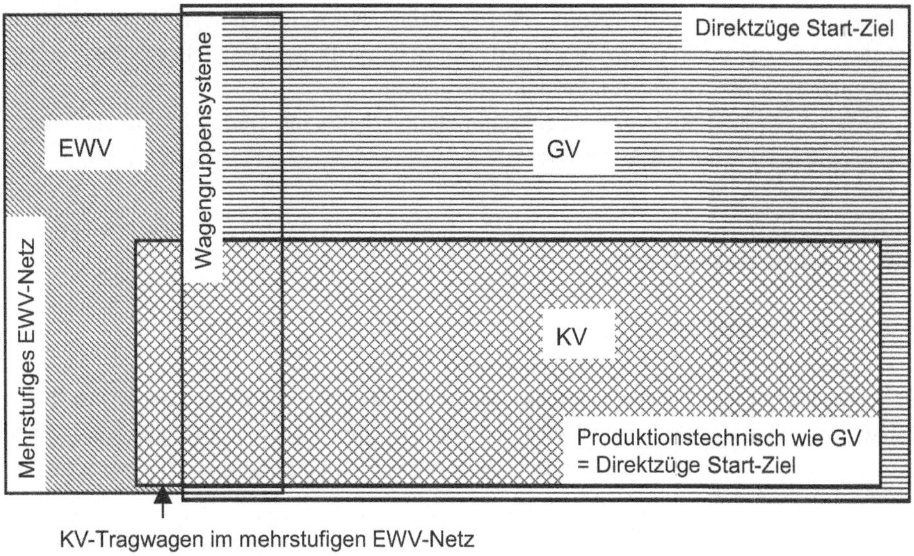

Abb. 4.4 Zusammenwirken der Produktionssysteme

Start-Ziel dargestellt. Bei entsprechenden Systemen werden größere Wagengruppen an wenigen Punkten zusammengeführt, um einen Fahrtabschnitt oder bis zum Ziel gemeinsam zu fahren. Sie weisen also Attribute des GV wie auch des EWV auf, ohne ihren jeweiligen Definitionen (Abschn. 4.2.1 und 4.3.1) vollumfänglich zu entsprechen.

Im KV wird bei ausschließlichem Blick auf den Bahn-Abschnitt der Transportkette überwiegend analog zum GV mit Direktzügen produziert (Abschn. 4.4.4). Weiterhin finden Wagengruppensysteme Verwendung, einzelne KV-Tragwagen bzw. Wagengruppen werden auch im mehrstufigen EWV-Netz transportiert. Insbesondere letzteres – zum Teil nur unter Nutzung der Fernzüge des EWV-Systems – wird von einigen EVU mit EWV-Systemen wieder verstärkt vorangetrieben, um den Transport von intermodalen Transporteinheiten auch auf Relationen anbieten zu können, auf denen das intermodale Aufkommen nicht für das Aufsetzen spezifischer KV-Züge reicht.

Verschiedene EVU brechen die Aufteilung in die drei Produktionssysteme weiter auf, um die Effizienz der Gesamtproduktion des Unternehmens zu erhöhen. Ziel ist eine Erhöhung der Auslastung der eingesetzten Ressourcen, Möglichkeiten der Frequenzsteigerung durch Zusammenführung der Mengen und Ermöglichung beliebiger Quelle-Ziel-Verbindung auch außerhalb des EWV. Wagengruppen des EWV werden dabei beispielsweise abschnittsweise an Ganzzüge gehängt bzw. umgekehrt (oder auch nur umgekehrt definiert) eine gegenüber dem Kunden als Ganzzug verkaufte Leistung als große Gruppe abschnittsweise im EWV transportiert.

In den folgenden Abschnitten sind im Sinne einer anschaulichen Erläuterung die Themen notwendiger Produktionsressourcen (Abschn. 4.2.3) und der Umlaufbildung

(Abschn. 4.2.4) dem Abschnitt zum GV zugeordnet und werden entsprechend mit Bezug auf dieses Produktionssystem ausgeführt. Sie gelten – in abgewandelter Form – jedoch prinzipiell auch für die anderen Produktionssysteme.

Ansätze zur Revitalisierung eines Sammelgutverkehrs als viertes Produktionssystem finden sind in Abschn. 5.2.3.

4.2 Ganzzugverkehr

4.2.1 Definitionen

Im vorigen Abschnitt wurde der Ganzzug bereits darüber definiert, dass er von einem Kunden mit einer Gutart beladen wird und von dort ein Ziel direkt ansteuert. Zusammenfassend also: *ein* Kunde – *eine* Sendung einer Gutart – *eine* Sendungs-Transportrelation – *ein* Zug.

An dieser Definition soll im Rahmen dieses Buches und damit auch als Abgrenzung zum Kombinierten Verkehr und zum EWV festgehalten werden. Wie an den folgenden Ausführungen gezeigt wird, ist es allerdings nicht so, dass diese Definition branchenweit einheitlich in dieser engen Begrenzung – vier Mal *„ein"* – Verwendung findet. Während eine lockere Auslegung oder sogar eine in Details abweichende Definition in vielen Fällen des Berufsalltags nicht von Bedeutung ist, mag es Fälle geben, in denen es sich lohnt nachzufragen, wie das Wort „Ganzzug" im gegebenen Kontext gerade zu interpretieren ist.

Berndt (2001, S. 18) beschreibt den GV der obigen Definition entsprechend als den Verkehr für „Sendungen, die einen kompletten Zug auslasten". Jedoch ist für ihn der Start- und Zielbahnhof (und nicht etwa der Gleisanschluss) definitorisch ausschlaggebend: „Bei Ganzzugverkehren werden alle Wagen eines Zuges vom gleichen Versandbahnhof zu einem gemeinsamen Empfangsbahnhof befördert. Die Übergabe erfolgt geschlossen durch den Versender. Der Empfänger übernimmt den Zug in unveränderter Zusammensetzung am Empfangsbahnhof. Ganzzüge können aus Wagenladungen einer Sendung bestehen oder als Bündelung von Einzelwagenverkehren auftreten." (Berndt 2001, S. 19)

Bei dieser Betrachtung wird – im Widerspruch zu obiger Definition – die Möglichkeit eingeräumt, dass an einem Netzpunkt einzelne Sendungen gesammelt werden, die an einem anderen wieder aufgelöst werden können (oder eines von beidem). Die *kommerzielle* Sicht, die eine definitorische Verbindung des Zuges zu einer Sendung eines Kunden herstellt, wird damit ebenfalls aufgeweicht. In den Vordergrund tritt hingegen eine *produktionstechnische* Sicht. Die Auslegung des Begriffs Ganzzug geht unter diesem Aspekt dann zum Teil so weit, dass davon gesprochen wird, dass ein Zug des Kombinierten Verkehrs (Abschn. 4.4) zwischen zwei Terminals *als Ganzzug produziert* wird. Als Spezialfall können auch Transporte unter Einbindung mehrerer EVU gesehen werden (siehe folgendes Beispiel).

Beispiel

Um welche Produktionsform es sich handelt, liegt auch an der Betrachtungsperspektive, wie das folgende Beispiel zeigt: EVU a betreibt in Land A ein Einzelwagennetz. EVU c betreibt im Land C ein Einzelwagennetz. Beide EVU haben keine Zulassung im Land B, das zwischen den Ländern A und C liegt. Für den Einzelwagenverkehr stellt EVU a ganze Züge von Einzelwagen zusammen, die ohne Veränderung im Transit durch Land B nach Land C fahren, wo sie wieder aufgelöst und über das Einzelwagennetz von EVU c verteilt werden. Die Transitzüge in Land B werden von einem EVU b gefahren, das hierfür von EVU a oder c beauftragt wird (für das Beispiel nehmen wir EVU a als Einkäufer). Aus Sicht der EVU a und c handelt es sich um Einzelwagenverkehr. Für EVU b ist es hingegen ein GV: Es übernimmt von seinem Kunden (EVU a) eine Sendung und übergibt sie ohne weitere verkehrliche Behandlung an den Empfänger (EVU c). ◀

Die Be- und Entladung von Ganzzügen erfolgt in der Regel in privaten Gleisanschlüssen (Abschn. 2.3.3), bei einigen Gütergruppen erfolgt insbesondere die Beladung in öffentlichen Ladestellen (u. a. Forst- und Landwirtschaft).

4.2.2 Merkmale, Einsatzbereiche und Wettbewerb

Voraussetzung für den Transport per Ganzzug ist die Bündelungsfähigkeit der einzelnen Sendung auf ein Maß, mit dem ein Zug für einen wirtschaftlichen Transport ausreichend ausgelastet ist. Hinzu kommt die Notwendigkeit einer Infrastruktur an Start und Ziel, die für die Behandlung und Be- bzw. Entladung eines ganzen Zuges geeignet und hinreichend leistungsfähig ist. Die Einrichtung dieser Infrastrukturen lohnt sich dann, wenn das hohe Aufkommen langfristig gegeben ist, d. h. wenn über lange Zeiträume mit einem oder mehreren Ganzzügen pro Woche wirtschaftlich gefahren werden kann.

Branchen und Transportrelationen, auf denen diese Voraussetzungen – hohes langfristiges Aufkommen und Größe der Einzelsendung – grundsätzlich gegeben sind und die als klassische Ganzzug-Beispiele gesehen werden können, sind die folgenden. Aufgeführt sind jeweils das Gut und beispielhafte Transportrelationen:

- Rohstoffe (Schwerlastverkehre)
  - Eisenerz von Importhäfen zu Stahlwerken
  - Kohle von Importhäfen, Nachbarländern und nationaler Gewinnung (nur noch Braunkohle) zu Stahlwerken und Kraftwerken
- Automotive
  - Fahrzeugkomponenten (z. B. Karosserieteile oder Motoren) im Zwischenwerksverkehr der Automobilindustrie
  - Fertigfahrzeugdistribution von den Fahrzeugwerken zu großen Verteilzentren (Compounds) oder zu Seehäfen für den Export, im Import von den Seehäfen zu den Verteilzentren

- Mineralölprodukte von Raffinerien zu Tanklägern
- Zwischenprodukte der Chemieindustrie zwischen den großen Chemiearealen (Verbundstandorten), häufig in Netzwerke eingebunden mit Übergang zum/vom Einzelwagenverkehr
- Kalisalze zwischen den Förderstätten und u. a. Häfen (Export)
- Lebensmittel inklusive Vorprodukte, z. B. Getreide und Zuckerrüben von den Produktionsstandorten zur Weiterverarbeitung
- Stammholz von Waldgebieten zu Sägewerken
- Baustoffe im Bahnbau, Versorgung von Gleisbaustellen

Hinzu kommen in geringerem Umfang verschiedene Produkte der Konsumgüterindustrie (Gebrauchs- und Verbrauchsgüter).

Da der Ganzzug den Transport vom Start bis zum Ziel ohne weitere verkehrliche Behandlung durchführt, kann er kurze Transportzeiten realisieren. Durch seine hohe Kapazität ist er zudem sehr effizient und damit – bei im Vergleich dazu je nach Gut über 50 Lkw für dieselbe Transportmenge – auch preislich attraktiv. Aufgrund dieser Eigenschaften ist der Ganzzug in den aufgezählten Bereichen im intermodalen Wettbewerb gegenüber dem Lkw meist – mit schwankenden Minimaldistanzen je nach Transportgut – überlegen. Im Rohstoff-Schwerlastbereich stellt der Lkw grundsätzlich keine Konkurrenz dar. Bei Vorhandensein der passenden Binnenwasserwege ist hier – wie insgesamt bei Massengütern mit geringer Wertigkeit, bei denen die Transportgeschwindigkeit von geringer Relevanz ist – jedoch das Binnenschiff ein Wettbewerber.

Der intramodale Wettbewerb ist im Ganzzugbereich stark ausgeprägt. Hintergrund sind die vergleichsweise geringen Eintrittsbarrieren für EVU (Abschn. 1.4) in dieses Produktionssystem, da ein neuer Anbieter das Produkt – ein Ganzzug für einen Kunden von Start bis zum Ziel – alleine komplett organisieren und durchführen kann. Für einen Markteinstieg muss nicht gleich ein umfassendes Transportnetzwerk aufgebaut werden. Notwendige Fahrzeuge stehen auf dem Kauf- und Mietmarkt zu Verfügung. „Zahlreiche Auftraggeber schreiben regelmäßig ihre Verkehre aus, wodurch es immer wieder zum Wechsel des Dienstleisters kommt" (VDV o. J.).

Zusammenfassend ist festzuhalten, dass „[d]ie Produktionsform Ganzzug […] die Vorteile des Schienensystems maßgeblich aus[nutzt]: So können große Mengen an Gütern über lange Entfernungen mit relativ geringem Energieverbrauch sicher transportiert werden" (Sender 2013, S. 169 f.). Dies entspricht dem High-Performance-Bereich aus Abschn. 1.2. Dennoch ist nicht davon auszugehen, dass der Ganzzug bei der angestrebten Verlagerung von Lkw-Transporten auf die Bahn eine wesentliche Rolle spielen wird. Transporte, für die diese Produktionsform ihre Vorteile ausspielen kann, sind auch schon heute zu großen Teilen in diesem System – oder mit dem Binnenschiff – unterwegs.

Der zusätzliche Markt an ganzzugaffinen Gütern – also solchen, für die die beschriebenen hohen Mengenkriterien gelten – ist begrenzt. Beim weitaus überwiegenden Teil des existierenden Verlagerungspotenzials vom Lkw auf die Schiene handelt es sich um Sendungsgrößen, die für diese Produktionsform wesentlich zu klein sind. Die angestrebte Dekarbonisierung der Energiewirtschaft, der Industrie und des Verkehrs wird vielmehr zu einer Reduktion der Transportmengen der oben aufgeführten Brennstoffe und damit des ganzzugfähigen Volumens führen.

4.2.3 Notwendige Ressourcen

Notwendige Ressourcen für den Transport per Ganzzug sind:

- Gut-spezifische Ladeeinrichtungen am Start- und Zielort des Bahntransports (Gleisanschluss, Railport, Binnen- und Seehafen). Ihre Dimensionierung muss auf die Be- und Entladung eines vollständigen Zuges ausgelegt sein.[3] Die Ladeeinrichtungen befinden sich in der Regel – wie der gesamte Gleisanschluss – im Eigentum des Versenders bzw. Empfängers.
- Gutspezifischer Wagenpark. Güterwaggons der passenden Gattung (Abschn. 3.4.3) in ausreichender Anzahl für mindestens einen Wagenumlauf (Abschn. 4.2.4.1). Die Güterwagen werden entweder vom Kunden (Versender und/oder Empfänger) oder vom EVU gestellt. Der Auftrag des Kunden an das EVU lautet also salopp gesprochen „Fahre mir meine Wagen mit meinem Gut darin" oder „Fahre mir mein Gut, kümmere dich auch um die notwendigen Wagen dafür". EVU bzw. der Kunde sind dabei Eigentümer der Wagen oder – was in beiden Fällen ebenso möglich ist – es handelt sich um gemietete Wagen.
- Triebfahrzeuge (Abschn. 3.3)
  - Streckenlokomotive(n) für die Fahrt zwischen Start und Ziel; im Eigentum des EVU oder gemietet/geleast.
  - Rangierlokomotiven am Start- und Zielort für notwendige Rangierarbeiten, wie der Zuführung zur Ladestelle (oder alternative Verschiebemittel wie Zweiwegefahrzeuge). Hier sind verschiedene Konstruktionen von Eigentümerschaft, Miete/Leasing und Betriebsführung möglich. Der Betrieb kann durch den Gleisanschließer selbst erfolgen oder durch das EVU, das auch den Ferntransport durchführt, oder durch einen weiteren, direkt vom Gleisanschließer oder im Unterauftrag vom EVU beauftragen Dienstleister.
  - Zweikraftlokomotiven sind darauf ausgelegt, die Hauptstrecke effektiv und umweltfreundlich elektrisch unter dem Fahrdraht zu fahren. Zusätzlich sind sie jedoch mit einem Dieselaggregat ausgestattet, um – vielfach mit stark reduzierter Leistungsfähigkeit – auch auf Abschnitten ohne Oberleitung operieren zu können, wie z. B. auf der „last mile" zum Gleisanschluss und bei der Gleisanschlussbedienung (wo dann auf die Vorhaltung einer lokalen Rangierlokomotive ver-

[3] Eine Ausnahme bei Sammel- und Abrufverfahren gegeben, Abschn. 4.2.6.

zichtet werden kann). Entsprechend wird auch von Streckenlokomotiven mit Last-Mile-Diesel gesprochen.

- Personal
  - Triebfahrzeugführer (Tf) für die Streckenlokomotive; angestellt beim EVU oder gestellt durch einen Personaldienstleister
  - Rangiermitarbeiter an Start- und Zielort; Möglichkeiten analog zu denen der Rangierlokomotiven
  - Personal für die Be- und Entladung (Bedienung der Be- und Entladeeinrichtungen); in der Regel Angestellte des Versenders bzw. Empfängers oder Dienstleister
  - Verwaltungspersonal für Organisation, Planung (Dienst- und Umlaufplanung), Vertragsgestaltung, Abrechnung u. a.; Angestellte des EVU (ebenso Verwaltungspersonal bei allen weiteren beteiligen Firmen notwendig)
- Trasse (Fahrwegskapazität). Eingekauft durch das EVU beim Eisenbahninfrastrukturunternehmen (EIU).
- Traktionsenergie. Diesel oder elektrische Energie je nach Antriebsart und Streckenausrüstung.

Das EVU, das dem Kunden den Ganzzug verkauft hat, kann die Traktion des Hauptlaufs, bestehend aus Triebfahrzeug und Tf, „im Paket" auch vollständig oder abschnittsweise als Unterauftrag an ein anderes Unternehmen vergeben. Hier ist nun zu unterscheiden, welches Unternehmen die Trasse beim EIU bestellt und wessen Zulassung entsprechend zum Einsatz kommt:

- Trassenbestellung durch den Unterauftragnehmer. In diesem Fall handelt es sich beim Unterauftragnehmer um ein EVU, das den entsprechenden Transportabschnitt auf eigener Zulassung fährt.
- Trassenbestellung verbleibt beim EVU (welches die Transportleistung dem Kunden verkauft hat), welches somit die Hoheit über die Trasse behält. In diesem Fall handelt es sich beim Unterauftragnehmer um einen reinen Traktionsdienstleister, der die Traktionsressourcen stellt und selbst verantwortet, aber auf der Zulassung seines auftraggebenden EVU fährt.

Der Begriff des Traktionsdienstleisters wird jedoch auch im ersten Fall verwendet, wenn darauf hingewiesen werden soll, dass das (auf einem Abschnitt) die Traktionsleistung bereitstellende EVU für die Zusammensetzung des Wagenzuges nicht verantwortlich ist, sondern diesen einfach für ein anderes EVU befördert. Eine abschnittsweise Vergabe der Traktion an ein anderes EVU kommt häufig bei internationalen Verkehren zum Einsatz.

Beispiel

Transport von Land A nach Land B. EVU a, welches dem Kunden den Transport auf dem gesamten Laufweg verkauft hat, hat nur eine Zulassung für Land A. Es kauft sich die Traktion bei einem EVU b mit Zulassung im Land B ein, welches dann dort unter eigener Zulassung und auf selbst bestellter Trasse fährt. ◄

Die Zusammenarbeit beider EVU in diesem Beispiel kann hinsichtlich der Ressourcennutzung noch weiter miteinander verquickt sein. Hintergrund der Auftragsvergabe von EVU a an EVU b war im Beispiel die fehlende Zulassung von EVU a im Land B. Verfügt eines der beiden EVU jedoch über Triebfahrzeuge, die in beiden Ländern fahren dürfen und ebenso über Tf, für die dieses ebenso gilt, so fahren diese Ressourcen ggf. über die Landesgrenze hinweg, während dort jedoch der zulassungsrechtliche und auftragsgemäße Verantwortungswechsel zwischen beiden EVU erfolgt. Die Ressourcennutzung wird dann untereinander verrechnet.

Es gibt zwischen EVU Konstellationen der Zusammenarbeit, bei denen im selben Verkehr grenzüberschreitend Triebfahrzeuge mal von einem und mal vom anderen EVU im Einsatz sind, mal mit Personal von einem oder vom anderen EVU, also auch z. B. ein Tf von EVU a im Triebfahrzeug von EVU b oder umgekehrt. Entschieden wird in der Kurzfristplanung oder dispositiv je nach jeweiliger Ressourcenauslastung.

4.2.4 Umlaufbildung

4.2.4.1 Der Wagenumlauf

Ganzzüge verkehren vielfach beladen in der einen Richtung (Lastlauf) und ohne Ladung, aber in gleicher Wagenzusammensetzung, in der Rückrichtung (Leerlauf). Ein derartiger Umlauf eines unverändert hin- und herpendelnden Wagenzugs ist schematisch in Abb. 4.5 dargestellt. Dem Zeitanteil für die Zugbildung sind dabei, neben der reinen Zugbildung entsprechend Abschn. 3.2.8, ggf. notwendige Rangierbewegungen zwischen Ladestelle (z. B. im Gleisanschluss) und Versandbahnhof (Zugangsbahnhof zur öffentlichen Infrastruktur) zugeordnet.

Alternativ zum in fester Zusammensetzung pendelnden Wagenpark kann sich die Zusammensetzung am Belade- oder Entladeort auch ändern, z. B. wenn der Zug zur Be- und Entladung aus Platzgründen (Zuglänge, Abschn. 3.2.2) an den Ladestellen sowieso getrennt werden muss. Hierbei können die Wagen eines Wagenparks auch in einem Netz mehrerer Ganzzugverbindungen flexibel zum Einsatz kommen.

Die dritte Alternative ist, dass nur der Lastlauf als Ganzzug erfolgt. Der Leerlauf erfolgt über den EWV. Dies ist insbesondere dann der Fall, wenn die Wagen zu einer Gattung gehören, für die von den EVU ein für mehrere Kunden und mehrere Relationen (Ganzzug- und Einzelwagenrelationen) vorgehaltener Wagenpool genutzt wird. Ein Wagen, der im Lastlauf im Ganzzug vom Start A zum Ziel B gefahren ist, kann also einen oder mehrere andere Transporte durchführen, ehe er wieder in A für einen Ganzzug nach B beladen wird. Derartige Konzepte dienen der Leerlaufminimierung der Wagen.

Die Zeitdauern für die einzelnen Umlaufbestandteile sind wesentlich von den folgenden Parametern abhängig:

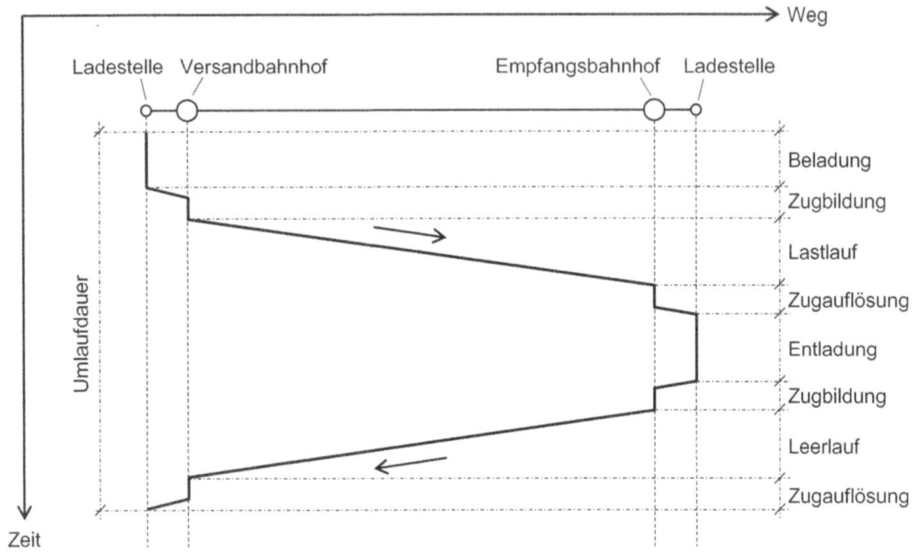

Abb. 4.5 Wagenumlauf im GV (Eigene Darstellung in Anlehnung an Siegmann 2004, S. 6)

- Last- und Leerlauf: Transportdistanz und durchschnittliche Transportgeschwindigkeit (abhängig von streckenseitig und zugseitig fahrbarer maximaler Geschwindigkeiten und Dauer von Zughalten für Triebfahrzeugwechsel, Überholungen oder sonstiger betrieblicher Behandlungen)
- Be- und Entladung: Art des Gutes, dafür eingesetzte Wagengattung und vorhandene Ladeeinrichtungen am Start- und Zielort
- Zugtrennung und -bildung: Notwendige Rangierarbeiten (Sortierungen, am Stück oder in kleinen Wagengruppen den Ladestellen zuführen) und der dafür zur Verfügung stehenden Infrastruktur und Rangierverfahren (Abschn. 2.2.4).

Hinzu kommen planmäßige Pufferzeiten, die den verschiedenen Bestandteilen hinzugefügt werden können.

4.2.4.2 Erläuterungen zur Umlaufbildung an Beispielen

Im vorliegenden Abschnitt wird anhand einiger schematischer Beispiele auf ausgewählte Randbedingungen der Umlaufplanung eingegangen. Ausgangspunkt ist zunächst ein Umlauf einer einzelnen Wagengarnitur, wie er Abb. 4.5 dargestellt ist.

Im einfachsten planerischen Fall ist der Triebfahrzeugumlauf identisch zum Wagenumlauf (Abb. 4.6). Das Triebfahrzeug verbleibt die ganze Zeit beim Wagenzug; am Start- und Zielort wird es lediglich aus betrieblichen Gründen vom Wagenzug getrennt (entkuppelt). Dies bietet den Vorteil einer großen Sicherheit gegenüber Zugverspätungen, die daraus resultieren, dass zwar der Wagenzug zur Abfahrt bereit ist, jedoch noch kein

Abb. 4.6 Triebfahrzeug- und Wagenumlauf verbunden

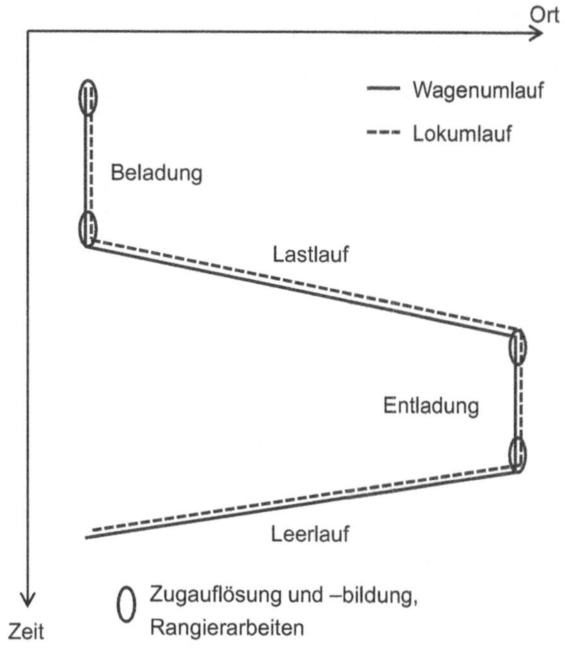

Triebfahrzeug zur Traktion vorhanden ist. Nachteilig ist, dass mit dem Triebfahrzeug die teuerste Einzelressource während der Be- und Entladevorgänge unproduktiv herumsteht (Abschn. 1.4.2.2).

Die Alternative ist in Abb. 4.7 dargestellt. Hier kommt das Triebfahrzeug erst zum Startgleisanschluss bzw. Versandbahnhof, wenn der Beladevorgang abgeschlossen ist. Am Zielort angekommen, wechselt das Triebfahrzeug direkt auf eine andere Leistung über (ggf. unter Inkaufnahme einer Lokleerfahrt, d. h. der Überführung des Triebfahrzeugs an den nächsten Einsatzpunkt). Dies setzt voraus, dass in der Nähe der Start- und Endpunkte die End- bzw. Startpunkte anderer Verkehre liegen, von denen bzw. auf die das Triebfahrzeug überwechseln kann. Neben der örtlichen Lage muss dies zeitlich passen. Es gehört somit zur Aufgabe der Verkehrsplaner, mehrere Verkehre (ggf. mehrerer Transportkunden) so aufeinander abzustimmen, dass der Triebfahrzeugeinsatz insgesamt möglichst effizient ist.

Die Möglichkeit einer Verknüpfung des Triebfahrzeugumlaufs über mehrere Verkehre ist bei großen EVU eher gegeben als bei kleinen; weiterhin ist die geographische Abdeckung und Netzstruktur des EVU relevant. So kommt es z. B. vor, dass auf der einen Seite eines internationalen Wagenumlaufs eine derartige Verknüpfung besteht, da sich diese Seite im geographischen Kernmarkt des EVU befindet (z. B. im Heimatland einer ehemaligen Staatsbahn). Auf der anderen Seite hingegen, im Nachbarland, finden sich für dieses EVU keine sinnvollen Verknüpfungsmöglichkeiten. Hier verbleibt das Triebfahrzeug also beim Wagenumlauf.

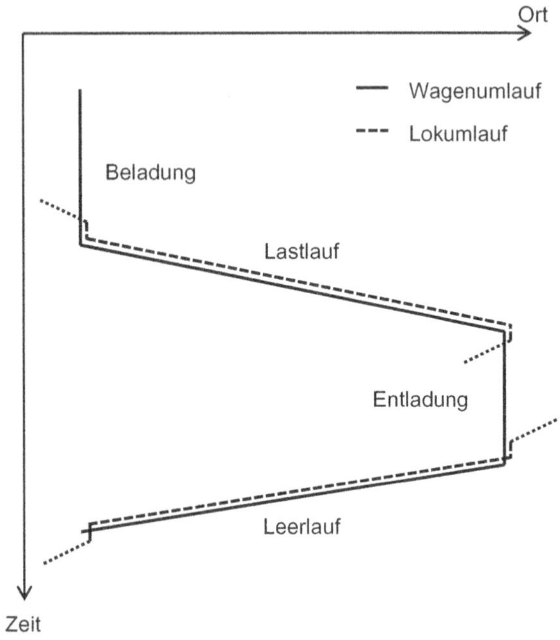

Abb. 4.7 Triebfahrzeug- und Wagenumlauf getrennt

Für die weiteren Beispiele ist nun davon auszugehen, dass zwei Wagengarnituren hin- und herpendeln, es also zwei parallele Umläufe gibt. Betrachtet seien bei Abb. 4.8 zunächst nur die Wagenumläufe. Die Gestaltung auf der linken Seite setzt voraus, dass zwei ganzzugstarke Wagengarnituren gleichzeitig am Start- und am Zielort behandelt werden können – mehr noch: Die Infrastruktur dort muss sie überhaupt erst einmal aufnehmen können. Sinnvoll kann eine solche Gestaltung zum Beispiel sein, wenn der be- oder entladende Betrieb beschränkte Werkszeiten hat, außerhalb derer keine Züge das Werk erreichen oder verlassen können und/oder keine Ladetätigkeiten erfolgen. Auf der rechten Seite sind die Wagenumläufe hingegen so gelegt, dass immer nur eine Wagengarnitur gleichzeitig am Be- und Entladeort ist. Hier begegnen sich die beiden Umläufe daher unterwegs.

Auf der linken Seite bietet es sich an, einen Triebfahrzeugumlauf am Zielort eng zu verknüpfen. Das Triebfahrzeug geht somit vom Lastlauf des einen Wagenumlaufs auf den Leerlauf der zuerst entladenen Wagengarnitur über. Auf der rechten Seite wird beispielhaft mit einem Systemwechselpunkt ein weiterer Aspekt ins Spiel gebracht, der Einfluss auf die Umlaufgestaltung haben kann. Links- und rechtsseitig des Systemwechselpunkts kommen unterschiedliche Triebfahrzeuge zum Einsatz – z. B. findet hier der Wechsel von Diesel- auf E-Traktion statt oder es handelt sich um eine Landesgrenze mit dem Wechsel von Strom- und/oder Zugbeeinflussungssystemen (Abschn. 2.2.1).

Die Umläufe sind im Beispiel so gelegt, dass das Triebfahrzeug des auf der linken Seite angeordneten Triebfahrzeugumlaufs kurze Zeit nach Verlassen des Lastlaufs des einen Wagenumlaufs am Systemwechselpunkt den Leerlauf der gegenläufigen Wagen-

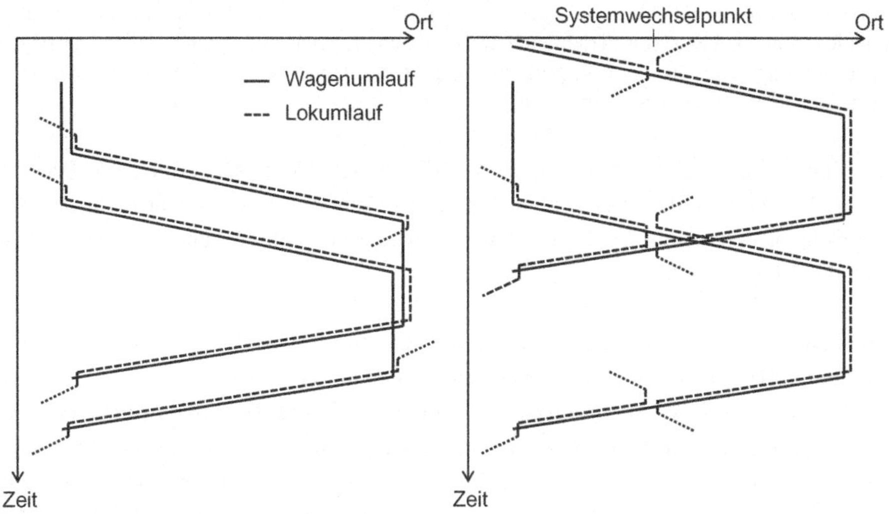

Abb. 4.8 Zwei Umläufe bei hohem Aufkommen: Mit Überlappung in den Ladestellen (links) oder Begegnung auf der Strecke (rechts)

garnitur übernehmen kann. Eine solche Verknüpfung ist effektiv, kann aber zu einer Verspätungsübertragung vom Last- auf den Leerlauf an dieser Stelle führen. Je nach Fahrzeiten beidseitig des Systemwechselpunkts und den Randbedingungen an den Be- und Entladeorten kann der Kreuzungspunkt auch direkt an den Systemwechselpunkt gelegt werden. Dann können beide Triebfahrzeuge direkt den jeweils anderen Wagenzug übernehmen. Bei einer solchen Gestaltung „spitz auf Knopf" erhöht sich jedoch die Aufenthaltszeit der Wagenzüge am Systemwechselpunkt durch die Einplanung notwendiger Puffer und das Risiko der Verspätungsübertragung steigt. Im Graphen des Wagenumlaufs nicht dargestellt ist, dass es für den Wagenzug – unabhängig von der Anordnung des Triebfahrzeugwechselpunkts – an dieser Stelle zu einem Aufenthalt und damit einer Verlängerung der Transportzeit kommt.

Hintergrundinformation: Wahl des richtigen Triebfahrzeugs

Ein Triebfahrzeugwechsel aufgrund eines Systemwechsels führt zu einer Transportzeitverlängerung und erhöht das Risiko von Störungen im Transportablauf. Handelt es sich um einen Systemwechsel des Strom- oder Zugbeeinflussungssystems, so kann dieser Wechsel durch den Einsatz von Mehrsystemlokomotiven verhindert werden. Zur Vermeidung eines Lokwechsels von E- auf Dieseltraktion (oder umgekehrt) sind auch für die Streckenfahrt ausreichend leistungsstarke Zweikraft-Lokomotiven relativ neu am Markt (Abschn. 3.3.1.2). Solche Fahrzeuge sind jedoch wesentlich teuer als Standard-Lokomotiven. Eine Reihe von Faktoren bestimmen daher für das jeweilige EVU, welches im konkreten Fall die bessere Wahl ist. Hierzu zählen neben den Kundenanforderungen hinsichtlich Transportgeschwindigkeit und -verlässlichkeit ein möglicher Altbestand an Standard-Lokomotiven, die Qualifikationen (Landes-, Strecken- und Lokomotivbaureihenkenntnisse und -zulassungen) der zur Verfügung stehenden Triebfahrzeugführer und wie dargestellt die Möglichkeit der zweckmäßigen oder ungünstigen Verknüpfung der jeweiligen Umläufe. Einhergehend mit Triebfahrzeug-Neubeschaffungen und grundsätzlich gestiegener Kundenanforderungen an die Transportleistung geht der Trend zur durchgängigen Traktion mit entsprechend geeigneten Triebfahrzeugen.

Weiterhin sollte bei der Umlaufplanung die Möglichkeit der effektiven Personalplanung beachtet werden. Bei langen Zuglaufstrecken, bei denen der Tf nicht innerhalb einer Schicht den vollen Last- und den vollen Leerlauf fahren kann, ergeben sich die folgenden Möglichkeiten:

- Fahren des gesamten Last- oder Leerlaufs, gefolgt von einer aushäusigen Übernachtung (Hotel). Übernahme der Gegenrichtung am Folgetag.
- Fahren des Last- oder Leerlaufs bis zu einem Punkt des Transports (einer Personalwechselstelle), an dem der Last- oder Leerlauf verlassen wird und auf eine andere Leistung übergegangen wird, sodass zum Ende derselben Schicht idealerweise wieder der Ausgangspunkt (die Personaleinsatzstelle) erreicht wird. Bei der Rückleistung kann es sich um den Gegenlauf des gleichen Kunden-Transportkonzepts (Beispiel Abb. 4.9) oder um eine davon unabhängige Leistung handeln.
- Bei langen Last- bzw. Leerläufen (Fahrzeit größer als eine Schichtlänge) können Auswärtsübernachtungen auch bei Unterwegs-Personalwechseln notwendig werden.

Im abgebildeten Beispiel ist der Kreuzungspunkt von Last- und Leerlauf bewusst so gelegt worden, dass die eingezeichnete Lokführerschicht mit Übergang vom Last- auf den Leerlauf möglich ist.

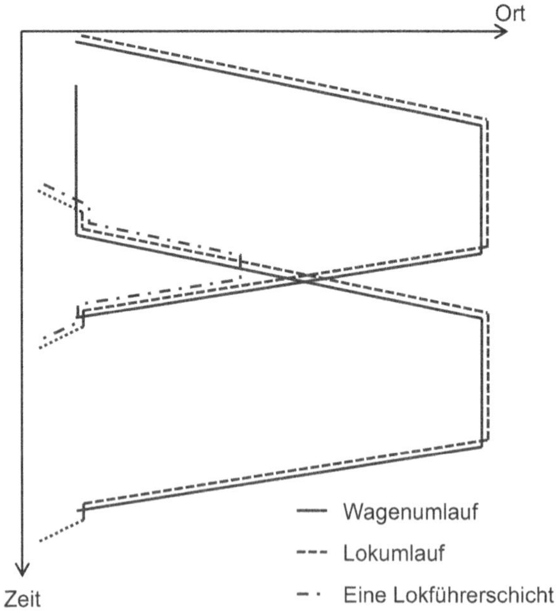

Abb. 4.9 Schichtplanung in Abhängigkeit des Triebfahrzeugumlaufs. Eingezeichnet ist eine von mehreren benötigten Schichten

Der Personalwechsel während eine Zuglaufs setzt in der Regel das Vorhandensein eines Überholgleises (Abschn. 2.3.2) mit Zugangsmöglichkeit voraus, dies kann auch ein Personenbahnsteig sein.

4.2.4.3 Zusammenfassung

Zusammenfassend sind die folgenden Aspekte zu beachten, um ein möglichst effektives Transportkonzept zu planen:

- Leistungsfähigkeiten und Kapazitäten
  - in den Gleisanschlüssen (Start- und Zielort)
  - auf der Strecke (insb. maximal mögliche Zuglänge und -masse, Verfügbarkeit einer zeitlich passenden Trasse)
- Effektiver Ressourceneinsatz von
  - Wagen
  - Triebfahrzeugen
  - Triebfahrzeugführern und sonstigem Personal
- Kundenanforderungen
  - Transportgeschwindigkeit
  - Zuverlässigkeit (gegenüber Verspätungen)
  - Transportfrequenz (Anzahl geforderter Abfahrten pro Woche)

Basierend auf diesen Aspekten ist eine Abwägung zwischen Effektivität oder Stabilität zu treffen:

- Optimierung auf Ressourceneinsatz
  - Minimale Puffer- und Stillstandszeiten
  - Diverse Verknüpfungen zwischen verschiedenen Leistungen der eingesetzten Ressourcen
- Optimierung auf Stabilität
  - Einplanung großzügiger Pufferzeiten
  - Minimierung von Abhängigkeit im Ressourceneinsatz

4.2.5 Regel- und Sonderzüge

Die Unterscheidung zwischen dem *Netzfahrplan* (Jahresfahrplan) und Trassen im *Gelegenheitsverkehr* wurde bereits in Abschn. 2.2.5.2 dargestellt. Dieser Unterscheidung mit Fokus auf den Prozess der Fahrplanerstellung gegenüber steht die Sichtweise der EVU, bei der begrifflich vielfach zwischen *Regel-* und *Sonderzügen* unterschieden wird (Abb. 4.10).

Hat der Transportkunde mittel- bis langfristig ein recht konstantes Transportaufkommen, so werden hierfür Regelzüge eingesetzt. Die Trassen für Regelzüge werden, so vom zeitlichen Vorlauf her möglich, zum Netzfahrplan angemeldet und gelten dann

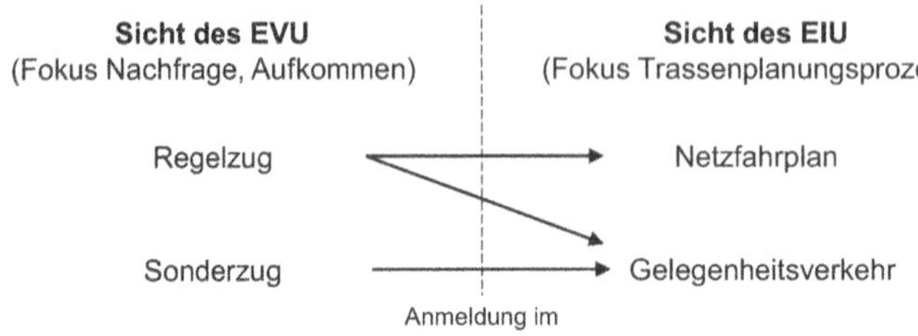

Abb. 4.10 Grundsätzliche Zuordnung von Regel- und Sonderzügen zum Netzfahrplan und zum Gelegenheitsverkehr

identisch für festgelegte Verkehrstage (Wochentage, z. B. jeden Dienstag und Donnerstag mit Abfahrt um 10:00 und Ankunft 18:23 Uhr). Diese verlässliche Regelmäßigkeit ist eine Voraussetzung für ein hinsichtlich aller Ressourcen effektives Umlaufkonzept (Abschn. 4.2.4). Startet ein Regelzugkonzept unterjährig bzw. findet dessen Planung nach Ablauf der Frist zur Anmeldung für den nächstjährigen Netzfahrplan statt, so meldet das EVU die notwendigen Trassen zum Gelegenheitsverkehr an. Da schon bestehende Trassen anderer EVU hierfür nicht verändert werden, besteht das Risiko, dass an einzelnen Verkehrs- oder auch Kalendertagen der Trassenwunsch nicht oder nur mit veränderter zeitlicher Lage erfüllt werden kann. Da dies zu negativen Auswirkung auf die Effizienz des Umlaufkonzepts führen kann, wird das EVU zur nächsten Netzfahrplanperiode die Trassen für den Netzfahrplan anmelden – das Regelzugkonzept startet also über Trassen des Gelegenheitsverkehrs, bevor es in den Netzfahrplan kommt.

Sonderzüge werden für einmalige, kurzfristige (sowohl bezüglich planerischer Vorlaufzeit als auch Dauer des Aufkommenszeitraums) als auch dauerhaft in der Menge oder bezüglich des Start- oder Zielorts stark schwankende Aufkommen eingesetzt. Das heißt dann, wenn die oben benannten Voraussetzungen – Regelmäßigkeit und Mittel- bis Langfristigkeit des Aufkommens – nicht vorliegen. Es kann sich dabei um einen einzigen Zug (einen Transportvorgang per Ganzzug), um sich unregelmäßig wiederholende Transportvorgänge über einen längeren Zeitraum oder auch um eine sogenannte Kampagne handeln, in der mit vielen Sonderzügen in einem kurzen Zeitraum ein saisonales Produkt transportiert wird (Beispiel Zuckerrübenernte). Sonderzüge werden damit grundsätzlich im Gelegenheitsverkehr angemeldet.

Hat ein Kunde ein dauerhaft schwankendes Aufkommen, so bieten sich die folgenden Möglichkeiten an:

- Regelzüge mit Zugauslegungen. Es werden Trassen im Netzfahrplan für alle notwendigen Züge einer Maximal-Aufkommenswoche bestellt (z. B. 3 Züge pro Woche mit Abfahrt Montag, Mittwoch und Freitag). Bei reduziertem Aufkommen werden einzelne Züge ausgelegt, d. h. deren Trassen storniert. Der Vorteil ist, dass man auch für das Maximalaufkommen sichere und zeitlich gut in das Konzept passende Trassen hat. Nachteilig für das EVU ist, dass je nach Tarifsystem des EIU Kosten für die Trassenstornierungen anfallen. Nachteil für andere EVU und damit für das Gesamtsystem ist, dass Kapazität auf der Infrastruktur für andere blockiert und dann gar nicht genutzt wird.

- Regelzüge mit zusätzlichen Sonderzügen. Die Bestellung von Trassen im Netzfahrplan erfolgt nur für die Anzahl an wöchentlichen Zügen, die für ein sicheres wöchentliches Grundaufkommen notwendig sind (z. B. 2 Züge pro Woche mit Abfahrt Montag und Freitag). Für Wochen, in denen dies nicht reicht, werden nachträglich Sonderzüge eingelegt, d. h. Trassen im Gelegenheitsverkehr angemeldet. Nachteilig ist das Risiko, hier keine passende Trasse (z. B. für den Mittwoch) zu bekommen. Als Vorteil fallen gegenüber dem EIU jedoch nur für wirklich genutzte Trassenkosten an.
- Eine Kombination von beidem. Werden – als Beispiel – in der Regel zwei Züge pro Woche gebraucht, selten nur einer und ab und zu drei, so kann es sinnvoll sein, zwei Züge fest im Netzfahrplan zu verankern.

4.2.6 Abruf- und Sammelverfahren

Abruf- und Sammelverfahren ermöglichen es Kunden, deren Gleisanschlüsse keine Ganzzüge aufnehmen können, dennoch Ganzzüge für sich fahren zu lassen.

Beim Abrufverfahren verbleiben die Wagen des Ganzzuges zunächst am Zielbahnhof. Der Empfangskunde ruft diese dann einzeln oder in Gruppen ab, d. h. er gibt dem EVU vor, wann es welche Wagen bis in seinen Gleisanschluss liefern soll. Er nutzt damit die öffentliche Bahnhofsinfrastruktur als Lager für sein Gut, welches er sich dann just in time zustellen lässt. Diese Pufferfunktion führt dazu, dass Abrufverfahren auch beim EWV zum Einsatz kommen, d. h. wenn das Problem „ganzer Zug passt nicht in den Gleisanschluss“ gar nicht vorliegt.

Beim Sammelverfahren holt das EVU die Wagen einzeln oder in Gruppen nach Kundenwunsch aus dem Gleisanschluss und sammelt sie im Abgangsbahnhof, bis sie in ausreichender Menge für einen Ganzzug vorhanden sind. Auch dieses Verfahren kommt als „Lager im Güterwagen“ in einigen Fällen beim EWV zum Einsatz.

4.3 Einzelwagenverkehr

4.3.1 Definition

Im EWV werden einzelne Wagen oder Wagengruppen vom Start zum Ziel über ein mehrstufiges Transportnetz unter Nutzung mehrerer Züge und Rangieranlagen transportiert. Kennzeichnend ist dabei das *freie Routing:* ein Transport ist flexibel von jedem zu jedem angebundenen Start- und Zielpunkt möglich. Die kleinste Sendungseinheit ist dabei ein Güterwagen. Beim Start und Ziel handelt es sich um private Gleisanschlüsse des Versenders und des Empfängers, sowie öffentliche Zugangsstellen wie Freiladegleise und für verschiedene Transportkunden nutzbare Stückgutcenter, die auch Lager- und Konsolidierungsfunktionen anbieten.

4.3.2 Merkmale, Einsatzbereiche und Wettbewerb

Mit dem Transport von einzelnen Wagen oder von Wagengruppen im System des EWV bieten die Bahnen den Kunden auch in den Fällen einen durchgehenden Transport auf der Schiene vom Start bis zum Ziel, in denen das relationsspezifische Sendungsaufkommen zu gering für den wirtschaftlichen Einsatz von Ganzzügen ist.

Auch wenn das Sendungsaufkommen theoretisch für z. B. einen Ganzzug pro Woche reichen würde, können verschiedene Gründe für die Nutzung des EVW sprechen. So kann bei gleicher wöchentlicher Transportmenge mit einer höheren Frequenz (mehrere Abfahrten pro Woche) gefahren werden. Es entfällt somit die Notwendigkeit der Sammlung und Lagerung des Gutes bis zum Erreichen der ganzzugfähigen Menge. Dafür müssten neben den bahnbetrieblichen Anlagen für die Behandlung eines langen Ganzzuges am Start- oder Zielort die notwendigen Lagerkapazitäten vorhanden sein.

Zudem ist der EWV als offenes System für den Kunden bei Mengenschwankungen sehr attraktiv. Bei mehreren angebotenen und vertraglich vereinbarten Abfahrten pro Woche – z. B. täglich – kann der Kunde mal einen Wagen, mal zwei, mal fünf, mal keinen usw. mitgeben. Viele der Bahnen, die EWV-Netze betreiben, geben dem Kunden dafür nur sehr kurze Meldefristen vor, z. B. spätestens zwei Stunden vor Abfahrt.

Bezüglich der Art der zu transportierenden Güter sind grundsätzlich keine Grenzen gesetzt. Ausnahmen sind – neben Gütern, die aufgrund ihrer Größe (Einhaltung des Lademaßes, Abschn. 2.3.2) nicht ohne Weiteres auf der Schiene transportierbar sind – Rohstoffe wie Kohle und Eisenerz, die sich fast vollständig auf den GV konzentrieren. Beispielhafte, im höheren Umfang auftretende Güter sind Stahl- und Metallerzeugnisse, d. h. Zwischen- und Endprodukte der Montanindustrie, chemische Produkte, Papier, aber auch diverse schüttbare und palettierte Güter verschiedener Industrie- und Konsumgüterbranchen. Der EWV ist somit grundsätzlich im Stückgutbereich vertreten sowie bei den Massengütern, die auch unterhalb einer Ganzzugmenge transportiert werden.

Den benannten Vorteilen des Systems – allen voran das freie Routing und die zeitliche Flexibilität – steht ein entsprechender betrieblicher Aufwand gegenüber. Die vielen Sammel-, Verteil- und Umstellvorgänge wirken sich negativ auf die Qualität – sowohl Transportgeschwindigkeit als auch Zuverlässigkeit[4] – wie auch auf die Kosten bzw. den durch die Marktpreise möglichen Kostendeckungsgrad aus. Eine bereits 2015 im Auftrag der EU-Kommission veröffentlichte Studie fasst die Situation des europäischen EWV entsprechend prägnant wie folgt zusammen:

---

[4] Auf die Kapazitätsbuchung im EWV als eine wesentliche Maßnahme zur Steigerung der Verlässlichkeit wird in Abschn. 4.3.5 ausführlicher eingegangen.

> "Single Wagon Load services are perceived as not meeting the market expectations in terms of quality (reliability, speed, possibility of tracking and tracing the goods during transport, ...) and not profitable for the services providers." (EC 2015, S. 108)

Der sogenannte Nachtsprung (nachmittags/abends beim Versandkunden abgeholt und morgens/vormittags beim Zielkunden zugestellt) lässt sich nur unter bestimmten, passenden Bedingungen realisieren. Die übliche Transportdauer liegt hingegen bei zwei und – vor allem bei weitlaufenden internationalen Verkehren – noch mehr Tagen. Gegebenenfalls recht geringfügige Verspätungen einzelner Züge in der mehrgliedrigen Transportkette können zu einem Verpassen von geplanten Übergängen auf die Folgezüge führen, was dann zu wesentlich höheren Folgeverspätungen und entsprechend hohen Sendungsverspätungen am Zielort führen kann. Eine Zugverspätung von wenigen Stunden führt so, sofern z. B. einer der Folgezüge im Nahbereich nur einmal pro Tag verkehrt, gleich zu einer Sendungsverspätung von mindestens 24 h.

Das notwendige Vorhalten der Ressourcen an allen Knotenpunkten führt zu hohen Fixkosten im System. Die aufwendigen Rangieranlagen insbesondere in den großen Knotenpunkten benötigen eine hohe Auslastung, um wirtschaftlich betrieben werden zu können. Bezüglich des Kostenaspekts besonders kritisch ist jedoch die Sammlung und Verteilung der Wagen auf der „ersten" bzw. „letzten Meile" bis zu den Gleisanschlüssen. Diese Vor- und Nachläufe, bei denen ein geringer Grad der Sendungsbündelung erreicht wird, gleichzeitig aber bereits teure Ressourcen (Triebfahrzeuge, Personal, Trassen) eingesetzt werden müssen, verteuern die Transporte.[5] Durch die aus diesen wirtschaftlichen Erwägungen resultierende seltene Bedienung der Gleisanschlüsse und Güterverkehrsanlagen folgen lange Standzeiten, welche wiederum die Transportzeit verlängern und die Effektivität des Wageneinsatzes reduzieren. Der hohe Fixkostenanteil ist ein Grund dafür, dass der EWV bei Konjunkturrückgängen im Vergleich zum GV und KV als auch insbesondere im Vergleich zu anderen Verkehrsträgern besonders leidet. Während die Transportmenge und damit die Einnahmeseite sinkt, bleibt ein Großteil der Kosten bestehen. Es können dann nicht einfach einzelne Knotenpunkte aus dem System genommen werden.

Da der EWV im Gegensatz zum Ganzzug kleine Sendungsgrößen adressiert, steht er in einem stärkeren Wettbewerb zum Lkw, der bei den benannten Kriterien Transportdauer, Verlässlichkeit und Transportpreis die Referenz darstellt. Er ist durch alle Verlagerungsbewegungen zwischen Straße und Schiene besonders betroffen und reagiert damit empfindlich auf Veränderung der wettbewerbsrelevanten Rahmenbedingungen.

Der resultierende Preisdruck und entsprechend geringe Margen haben zusammen mit dem hohen Aufwand dazu geführt, dass es nur minimalen intramodalen Wettbewerb gibt. Größtes Hemmnis ist die Notwendigkeit des Aufbaus von Knotenpunkten in der Fläche und damit die Vorhaltung von Ressourcen an diesen. Dies stellt einen großen Fixkosten-

[5] Kostenstrukturen von EVU, speziell auch im EWV, finden sich in Abschn. 1.4.2.

block dar, der bei zumindest anfangs geringem Sendungsaufkommen und dem soeben benannten Preisdruck kaum tragbar ist. Jeweils landesweit flächendeckende EWV-Netze werden daher in Europa nach wie vor ausschließlich von den ehemaligen Staatsbahnen bzw. deren Nachfolgeorganisationen betrieben – d. h. von den Bahnen, die dieses Segment schon vor der Liberalisierung als staatliches Monopol innehatten. In einzelnen Ländern, wie z. B. in Spanien oder Italien, haben sich auch diese Bahnen ganz oder fast vollständig aus diesem Segment zurückgezogen. Die wenigen Initiativen von privaten EVU zur Etablierung von EWV-Netzen in Konkurrenz zu den ehemaligen Staatsbahnen konzentrieren sich auf kleinere Regionen bzw. auf einzelne Achsen mit Sammlung und Verteilung in der Start- und Zielregion. An einigen Stellen haben jedoch die ehemaligen Staatsbahnen selbst oder mit Tochter- oder Schwesterunternehmen ihre Netze außerhalb ihres Stammlandes erweitert, in Konkurrenz zum Netz der dortigen ehemaligen Staatsbahn oder – wie im Fall von Norditalien – um regionale Angebotslücken nach Rückzug der dortigen Bahn aus diesem Segment zumindest teilweise wieder mit dem Fokus zu schließen, Im- bzw. Exportverkehre von/ins eigene Stammnetz zu erhalten.

Für bestimmte Industrien stellt sich jedoch nach eigenem Bekennen der Lkw nicht als Alternative zum EWV dar, z. B. für den Transport von Gefahrgut (chemische Industrie) und spezifisch schweren Gütern wie denen der Stahlindustrie. Die Wirtschaftsvereinigung Stahl schreibt hierzu in ihrem Positionspapier Bahn: „Einzelwagen- und Wagengruppenverkehre sind für eine wettbewerbsfähige Stahlindustrie am Standort Deutschland unverzichtbar: Beinahe jede zweite per Bahn versandte Tonne der Stahlindustrie wird im EWV befördert." (WVS 2019, S. 2). Ohne diesen konkreten Branchenbezug spricht der Bundesverband der Deutschen Industrie (BDI) von der „Sicherung des für die deutsche Industrie immens wichtigen Einzelwagen-Verkehrs" (Lösch 2020).

VDV und Roland Berger (2022, S. 65) halten zum EWV fest:

> „Der Einzelwagenverkehr bindet als Netzwerk für einzelne Güterwagen und Wagengruppen viele Kunden, z. B. aus der Chemiebranche, an das europäische Schienennetz an und hat deshalb eine hohe Bedeutung für das Erreichen der Klimaziele. Zudem wird vor dem Hintergrund der zunehmenden Spezialisierung und Fragmentierung der Logistik auch in Zukunft eine hohe Nachfrage nach einzelnen (klimaneutralen) Wagenladungen bestehen. Ein Angebot im Einzelwagenverkehr ist daher fester Bestandteil eines leistungsfähigen Schienengüterverkehrssystems der Zukunft."

Die unter den aktuellen Rahmenbedingungen mangelnde Wirtschaftlichkeit eines großen und weit (bzw. fein-) verzweigten EWV-Netzes auf der einen und dessen Notwendigkeit für die Industrie auf der anderen Seite – und damit der politische Wille zum Erhalt des Systems – hat in den letzten Jahrzehnten mehrfach zum Versuch des „Gesundschrumpfens" geführt. Bekanntestes Beispiel für ein derartiges „Gesundschrumpfungsprogramm" in Deutschland ist das „Marktorientierte Angebot Cargo" (MORA C) der DB Cargo aus den Jahren 2002 bis 2004. Vorausgegangen war die Ermittlung, dass 70 % des Umsatzes über nur 10 % der Güterverkehrsstellen erwirtschaftet wird[6]. Bei Güterverkehrsstellen handelt es sich um „Bahnanlage[n], die eine verkehrliche Verbindung zu den (nicht öffentlichen) Anschlussbahnen bzw. Gleisanschlüssen herstell[en]“ (Martin 2004, S. 134) und als Tarifpunkt genutzt werden.

In der langfristigen Entwicklung ist die Anzahl der Gleisanschlüsse in Deutschland von knapp 16.000 im wiedervereinigten Deutschland 1991 auf einen Wert von knapp unter 2400 im Jahr 2012 gesunken, der sich seitdem gemäß offizieller Statistik mehr oder weniger konstant hält.[7] KCW (2018, S. 62) geht auf Basis von Angaben der DB Netz AG, Landesaufsichtsbehörden und Befragung der anschließenden Unternehmen hingegen nur von rund 1400 im Güterverkehr aktiven Gleisanschlüssen aus. Eine parallele, wenn nicht gar noch dramatischere Entwicklung ergab sich bei den öffentlichen Ladestellen und Güterbahnhöfen.

Auch in Österreich und der Schweiz zeigt sich ein negativer Trend bei den Bestandszahlen von öffentlichen Ladestellen (Freiverlad) und Gleisanschlüssen. Von 840 Anschlüssen in Österreich im Jahr 2010 waren laut VCÖ (o. J.) im Jahr 2020 noch 547 in Betrieb. Trippi (2020, S. 38) zeigt – mit Verweis auf Unsicherheiten in den Datenquellen – den Niedergang der Zahlen in der Schweiz auf: von rund 3500 im Jahr 2007 auf rund 1500 im Jahr 2019, von denen jedoch nur rund 500 aktiv genutzt seien. Zur Erfüllung des gesellschaftlichen Auftrags einer Steigerung des modalen Anteils der Schiene ist dieser negative Trend – insbesondere bezüglich der Anzahl öffentlicher Ladestellen – umzukehren (Abschn. 1.5.1).

Auch wenn sich die Transportleistung im EWV beileibe nicht im selben Maßstab reduziert hat, ist sein Anteil im Vergleich zu den anderen Produktionssystemen gesunken. „Derzeit hat der Einzelwagenverkehr nur einen Anteil von 18 % am gesamten deutschen Schienengüterverkehr“ (Nikutta 2021, S. 203). Seine Bedeutung innerhalb des SGV ist jedoch höher einzuschätzen, als dieser Wert allein suggeriert. Das liegt daran, dass vielfach Leer- und Schadwagentransporte für die anderen Produktionssysteme im EWV-Netz erfolgen (sogenannte „Servicefunktion“ des EWV), welche in einer Betrachtung mit Fokus auf die Transportleistung nicht auftauchen. In Österreich liegt der Anteil des EWV nach Angaben der ÖBB Rail Cargo Group bei rund 30 %.

[6] Zitiert aus (Martin 2004, S. 134), dortige Quellenangabe: „Gleiszugänge werden größtenteils stillgelegt“. In: Financial Times Deutschland, 22.11.2000.

[7] Wert für 1991 aus Häßler und Hildebrand (2007), dortige Quellenangabe „Reh (2004). S. 31“. Werte für 2012 bis 2018 aus BMVI (2020, S. 53).

4.3.3 Netzgestaltung

Bei den EWV-Netzen der europäischen Bahnen haben sich Netze mit mehreren Knoten- und Zughierarchiestufen etabliert, die als Knotenpunktsysteme bezeichnet werden. Abb. 4.11 zeigt ein entsprechendes kleines, fiktives EWV-Netz mit Knotenpunktsystem unter Verwendung von drei Hierarchiestufen und ihrer Bezeichnungen, wie sie im deutschen EWV-Netz der DB Cargo AG vorkommen. Oberbegriff der drei Knotenpunktkategorien ist *Zugbildungsanlage (ZBA)*.

- Die kleinste Knoten-Kategorie wird als *Satelliten* (Sat) bezeichnet. An diese sind die Gleisanschlüsse und weitere Zugangspunkte wie Freiladegleise und -rampen sowie Railports direkt angebunden (Abschn. 2.3.3). Es handelt sich um kleinere Bahnhöfe, in denen die Güterwagen mittels Rangierfahrten (Abschn. 2.2.3) zur Nahbereichsbedienung (Zustellung zu den Gleisanschlüssen) und zur Bildung der Züge zum Knotenpunktbahnhof sortiert werden. An Satelliten können Triebfahrzeuge (Rangierlokomotiven) fest stationiert sein („Satellit mit Rangiermitteln") oder alle notwendigen Wagenbewegungen werden mit dem Triebfahrzeug von benachbarten Knotenpunkten ausgeführt.
- Die nächstgroße Knoten-Kategorie bilden die *Knotenpunktbahnhöfe (Kbf)*. In ihnen werden die Wagen aus mehreren Satelliten gesammelt und zu Zügen zum nächsten Rangierbahnhof zusammengestellt bzw. in umgekehrter Richtung die Wagen aus den vom Rangierbahnhof eingehenden Zügen auf die Züge zu den Satelliten verteilt.

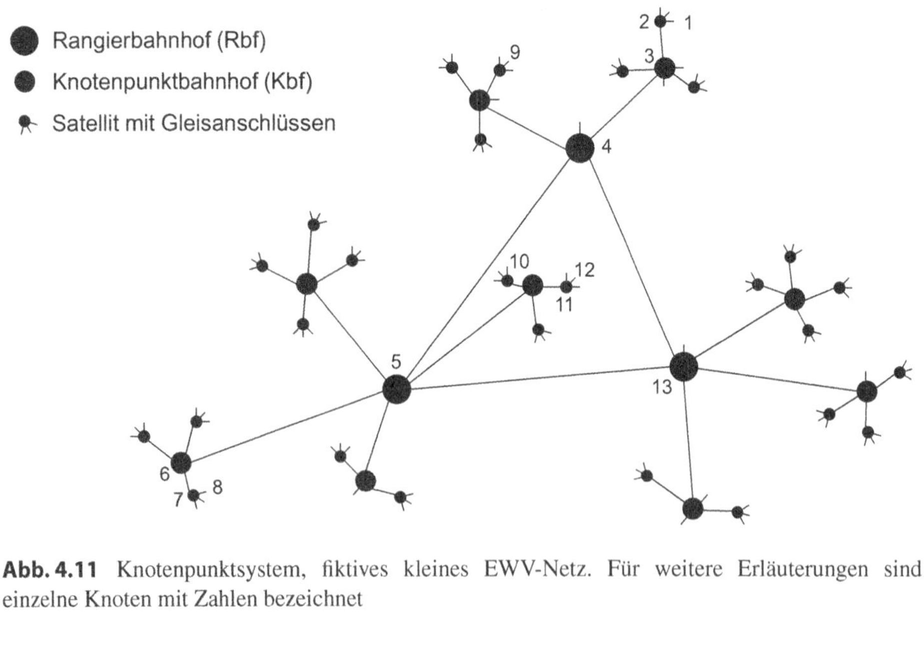

Abb. 4.11 Knotenpunktsystem, fiktives kleines EWV-Netz. Für weitere Erläuterungen sind einzelne Knoten mit Zahlen bezeichnet

Einige Kbf – insbesondere solche, die ehemals als Rangierbahnhof genutzt wurden – sind mit einer Ablaufanlage ausgerüstet; ansonsten finden die Sortiervorgänge in Kbf auch durch Umsetzen statt.

- Bei den *Rangierbahnhöfen* (Rbf) handelt es sich um die größten, zentralen Knoten im Netz. Diese sind untereinander hochfrequent durch Fernzüge verbunden. Auch die Verbindungen zu den Kbf erfolgen häufig mehrmals täglich. Es handelt sich um große, leistungsfähige Anlagen mit Ablaufanlage (Abschn. 4.3.4).

Tab. 4.2 gibt eine Übersicht über die Anzahl der Knotenpunkte der EWV-Netze in Deutschland, Österreich und der Schweiz. Abweichende Bezeichnungen der Knotenkategorien in Österreich und der Schweiz sind daraus ebenso ersichtlich.

Eine übliche Transportkette im EWV sieht wie folgt aus (in Klammern die Knotennummern aus dem Beispiel in Abb. 4.11): Versand-Gleisanschluss (1) – Sat (2) – Kbf (3) – Rbf (4) – Rbf (5) – Kbf (6) – Sat (7) – Empfangs-Gleisanschluss (8). Ist das Ziel hingegen Empfangs-Gleisanschluss mit der Nummer 9, so ist mit Knoten Nummer 4 nur ein Rbf eingebunden. Bei langen, insbesondere internationalen Transporten, finden auch Umstellungen in mehr als zwei Rbf statt (bzw. Knoten der höchsten Kategorie in der Bezeichnung der jeweiligen Bahn). Notwendige Sortierleistungen können an verschiedenen Knoten stattfinden. So kann Rbf 5 alle Wagen zu Kbf 6 unabhängig von den

Tab. 4.2 Knotenpunkte der EWV-Netze in Deutschland, Österreich und der Schweiz

<table>
<tr><th>Land und Hauptbetreiber des EWV-Netzes[a]</th><th>Deutschland (DB Cargo)[1]</th><th>Österreich (RCA)[2]</th><th>Schweiz (SBB Cargo)</th></tr>
<tr><td>Kategorie 1 (Sortierknoten)</td><td>9 Rangierbahnhöfe</td><td>8 Verschiebebahnhöfe</td><td>5 Rangierbahnhöfe[3]</td></tr>
<tr><td>Kategorie 2 (Sammel- und Verteilknoten)</td><td>23 Knotenpunktbahnhöfe</td><td>30 Verschubknoten</td><td>45 Formationsbahnhöfe[4]</td></tr>
<tr><td>Kategorie 3 (Versand- und Empfangsknoten, Standorte der Flächenbedienung)</td><td>111 Satelliten mit Rangiermitteln (weitere ohne fest zugeordnete Rangiermittel)</td><td>80 Bedienknoten</td><td rowspan="2">393 Annahmebahnhöfe[4, d]</td></tr>
<tr><td>Anschlusspunkte für eine(n) oder mehrere (öffentliche) Ladestellen und Gleisanschlüsse</td><td>2295 Güterverkehrsstellen[b]</td><td>400 Abfertigungsstellen[c]</td></tr>
</table>

Quellen: 1) DB Cargo AG; 2) ÖBB Rail Cargo Group; 3) SBB Cargo AG; 4) BAV (2020), Anmerkungen: a) Teile der in den Zahlen enthaltenen Anlagen, insbesondere der Kategorie 3 und der Anschlusspunkte, enthalten Punkte mit Bedienung durch andere Betreiber b) Tarifpunkt; c) 300 davon mit regelmäßiger Bedienung; d) 306 Bedienpunkte, zu denen SBB Cargo Wagen der Kunden zustellt bzw. abholt (Quelle: SBB Cargo AG) weiteren Zielen in beliebiger Mischung an Kbf 6 senden, sodass diese dann in Kbf 6 noch stark sortiert werden müssen, oder Rbf 5 führt eine Vorsortierung durch, sodass der Notwendige Sortieraufwand in Kbf 6 reduziert ist. Dies ist ein Aspekt der Systemgestaltung und der Leistungsauslegung der einzelnen Anlagen.

In einem derartigen, streng hierarchisch aufgebauten System, bei dem jeder Sat nur an einen Kbf und jeder Kbf nur an ein Rbf angebunden ist, kann es zu einigen Umwegen für die Wagen kommen. Im Beispielnetz ist die Verbindung zwischen den Gleisanschlüssen 12 und 8 effektiv; zwischen den Gleisanschlüssen 12 und 1 ist der Umweg über den Rbf 5 offensichtlich.

Entsprechenden Umwegen kann durch ein Aufbrechen der starren, streng hierarchischen Struktur begegnet werden. Sind Kbf an mehrere Rbf angebunden oder auch Verbindungen zwischen zwei Kbf eingerichtet, so spricht man von einem flexiblen Knotenpunktsystem. In Abb. 4.12 ist das Netz aus Abb. 4.11 um einige entsprechende Zugverbindungen ergänzt. Die Verbindung zwischen den Knoten 4 und 10 reduziert die Umwegkilometer zwischen den Gleisanschlüssen 1 und 12 massiv; zudem wird eine Wagenumstellung (in Knoten 5) gespart. Bei der eingangs dargestellten Transportkette zwischen den Gleisanschlüssen 1 und 8 können zwei Umstellungen eingespart werden.

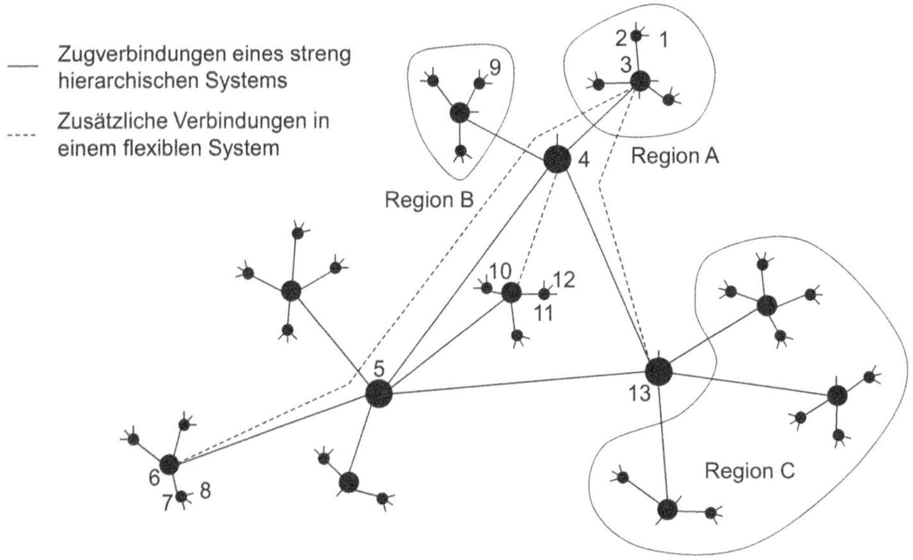

Abb. 4.12 Flexibles Knotenpunktsystem, fiktives kleines EWV-Netz

Derartige zusätzliche Verbindungen bieten also grundsätzlich die Möglichkeit zur Laufwegsreduktion sowie zur Minimierung der Anzahl notwendiger Zwischenhalte mit Umstellung in andere Züge. Beides führt zu Kostenreduzierungen und der Beschleunigung des Transports für diejenigen Wagen, für die diese zusätzlichen Verbindungen geeignet sind. Jedoch setzen die zusätzlichen Verbindungen ein entsprechend hohes Aufkommen auf diesen Transportachsen voraus. Dies soll am Beispiel der Direktverbindung vom Kbf 3 zum Rbf 13 erläutert werden. Betrug beispielsweise die Frequenz der Zugverbindung zwischen den Rbf 4 und 13 fünf ausgelastete Züge pro Werktag, so reduziert sich bei Einrichtung einer Verbindung von Knoten 3 zu 13 mit zwei Zügen pro Werktag das Aufkommen zwischen diesen beiden Rbf auf eine Menge, die mit nur noch drei Zügen pro Werktag fahrbar ist. Reduziert man hier entsprechend die Frequenz auf diese drei Züge, so sinkt damit die Angebotsqualität und Flexibilität für alle anderen Verkehre, die über die Achse 4–13 laufen. Eine Verbesserung des Angebots von der Region A zur Region C führt somit zu einer Verschlechterung des Angebots von der Region B nach C. Behält man die Frequenz im Sinne der Qualität B<>C dennoch bei fünf Zügen pro Werktag, so sind diese im Schnitt nur noch zu 3/5 (60 %) ausgelastet.

Zudem hat dieser Aspekt der Netzgestaltung einen Einfluss darauf, mit welcher Wahrscheinlichkeit Verspätungen einzelner Züge zu hohen Sendungsverspätungen am Zielort führen, da ein Folgezug mit geringer Abfahrfrequenz verpasst wurde.

Grundsätzlich gibt eine hohe Auslastung im System die Möglichkeit von mehr Direktverbindungen im Sinne eines flexiblen Kontenpunktsystems mit dem Ziel der Zeit- und Kostenreduktion auf allen Relationen. Ein Mengenwachstum kann also als „Spirale nach oben“ genutzt werden, die weiteres Wachstum generiert. Eine sinkende Systemauslastung zwingt hingegen dazu, sich auf weniger Verbindungsachsen zwischen den Knotenpunkten zu konzentrieren, um diese in ausreichender Frequenz und Auslastung pro Zug effizient betreiben zu können. Je weiter die Gesamtauslastung sinkt, desto stärker muss diese Konzentration auf die Haupttransportrouten erfolgen, bei einer Reduktion der Zugfrequenz auch auf diesen Verbindungen. Damit steigen die Transportzeiten und -kosten, die Verlässlichkeit sinkt – es ergibt sich somit eine gefährliche „Spirale nach unten“.

Die tatsächliche Netzgestaltung, d. h. der Anzahl der Knotenpunkte je Hierarchiestufe, die Anzahl der Verbindung zwischen diesen inklusive der Frequenzen pro Verbindung, ergibt sich also als ein Optimum aus verschiedenen zu beachtenden Faktoren. Hierzu werden die Transportströme und Zugauslastungen der letzten Monate und Jahre analysiert und mit Mengenprognosen für die nächsten Fahrplanperioden bzw. der konkreten Kenntnis neu beauftragter bzw. geänderter Transportmengen großer Kunden abgeglichen. Ebenso erfolgt eine Analyse von Sendungslaufzeiten im System, um eine Anpassung an die entsprechenden Kundenanforderungen wahrnehmen zu können. Auf diese Weise entwickeln sich die Zugprogramme der EWV-Netze im Detail von Jahr zu Jahr weiter.

4.3.4 Rangierbahnhöfe

Dieser Abschnitt enthält eine kurze Darstellung des generellen Aufbaus von Rangierbahnhöfen (Sortierknoten) und der dort stattfindenden Prozesse. Für ausführlichere Erläuterungen sei z. B. auf die Abschn. 13.4 und 13.5 aus Fiedler und Scherz (2012) und Kap. 9 aus Pachl (2021) verwiesen. Eine generelle Übersicht zu Rangierverfahren auch für Anlagen der niedrigeren Hierarchiestufen gibt Abschn. 2.2.4.1. In einigen Knotenpunktbahnhöfen (Sammel- und Verteilknoten) ist jedoch eine vergleichbare technische Ausstattung wie in den Rangierbahnhöfen vorhanden, weshalb dort die Prozesse den hier dargestellten gleichen können.

Abb. 4.13 zeigt den grundsätzlichen Aufbau eines Rangierbahnhofs und benennt die Hauptfunktionen der einzelnen Elemente. In Arbeitsrichtung – in der Abbildung von links nach rechts – besteht er aus der Einfahrgruppe, der Richtungsgruppe und der optionalen Ausfahrgruppe. Der Ablaufberg befindet sich zwischen Einfahr- und Richtungsgruppe. Dargestellt sind neben den drei Gruppen die Gleise zur Anbindung an das öffentliche Streckennetz.

Hintergrundinformation: Eigentums- und Nutzungskonzepte der Rangierbahnhöfe
Mit den Bahnreformen in Deutschland, Österreich und der Schweiz wurden unterschiedliche Lösungen zum diskriminierungsfreien Zugang und zum Betrieb der Rangierbahnhöfe (Rbf) gefunden. In allen drei Ländern befinden sich die Anlagen im Eigentum der EIU (DB Netz, ÖBB Infrastruktur, SBB Infra).

- In Deutschland ist grundsätzlich jedes EVU berechtigt, Gleise in den Rbf zu mieten und mit eigenen Triebfahrzeugen und Personal (abgesehen von Personal des EIU im zugehörigen Stellwerk) zu betreiben. Bislang sind fast alle Rbf fast vollständig und langfristig von DB Cargo gemietet, welches somit auch in allen Anlagen den Betrieb für das eigene EWV-Netz durchführt. (ERegG § 17; DB Netz AG 2022; VCI 2021, S. 5)

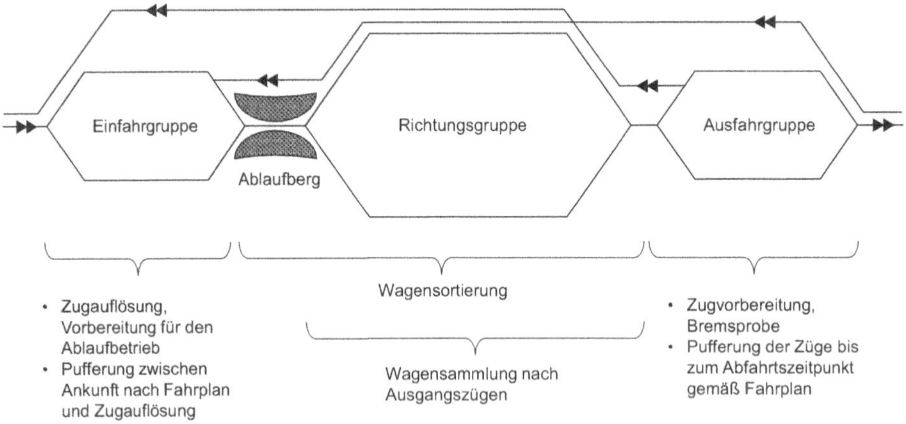

Abb. 4.13 Schematischer Aufbau eines Rangierbahnhofs

- In Österreich werden die Rbf – bzw. nach dortiger Nomenklatur die Verschubknoten – vom EIU ÖBB Infrastruktur betrieben. D. h., dass alle Prozesse zwischen der Ankunft eines Zuges eines EVU in der Einfahrgruppe und der Abfahrt eines neu gebildeten Zuges in der Ausfahrgruppe von ÖBB Infrastruktur mit dessen Personal und Triebfahrzeugen durchgeführt werden. Abgerechnet wird zwischen EIU und EVU pro Wagen nach einer öffentlichen Preisliste (ÖBB AG 2021). „Hauptkunde ist die Rail Cargo Austria (RCA), die in Österreich auch knapp 99 % des Einzelwagenverkehrs abwickelt" (RB 2019).
- In der Schweiz obliegt die Betriebsdurchführung grundsätzlich dem EIU SBB Infra mit öffentlicher Preisliste (Gebühr pro behandeltem Wagen) analog dem österreichischem Modell (SBB AG 2020, S. 26 ff.). Einige Anlagen – darunter der zentrale Rbf Zürich Limmattal – werden „durch SBB Cargo im Auftrag von SBB Infrastruktur betrieben" (SBB AG o. J.) und damit durch das EVU, das auch Betreiberin des Einzelwagennetzes ist.

4.3.4.1 Einfahrgruppe

Ankommende Züge fahren in die Einfahrgruppe ein. Diese ist elektrisch überspannt, um die Einfahrt ohne Lokwechsel für die in der Regel mit Elektrolokomotiven bespannten Züge des EWV zu ermöglichen. Die Streckenlok wird vom Zug getrennt und verlässt die Einfahrgruppe. Die Zugschlusssignale werden vom letzten Wagen entfernt und es findet die wagentechnische Eingangsuntersuchung statt um sicherzustellen, dass sich alle Wagen und deren Ladungszustand in einem für den Ablaufbetrieb geeigneten technischen Zustand befinden. Die Entkupplungsstellen, an denen sich der Wagenzug beim Laufen über den Ablaufberg trennen soll, werden vorbereitet. Hierzu werden die Schlauchverbindungen der Hauptluftleitung getrennt und die Schraubenkupplung langgemacht[8]. In Deutschland und der Schweiz wird in einigen Anlagen in der Einfahrgruppe bereits vollständig entkuppelt. Dies unterscheidet sich je nach Rangierbahnhof u. a. in Abhängigkeit von der jeweiligen Gestaltung der Gefälleprofile im Bereich Einfahrgruppe-Ablaufberg. In Österreich ist das vollständige Entkuppeln in der Einfahrgruppe nicht zulässig. Zuletzt wird die Abdrücklokomotive an den vorbereiteten Wagenzug angesetzt, sodass sie diesen über den Ablaufberg schieben kann.

Die Einfahrgruppe ermöglicht eine zeitliche Pufferung zwischen dem nicht kontinuierlichen Zulauf der Züge von der Strecke und der möglichst kontinuierlichen Behandlung der Wagen in der Anlage. Ankommende Züge können von der Strecke einfahren, während andere Züge, wie soeben beschrieben, für den Abdrückvorgang vorbereitet und weitere gerade über den Ablaufberg gedrückt werden.

4.3.4.2 Ablaufberg und Richtungsgruppe

Beim Abrücken schiebt die Abdrücklokomotive den vorbereiteten Wagenzug mit automatisch gesteuerter Geschwindigkeit über den Ablaufberg (Abb. 4.14). An der Bergkuppe lösen sich die abgekuppelten Wagen vom Wagenzug und rollen aufgrund der mit

[8] Langmachen bedeutet, die Schraubenkupplung soweit an der Spindel aufzudrehen, dass diese ohne weitere Zugspannung durchhängt und problemlos vom Zughaken des anderen Wagens gehoben werden kann.

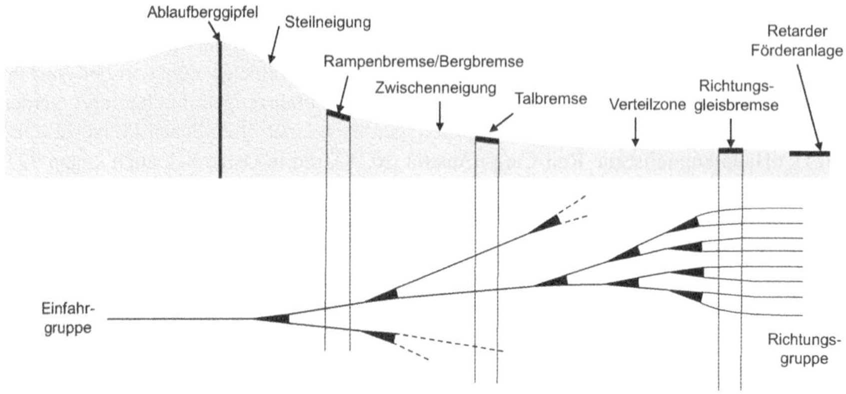

Abb. 4.14 Schematische Darstellung des Ablaufbergs

der Abdrückgeschwindigkeit mitgegebenen kinetischen Energie und der aus der Neigung und ihrer Schwerkraft resultierenden potenziellen Energie selbsttätig in das jeweils für sie eingestellte Gleis der Richtungsgruppe. Ist bei der Vorbereitung ausschließlich langgemacht und nicht vollständig entkuppelt worden, muss dies noch am Berg erfolgen. Hierzu geht der Rangierer der Kuppelstelle mit einer langen Stange entgegen, läuft dann bei dieser parallel zum fahrenden Wagenzug, legt im Gehen die Stange über die Puffer, fädelt – alles weiter im Gehen – das Stangenende unter den langgemachten Kupplungsbügel und hebelt diesen dann durch Nachuntenziehen der Stange aus dem Zughaken des anderen Wagens – um danach gleich der nächsten Kuppelstelle entgegenzugehen.

Die Höhe des Berges und der Neigungsverlauf sind so gestaltet, dass unter Berücksichtigung der möglichen Abdrückgeschwindigkeit auch schlechtlaufende Wagen ihr Ziel im Richtungsgleis der Richtungsgruppe erreichen. Im Verlauf des Laufwegs angeordnete Bremsanlagen (Abb. 4.14) bremsen gutlaufende Wagen so weit ab, dass diese nicht auf vorauslaufende Wagen auflaufen und dass zwischen den Wagen genug Zeit zum Stellen der Weichen bleibt. Die Bremsen- und Weichensteuerung erfolgt dabei automatisch. Das System erfasst den Beschleunigungs- und Geschwindigkeitsverlauf der einzelnen Wagen[9], um ihnen gezielt an den Bremsen die richtige Menge kinetischer Energie zu entnehmen.

Je nach Anlage erfolgt über die letzten Bremsen die Laufzielbremsung oder die Bremsung auf Zielgeschwindigkeit. Bei der Laufzielbremsung ermittelt die Anlage den Abstand zu den schon im jeweiligen Richtungsgleis stehenden Wagen. Spätestens die Richtungsgleisbremse soll dann die Geschwindigkeit des Wagens soweit reduzieren – und damit dessen kinetische Energie – dass er ohne oder mit nur leichtem Aufprall kuppelreif

[9] Oder Wagengruppe; im Folgenden wird zur sprachlichen Vereinfachung immer nur von einem einzelnen Wagen ausgegangen. Für Wagengruppen gelten alle Aspekte in gleicher Weise.

zu den schon dort stehenden Wagen zum Stehen kommt. Bei der Bremsung auf Zielgeschwindigkeit sollen die Wagen lediglich den Gleisbereich erreichen, der mit einer auf den Gleisen (zwischen den Schienen) montierten Förderanlage ausgerüstet ist. Diese schiebt dann die Wagen kuppelreif zusammen.

In einem Richtungsgleis werden alle Wagen für einen Ausgangszug gebildet, d. h. überwiegend für die Fernzüge zu anderen Rangierbahnhöfen sowie für die Züge zu den an den jeweiligen Rangierbahnhof angebundenen Knotenpunktbahnhöfen. Für jeden dieser Ausgangszüge gibt es im Richtungsgleis ein Sammelzeitfenster. Es beginnt, wenn alle Wagen, die zuletzt für einen anderen Zug im selben Gleis gesammelt wurden, von diesem Gleis abgezogen wurden. Es endet, wenn die Wagen für den Abgangszug aus dem Richtungsgleis abgezogen werden müssen, damit noch genügend Zeit für alle in der Ausfahrgruppe notwendigen Prozesse vor Zugabfahrt verbleibt.

Liegen ausreichend Richtungsgleise vor, können lange Sammelzeitfenster eingerichtet werden, sodass alle ablaufenden Wagen direkt in das Sammelgleis für den nächsten Zug ihrer jeweiligen weiteren Fahrtrichtung laufen können. Ist dies nicht der Fall, müssen Wagen für mehrere Züge in einem Richtungsgleis gesammelt werden, welches dann als Puffergleis bezeichnet wird. Die Wagen in diesem Gleis werden dann zu einem späteren Zeitpunkt aus dem Richtungsgleis über den Berg (oder am Berg vorbei) abgezogen, um ein zweites Mal über den Berg – und dann ins richtige Richtungsgleis – zu gehen. Fahren zu einem nächsten Knotenpunkt des Einzelwagensystems mehrere Züge in relativ kurzer Folge, so können sich die Sammelzeitfenster für diese Züge überschneiden, d. h. für einen nächsten Zielbahnhof sind gleichzeitig mehrere Richtungsgleise zum Sammeln verfügbar.

4.3.4.3 Die Ausfahrgruppe

Nachdem die Wagen in der Richtungsgruppe gekuppelt und dann in die Ausfahrgruppe vorgezogen wurden, finden dort mit der wagentechnischen Untersuchung und der Bremsprobe die notwendigen Prozesse vor Zugabfahrt statt. Damit keine Rangier- oder Streckenlok für die Zeit der Bremsprobe gebunden ist, sind die Ausfahrgruppen teilweise mit örtlichen Bremsprobeanlagen ausgerüstet. Wird ein Wagenzug über diese vorgeprüft, ist nach Ansetzen der Streckenlok nur noch eine vereinfachte (und zeitlich wesentlich kürzere) Bremsprobe notwendig. Um die Befahrbarkeit mit elektrischen Streckenloks zu ermöglichen, ist die Ausfahrgruppe wie die Einfahrgruppe mit Oberleitung ausgerüstet. Wie der Einfahrgruppe kommt auch der Ausfahrgruppe eine Pufferfunktion zu: Die Wagenzüge bzw. fertig gebildeten Züge warten hier auf ihre fahrplanmäßige Abfahrt.

Es gibt Anlagen ohne Ausfahrgruppe. Die sonst dort stattfindenden Tätigkeiten sind dann großenteils in die Richtungsgruppe verlagert. Die Wagenzüge müssen also dort länger verbleiben, was entsprechend eine höhere Gleiskapazität in dieser Gruppe bedingt.

4.3.4.4 Weitere Elemente und Gestaltungsoptionen

Zu den drei Gruppen und dem Ablaufberg kommen noch weitere Gleisanlagen hinzu. Hierzu gehören z. B. Bergumfahrgleise für Wagen, die nicht bergfähig sind, oder Lokumfahrgleise, über die Lokomotiven mit elektrischer Traktion von der überspannten Einfahrgruppe an der nicht überspannten Richtungsgruppe vorbei wieder in den überspannten Bereich der Ausfahrgruppe fahren können, um dort einen neuen Zug zu übernehmen. Einige Rangierbahnhöfe verfügen hinter der Richtungsgruppe über weitere Nachordnungsgruppen für eine Nachsortierung und Gruppenbildung. Über diese können die Wagen der abgehenden Züge in sich vorsortiert sein, um den Sortieraufwand im jeweiligen Zielbahnhof zu reduzieren.

Als Aufkommensschwerpunkt von Güterwagen und Lokomotiven verfügen Rangierbahnhöfe zudem in der Regel über entsprechende Werkstätten, um vor Ort entdeckte Schäden an Fahrzeugen möglichst schnell beheben zu können. Hinzu kommen weiterhin sogenannte Regulieranlagen, d. h. mit einem Kran ausgerüstete Gleise, um bei Bedarf verschobene Ladung auf Güterwagen für den Weitertransport wieder sicher positionieren zu können.

Ein Spezialfall sind sogenannte Gefällebahnhöfe, bei denen alle Gleisgruppen über eine durchgängige Neigung verfügen. Die Wagen laufen hier aufgrund dieser Neigung bis zum Ende der Richtungsgleise, müssten dort aber aktiv gebremst und festgehalten werden müssen. Entsprechende Festhalteeinrichtungen sind auch in den anderen Gruppen notwendig, womit diese Anlagen bei grundsätzlich geringerer Leistungsfähigkeit aufwendiger als die überwiegend vorhandenen Flachbahnhöfe sind. (Pachl 2021, S. 268)

Große Rangierbahnhöfe sind doppelt ausgeführt, d. h. mit zwei Richtungssystemen, die parallel liegen und in die entgegengesetzte Richtung arbeiten. Neben bzw. nahe der Einfahrgruppe des einen Systems liegt die Ausfahrgruppe (so vorhanden) des anderen Systems, mittig liegen beide Richtungsgruppen. In Summe kommen diese Anlagen auf bis zu rund 80 Richtungsgleise.

4.3.5 Kapazitätsbuchung im EWV

Grundsätzlich ist der EWV als Angebotssystem gestaltet. Dies bedeutet, dass die Züge wie in einem Personenverkehrssystem nach Plan verkehren, unabhängig davon, welcher Kunde gerade welche Sendung von wo nach wo schickt (mit einigen Ausnahmen zur Auslastungsanpassung sowie Herausnahme der kundenspezifischen Nahbereichsbedienung).

Traditionell konnten für die Wagentransporte (Sendungen) im EWV informativ Transportpläne erstellt werden, die einfach die Zugfahrpläne sowie die notwendigen Anschlusszeiten in den Unterwegsknoten beachteten. Ob die jeweils in diesem theoretischen Plan eingebundenen Züge am jeweiligen Abgangsknoten noch Kapazität für diese Sendung hatten, konnte dabei nicht geprüft werden. Die Produktion erfolgte auch gar nicht nach diesem Plan. Relevant war ausschließlich ein sogenanntes Richtpunktsystem und ein generelles First-in-first-out-Prinzip in den einzelnen Knoten.

Erreichte also ein Wagen einen Knoten (sei es z. B. ein Rangierbahnhof oder Knotenpunktbahnhof), so ergab sich für diese Anlage über das Richtpunktsystem aus der Information über die Zieldestination des Wagens die Information, zu welchem Knoten der Wagen als nächstes zu transportieren ist. Also wurde der Wagen beim Ablaufen über den Berg einfach in das Sammelgleis des nächsten Zuges zu diesem nächsten Knoten gestellt. War dieses schon voll, so wurde der Wagen einfach schon für den nächsten Zug zu diesem Knoten gesammelt. Da es vorab keinen festgelegten Referenz-Transportplan für den Wagen gab, stellte dies auch keine Abweichung dar, über die irgendjemand (z. B. der Transportkunde) zu informieren war.

Um das System für die Transportkunden verlässlicher und vorhersagbarer zu gestalten, wurden von mehreren europäischen Bahnen, die EWV-Netzwerke betreiben, Kapazitätsbuchungssysteme eingeführt. Neben diesem Vorteil aus Kundensicht dienen diese Systeme aus Betreibersicht dazu, eine möglichst durchgängig hohe und im Zeitverlauf möglichst homogene Auslastung im System zu haben (Ganglinienglättung).

In den Buchungssystemen werden, sobald ein Kunde einen konkreten Transportwunsch anmeldet bzw. spätestens, wenn er für diesen die Daten zur Frachtbrieferstellung an das EVU übergibt, kapazitätsgeprüfte Transportpläne erstellt. Es wird dabei nicht, wie im vorigen Absatz beschrieben, ein lediglich theoretisch möglicher Transportplan bestimmt, sondern die Wagen werden fest auf alle dafür notwendigen Züge eingebucht. Maßgebende Parameter sind dabei die Länge und die Bruttomasse der jeweiligen Sendung (Wagen oder Wagengruppe).

Ist auf einem Zug zum Buchungszeitpunkt einer Sendung für diese nicht mehr ausreichend Kapazität (maximale Zuglänge oder maximale Zugmasse) vorhanden, so wird dies beachtet und eine Verbindung mit späterer Ankunft (bei einigen Bahnen auch mit späterer Abfahrt) gebucht. Anschließend hat sich die Produktion an die gebuchten Transportpläne zu halten. Für die Rangierbahnhöfe bedeutet dies im Einzelfall eine Abkehr vom First-in-first-out-Prinzip. Dies kann für die Anlagen zu einem erhöhten Sortieraufwand führen; demgegenüber stehen jedoch auch aus Anlagen-Perspektive eine größere Planbarkeit und Vermeidung von Aufkommensspitzen durch die Ganglinienglättung.

Mit dem gebuchten Transportplan ist im Moment der Buchung für die jeweilige Sendung eine planmäßige Ankunftszeit am Zielort bestimmt, die dem Kunden kommuniziert werden kann. Kommt es während des Transports zu einer Abweichung vom Transportplan, so wird dies von den Systemen erkannt. Lässt sich eine veränderte Ankunftszeit nicht vermeiden, kann der Kunde frühzeitig informiert werden.

Hintergrundinformation: Xrail

Im Rahmen der Allianz Xrail haben sieben europäische Güterbahnen die Buchungssysteme ihrer jeweils national geprägten Einzelwagennetzwerke über einen zentralen Broker namens XCB miteinander verbunden. Dies ermöglicht im Zielzustand internationale Kapazitätsbuchungen im Gesamtnetz dieser sieben Bahnen aus Deutschland (DB Cargo), Schweden (Green Cargo), Belgien

(Lineas), Luxemburg (CFL cargo), Frankreich (Fret SNCF), der Schweiz (SBB Cargo) und Österreich (Rail Cargo Austria). Ende 2022 sind die Systeme aller sieben Bahnen im Produktivbetrieb an die zentrale Plattform angebunden (Quelle: Xrail AG).

4.4 Kombinierter Verkehr

4.4.1 Definitionen

4.4.1.1 Multimodaler, intermodaler und Kombinierter Verkehr

Beim Kombinierten Verkehr, abgekürzt KV, handelt es sich um eine spezielle Form des intermodalen Verkehrs, welcher wiederum ein Spezialfall des multimodalen Verkehrs ist[10].

Definitionen (UN/ECE 2001, S. 16–18)

Multimodaler Verkehr

Transport von Gütern mit zwei oder mehreren verschiedenen Verkehrsträgern.

Intermodaler Verkehr

Transport von Gütern in ein und derselben Ladeeinheit oder demselben Straßenfahrzeug mit zwei oder mehreren Verkehrsträgern, wobei ein Wechsel der Ladeeinheit, aber kein Umschlag der transportierten Güter selbst erfolgt.

Kombinierter Verkehr

Intermodaler Verkehr, bei dem der überwiegende Teil der in Europa zurückgelegten Strecke mit der Eisenbahn, dem Binnen- oder Seeschiff bewältigt und der Vor- und Nachlauf auf der Straße so kurz wie möglich gehalten wird.

Kennzeichnend für den KV sind also die Unterteilung des Transports vom Versender zum Empfänger in mehrere Transportabschnitte, welche durch unterschiedliche Verkehrsträger bedient werden, wobei die Ladung durchgängig im gleichen Transportgefäß verbleibt. Wegen des Aneinanderreihens von Transportabschnitten spricht man von einer *Transportkette.*

Beim Transportgefäß kann es sich um ein vollständiges Straßenfahrzeug handeln (z. B. Sattelauflieger samt Zugmaschine) oder – im überwiegenden Teil der Fälle – um eine sogenannte intermodale Transporteinheit (ITE). Die ITE unterteilen sich in drei Gruppen: Container, Wechselbehälter und Sattelauflieger. Container und Wechselbehälter sind nach offizieller Definition unter dem Begriff Ladeeinheit (LE) zusammengefasst (UN/ECE 2001, S. 43). Im allgemeinen Sprachgebrauch wird abweichend von

---

[10] Multimodalität ist generell ein Standardfall für Overlay-Systeme (Abschn. 1.2.1), sie kommt entsprechend auch beim Ganzzug- und Einzelwagenverkehr vor.

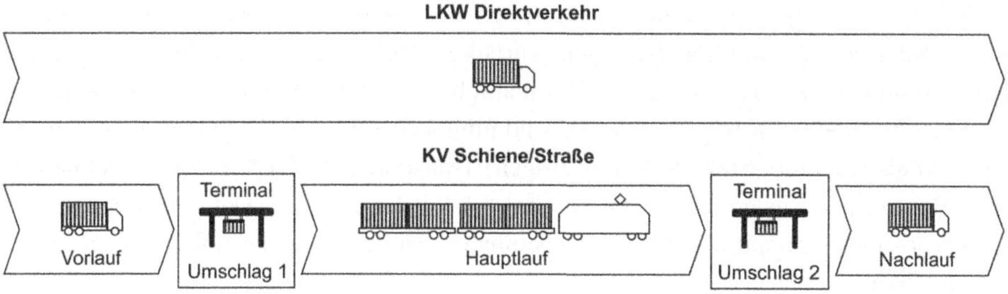

Abb. 4.15 Transportkette im kontinentalen KV im Vergleich zum durchgehenden Straßentransport

dieser konkreten Definition jedoch überwiegend von Ladeeinheiten gesprochen (womit dann alle möglichen Transportgefäße im KV inklusive Sattelauflieger gemeint sind). Abschn. 4.4.5 beschreibt die einzelnen ITE im Detail.

4.4.1.2 Kontinentaler und maritimer KV

Beim kontinentalen KV befinden sich sowohl Versender als auch Empfänger in Europa. Die drei Glieder der Transportkette sind Vorlauf, Hauptlauf und Nachlauf. Der Vorlauf stellt den Straßentransport vom Versender zur Umschlaganlage des KV – analog Terminal – dar. Im Terminal werden mehrere Sendungen gesammelt und dann auf die Eisenbahn als Verkehrsträger des Hauptlaufs geladen[11]. Folgend werden mehrere Sendungen gebündelt vorzugsweise über einen großen Anteil der jeweiligen Sendungs-Gesamtstrecke transportiert. Am Zielumschlagplatz angekommen, wird die Bündelung wieder aufgelöst. Die Zustellung der einzelnen Sendungen zu ihren Empfängern erfolgt wieder per Straßentransport. In seltenen Fällen erfolgt die Zustellung oder Abholung beim Kunden (einseitig) auch per Bahn über den EWV.

Abb. 4.15 illustriert eine beispielhafte Transportkette im kontinentalen KV mit der Bahn.

Beim maritimen KV befindet sich entweder der Versender oder der Empfänger in Übersee. Aus Sicht der globalen Gesamttransportkette dienen Hochsee-Containerschiffe als Verkehrsträger des Hauptlaufes. Aus dieser Perspektive wird der gesamte Transport vom Versender zum Seehafen bzw. vom Seehafen zum Empfänger zum Vor- bzw. Nachlauf, auch wenn sich dieser wiederum aus zwei oder mehr Teilen per Lkw und Bahn, Binnen- oder Short-Sea-Schiff zusammensetzt. Man spricht hier generell vom Hinterlandverkehr der Seehäfen und speziell vom kombinierten Hinterlandverkehr bzw. maritimen KV, wenn an diesem mehrere Verkehrsträger beteiligt sind.

---

[11] Als weitere Verkehrsträger des Hauptlaufs des kontinentalen KV kommen die Binnenschifffahrt und Short-Sea-Schifffahrt infrage. Es kann so auch eine weitere Unterteilung des Hauptlaufes unter Nutzung mehrerer Verkehrsträger erfolgen. Dies führt jedoch zu einem erhöhten Kosten- und Zeitaufwand.

Die klassische Transportkette im maritimen KV mit der Eisenbahn – nun wieder von der globalen auf die kontinentale Sicht zurückgekehrt – besteht also beim Export aus dem Vorlauf per Lkw, Hauptlauf per Eisenbahn bis zum Seehafen und dort Verladung auf das Seeschiff und beim Import entsprechend umgekehrt. Im Vergleich zum kontinentalen KV fehlt also an einer Seite der (landseitigen) Transportkette der Vor- bzw. Nachlauf per Lkw. Bei exakter Auslegung der in Abschn. 4.4.1.1 dargestellten Definition des KV, die einen Vor- und Nachlauf auf der Straße beinhaltet, ist der maritime KV gar nicht als KV zu betrachten.

4.4.1.3 Unbegleiteter und begleiteter KV

Beim unbegleiteten KV wird lediglich die ITE auf das Fahrzeug des Hauptlaufes geladen. Das Straßenfahrzeug des Vorlaufes – d. h. Zugmaschine und ggf. Lkw-Chassis – und dessen Fahrer bleiben beim Versandterminal zurück und stehen dort für weitere Transporte zur Verfügung. Entsprechend verhält es sich beim Empfangsterminal.

Beim begleiteten KV wird das Transportgefäß im Hauptlauf zusammen mit dem Fahrzeug sowie dem Fahrer transportiert. Dies geschieht hauptsächlich in Form von sogenannten RoRo-Verkehren (Roll-on/Roll-off). Dabei fahren die Lastkraftwagen direkt auf das Fahrzeug des Hauptlaufes, ohne dass ein Umschlag per Kran notwendig ist. Beispiele hierfür sind die Züge der *Rollenden Landstraße (RoLa)* und Fähren. Transportgefäß und Lkw können eine unzertrennbare Einheit bilden. Im Prinzip können daher alle Straßenfahrzeuge am begleiteten KV teilnehmen. Ausgeschlossen werden müssen jedoch Straßenfahrzeuge, die durch ihre Größe oder ihr Gewicht maximal zulässige Werte für das Fahrzeug des Hauptlaufes überschreiten (z. B. Lichtraumprofil bei der Eisenbahn, Tragfähigkeit von Waggons) oder Sicherheitsanforderungen nicht genügen (z. B. Ladungssicherung oder Planenverdecke).

Hintergrundinformation: Rollende Landstraße

Züge der Rollenden Landstraße (RoLa) bestehen neben Begleitwagen für die Lkw-Fahrer (Personen-Drehgestellwagen wie bei einem Lok-bespannten Intercity) aus kurzgekuppelten speziellen Niederflurwagen, die für den Be- bzw. Entladevorgang von den Lkw durchgängig – d. h. über die Wagenenden hinweg – befahren werden können. Um dies unter Einhaltung des Fahrzeugumgrenzungsprofils (Abschn. 2.3.2) zu ermöglichen, sind die Fahrzeuge mit sehr niedrig konstruierten, vierachsigen Drehgestellen und entsprechend kleinen Rädern ausgestattet.

Beim KV Schiene-Straße nimmt der unbegleitete KV den deutlich überwiegenden Anteil ein. Gemäß Transportstatistik der Mitgliedsunternehmen der Internationalen Vereinigung für den Kombinierten Verkehr Schiene-Straße entfallen nur rund 5 % der Sendungen (vollständiges Straßenfahrzeug oder ITE) auf den begleiteten KV mit der RoLa (UIRR 2021, S. 37). Hintergrund ist, dass die begleiteten Verkehre aufgrund höherer Kosten nur auf wenigen dafür prädestinierten und aus gesellschaftlichem Interesse subventionierten Relationen stattfinden, wie beim Alpentransit durch Österreich oder die Schweiz.

Ab Abschn. 4.4.2 fokussieren sich die Betrachtungen ausschließlich auf den unbegleiteten KV.

4.4.1.4 Vertikal- und Horizontalumschlag

Beim begleiteten KV findet ausschließlich eine horizontale Verladung statt. Die Lkw fahren – wie im vorigen Abschnitt dargestellt – auf den Zug, ohne angehoben zu werden. Beim unbegleiteten KV ist hingegen der Vertikalumschlag, bei dem zum Be- oder Entladen der Züge ein Anheben der ITE mittels stationären oder mobilen Umschlaggeräten erfolgt, der Standardfall und damit Grundlage der folgenden Erläuterungen in diesem Abschnitt. Lediglich Abschn. 4.4.9 befasst sich mit Systemen für eine horizontale Verladung von Sattelaufliegern.

4.4.2 Merkmale, Einsatzbereiche und Wettbewerb

Grundlage des Erfolgs des KV ist, dass er die Vorteile der Verkehrsträger Schiene und Straße miteinander kombiniert:

- Er nutzt die hohe Leistungsfähigkeit und Umweltfreundlichkeit der Bahn aus, sobald beim gebündelten Transport des Hauptlaufs große Mengen über festgelegte und möglichst weite Strecken transportiert werden.
- Er nutzt die Flexibilität und quasi uneingeschränkte Flächenabdeckung des Straßengüterverkehrs für den Bereich der Sammlung und Verteilung, die sich mit der Bahn nur eingeschränkt und sehr aufwendig gestalten lässt.

Andersherum ausgedrückt lässt sich sagen, dass der KV die Verkehrsträger dort durch alternative Verkehrsträger ersetzt, wo sie selbst Defizite aufweisen.

Dem Vorteil dieser Kombination steht die Notwendigkeit des Umschlags zwischen den Verkehrsträgern gegenüber. Dieser kostet Zeit, Geld und erhöht durch den Bruch in der Transportkette die Anfälligkeit für Störungen im Transportablauf mit resultierenden Ankunftsverspätungen.

Grundsätzlich können im KV die meisten Gutarten transportiert werden, die sich auch im Straßengüterverkehr finden. Daraus ergibt sich auch die direkte Konkurrenzsituation zwischen beiden Verkehrsarten. Abb. 4.16 zeigt die Transportzeit abgetragen über der Transportentfernung im Vergleich zwischen durchgängigem Straßentransport und KV. Die Kosten korrelieren dabei weitgehend mit dem Zeitverbrauch.

Der dargestellte steilere Anstieg beim Straßentransport des Vor- bzw. Nachlaufs des KV gegenüber dem durchgängigen Straßentransport resultiert daraus, dass dieser nicht unbedingt in direkter Richtung zwischen Start und Ziel des Gesamttransports erfolgt, es hier also zu einem Umwegfaktor kommen kann. Die obere gestrichelte Linie bildet den Fall ab, dass auf der Relation keine Direktverbindung auf der Schiene existiert, es also zu einem Umstellen des Güterwagens samt ITE in einen anderen Zug oder zu einem Umladen der ITE auf einen anderen Zug mit entsprechendem zusätzlichen Zeitbedarf kommt. Beim Lkw ergibt sich je nach Entfernung und daraus resultierender Fahrzeit gemäß gültiger Lenkzeitvorschriften der Bedarf nach einer oder sogar mehreren Ruhe-

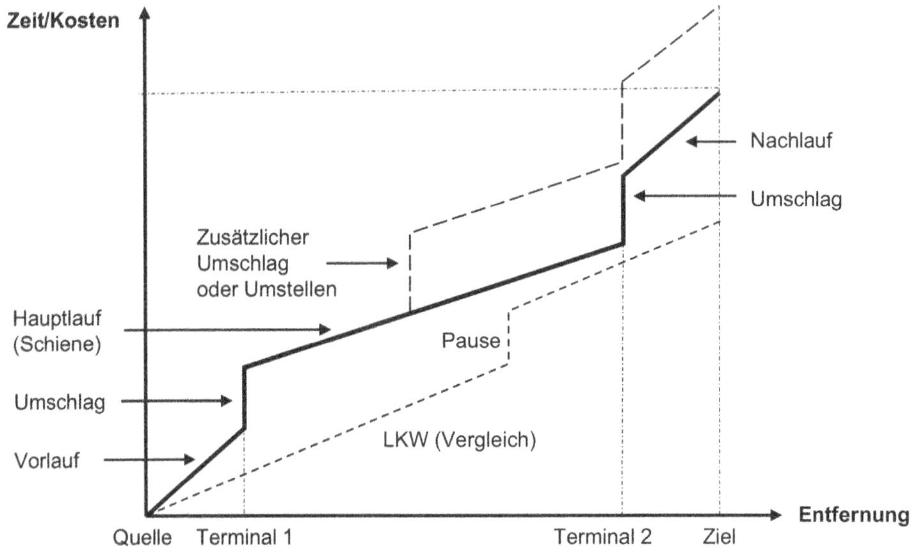

Abb. 4.16 Zeit- und Kostenaufwand im KV im Vergleich zum reinen Straßentransport. (Leicht modifiziert nach Siegmann 1997, S. 110)

pausen. Alternativ, jedoch nicht üblich, sind zwei Fahrer pro Fahrzeug oder Personalwechsel an definierten Ortspunkten (wie bei der Bahn) notwendig.

Während im gewählten Beispiel der Straßentransport schneller bzw. günstiger als der KV ist, kippt dieser Vergleich grundsätzlich bei einer Erhöhung der Gesamttransportentfernung und damit des Längenanteils des Hauptlaufs im KV, da dieser selbst schneller bzw. günstiger als der Straßentransport ist. „Als Faustregel gilt: Ab Entfernungen von 500 km werden ökonomische und ökologische Vorteile gegenüber dem reinen Straßengüterverkehr deutlich" (Intermodal Info o. J.a). In der zitierten Quelle wird jedoch darauf hingewiesen, dass in der Praxis und insbesondere im Seehafenhinterlandverkehr auch deutlich kürzere Transportrelationen im KV vorkommen.

Der hohe Preisdruck durch den ausgeprägten intramodalen und intermodalen Wettbewerb (Abschn. 1.2.1) setzt die Akteure im KV stark unter Druck – die Gesamtkosten für Vorlauf-/Nachlauf auf der Straße, Umschlag in den Terminals und Hauptlauf auf der Schiene stehen im Wettbewerb zu den Kosten des durchgehenden Straßentransports. Entsprechend gering sind die Margen bei den EVU, die als Traktionäre der KV-Züge im Hauptlauf agieren. Dennoch hat sich hier – bei ähnlicher Komplexität der EVU-Leistung und ähnlichen Anforderungen an die Bereitstellung von Ressourcen wie beim GV, jedoch grundsätzlich höherem Pünktlichkeitsanspruch – ein recht ausgeprägter intramodaler Wettbewerb entwickelt.

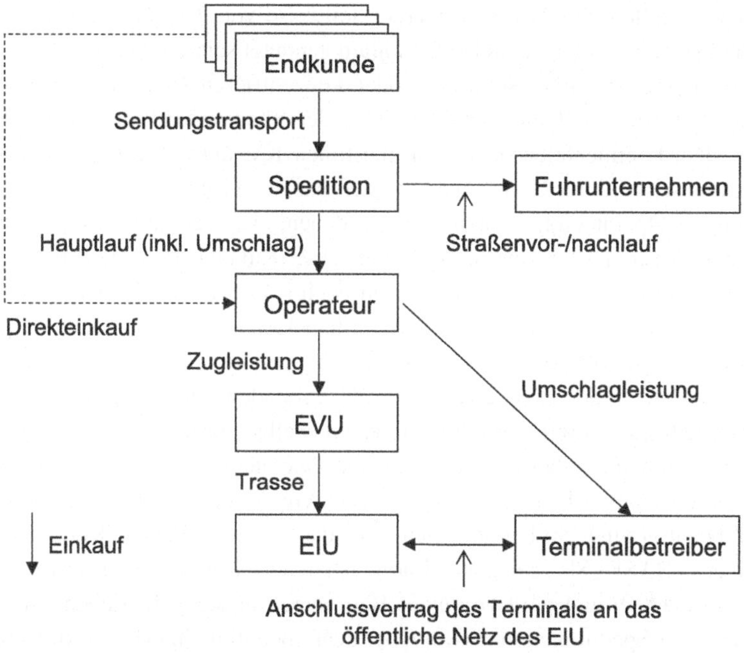

Abb. 4.17 Akteure (Rollen) im KV

4.4.3 Akteure

Im KV Straße-Schiene treten fünf wesentliche Akteure bzw. Akteursgruppen in Erscheinung (Abb. 4.17):[12]

- Operateure
- Eisenbahnunternehmen – EVU und EIU
- Terminalbetreiber
- Speditionen und Fuhrunternehmen
- Endkunden (Industrieunternehmen)

Die Operateure sind die Vermarkter des KV, mit denen die Speditionen oder direkt die Endkunden in Kontakt treten. Ihnen obliegt die Organisation des Hauptlaufs inklusive der notwendigen Umschlagleistungen. Die nötige Schienentraktion kaufen die Operateure bei den EVU ein, die die dafür notwendigen Lokomotiven und das Personal

[12] Die vorliegende Darstellung der Akteure basiert grundsätzlich auf UIRR (o. J.).

zur Verfügung stellen. Die Waggons werden teilweise von den EVU, teilweise von den Operateuren gestellt (wobei sie in beiden Fällen gemietet sein können).

Die Operateure gestalten Netzwerke oder konzentrieren sich auf einige Direktverbindungen und sind vielfach ausschließlich oder überwiegend in einem der beiden Segmente, dem kontinentalen oder dem maritimen KV, aktiv. Sie tragen grundsätzlich das Auslastungsrisiko ihrer Netzwerke bzw. der einzelnen Züge.

Bei einigen Operateuren – insbesondere denen, die sich auf den Transport vom Start- zum Zielterminal konzentrieren – sind deren Kunden (d. h. die Spediteure u. a.) auch deren Anteilseigner. Einige EVU treten auch selbst direkt als Operateur auf, d. h. sie vermarkten ihre Züge selbst. Andersherum haben sich auch „klassische" Operateure, die vormals auf den vollständigen Einkauf der Zugleistung bei EVU angewiesen waren, durch Anteilskäufe stärker an einzelne EVU gebunden. In vielen Fällen treten die Speditionen selbst als Lkw-Fuhrunternehmen auf (Selbsteintritt).

Bei den Terminalbetreibern kann es sich um Operateure, um Eisenbahnunternehmen oder um Gesellschaften handeln, an denen mehrere Akteure – zum Teil auch Kunden – des KV beteiligt sind. So befindet sich z. B. das auf dem Werksgelände des Chemieunternehmens BASF SE gelegene Ludwigshafener Kombiverkehrsterminal (KVT) im Besitz von BASF und wird von einer Betreibergesellschaft betrieben, an der neben BASF noch zwei Speditionen und zwei Operateure beteiligt sind (BASF o. J.). Der Neu- und Ausbau von Terminals wird staatlich bezuschusst, im Gegenzug sind die Terminals diskriminierungsfrei allen Marktteilnehmern gegenüber zu öffnen.

4.4.4 Produktionskonzepte

Der Zuglauf zwischen den Terminals erfolgt entweder mit Direktzügen oder mit Netzwerkzügen.[13]

Direktzüge verbinden zwei Terminals ohne verkehrliche Unterwegsbehandlung, d. h. sie erreichen das Zielterminal so, wie sie das Startterminal verlassen haben. Dies ermöglicht eine kurze Transportdauer und eine hohe Zuverlässigkeit, es setzt jedoch ein entsprechend hohes Aufkommen zwischen den beiden Terminals voraus. Verkehren die Direktzüge mit einer festen Waggonzusammenstellung immer zwischen den zwei gleichen Terminals hin und her, spricht man von Shuttlezügen oder auch Pendelzügen. „Dieses System gestattet einen schnellen Zugumlauf, da auch in den Terminals keine Zugumstellungen mehr erfolgen" (UIRR o. J.).

Netzwerkzüge nehmen am Abgangsterminal ITE für mehrere Zielterminals auf. An einem oder mehreren zentralen Knotenpunkten (Hubs) findet eine Sortierung statt,

[13] Die vorliegende Darstellung der Produktionskonzepte basiert grundsätzlich auf UIRR (o. J.).

sodass von diesen Knoten Netzwerkzüge mit ITE von mehreren Abgangsterminals zu den Zielterminals fahren. Erfolgt die Bildung der zielreinen Züge im Hub durch Rangieren von Wagengruppen, so handelt es sich nach UIRR (o. J.) um ein Hub-and-Spoke-System. UIRR spricht weiterhin von einem Gateway-System (als Sonderform eines Hub-and-Spoke-Systems), wenn statt Rangierens ein Umschlag (Umladen) der ITE zwischen den Zügen erfolgt. Nach jahrzehntelanger Konzeptionerungs-, Planungs- und Bauphase ist mit dem sogenannten Megahub in Lehrte bei Hannover im Jahr 2020 die erste speziell auf den schnellen direkten Umschlag Zug zu Zug ausgelegte Umschlaganlage in Betrieb gegangen (Abschn. 4.4.6).

Anstatt ein KV-Netzwerk auf zentrale Knoten auszurichten, kann es auch durch eine Vielzahl einzelner Zugrelationen aufgebaut werden. Der Fokus liegt dabei auf der Ermöglichung vieler Direktverbindungen. Damit werden für diejenigen Sendungen, die eine „Umsteigeverbindung" benötigen, ggf. größere Umwege (im Vergleich zum Hub-and-Spoke-System) in Kauf genommen.

In allen beschriebenen Fällen sollen dem Kunden regelmäßig verkehrende Verbindungen angeboten werden, d. h. die zum Konzept gehörenden Züge im Takt fahren. Bezüglich der Umlaufbildung gelten – insbesondere für Direktzüge – grundsätzlich die für den GV in Abschn. 4.2.4 dargestellten Aspekte.

4.4.5 Intermodale Transporteinheiten

4.4.5.1 ISO-Container

ISO-Container sind die Ladeeinheit des Seeverkehrs, weshalb sie häufig als Seecontainer bezeichnet werden. Im interkontinentalen Warenverkehr stellt der Transport in ISO-Containern die vorherrschende Form dar. Auf dem europäischen Festland treten ISO-Container damit überwiegend im Hinterlandverkehr der Seehäfen auf, d. h. also beim maritimen KV. Beim kontinentalen KV werden sie eher selten benutzt.

Die Abmessungen und Befestigungseinrichtungen der ISO-Container sind, neben weiteren Spezifikationen, von der International Organization for Standardization (ISO) genormt. Für die verschiedenen Güterarten bildeten sich mit der Zeit neben den Standardcontainern (Abb. 4.18) mehr und mehr spezialisierte ISO-Containertypen heraus, wie z. B. Open Top-Container, Kühl-Container (Abb. 4.19), Tank-Container (Abb. 4.20) und Schüttgut-Container (Bulk-Container, ohne Abbildung).

Als Standard-Container werden Container bis zu einer Höhe von 8 Fuß und 6 Zoll (2,6 m) bezeichnet. Bei höheren Containern redet man vom High-Cube, der in der Regel 9 Fuß und 6 Zoll (2,9 m) hoch ist. Bei den Längen sind 20 Fuß (6,06 m) und 40 Fuß (12,19 m) am geläufigsten, zunehmend auch 45 Fuß, außerhalb Europas auch 48 Fuß und 53 Fuß (Höft 2022a, S. 55). Die ehemalige Dominanz der 20 Fuß-Einheiten hat zum Begriff *TEU (Twenty-foot Equivalent Unit)* als Maßeinheit für das Transportaufkommen wie auch für die Ladefähigkeit von Seeschiffen geführt; der Transport eines 40 Fuß-Containers geht demnach als 2 TEU in die Aufkommensstatistik ein. Aufgrund

Abb. 4.18 20 Fuß Standardcontainer (rechts) neben 40 Fuß High-Cube-Container (Autorenfoto)

Abb. 4.19 Open Top-Container (links) und Kühl-Container (rechts, Autorenfoto)

Abb. 4.20 Umschlag eines Tankcontainers (Autorenfoto)

der Verschiebung hin zu einem häufigeren Auftreten von 40 Fuß-Einheiten werden die Mengen inzwischen teilweise mit *FEU (Forty-foot Equivalent Unit)* bemessen. Den Größenunterschied zwischen 20 Fuß-Standardcontainern und 40 Fuß-High-Cubes verdeutlicht Abb. 4.18.

Die Innenbreite von ISO-Containern (Standard) beträgt 2,35 m. Mit diesem Maß lassen sich Europaletten ($1{,}2 \times 0{,}8\ m^2$) nicht effizient in ihnen stauen. Sowohl im 20 Fuß- als auch im 40 Fuß-Container kommt man mit Europaletten nur auf eine Ausnutzung der Bodenfläche von rund 80 % (TIS o. J.). Aus diesem Grund ist der ISO-Container auch „nicht zur dominierenden Ladeeinheit innerhalb Europas geworden" (Wenger 2001, S. 153).

ISO-Container sind üblicherweise an allen acht Ecken mit Eckbeschlägen ausgerüstet, in die Drehverriegelungen greifen können. Die unteren Eckbeschläge werden für die Sicherung des Containers auf den Fahrzeugen genutzt, die oberen für das Greifen mit dem sogenannten Spreader beim vertikalen Umschlag. Dies ist in Abb. 4.20 zu erkennen. Der Container hängt nur über die Eckbeschläge am Spreader (gelb). An dem Chassis (Lkw-Anhänger) sind ansatzweise die Drehverriegelungen zu erkennen, die nach Absetzen des Containers verriegelt werden. Gut zu erkennen ist, wie das Chassis für Container unterschiedlicher Länge ausgelegt ist.

ISO-Container sind bis zu 6-fach stapelbar. Hierbei stehen sie nur an den Eckbeschlägen aufeinander und können an diesen mithilfe zusätzlicher Vorrichtungen gegen Verrutschen gesichert werden.

4.4.5.2 Binnencontainer

Eine weitere Art von Containern sind die Binnencontainer. Relevanter Unterschied zu ISO-Containern ist die um knapp 10 cm größere Innenbreite (2,44 m), die es erlaubt, Europaletten mit einer besseren Auslastung der Bodenfläche aufzunehmen.

4.4.5.3 Wechselbehälter

Wechselbehälter (WB, Abb. 4.21), auch Wechselaufbau oder Wechselbrücke genannt, werden im kontinentalen Verkehr eingesetzt. Ursprünglich entstammen sie dem reinen Straßentransport, sie tauchten in Deutschland bereits vor dem Beginn des KV Schiene-Straße auf (Wenger 2001, S. 146). Ihr Vorteil ist, dass sie beim Versender oder Empfänger ohne Hilfe von Umschlaggeräten vom Fahrzeug getrennt und abgestellt werden können. Dazu sind sie meistens mit ausklappbaren Stützfüßen ausgerüstet (in Abb. 4.21 links eingeklappt, rechts ausgeklappt in Benutzung). So kann der Lkw während des Be- oder Entladevorgangs der Ladeeinheiten bereits weitere Einsätze fahren.

Für die Teilnahme am KV sind WB an der Bodengruppe mit Beschlägen ausgerüstet, die mit denen der ISO-Container kompatibel sind. Diese Beschläge sind nicht unbedingt an den Ecken der WB angebracht, da die Länge der Behälter in der Regel vom 20 Fuß-Raster der ISO-Container abweicht. Die Norm DIN EN 284 (2006) definiert Behälter der Längen 7450 mm (Typ C 745) und 7820 mm (Typ C782), weitere Längen befinden sich im Umlauf.

Abb. 4.21 Wechselbehälter (Autorenfotos)

An der oberen Kante sind WB nicht zwingend mit Beschlägen ausgestattet. Beim vertikalen Umschlag greift dann der Spreader mittels zusätzlicher Greifarme an der Bodengruppe (Abb. 4.22). WB müssen für den Transport auf der Schiene durch die UIC zertifiziert sein (Vrenken et al. 2005, S. 124). Häufig sind sie mit festen Wänden anstatt mit Planen ausgerüstet und nicht stapelbar.

4.4.5.4 Sattelanhänger

Sattelanhänger, auch Sattelauflieger oder Trailer genannt, waren die ersten Ladeeinheiten des KV Schiene-Straße. Anfangs wurden sie ausschließlich horizontal, d. h. durch „Roll-on roll-off", umgeschlagen (Wenger 2001, S. 144–146). Im unbegleiteten KV folgte

Abb. 4.22 Umschlag eines Wechselbehälters (Autorenfoto)

der Wechsel zum vertikalen Umschlag in sogenannte Taschenwagen (Abb. 3.13), wofür die Sattelauflieger jedoch speziell für den Kran-Umschlag gerüstet sein müssen. Aufgrund des damit verbundenen höheren Eigengewichts und der höheren Anschaffungskosten waren Stand 2019 nur 5 % der europäischen Sattelauflieger-Flotte kranbar (Just und Kopschinski 2019, S. 27–28). Diese Problemstellung adressieren inzwischen verschiedene technologische Entwicklungen für einen Horizontalumschlag, zum Teil befinden sich diese bereits im produktiven Einsatz (Abschn. 4.4.9).

Zur notwendigen Zusatzausrüstung für den Horizontalumschlag gehören im Wesentlichen Greifkanten, die denen der Wechselbehälter gleichen, sowie eine erhöhte Längsfestigkeit des Sattelanhängers. Kranbare Sattelanhänger sind dadurch schwerer und in ihrer Anschaffung teurer als konventionelle Modelle. Viele Speditionen verzichten daher bei Neubeschaffungen von Sattelanhängern darauf, dass diese kranbar sind. Somit schließen sie von vornherein eine Teilnahme am KV aus.

In einigen Teilen der Welt (z. B. den USA) sind sogenannte bimodale Sattelanhänger im Einsatz. Diese können an beiden Enden auf Drehgestelle aufgesetzt werden. Sie nehmen somit die gesamten Längskräfte des Zuges auf. Trotz einiger kommerzieller Versuche (z. B. der Bayerischen Trailerzuggesellschaft (BTZ)) konnte sich diese Technologie in Europa nicht durchsetzen.

4.4.6 Umschlagbahnhöfe

Umschlaganlagen, beim KV Schiene-Straße spezifisch als Umschlagbahnhöfe (Ubf) bezeichnet, stellen die Schnittstelle zwischen den einzelnen Verkehrsträgern dar. Oft wird der Begriff Terminal gleichbedeutend verwendet. UN/ECE (2001, S. 56) definiert ein Terminal als „ein[en] für den Umschlag und die Lagerung von ITE ausgerüstete[n] Ort".

Man unterscheidet im Binnenland zwischen bimodalen Terminals, bei denen zwei Verkehrsträger (Straße-Schiene oder Straße-Wasserstraße) miteinander verknüpft werden, und trimodalen Terminals, an die alle drei Verkehrsträger angebunden sind. An der Küste sind Terminals Bestandteile der Seehäfen. Sie stellen die Schnittstelle zur Hochseeschifffahrt dar.

Abb. 4.23 zeigt den grundsätzlichen Aufbau eines Umschlagbahnhofs. Wichtigster Bestandteil ist der Umschlagbereich. Dieser ist in der Regel – mit der Ausnahme von Umschlaganlagen mit sehr geringem Aufkommen – mit einem oder mehreren Portalkränen ausgerüstet, die den Gleisbereich, Lkw-Ladespuren und Abstellspuren für ITE überspannen. Zusätzlich, bei kleinen Anlagen auch ausschließlich, können mobile Umschlaggeräte eingesetzt werden. Auf die verschiedenen Umschlaggeräte wird im Folgenden genauer eingegangen (Abschn. 4.4.7). Weiterhin werden Anlagen für die Abfertigung der Lkw sowie Warte- bzw. Abstellflächen für dieselben benötigt. Für die kurzzeitige Abstellung oder auch die längerfristige Lagerung von leeren ITE (vor allem von leeren LE) werden weitere Flächen benötigt. Im Fall der Lagerung von leeren LE spricht man von einem Depot. Häufig liegen diese außerhalb des Arbeitsbereichs der

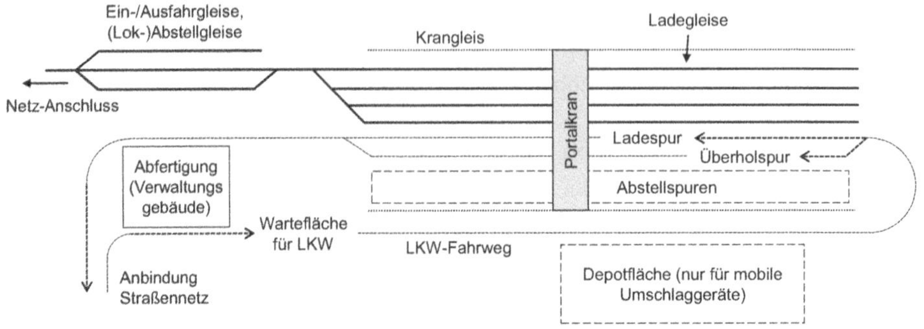

Abb. 4.23 Schematischer Aufbau eines Terminals

Portalkräne und müssen somit mit mobilen Umschlaggeräten bedient werden. Für spezielle Anforderungen, wie z. B. dem Umschlag oder der Lagerung von ITE mit Gefahrgut, sind weitere Einrichtungen erforderlich.

Eine beispielhafte Infrastrukturkonzeption für einen großen Umschlagbahnhof mit über 500 LE/Tag bzw. 125.000 LE/Jahr ist nach Siegmann (2004, Kap. 4, S. 13):

- bekranbare Gleislänge: 700 m
- bis zu 3 Hochleistungs-Portalkräne mit Kapazität von je 30 Umschlägen pro Stunde
- 4 Umschlaggleise, 1 Fahr-, 1 Lade-, 3 Abstellspuren unter den Portalkränen
- Überspannung der Spitzen der Umschlaggleise mit Fahrleitung für schnelles und direktes Ein- und Ausfahren der Tragwagenzüge mit der elektrischen Lok

Der Kranbereich selbst kann wegen des vertikalen Umschlags nicht überspannt sein. Die aus betrieblicher Sicht häufig geforderte beidseitige Anbindung der Ladegleise an das Eisenbahnnetz hat sich aus Platzbedarfsgründen nicht durchgesetzt. Wegen eingeschränkter Platzverhältnisse existieren auch Terminals mit kürzeren, z. B. halbzuglangen Umschlaggleisen. Dies erhöht den betrieblichen Rangier- und Zugbildungsaufwand, wenn die Züge nicht in ein einzelnes Ladegleis passen (Abschn. 2.2.4).

Hintergrundinformation: Megahub Lehrte

Das im Jahr 2020 in Betrieb gegangene Megahub in Lehrte bei Hannover erfüllt zwei Funktionen: Zum einen dient es als klassisches KV-Terminal und kann durch seinen Straßenanschluss Container von und auf Lkws verladen. Zum anderen ist hier erstmals eine Anlage entstanden, welche auch auf den direkten Umschlag von ITE zwischen Zügen ausgelegt ist.

Sie weist durch ihre beidseitige Anbindung an das Eisenbahnnetz eine erste Besonderheit auf. Damit können Züge ohne Umsetzen der Lokomotive für einen Umladungs-Zwischenhalt durch das Terminal fahren. Eine weitere Besonderheit ist der Einsatz von autonomen Längsförderern. Diese kommen zum Einsatz, wenn eine Ladeeinheit von einer vorderen Position auf einem Zug auf eine hintere Position auf einem anderen Zug umgeschlagen wird. Dabei muss die Ladeeinheit zweimal von einem Portalkran angehoben und umgeschlagen werden – einmal von einem Portalkran vom ersten Zug auf den Längsförderer, dann von einem anderen Portalkran vom Längsförderer auf den zweiten Zug. Es wird damit jedoch verhindert, dass der in Längsrichtung langsame Portalkran mit der Ladeeinheit diese Strecke zurücklegen muss, wozu ihm gegebenenfalls auch die anderen Portalkräne Platz machen müssen. Dies würde die Leistungsfähigkeit des Umschlags in der Gesamtanlage stark reduzieren.

Die Gestaltung des Megahubs im Vergleich zu klassischen KV-Terminals stellt nicht nur eine technische Innovation dar. Es ermöglicht eine stärkere Abkehr von den im KV dominierenden Direktverbindungen hin zu einer stärkeren Netzwerkbildung mit „Umsteigeverbindungen". Das Megahub bildet eine Analogie zum Rangierbahnhof im EWV als effizienter Sortierknoten und ermöglicht somit dem KV einen stärkeren Einstieg in das freie Routing im Netzwerk, bisher nahezu ein Alleinstellungsmerkmal des EWV innerhalb des SGV.

4.4.7 Umschlaggeräte

4.4.7.1 Spreader

Der Spreader, auch Containergeschirr genannt, ist die Einheit an einem Umschlaggerät, die die ITE greift. Sie verfügt in der Regel über einen Teleskoprahmen, um sich auf die verschiedenen Längen von Ladeeinheiten einzustellen. Der Spreader greift Container über die oberen Eckbeschläge. Zum Teil verfügt er über zusätzliche Greifarme zum Greifen von Wechselbehältern und Sattelaufliegern. Abb. 4.24 zeigt links einen Spreader eines Portalkrans, der mit eingeklappten Greifarmen einen Container von oben trägt. In Abb. 4.22 ist der gleiche Spreader im Greifarm-Einsatz zusehen.

4.4.7.2 Portalkräne

Schienenfahrbare Portalkräne (Abb. 4.25), oft auch als Hochleistungs-Portalkräne oder Hochleistungs-Containerkräne bezeichnet, stellen das Hauptumschlaggerät bei großen Terminals dar. In kleinen Terminals mit geringem Aufkommen ist ihr Einsatz nicht wirtschaftlich.

Beispielhafte Dimensionen umfassen (Siegmann 2004, Kap. 4, S. 14–15):

- Stützweiten von bis zu 40 m und damit nutzbare Brückenlängen von bis zu 55 m
- eine Hubhöhe von 12 m über Schienenoberkante (ermöglicht, dass Sattelanhänger über auf Fahrzeugen stehende ITE hinweggehoben werden können sowie die dreilagige Stapelung von Containern in den Abstellspuren)
- eine Tragfähigkeit von 35 t im Drehzapfenbetrieb (Container) bzw. 41 t im Greifzangenbetrieb (Wechselbehälter, Sattelauflieger)

Die Leistungsfähigkeit (bis zu 30 Umschläge pro Stunde, s. o.) wird stark davon beeinflusst, wie viel der Kran längs zu den Umschlagspuren fahren muss. Bei einer großen Intensität der Bewegungen in dieser Richtung sinkt die Leistungsfähigkeit stark ab. Bei langen Umschlaggleisen (z. B. ganzzuglang) und einem hohen oder schubweise auftretenden Aufkommen ist daher der Einsatz von zwei bis drei Portalkränen entlang der Gleisanlage sinnvoll.

Abb. 4.24 Spreader (Autorenfoto)

Abb. 4.25 Schienenfahrbare Portalkräne (Autorenfotos)

4.4.7.3 Mobile Umschlaggeräte

Bei mobilen Umschlaggeräten handelt es sich um gummibereifte und nicht spurgebundene Fahrzeuge, die mit einer Hebeeinrichtung und einem Spreader ausgerüstet sind. Dies können zum Beispiel Containerstapler, Reach-Stacker (Greifstapler) oder Portalhubwagen (Straddle Carrier) sein, wobei Letztere fast ausschließlich in Seehäfen zum Einsatz kommen (Abb. 4.26). In der Regel sind mobile Umschlaggeräte mit Verbrennungsmotoren ausgerüstet, was ihre freie Beweglichkeit im Terminal ermöglicht und damit zu einem sehr flexiblen Einsatz führt. Allerdings muss der Untergrund auf die sehr hohe Bodenpressung der Reifen ausgelegt sein. Zudem ist zu beachten, dass sie für die Fahr- und Rangierbewegungen relativ viel Platz benötigen.

Die Beschaffungskosten für mobile Umschlaggeräte liegen weit unter denen von Portalkränen. Zudem können sie auch kurzfristig geleast oder gemietet werden. Ihre Leistungsfähigkeit für den Bahnumschlag liegt jedoch unterhalb derer der Portalkräne. (Siegmann 2004, Kap. 4, S. 16)

Mobile Umschlaggeräte werden oft in kleineren Umschlaganlagen verwendet, bei denen sich ein Portalkran nicht bzw. noch nicht lohnt. Zudem werden sie in großen Terminals als Ergänzung zu den Portalkränen sowie als Back-Up-Lösung verwendet, wenn ein Portalkran ausfällt. Bei bereits mit einem oder mehreren Portalkränen ausgerüsteten Terminals mit wachsendem Aufkommen, deren Kapazitätsgrenze erreicht ist, können sie helfen, die relativ hohen Sprungkosten für die Installation eines weiteren Portalkrans abzufedern, indem sie übergangsweise das zusätzliche Aufkommen übernehmen.

Hintergrundinformation: Mobiler und ContainerMover-3000 – mobiler Umschlag ohne mobiles Umschlaggerät

Die österreichische Bahn RailCargoAustria (RCA) nutzt mit dem MOBILER eine Umschlagtechnologie für die direkte horizontale Verladung zwischen Lkw und Bahnwagen ohne weitere

Abb. 4.26 Mobile Umschlaggeräte. Reach Stacker (links) und Straddle Carrier (rechts, Autorenfotos)

Umschlaggeräte. Hierzu sind die Lkw mit einer hydraulischen Hubeinrichtung ausgerüstet. Für den Bahntransport kommen durch Auflagebleche minimal modifizierte Standard-Containertragwagen zum Einsatz. Spezielle MOBILER-Ladeeinheiten stehen für verschiedene Schüttgüter oder für palettierte Ware zur Verfügung. Das Angebot richtet sich wesentlich an Kunden ohne Gleisanschluss. (RCG 2021) Der Bahntransport erfolgt teilweise über den EWV.

In der Schweiz wird ein vergleichbares System mit dem Namen ContainerMover-3000 vom Unternehmen railCare, einer Tochtergesellschaft des Supermarktbetreiber Coop, eingesetzt. (railCare o. J.)

4.4.8 KV-Profile und Strecken-Kodifizierungen

Die standardisierten Lichtraumprofile der Eisenbahnstrecken (Abschn. 2.3.2) sind vielfach für ITE auf Tragwagen, speziell Sattelauflieger in Taschenwagen, nicht ausreichend. Kritisch sind insbesondere die Abschrägungen in den oberen seitlichen Bereichen wie bei der Bezugslinie G1 (Abb. 2.15). KV-Transporte führen daher regelmäßig zu Lademaßüberschreitungen (Abschn. 2.2.5.4). Um diese effektiv und ohne Einzelfallregelungen abwickeln zu können, wurden – basierend auf einer Erfassung (Messung) der tatsächlichen, meist großzügigeren Lichtraumverhältnisse – die für den KV relevanten Eisenbahnstrecken kodifiziert (d. h. mit einer KV-Profilbezeichnung versehen).

Kodifizierungsschilder an den ITE geben an, auf welchen Trag- bzw. Taschenwagenarten die ITE auf welchen Strecken (je nach Strecken-Kodifizierung) transportiert werden können. Hierdurch wissen die Operateure und EVU, auf welchen Strecken sie mit welchem Rollmaterial welche Leistungen anbieten können. Gegenüber ihren Kunden können sie in ihrem Fahrplan somit die zulässigen ITE-Kodifizierungen kenntlich machen. (Siegmann 2004, Kap. 4, S. 9; Wenger 2001, S. 123–125; UIRR o. J.; Kombiverkehr o. J.)

Es findet ein kontinuierlicher Ausbau des Streckennetzes für höhere Kodizes statt, so z. B. beim „4-m-Korridor“ in der Schweiz (Basel zum Gotthard Basistunnel, 4 m Eckhöhe der Sattelauflieger).

4.4.9 Horizontalumschlag

Ergänzend zum Vertikalumschlag wurden verschiedene Systeme für einen Horizontalumschlag von Sattelaufliegern entwickelt. Systeme wie CargoBeamer oder Modalohr setzen Spezialwagen jeweils eigener Bauweise ein, die in speziell ausgerüsteten Terminals be- bzw. entladen werden (Intermodal Info o. J.b). Dem Nachteil des Aufwands für die systemspezifische Infrastruktur am Start und Ziel des Bahntransports steht die Möglichkeit des Parallelumschlags gegenüber. Während beim Vertikalumschlag die Wagen grundsätzlich nacheinander be- bzw. entladen werden müssen und auch bei Einsatz mehrerer Portalkräne und mobiler Umschlaggeräte nur eine gewisse Parallelisierung möglich ist, können bei diesen Systemen alle Wagen gleichzeitig be- bzw. entladen werden.

Um den durch den Parallelbetrieb stark beschleunigten Umschlagprozess effektiv für eine Verkürzung des Übergangs zwischen Schiene und Straße nutzen zu können, ist jedoch eine entsprechend leistungsfähige Anbindung an das Straßennetz und eine schnelle formale Abfertigung der Lkw notwendig. Auch müssen die Straßentransporte zum richtigen Zeitpunkt für eine direkte Übergabe an die Parallelverladung eintreffen. Da dies zum Beispiel bei einem Modalohr-Terminal in Luxemburg nicht gegeben war, wurde der Straßenzu- und -ablauf vom Parallelumschlag entkoppelt. Die Straßenzugmaschinen liefern dabei die Sattelauflieger auf einer Pufferfläche ab, von der sie dann zur entsprechenden Verladeposition am Modalohr-Umschlaggleis von Terminalzugmaschinen gebracht werden – entsprechend auch umgekehrt nach der Bahnentladung.

Die benannten Systeme adressieren insbesondere den Transport nicht-kranbarer Sattelauflieger, welche den überwiegenden Teil der europäischen Flotte ausmachen (Abschn. 4.4.5.4). Weitere Systeme wie NiKRASA, R2L und ISU dienen ebenfalls dem Transport der nicht-kranbaren Einheiten, jedoch indem sie – wie es auch mit der CargoBeamer-Technologie möglich ist – die Auflieger durch spezielle Ladewannen oder spezielle Ladegeschirre für einen Kran greifbar und damit für den Vertikalumschlag nutzbar machen (Intermodal Info o. J.c).

Weitere Horizontalumschlagtechnologien wie das System Mobiler (Abschn. 4.4.7.3) adressieren die Problematik des Zugangs zum Bahnsystem. Ihr Ziel ist ein Umschlag von LE zwischen Lkw und Bahn ohne aufwendige stationäre Umschlagtechnologie. Alle notwendigen Ausrüstungen für den Umschlag zwischen den Straßen- und Bahnfahrzeugen sind an diesen untergebracht, sodass der Umschlag an jedem Freiladegleis, das per Lkw erreichbar ist, möglich ist.

Eine Übersicht über horizontale Umschlagtechnologien gibt z. B. Höft (2022b).

Literatur

BASF (o. J.) Kombiverkehrsterminal. https://www.basf.com/global/de/who-we-are/organization/locations/europe/german-sites/ludwigshafen/production/transport-and-logistics/Das-Kombiverkehrsterminal.html. Zugegriffen: 16. Mai 2020

BAV (2020) Verzeichnis der Anlagen für den Schienengüterverkehr – DEFRIT, V 1.1. https://www.bav.admin.ch/dam/bav/de/dokumente/themen/schienengueterverkehr/verzeichnis-anlagen-defrit.xlsx.download.xlsx/Verzeichnis%20der%20Anlagen%20DEFRIT.xlsx. Zugegriffen: 24. Juni 2022

Berndt T (2001) Eisenbahngüterverkehr. B. G. Teubner, Stuttgart, Leipzig, Wiesbaden

Bexity (o. J.) Stückgut – Wir bewegen Paletten von A nach B – in ganz Europa. https://www.bexity.com/stueckgut. Zugegriffen: 24. Juni 2022

BMVI Bundesministerium für Verkehr und digitale Infrastruktur (Hrsg) (2020) Verkehr in Zahlen 2019/2020. Kraftfahrt-Bundesamt, Flensburg

Camion (o. J.) Camion Transport: Stückguttransport. https://www.camiontransport.ch/de/transport/stueckguttransport. Zugegriffen: 27. Mai 2022

DB Netz AG (2022) Das Anlagenpreissystem 2022 der DB Netz AG. https://fahrweg.dbnetze.com/resource/blob/7033996/470c9a8dc3b6e3baeba053fc03275c32/aps-broschuere2022-data.pdf. Zugegriffen: 20. Mai 2022

Destatis Statistisches Bundesamt (2019) Fachserie 8 Reihe 2 Verkehr Eisenbahnverkehr

DIN EN 284 (2006) Wechselbehälter – Nicht stapelbare Wechselbehälter der Klasse C. Beuth Verlag, Berlin

ERegG – Eisenbahnregulierungsgesetz vom 29. August 2016 (BGBl. I S. 2082), das zuletzt durch Artikel 2 des Gesetzes vom 9. Juni 2021 (BGBl. I S. 1737) geändert worden ist

European Commission (2015) Study on Single Wagonload Traffic in Europe – challenges, prospects and policy options – final report

Fiedler J, Scherz W (2012) Bahnwesen, Planung, Bau und Betrieb von Eisenbahnen, S-, U-, Stadt- und Straßenbahnen, 6. Aufl. Werner, Köln

Häßler M, Hildebrand WC (2007) Gleisanschlusslogistik – Bewertung künftiger Entwicklung auf Grund der Gleisanschlussförderrichtlinie. In: Internationales Verkehrswesen, Nr 3, S 90–94

Höft U (2022a) Ein Vergleich von Systemen des Kombinierten Verkehrs. In: Deine Bahn, Nr 1, S 52–59

Höft U (2022b) Neue Techniken des Kombinierten Verkehrs. In: Deine Bahn, Nr 1, S 44–51

Intermodal Info (o. J.a) Kosten. https://www.intermodal-info.com/wann-lohntsich-der-kv/. Zugegriffen: 15. Mai 2021

Intermodal Info (o. J.b) Horizontaler Umschlag. https://www.intermodalinfo.com/horizontale-umschlagsysteme/sowie dort verlinkte Detailseiten. Zugegriffen: 23. Apr. 2021

Intermodal Info (o. J.c) Vertikaler Umschlag. https://www.intermodalinfo.com/vertikale-umschlag-systeme/sowie dort verlinkte Detailseiten. Zugegriffen: 23. Apr. 2021

Just M, Kopschinski F (2019) Innovation als Schlüssel für einen zukunftsfähigen Intermodaltransport. In: RailBusiness Spezial, Ausgabe SGB/2019

KCW (2018) Gutachten zur Bestimmung der Elastizität der Nachfrage der Eisenbahnverkehrsunternehmen. Erstellt für die Bundesnetzagentur für Elektrizität, Gas, Telekommunikation, Post und Eisenbahnen. KCW GmbH, StatisticEye, HTC

Kombiverkehr Deutsche Gesellschaft für kombinierten Güterverkehr mbH & Co. KG (o. J.) Profile. https://www.kombiverkehr.de/de/service/allgemeine_infos/profilsuche/. Zugegriffen: 18. Mai 2020

Lösch H (2020) Rede des stellvertretenden Hauptgeschäftsführers des Bundesverbands der Deutschen Industrie e. V. auf dem BME-/VDV-Forum Schienengüterverkehr am 11. Februar 2020 in Berlin. Zitiert aus dem Redemanuskript

Martin U (2004) Braucht die moderne Bahn noch Anschlussbahnen? In: ETR – Eisenbahntechnische Rundschau, Nr 3, S 133–142

Nikutta S (2021) Wirtschaftspolitische Herausforderungen im Güterverkehr – Weg mit den Bremsklötzen für den Klimaretter auf Schienen. In: Tietmeyer A, Solaro P (Hrsg) Neue Herausforderungen der Sozialen Marktwirtschaft, Springer Fachmedien, Wiesbaden, S 201–206

ÖBB AG (2021) Schienennetz-Nutzungsbedingungen 2022. Gültig ab 12. Dezember 2021, Version 2.1

Pachl J (2021) Systemtechnik des Schienenverkehrs, 10. Aufl. Springer Vieweg, Wiesbaden

Planzer (o. J.) Mehr als ein grosses Stück voraus: Stückgut, Teil- und Komplettladungen. https://www.planzer.ch/de/transport/stueckgut/. Zugegriffen: 27. Mai 2022

railCare (o. J.) railCare AG, Kombinierter Verkehr aus einer Hand. Unternehmenspräsentation

RCG Rail Cargo Group (2021) MOBILER. https://www.railcargo.com/de/dms/rcg-mobiler-de.pdf. Zugegriffen: 03. Nov. 2022

RB (2019) Andere Struktur, um Einzelwagenverkehr zu fördern. RailBusiness 42/2019, S 12

SBB AG (2020) Leistungskatalog Infrastruktur 2021. Gültig vom 1. Januar 2021 bis 11. Dezember 2021

SBB AG (o. J.) Rangierbahnhöfe Infrastruktur Betrieb. https://company.sbb.ch/de/sbb-als-geschaeftspartner/leistungen-evu/onestopshop/rangierbahnhoefe.html. Zugegriffen: 20. Mai 2022

Sender J (2013) Produktionsverfahren und ausgewählte Transportketten. In: Clausen U, Geiger C (Hrsg) Verkehrs- und Transportlogistik, 2. Aufl. Springer Vieweg, Berlin, S 169–173

Siegmann J (1997) Wege zu einer anforderungsgerechten und wirtschaftlichen Güterbahn. IVE Universität Hannover, Wissenschaftliche Arbeiten Nr. 50

Siegmann J (2004) Schienengüterverkehr, Vorlesungsskript des Fachgebietes Schienenfahrwege und Bahnbetrieb. Technische Universität Berlin, Berlin

TIS Transport-Informations-Service, Fachservice der Deutschen Transportversicherer (o. J.) http://www.tis-gdv.de/tis/containe/inhalt2.htm, http://www.tisgdv.de/tis/containe/stauen/stauen.htm. Zugegriffen: 23. Juni 2006

Trippi P (2020) Wagenladungsverkehr Schweiz – Potenziale ausschöpfen. In: Prima 2/2020, S 38–39

UIRR Internationale Vereinigung für den Kombinierten Verkehr Straße Schiene (2021) 2020–2021 UIRR Report. https://www.uirr.com/de/component/downloads/downloads/1634.html. Zugegriffen: 17. Juni 2022

UIRR Internationale Vereinigung für den Kombinierten Verkehr Straße Schiene (o. J.) KV Schiene-Strasse. http://www.uirr.com/de/road-rail-ct.html. Zugegriffen: 15. Mai 2020

UN/ECE United Nations/Economic Commission for Europe (2001) Terminologie des Kombinierten Verkehrs. New York, Genf. http://www.unece.org/trans/wp24/wp24-terminology/24term.html. Zugegriffen: 26. Juni 2006

VCI Verband der Chemischen Industrie e. V. (2021) Maßnahmen zur Stärkung des Einzelwagenverkehrs

VCÖ (o. J.) Anzahl von Betrieben mit aktiven Gleisanschlüssen seit dem Jahr 2010 um ein Drittel gesunken. https://www.vcoe.at/presse/presseaussendungen/detail/vcoe-anzahl-von-betrieben-mit-aktiven-gleisanschluessen-seit-dem-jahr-2010-um-ein-drittel-gesunken. Zugegriffen: 24. Juni 2022

VDV Verband Deutscher Verkehrsunternehmen (o. J.) Ganzzugverkehr – Eigene Züge fahren lassen. https://www.vdv.de/ganzzugverkehr.aspx. Zugegriffen: 13. Mai 2021

VDV und Roland Berger (2022) Schienengüterverkehr als Garant des Klimaschutzes im Verkehr – Qualität, Innovation und Kunden im Fokus. Abschlussbericht, Gutachten zum Schienengüterverkehr bis 2030. https://www.vdv.de/schienengueterverkehr-als-garantdes-klimaschutzes.aspx. Zugegriffen: 4. März 2022

Vrenken, H, Macharis C, Wolters P (2005) Intermodal transport in Europe. European intermodal association (EIA), Brüssel

Wenger H (2001) UIRR 30 Jahre. UIRR, Brüssel

WVS Wirtschaftsvereinigung Stahl (2019) Positionspapier Eisenbahnpolitik. https://www.stahl-online.de/wp-content/uploads/2019/09/PositionspapierEisenbahnpolitik_WVStahl_201909.pdf. Zugegriffen: 21. Aug. 2020

Innovationen 5

Zusammenfassung

Im fünften Kapitel wird zunächst eine Zusammenstellung von Anforderungen an und Herausforderungen für den Schienengüterverkehr (SGV) den dafür hilfreichen Innovationen zugeordnet. Im Anschluss wird ausführlicher auf Erweiterungsmöglichkeiten der Produktionssysteme und auf eine Auswahl technologischer Innovationen eingegangen. Dies umfasst die Kupplungstechnologie (von der Schraubenkupplung zur digitalen automatischen Kupplung), die Bremstechnologie mit den Teilaspekten elektrische Bremsansteuerung und automatische Bremsprobe sowie das Thema Digitalisierung mit den Teilaspekten Telematik und Vernetzung verschiedener Systeme. Dabei steht jeweils die Beschreibung des Status quo und die daraus resultierenden Problemfelder ebenso im Fokus wie die Beschreibung des angestrebten, innovativen Zustandes.

5.1 Abgrenzung, Anforderungen und Zuordnung

5.1.1 Innovationsbegriff

Der Begriff „Innovation" wird zum Teil inflationär gebraucht, ein beständiges Modeschlagwort, das auf die Notwendigkeit von Fortschritt hinweist. Verfechter einer engen Verwendung des Innovationsbegriffs mögen auch der Verwendung des Begriffs in diesem Kapitel – sogar als Überschrift dieses Kapitels – kritisch gegenüberstehen. Hintergrund der Diskussion ist im Wesentlichen die Unterscheidung, ob schon eine neue Idee (z. B. Prozess-Idee) oder eine neue technische Erfindung an sich als Innovation bezeichnet werden kann oder ob sie diesen Begriff erst verdient, wenn sie umsetzungsreif ist, auch tatsächlich eingeführt wurde oder sich am Markt etabliert hat (Holt 1983, S. 13).

H. Stuhr et al., *Schienengüterverkehr,* https://doi.org/10.1007/978-3-658-38753-2_5

Anforderung	Ausprägungen
Angebotsausweitung zur Gewinnung zusätzlicher Verkehrsleistungen:	Vereinfachung des Zugangs zum System
	Bessere Adressierung kleinteiliger Mengen, kurzer Distanzen sowie aus der Fläche/in die Fläche
Erhöhung des Erfüllungsgrades der Kundenanforderungen hinsichtlich:	Verlässlichkeit der Transportabwicklung: Pünktlichkeit, Abweichungsmanagement und -information
	Flexibilität: Reaktion auf neue Transportanfragen (Zeitbedarf für Angebotsabgabe und bei Auftrag Zeitbedarf bis zur Verkehrsaufnahme) sowie Reaktion auf kurzfristige Änderungen von Transporten
	Transportgeschwindigkeit: Zeitbedarf für den Transport von „Tür zu Tür“
Reduktion des Produktionsaufwands, damit Reduktion der Produktionskosten. Felder mit besonderem Reduktionspotential sind:	Sammlung und Verteilung (erste und letzte Meile auf der Schiene)
	Umschlag Straße/Schiene (bei Umlegung der ersten/letzten Meile auf die Straße im KV)
	Sortieren von Güterwagen, Zusammenstellen von Güterzügen
	Sicherheitsrelevante Prozesse der Zugbildung (Bremsprobe, wagentechnische Untersuchung)
	Reduktion des Aufwandes zur Fahrzeugvorhaltung, Erhöhung Einsatzflexibilität (Instandhaltungsprozesse, Aufwände durch spontanen technischen Fahrzeugausfall)
Durchsatzsteigerung; Erhöhung der möglichen Transportmenge bei gegebener Infrastruktur durch:	Erhöhung der maximalen Transportmenge pro Zug (technischer Aspekt: Erhöhung des Grenzwerts)
	Erhöhung der durchschnittlichen Auslastung pro Zug (organisatorischer Aspekt: Mengenbündelung für lange und schwere Züge)
	Reduktion der Infrastrukturbelegungszeit bzw. des Kapazitätsverbrauchs bei Prozessen der Zugbildung und –auflösung
	Erhöhung der möglichen Zuganzahl pro Zeiteinheit auf der Strecke
Emissionsreduktion:	Lokaler Schadstoffausstoß bei Dieseltraktion
	Reduktion der negativen Klimawirkung, insbesondere bei (heutiger) Dieseltraktion
	Reduktion des Schienenverkehrslärms

Abb. 5.1 Übersicht der Anforderungen an den SGV und zugeordneter Innovationen

In diesem Kapitel werden Technologien und Prozessänderungen betrachtet, die sich im Innovationsprozess – d. h. dem Prozess von der „Wahrnehmung eines Bedürfnisses oder Problems über die Forschung und Entwicklung bis hin zu den Konsequenzen der Diffusion“ (Mahler und Stoetzer 1995, S. 4) – mindestens im Bereich der Forschung und Entwicklung befinden und bei denen zum aktuellen Zeitpunkt nicht mit endgültiger Sicherheit gesagt werden kann, ob und in welchem Umfang sie sich am Markt durch-

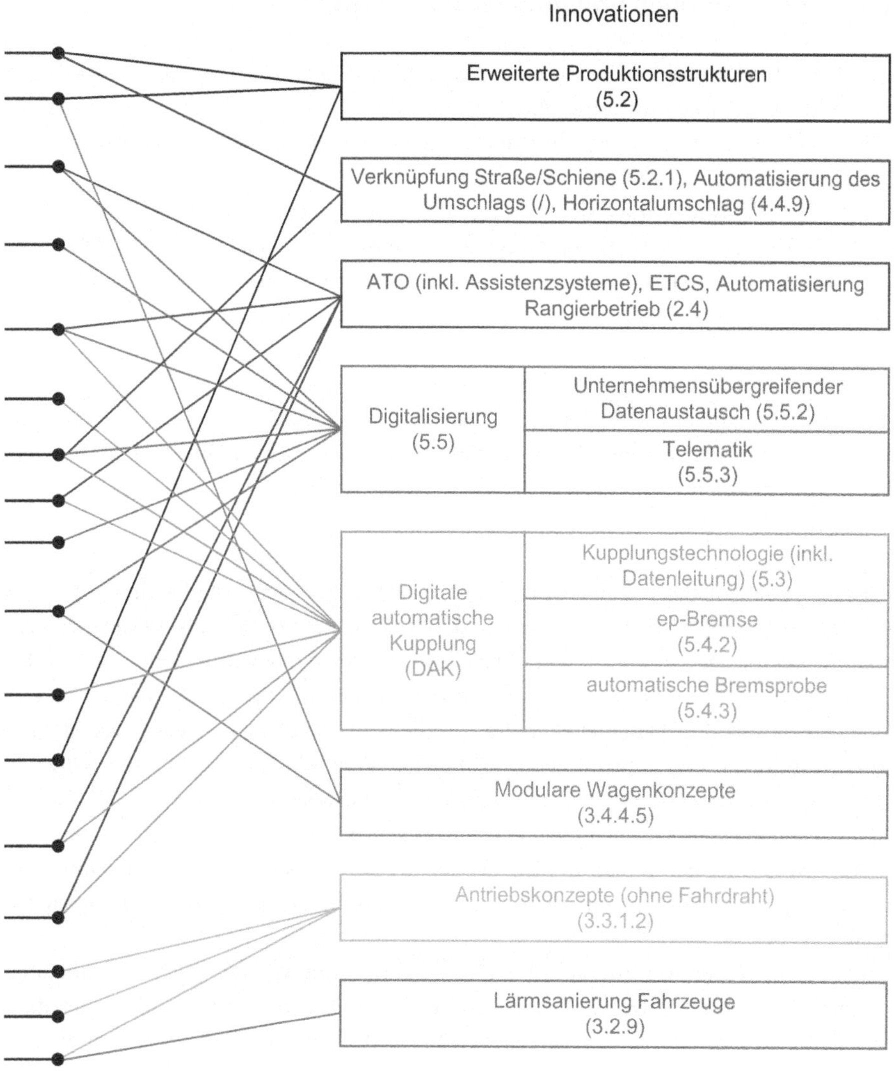

Abb. 5.1 (Fortsetzung)

setzen werden, d. h. ob sie den letzten Schritt des Innovationsprozesses erfolgreich durchlaufen. Dargestellt werden somit wesentliche (potenzielle) Neuerungen, die die Branche aktuell anstrebt, um ihre Effektivität zu steigern und die Anforderungen des Marktes besser zu befriedigen.

5.1.2 Anforderungen und Innovationszuordnung

Wesentliche Problemfelder im Bereich des Schienengüterverkehrs (SGV) wurden im einleitenden Kapitel bereits aufgeführt (Abschn. 1.5.3), weitere Aspekte sind im Verlauf der darauffolgenden Kap. 2 bis 4 hinzugekommen. Folgend seien sie nochmal im Sinne von Anforderungen an Innovationen zusammengefasst.

Das gesellschaftliche Ziel der Verlagerung von Verkehrsmengen auf die Schiene (Abschn. 1.5.1) erfordert die Gewinnung neuer Transportmengen aus dem Aufkommensbereich, der heute fast ausschließlich mit dem Lkw bedient wird. Dafür ist es notwendig, die Einsatzbereiche des SGV zu erweitern. Wesentlich sind dafür:

- eine Vereinfachung des Zugangs zum System,
- eine Verbesserung der Abdeckung der Fläche,
- eine bessere Adressierung des Low-Performance-Bereichs (Abb. 1.2), d. h. kleinteiliger Mengen und auch kurzer Transportdistanzen sowie
- eine generelle Erhöhung der Kapazität.

Insgesamt bedingen diese Punkte eine neue Austarierung der Arbeitsteilung zwischen den Verkehrsträgern Straße als Basis- und der Schiene als Overlay-System (Hintergrundinformation in Abschn. 1.2.1). Dabei muss die Wirtschaftlichkeit im Overlay-System verbessert werden, um den Kunden ein nachhaltig attraktives Angebot machen zu können. Nachhaltig bedeutet hier die Möglichkeit, durch das eigene Geschäft u. a. Ersatzinvestitionen und Innovationen refinanzieren zu können, anstatt nur kurz- bis mittelfristig im Preiswettbewerb „auf Verschleiß" zu bestehen.

Die Erreichung dieser Ziele ist als Synergie zwischen eigener Anstrengung des Sektors (Pull) und durch die Politik zu schaffende günstigere Rahmenbedingungen (Push) anzustreben. Wo sinnvoll, sind sowohl technische als auch Prozessinnovation zu nutzen.

Abb. 5.1 fasst die Anforderungen an den SGV – um weitere ergänzt – nochmals zusammen, beschreibt einzelne Ausprägungen dieser Anforderungen und ordnet ihnen zweckdienliche Innovationen zu. Angegeben ist bei den Innovationen jeweils, in welchen Abschnitten sie beschrieben werden. Auf eine Gewichtung der einzelnen Verbindungen zwischen Anforderungs-Ausprägung und Innovation (z. B. stark, direkt, indirekt, leicht usw.) wurde im Sinne der Übersichtlichkeit der Abbildung verzichtet.

Aus dem selben Grund ist an dieser Stelle im Falle des Gesamtvorhabens *Digitale Automatische Kupplung (DAK)* sowie des Themenbereichs Digitalisierung nicht ausdifferenziert, welche Komponenten für die Wirkung auf die jeweilige Anforderungs-Ausprägung maßgeblich sind. Die DAK kombiniert die Einführung eines neuen Kupplungssystems mit Neuerungen bei der Bremstechnologie, für die die automatisch mitkuppelnde Elektroleitung genutzt werden soll.

5.2 Weiterentwicklung der Produktionsstrukturen

Betrachtet man das Performance-Diagramm der Verkehrsträger aus Kap. 1 (Abb. 1.2) bzw. das der Leistungsspektren der Produktionssysteme in Kap. 4 (Abb. 4.3) so ist erkennbar, dass die Bahn den Low-Performance-Bereich, in dem der Lkw seinen Mengenschwerpunkt hat, nicht abdeckt. Für die Verlagerung von Verkehren im angestrebten Umfang ist es jedoch von wesentlicher Bedeutung, auch diesen Bereich „weiter unten links“ stärker in den Fokus zu nehmen.

Ein naheliegender Ansatz ist die Erweiterung und Optimierung der bestehenden Produktionssysteme Einzelwagenverkehr (EWV) und Kombinierter Verkehr (KV) mit dem Ziel, kleine Sendungsgrößen und geringe Transportdistanzen besser zu adressieren. Grundlegende Ansätze hierzu finden sich in Abschn. 5.2.2. Da ihr Potenzial jedoch begrenzt ist, scheint es geboten, den Betrachtungshorizont zu öffnen und den Blick auf ein neu zu schaffendes Produktionssystem für diesen Performance-Bereich zu werfen, wie es in Abschn. 5.2.3 erfolgt.

Das im Anschluss beschriebene potenzielle Produktionssystem richtet sich hingegen an größere Sendungsgrößen im Bereich von ca. 5–10 Wagen. Es adressiert die Problematik, dass die Produktionssysteme Ganzzugverkehr (GV) und der EWV beide nicht optimal auf diesen Größenbereich zugeschnitten sind, also „zu klein für einen Ganzzug“ und „zu groß, um den Sortieraufwand im EWV in Kauf zu nehmen“.[1] Wagengruppensysteme, die diesen Bereich heute zum Teil abdecken, sind bereits in Abschn. 4.1 als eine Mischform vom Ganzzug- und EWV vorgestellt worden. Sie umgehen die Hierarchie und die großen Sortier-Knotenpunkte des EWV. Dennoch stellt das Verbinden der Gruppen zu längeren Zügen für gemeinsame Transportabschnitte bei der herkömmlichen Zugbildungstechnologie – wesentlich gekennzeichnet durch ein Triebfahrzeug vorne und einem folgenden, langen Wagenzug – einen hohen Aufwand dar, der kosten- und zeitintensiv ist. Abschn. 5.2.4 führt daher auf, wie dieser Bereich mit dem in der Fachliteratur schon lange behandelten Konzept des Train-Coupling and -Sharing (TCS) als eigenes Produktionssystem gestaltet werden könnte.

Bei all diesen Betrachtungen gilt zusätzlich der grundsätzliche Fakt der wesentlich geringeren Netzdichte des Eisenbahnnetzes gegenüber dem Straßennetz (Abschn. 1.2.1) und damit die wesentlich geringere Anzahl an Zugangspunkten, die sich – wie in Abschn. 4.3.2 dargestellt – in den letzten Jahrzehnten stark reduziert hat. Als eine Voraussetzung des Ziels der angestrebten Verkehrsverlagerung ist dieser Trend umzukehren und die Flächenverfügbarkeit des SGV zu erhöhen. Insbesondere durch öffentliche Zugangsstellen mit niedrigschwelliger Nutzungshürde und einer verbesserten Verknüpfung der Verkehrsträger ist der Zugang zum System zu vereinfachen. Der *einfache Zugang auch aus der Fläche* heraus ist sowohl für ein Wachstum außerhalb als

[1] Abhängig von Transportgut- und -relation können bestimmte Transporte auch in diesem Sendungsgrößenbereich bereits effektiv bedient werden.

auch innerhalb der heutigen Performance-Bereiche der drei Produktionssysteme des SGV von großer Bedeutung. Dem spezifischen Aspekt der Verknüpfung von Straße und Schiene ist der direkt folgende Abschn. 5.2.1 gewidmet.

5.2.1 Verbesserte Verknüpfung der Verkehrsträger Straße und Schiene

Für eine nennenswerte Verlagerung von Verkehren auf den SGV ist dieser als Overlay-System auf das Basis-System, den Straßengüterverkehr, angewiesen.[2] Das Basis-System sichert den Zugang zur Fläche, d. h. auch zu allen Aufkommensquellen und -senken, die keinen direkten Bahnanschluss haben. Der SGV darf hier also nur den durchgehenden Straßengüterverkehr, nicht den Straßengüterverkehr pauschal als Konkurrenten betrachten. Jedoch fallen insbesondere bei kurzen Transportdistanzen die Zeit- und Kostenaufwände für den Umschlag zwischen den Verkehrsträgern besonders ins Gewicht (vergleiche für den Fall des KV Abb. 4.15).

Technische und prozessorientierte Innovationen zur besseren Verknüpfung der Verkehrsträger sind – basierend auf den heutigen Produktionssystemen – eng mit dem KV verbunden. Es geht bei diesem bereits hoch-industrialisierten System im Wesentlichen um Verbesserungen im Detail, beispielsweise beim Umschlagprozess, und damit um eine Reduktion der Verlustzeiten (Wartezeiten) im Rahmen des Verkehrsträgerübergangs. Ebenso von Bedeutung sind Systeme zur Verladung nicht kranbarer Sattelauflieger, um diesen den Zugang zur Bahn zu ermöglichen (Abschn. 4.4.9).

Passen die zeitliche Lage des Vor- bzw. Nachlaufs per Lkw und die Abfahrt bzw. Ankunft des Bahn-Hauptlaufs nicht zueinander, so helfen technische Neuerungen für möglicherweise noch erreichbare Umschlag-Beschleunigungen selbst nicht weiter. Hier ist also die Bereitschaft auf allen Seiten gefragt – also auch aufseiten der potenziellen Bahn-Neukunden – sich auf geänderte zeitliche Abläufe einzustellen. Je höher die Abfahrtsfrequenz im Bahnhauptlauf ist, desto geringer wird die mittlere Wartezeit beim Zugang zum System. Eine hohe Frequenz, die sich mit dem Wachstum zur Abdeckung des Transportbedarfs sowieso einstellen muss, ist bei einer Wachstumsstrategie somit schnell anzustreben.

Lohnt sich das Aufkommen hingegen nicht für die Etablierung einer Bahnverbindung mit reinen KV-Zügen, so kommt als Basis-Netz für den Bahn-Hauptlauf der EWV ins Spiel. An kleinen Terminals nahe großer EWV-Knotenpunkte werden intermodale Transporteinheiten auf Tragwagengruppen geladen, um dann im Knotenpunkt (z. B. Rangierbahnhof) in einen bestenfalls in hoher Frequenz fahrenden EWV-Zug eingestellt zu werden. Der Übergang zurück auf die Straße erfolgt im Zielterminal, wieder direkt bei einem EWV-Knoten gelegen, analog. Insbesondere, wenn zwischen dem Start- und Zielknoten eine direkte Zugverbindung besteht und die Wagengruppe

[2] Zum Overlay-Konzept siehe die Hintergrundinformation in Abschn. 1.2.1.

nicht in einem weiteren Knoten (Rangierbahnhof) in einen anderen Zug umgestellt werden müssen, können auch auf diese Weise attraktive Transportzeiten inklusive Vor- und Nachlauf realisiert werden. Weiterhin kann an einem Ende einer derartigen „KV-EWV-Transportkette" die Zustellung der Tragwagen über das EWV-Netz direkt in einem Kundengleisanschluss erfolgen. Die deutsche DB Cargo AG als Betreiberin des nationalen EWV-Netzes bietet ein solches Konzept zur „Nutzung des Einzelwagenverkehrs auch für Kunden ohne Gleisanschluss" (DB Cargo AG o. J.) auf ausgewählten nationalen Verbindungen an, ein Ausbau des Angebots ist geplant.

Zu den benannten Aspekten hinzu kommt eine Steigerung der Verlässlichkeit gebrochener, verkehrsträgerübergreifender Transportketten z. B. durch eine Optimierung der Informationsflüsse entlang des gesamten Transports von der Quelle bis zur Senke (Abschn. 5.5.2).

5.2.2 Ausdehnung der Perfomance-Bereiche der vorhandenen Produktionssysteme

Für eine Steigerung der Attraktivität der vorhandenen Produktionssysteme EWV und KV, insbesondere für kürzere mittlere Transportentfernungen, ist jeweils eine Beschleunigung der eisenbahnbetrieblichen Prozesse im Zusammenhang mit der eigentlichen Zugfahrt (wie z. B. der automatischen Bremsprobe, Abschn. 5.4.3) sinnvoll, was zu einer Reduzierung der Transportzeiten führt.

Im Falle des EWV kommt die Notwendigkeit der Reduktion der Verweildauer der Güterwagen an den einzelnen Kontenpunkten hinzu. Dies ist zum einen abhängig von den angebotenen Zugfrequenzen im Zusammenspiel mit der Netzwerkgestaltung und -auslastung (Abschn. 4.3.3), zum anderen von der minimalen technischen Wagendurchlaufzeit in den Knotenpunkten, d. h. einer Beschleunigung der Sortiervorgänge. Hier ist neben der bereits erwähnten Thematik der Bremsprobe sowie weiterer technischer Maßnahmen zur Beschleunigung der Eingangs- und Ausgangsbehandlungen der Züge auch die Kupplungstechnologie von besonderer Bedeutung (Abschn. 5.3).

Für den KV stünden für eine derartige Strategie der Ausweitung in den Low-Performance-Bereich Beschleunigungen und Kosteneinsparungen bei den Umschlagprozessen im Vordergrund. Dies betrifft einerseits – wie im vorigen Abschnitt bereits aufgeführt – den Übergang zwischen den Verkehrsträgern, andererseits zwischen den KV-Zügen. Ziel dabei ist, die Anzahl der angebotenen Relationen erhöhen zu können und – quasi analog zum EWV – ein freies Routing der Sendungen in einem Netz aus Umsteigeverbindungen zu ermöglichen. Hierzu zählt z. B. die Einrichtung spezifischer Hub-Terminals für den Umschlag Bahn-Bahn (siehe „Megahub" in Abschn. 4.4.6). Entsprechende Maßnahmen adressieren ebenso eine Ausweitung des KV innerhalb seines heutigen Performance-Bereichs.

Ein Vordringen der beiden Produktionssysteme in den Bereich für kleinere Sendungsgrößen ist grundsätzlich durch zwei Möglichkeiten gegeben, die jedoch hinsichtlich ihrer Wirtschaftlichkeit kritisch zu sehen sind. Zum einen ist es der Einsatz kleinerer Behälter. Im EWV bedeutet dies kleinere (kürzere) Güterwagen, was den Sortieraufwand in den Zugbildungsanlagen weiter erhöhen und das System somit dort schwächen würde. Im Falle des Kombinierten Verkehrs wären eine Lösung kleinere Ladeeinheiten (kleiner als 20 Fuß Länge), die jedoch in den Terminals zu einer Erhöhung des Umschlagaufwands führen – die Kosten pro Umschlag wären auch auf eine geringere Warenmenge umzulegen.

Der zweite Ansatz ist die Konsolidierung von Sendungen mehrerer Versender in einer Transporteinheit, sei es ein Güterwagen im EWV oder in einer Ladeeinheit des KV. Entsprechende Tätigkeiten werden bereits in gewissem Umfang durchgeführt – derartige Sendungs-Konsolidierungen sind das Kerngeschäft einer klassischen Spedition und finden auch im Lkw-Bereich statt. Jedoch addieren sich damit die Brechungen in der Transportkette weiterhin. Zu den im Vergleich zum direkten Lkw-Transport bereits kritischen Bruchstellen im EWV (Sortierungen) oder im KV (Umschlag) kommt noch der Schritt der Konsolidierung (Bündelung) hinzu, was derartige Konzepte nur in sehr spezifischen Fällen attraktiv sein lässt. Oben bereits skizzierte Prozessbeschleunigungen innerhalb der beiden hier betrachteten Produktionssysteme mögen das Konsolidierungs-Konzept zwar leicht in seiner Attraktivität z. B. in Bezug auf die Gesamttransportdauer und die Kosten steigern, jedoch nicht in einem Maße, dass diese Produktivitätssysteme damit nennenswert in den heutigen Bereich des Lkw eindringen könnten. Dies leitet somit in die Idee eines neuen Produktionssystems über, wie es im folgenden Abschnitt skizziert wird.

5.2.3 Produktionssystem für den Low-Performance-Bereich

Die Kernanforderungen zur besseren Abdeckung des Low-Performance-Bereichs, in dem heute der Straßengüterverkehr konkurrenzlos ist, wurden in den vorigen Abschnitten mit dem Fokus auf die bestehenden Produktionssysteme grundsätzlich hergeleitet. Tab. 5.1 erweitert diese, führt sie strukturiert auf und stellt ihnen Konkretisierungen für die Idee eines neuen Produktionssystems gegenüber.

Der Grundgedanke des Systems ist es, Linienzüge hochfrequent entlang festgelegter Routen verkehren zu lassen. Wie Personenverkehrszüge halten sie an definierten Knotenpunkten, den Linienzugterminals, an dem die Sendungen „ein-, aus- oder umsteigen“ können. Relevant für den Erfolg eines solchen potenziellen weiteren Produktionssystems sind daher die Lage dieser Knotenpunkte im Netz – d. h. die gesamte Netzgestaltung des Systems – sowie deren technische Merkmale. Beides ist im Zusammenspiel darauf auszulegen, eine Systemgeschwindigkeit und eine angebotene Frequenz zu erreichen, die für ein nennenswertes Transportaufkommen mit dem durchgehenden Straßentransport konkurrieren kann.

Ausgangspunkt der Systemauslegung ist demnach ein Überbieten – bzw. mindestens nicht Unterbieten – der Durchschnittsgeschwindigkeit im nationalen Lkw-Fernverkehr von rund 50 km/h (Deutschland) (Bühler 2006, S. 147 f.). Für die weiteren Überlegungen sei im Folgenden also eine Systemgeschwindigkeit zwischen zwei beliebigen Knotenpunkten im System, die ja als Zugangspunkte zum System fungieren, von 60 km/h angestrebt. Eine beispielhafte Bemessung des Systems zum Erreichen dieses Ziels ist wie folgt:

Tab. 5.1 Anforderungen und Umsetzungsideen für ein neues Produktionssystem im Low-Performance-Bereich

Nr	Anforderung	Konkretisierung/Umsetzungsidee
1	Flächenbedienung, keine eigene Bahnanbindung notwendig für Zugang zum System	Multimodaler Verkehr (Abschn. 4.4.1) mit Nutzung des Lkw für die regionale Sammlung und Verteilung
2	Abdeckung eines Entfernungsbereichs unterhalb der bisherigen Produktionssysteme EWV und KV	Entfernungsbereich ab 150 km, darunter scheint ein Wettbewerb zum durchgehenden Lkw hochgradig anspruchsvoll. Fokus auf Entfernungen bis ca. 400 km
3	Minimale Sendungsgröße weit unterhalb der Größe der kleinsten Standardeinheit im Kombinierten Verkehr, dem 20-Fuß-Container	Nutzung der Europalette (auch als Gitterbox) als kleinste Einheit. Damit Nutzung eines vorhandenen Standards, welcher zudem die Voraussetzungen für eine vollautomatische Be- und Entladung mitbringt (Standard-Greifbereich für Stapler-Zinken)
4	Schneller und ressourcenarmer Umschlag Straße/Schiene	
5	Transportgeschwindigkeit im Bereich des durchgehenden Lkw-Transports	Vermeidung von bahnbetrieblichen Prozessen der Wagensortierung und Zugbildung, Umsetzung daher durch ein *Linienzugkonzept* mit festen Fahrzeugeinheiten

- Mittlere Entfernung zwischen den Linienzugterminals von 75 km
- Höchstgeschwindigkeit der Züge von 120 km/h zum Erreichen einer Durchschnittsgeschwindigkeit zwischen den Knotenpunkten von rund 80 km/h
- Haltedauer pro Zwischenhalt von rund 30 min
- Taktfahrplan mit hoher Frequenz, bestenfalls Stundentakt auf den Hauptlinien zum Erreichen einer mittleren Wartezeit auf den Zugang zum System von 30 min und kurzen „Umsteigezeiten“ zwischen den Zügen

Die geringe Dauer der Verkehrshalte der Züge an den Knotenpunkten ist wesentlich zum Erreichen der angestrebten Systemgeschwindigkeit. Von besonderer Bedeutung ist die beidseitige Anbindung der Linienzugterminals an das Netz, sodass die Züge wie Personenzüge am Zwischenhalt (nicht an einem Kopfbahnhof) halten und in gleicher Fahrtrichtung ihre Fahrt fortsetzen können. Eine zu entwickelnde (teil-)automatisierte Umschlagtechnologie muss in der Lage sein, im Bereich von abgeschätzt durchschnittlich 30 % der Ladung eines Zuges pro Halt zu be- und entladen. Gleichzeit ist die Terminal-Infrastruktur darauf auszulegen, die Züge verschiedener Linien in dichter Folge hintereinander abfertigen zu können, d. h. alle Sortierprozesse der Sendungseinheiten schnell durchzuführen und die bahnseitige Ladekante nicht zuzustauen.

Eine ausführliche Herleitung der Anforderungen und Beschreibung eines derartigen neuen Produktionssystems findet sich bei Karch (2018).

5.2.4 Train-Coupling and -Sharing: Produktionssystem zwischen Ganzzug und Einzelwagenverkehr

Die Idee des Train-Coupling and -Sharing (TCS) basiert auf Modulen, die aus Kundensicht wie ein kurzer Ganzzug zu sehen sind. Abschnittsweise werden die Module unterwegs mit anderen Modulen zu TCS-Verbänden gekuppelt (Abb. 5.2). Im Unterschied zu einem „klassischen" Wagengruppensystem verbleibt das Triebfahrzeug am Wagenzug des jeweiligen Moduls, es kommt also zu einer verteilten Traktion im Zugverband. (Siegmann 1997, S. 104)

Vorteil eines solchen Konzepts ist eine Qualität gegenüber den Kunden, die nahezu „Ganzzugqualität" mit hoher Transportgeschwindigkeit und hoher Verlässlichkeit ausweist. Weiterer Vorteil ist die Möglichkeit, aufgrund der Verbandsbildung Trassenkosten zu sparen und aus Sicht des Gesamtsystems eine hochausgelastete Infrastruktur effektiv auszunutzen.

Die effiziente Etablierung eines solchen Systems ist jedoch an technische Anforderungen geknüpft, die aktuell noch nicht umgesetzt sind:

1. Kleine, auf den Leistungsbedarf zur Traktion der einzelnen Module abgestimmte Triebfahrzeuge mit Zweikraftantrieb zum elektrischen Fahren unter Fahrdraht und zur Überwindung nicht elektrifizierter Abschnitte insbesondere auf der ersten und letzten Meile.
2. Sichere Ansteuerung der verteilten Triebfahrzeuge vom führenden Triebfahrzeug aus („verteilte Traktion")
3. Automatische Kupplung (Abschn. 5.3.1) und automatische Bremsprobe (Abschn. 5.4.3) für das schnelle Bilden und Auflösen der TCS-Verbände ohne lange Aufenthaltszeiten.

Mit der angestrebten Einführung der Digitalen Automatischen Kupplung (DAK) und einer darin integrierten, durch den Zug gehenden Datenleitung ließen sich die Punkte 2 und 3 umsetzen.

Kritisch bei TCS ist die Personaleinsatzplanung. Während die Triebfahrzeuge im Verbund eine Aufgabe haben, würden die Triebfahrzeugführer untätig mitfahren, um bei der Verbandstrennung sofort wieder zur Verfügung zu stehen. Andernfalls wäre eine ausgeklügelte Personaleinsatzplanung mit Zu- und Abgängen an den Verbindungs- bzw.

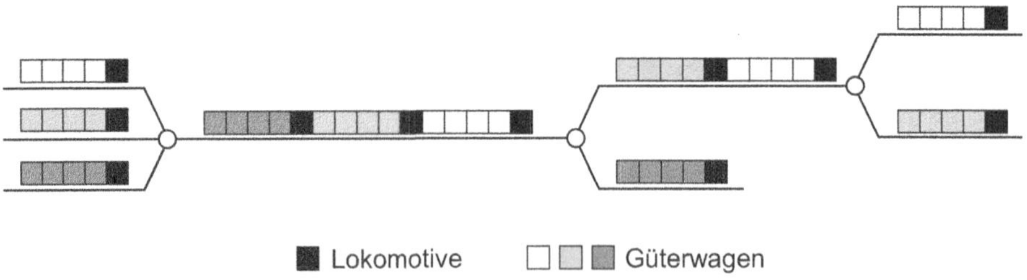

Abb. 5.2 Prinzip des Train-Coupling and -Sharing (Siegmann 1997, S. 105)

Trennpunkten notwendig, mit Risiken für Wartezeiten auf das Personal und ebenfalls mit Ineffizienzen im Personaleinsatz. Zweckmäßig wäre somit eine weitere, ebenfalls bereits in der Entwicklung befindliche Innovation:

4. Automatic Train Operation (ATO), d. h. das vollautomatische, fahrerlose Fahren von Zügen (Abschn. 2.4)

Aufbauend auf den benannten Punkten könnten langfristig die folgenden innovativen Verfahren die Produktivität von TCS-Konzepten weiter steigern:

5. Bilden von „überlangen" Zügen aus TCS-Verbänden, d. h. länger als den heutigen Maximalwerten von 740 bzw. 750 m. Zur Beherrschung der Zug- und Druckkräfte in sehr langen Verbänden dient u. a. die verteilte Traktion. Die „überlange" Verbandsbildung könnte z. B. durch schnelle Vereinigung zweier „normallanger" Verbände außerhalb von Bahnhöfen erfolgen, auch wenn die Bahnhofsinfrastruktur wie heute nur auf Normallänge ausgelegt ist.
6. Letzteres geht umso besser mit der letzten relevanten technisch-betrieblichen Neuerung, die aus heutiger Sicht jedoch nach wie vor weit entfernt scheint: das sogenannte „Rendezvous-Verfahren" (Siegmann 1997, S. 105). Dies bezeichnet die Vereinigung der TCS-Module zu einem TCS-Verband bzw. dessen Auflösung während der Fahrt.

5.3 Kupplungstechnologie

5.3.1 Einleitung

Das Verbinden von mehreren Fahrzeugen zu einem Zug ist eines der wesentlichen Kernelemente des Systems Bahn. Dennoch kommt an dieser Stelle – von einigen Insellösungen abgesehen – mit dem Schraubenkupplungs-System im europäischen SGV bis heute eine Technologie zum Einsatz, die sich seit über 170 Jahren trotz technischer Verbesserungen im Detail prinzipiell nicht weiterentwickelt hat. Sie zeichnet sich u. a. durch einen einfachen Aufbau, günstige Komponenten und eine hohe Verlässlichkeit aus. Der anhaltende Einsatz dieser Technologie in Europa bringt jedoch eine Reihe von Einschränkungen mit sich, vor allem bezüglich des hohen manuellen Kupplungsaufwands sowie der Begrenzung der Höhe der übertragbaren Zug- und Druckkräfte (Abschn. 5.3.2). In den überwiegenden Teilen der restlichen Welt haben sich hingegen fortschrittlichere Systeme, so genannte Mittelpufferkupplungen, durchgesetzt.

Aktuell – nicht zum ersten Mal in der Geschichte – wird die Einführung eines solchen Systems auch für Europa angestrebt. Als Zieljahr für den Abschluss einer vollständigen Umrüstung aller im freizügigen Einsatz befindlichen Güterwagen (also aller Wagen, die nicht immer nur durch dasselbe EVU im geschlossenen Betrieb genutzt werden) ist der Anfang des nächsten Jahrzehnts, bestenfalls 2030, im Fokus (EDDP 2022,

S. 13, S. 16). Im Vergleich zu den weltweit im Einsatz befindlichen Systemen sollen durch die Integration eines digitalen Datenbusses zusätzliche Vorteile generiert werden (Abschn. 5.3.4). Der Weg zu einer vollständigen Umrüstung, d. h. der Migrationsstrategie, kommt dabei eine große Bedeutung zu (Abschn. 5.3.5).

5.3.2 Status quo – die Schraubenkupplung

Beim Schraubenkupplungs-System (Abb. 5.3) werden die Zugkräfte durch die Schraubenkupplung selbst, den Zughaken und das im Wagenkasten untergebrachte Federwerk übernommen. Druckkräfte werden über die seitlich angeordneten Puffer übertragen. Das Kuppeln erfolgt manuell.

Zum Ankuppeln muss der Kupplungsbügel der Schraubenkupplung des einen Wagens auf den Zughaken des anderen Wagens gehoben werden. Anschließend ist die Spindel manuell kurzzudrehen, sodass die ganze Kupplung unter Zugspannung steht, während sich die Puffer berühren. Dies ist notwendig, damit die Wagen nicht – bzw. nur möglichst minimal – frei zueinander rollen können. Erfolgt das Kurzdrehen nicht, so kann sich bei der Fahrt bei Beschleunigungs- und Bremsvorgängen des Zuges immer wieder eine Lücke zwischen den Puffern der Wagen bilden und wieder schließen, was zu ruckartigen Stößen im Zugverband führt. Dies ist unangenehm für den Triebfahrzeugführer und erschwert das zielgenaue Bremsen. In extremen Fällen kann es zu einem Aufschaukeln von Zug- und Druckstößen kommen, die im Reißen einer Schraubenkupplung resultieren und damit zu einer Zugtrennung führen können.

Zum Entkuppeln muss die Schraubenkupplung erst wieder langgedreht werden, bevor der Kupplungsbügel vom Haken gehoben werden kann. Sind die Wagen so zum

Abb. 5.3 Schraubenkupplung (Autorenfoto)

Stehen gekommen, dass eine hohe Zugspannung auf der Schraubenkupplung und auf der Spindel lastet, ist ein sehr hoher manueller Kraftaufwand zum Langdrehen notwendig. Im Zusammenhang mit dem Wartungszustand der Kupplung, d. h. Schwergängigkeit der Spindel durch Rost und zu wenig Fett, kann es im Einzelfall vorkommen, dass es das Rangierpersonal nicht schafft, die Kupplung zu lösen. Die Wagen müssen dann durch ein Triebfahrzeug oder ein anderes Rangiermittel aufgedrückt werden, um die Zugspannung auf der Schraubenkupplung und damit die notwendige Kraft zum Drehen der Spindel zu reduzieren.

Alle Wagen sind beidseitig mit Schraubenkupplung und Zughaken ausgestattet. Daraus ergibt sich einerseits eine Redundanz und damit Ausfallsicherheit, da jeweils nur von einem Wagen Schraubenkupplung bzw. Zughaken benötigt wird, dies ist jedoch andererseits auch zwingend notwendig, damit nicht auf die Ausrichtung der Wagen zueinander geachtet werden muss.

Aufgrund der Notwendigkeit des manuellen Anhebens der Schraubenkupplung darf diese nicht zu schwer sein. Aus dieser Massenrestriktion und der daraus folgenden begrenzten Auslegung der Kupplung ergibt sich die Begrenzung der maximalen Zuglast.[3] Durch die Art der Druckkraftübertragung über die Seitenpuffer sind zudem den zulässigen Druckkräften im Zugverband starke Restriktionen gesetzt, um ein Entgleisen der Fahrzeuge durch das Entstehen zu hoher Querkräfte zu verhindern.

Energie und Informationen werden durch getrennt manuell zu kuppelnde Luft- (z. B. Hauptluft- und Hauptluftbehälterleitung) und Elektroleitungen (z. B. UIC-Leitung, Zugsammelschiene) übertragen. Elektroleitungen kommen bislang jedoch fast ausschließlich beim Personenverkehr zum Einsatz. Die Einführung manuell zu kuppelnder zusätzlicher Leitungen im SGV würde aufgrund der häufigeren Kupplungstätigkeiten im Betrieb – insbesondere im EWV – eine beträchtliche Aufwandserhöhung bedeuten.

5.3.3 Alternative Technologien und ihre Verbreitung

Mit dem bisherigen Beibehalten des Einsatzes einer vollständig manuell zu bedienenden Kupplung stellt Europa, zusammen mit einigen Ländern Nordafrikas, eine Besonderheit dar. Weltweit im SGV weit verbreitet sind hingegen halbautomatische Mittelpufferkupplungen. Neben der Vereinfachung der Kupplungs- und Entkupplungsprozesse zeichnen sich diese Systeme dadurch aus, dass sie neben der Zugkraft auch die Druckkraft übertragen. Zusätzliche Seitenpuffer werden somit überflüssig; die Druckkraft wird zentrisch in den Wagenkasten eingeleitet. Die maximalen Zug- und Druckkräfte sind weitaus größer als bei der Schraubenkupplung, womit – im Zusammenspiel mit weiteren vom europäischen System abweichenden Gegebenheiten – wesentlich schwerere und

[3] Die im Regelbetrieb mit der Schraubenkupplung möglichen Kupplungsgrenzlasten wurden bereits in Abschn. 3.2.3 dargestellt.

längere Züge gefahren werden können. Halbautomatisch sagt aus, dass die Kupplungen beim Zusammendrücken zweier Fahrzeuge automatisch verriegeln (kuppeln), jedoch zum Entkuppeln eine manuelle Auslösung an mindestens einer der beiden Kupplungen notwendig ist.

Hintergrundinformation: Weltweit verbreitete Kupplungstypen

Am weitesten verbreitet ist das Kupplungssystem vom Typ *Janney* (Abb. 5.4). 1870 in den USA entwickelt, wurde es dort auf Basis eines Kongressbeschlusses von 1890 bis 1900 landesweit eingeführt. Hintergrund waren die hohen Personenunfallzahlen bei den Kupplungsvorgängen der zuvor im Einsatz befindlichen Systeme. Weitere Verbreiterung fand dieser Typ u. a. in Kanada, Südamerika, Südafrika, Australien, Japan, China und Indien. (Wagner und Fasking 1997, S. 210, S. 215) (Schroeter 1973, S. 229)

Die Mittelpufferkupplung *SA 3* (Abb. 5.5) wurde in den Jahren 1935 bis 1956 in der damaligen Union der Sozialistischen Sowjetrepubliken (UdSSR) eingeführt und stellt somit auch heute die Standardkupplung in den Nachfolgestaaten der Sowjetunion dar. Es handelt sich um eine auf die russischen Verhältnisse angepasste Weiterentwicklung der 1916 in den USA entwickelten *Willison*-Kupplung. (Wagner und Fasking 1997, S. 210) (Schmidt 1965, S. 431)

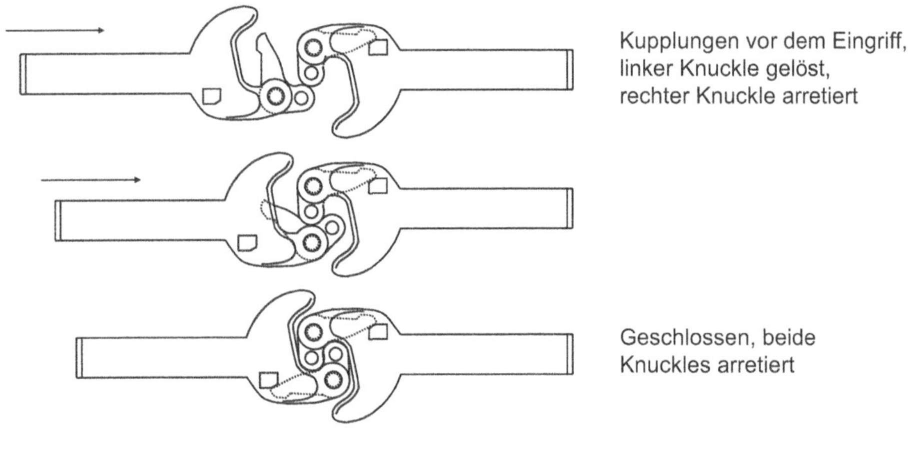

Abb. 5.4 Kupplungsprinzip der Janney-Kupplung. (Eigene Darstellung gemäß Thompson 1925, S. 237)

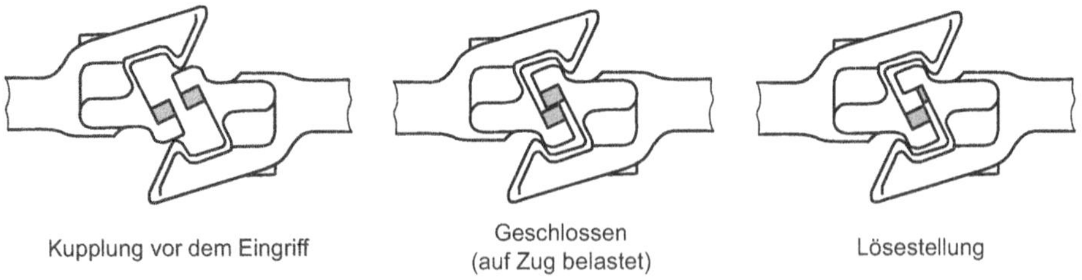

Abb. 5.5 Kupplungsprinzip der Willison-Kupplung (SA 3). (Eigene Darstellung in Anlehnung an Schmidt 1965, S. 431)

Zur russischen SA 3 kompatible europäische Weiterentwicklungen der Willison-Kupplung sind die *AK69e* (UIC-Bereich) und *Intermat* (OSShD-Bereich) aus den 1970er Jahren und die *C-AKv* (Transpact) aus den 1990er Jahren. AK69e und Intermat wurden in Abstimmung der Bahnen der UIC (Internationaler Eisenbahnverband, westeuropäische Bahnen) gemeinsam mit den Bahnen der OSShD (Organisation für die Zusammenarbeit der Eisenbahnen, sowjetische Eisenbahnen) mit dem Ziel einer Vollumrüstung in Europa entwickelt. Aufgrund des Fehlens einer Lösung für das gemischte Kuppeln mit der Schraubenkupplung im Übergangszeitraum und gestiegenen Kosten der geplanten Umrüstung hätte eine Einführung letztendlich „nur noch über staatliche Subventionen und eine gegenseitige Verpflichtung der Regierungen zur Einhaltung der Umstellungstermine […] erreicht werden können. Hierzu waren die Regierungen der einzelnen Länder jedoch nicht bereit" (Molle und Friedrichs 1992, S. 220).

Im Einsatz sind die benannten Typen daher bis heute nur in einzelnen Erz- und Braunkohleverkehren. Maßgeblicher Unterschied dieser Kupplungstypen gegenüber der SA 3 (sowie der Janney-Kupplung) ist die Reduktion des Spiels (der Bewegungsfähigkeit) zwischen den Kupplungsköpfen auf ein Maß, welches ein automatisches Mitkuppeln von Luft- sowie grundsätzlich auch von Elektroleitungen ermöglicht.

In allen Bereichen des Schienenpersonenverkehrs von der Straßenbahn über Triebzüge des Regionalverkehrs bis zum Hochgeschwindigkeitsverkehr hat sich der Typ *Scharfenberg* stark verbreitet (Abb. 5.6). In der EU ist der Scharfenberg Typ 10 für Hochgeschwindigkeitszüge (ab 250 km/h) vorgeschrieben (TSI Fahrzeuge, Verordnung (EU) Nr. 1302/201, Abschn. 4.2.2.2.3 a-2). Im Gegensatz zu den zuvor benannten Kupplungstypen sind Scharfenbergkupplungen im gekuppelten Zustand vollständig

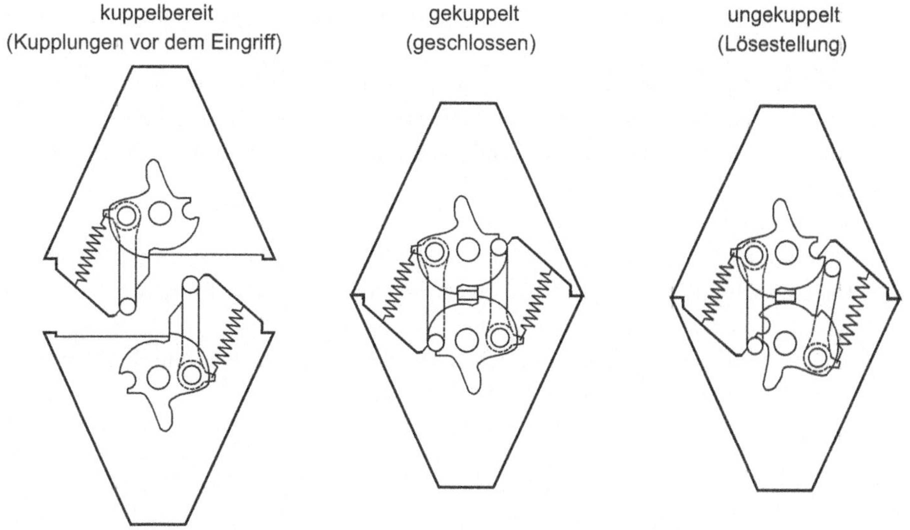

Abb. 5.6 Kupplungsprinzip der Scharfenberg-Kupplung. (Eigene Darstellung nach Voith o. J.)

spielfrei miteinander verbunden, was einen Vorteil für die sicherere Verbindung von Luft-, Energie- und insbesondere filigraner ausgeführten Datenleitungskupplungen darstellt.

Nach Test verschiedener Prototypen mehrerer Hersteller wurde der Kupplungskopf Typ Scharfenberg auch als Grundlage für den europäischen SGV ausgewählt (DAC4EU o. J.) (EDDP 2022, S. 9).

5.3.4 Vorteile der angestrebten Umrüstung

Beim vollumfänglichen Einsatz einer automatischen Mittelpufferkupplung werden die folgenden Vorteile in Bezug auf eine Effizienzsteigerung des SGV erwartet:[4]

- Erhöhung der Systemgeschwindigkeit des SGV, Reduktion von Umlaufzeiten durch
  - Beschleunigung der Rangiervorgänge
  - Erhöhung der Fahrgeschwindigkeit durch uneingeschränkte Nutzung der Bremsstellung „P" (Abschn. 3.2.6.2), ggf. mithilfe des Einsatzes einer ep-Bremse (Abschn. 5.4.2)
  - Vermeidung von Wechseln der Bremsstellungen an Einzelwagen je nach Zugzusammensetzung
- Erhöhung der Produktivität pro Zug durch Bildung von längeren und schwereren Zügen durch Ausnutzung der höheren Kupplungs-Grenzlast. Angestrebt wird rund eine Verdopplung der im Regelbetrieb zulässigen Zugbelastung.
- Reduktion des manuellen Rangier- und Kupplungsaufwands
  - Erhöhung der Arbeitssicherheit für das Rangierpersonal durch Entfall manueller Kupplungsprozesse und der Notwendigkeit des Arbeitens im Raum zwischen den Wagen
  - Bewältigung eines erhöhten Transportaufkommens bei gleichzeitigem Rückgang des zur Verfügung stehenden Rangierpersonals aufgrund seiner heutigen Altersstruktur, des demographischen Wandels und der generell sinkenden Bereitschaft zu körperlich schweren Arbeiten
- Reduktion des Instandhaltungsaufwands
  - Durch verringerten Radsatzverschleiß: Die veränderte Geometrie der Kraftübertragungsachsen zwischen den Wagen bei Einsatz einer Mittelpufferkupplung reduziert die Kräfte, die quer zur Fahrtrichtung wirken. Insbesondere bei schweren Zügen in kurven- und neigungsreichen Strecken wird sich hier eine Reduktion des Verschleißes am Rad-Schiene-Kontakt erhofft.

[4] Basierend auf Hagenlocher et al. (2020, S. 40–61) und EDDP (2022, S. 11), zum Teil zusammengefasst, neu gruppiert, gekürzt oder ergänzt. Gilt ebenso für die zwei anschließend folgenden Aufzählungen.

  - Durch Entfall Pufferverschleiß und Pufferschmieren (durch Entfall der Puffer)
- Verbesserung des Verhältnisses von Eigengewicht und Zuladungsfähigkeit pro Wagen durch Gewichtseinsparung dank veränderter Konstruktion von Neubauwagen, die nur für eine Mittelpufferkupplung ausgelegt sind und keine Druckkräfte an den äußeren Wagenenden (heutige Pufferposition) aufnehmen müssen
- Erhöhung der Energie-Rekuperation des Triebfahrzeugs beim Bremsen durch veränderte Längsdynamik im Zug
- Erschließung neuer Marktsegmente aufgrund schnellerer Transport-/Umlaufzeiten

Hinzu kommen weitere Vorteile, die nicht der Mittelpufferkupplung an sich, sondern den automatisch mitkuppelbaren elektrischen Versorgungs- und Datenleitungen und darauf basierenden fahrzeugtechnischen Innovationen zuzuordnen sind. Aufgrund der Möglichkeit der Integration eines digitalen Datenbusses in die Kupplung stellt diese eine wesentliche Voraussetzung für die Digitalisierung von Güterzügen dar, weshalb sich zuletzt die Abkürzung DAK für „digitale automatische Kupplung" durchgesetzt hat. Anwendungsbeispiele sind:

- Innovationen in Bezug auf die Bremstechnologie (Abschn. 5.3.1)
  - Kontrolle der Bremsfunktionalitäten: Automatische Bremsprobe, automatische Berechnung des Bremsgewichts, Erfassung der Bremszustände
  - Einsatz einer Elektropneumatischen Bremse (ep-Bremse)
- Erfassung der Wagenreihung und Zugintegritätskontrolle: Letzteres – d. h. das permanente zugseitige Überwachen, dass keine Zugtrennung vorliegt und somit keine Wagen „verloren" wurden – ist eine Voraussetzung für die Nutzung des Zugsicherungssystems ETCS im zukünftigen Level 3 (Abschn. 2.4).
- Stromversorgung und Datenanbindung von Komponenten wie Sensornetzwerken und ihren zentralen Steuerungs- und Kommunikationsmodulen mit z. T. sicherheitsrelevanten Funktionen, wie z. B. Entgleisungsdetektion oder Verschleißmessung von Bauteilen für eine zustandsabhängige Instandhaltung (*condition based maintenance,* Abschn. 5.5.3).

Zusammen sollen mehrere dieser Aspekte dazu führen, einen höheren Mengendurchsatz auf der Strecke und in den Knotenpunkten zu erreichen. Ziel ist es, innerhalb der bestehenden, heute bereits stark ausgelasteten Infrastruktur mittels Technologieeinsatz sogenannte „Smart Capacity" zu schaffen (EDDP 2022, S. 13, S. 8). Diese soll die teilweise schwer und erst langfristig umsetzbaren Kapazitätserweiterungen durch Neu- und Ausbau frühzeitig ergänzen, kann diese jedoch für das angestrebte Wachstum auf der Schiene nicht ersetzen.

Viele der benannten Funktionalitäten auf Basis der Energieleitung und des Datenbusses könnten alternativ auch über eine wagenautarke Energieversorgung (z. B. Batterien, Solarmodule, Achsgeneratoren) und über Funk (Direktfunk Wagen-Wagen oder über Telekommunikationsnetze) realisiert werden. Hier wäre ein Aufwandsvergleich der jeweiligen Gesamtpakete an neuen Technologien bzw. Funktionen durchzuführen. Bezüglich der Zugintegritätskontrolle besteht bei vielen Experten jedoch Einigkeit, dass diese über Funk nicht mit dem notwendigen Sicherheitsniveau realisierbar ist.

Zu beachten ist, dass nicht alle benannten Vorteile beim gleichen Akteur im SGV auftreten. Grundsätzlich können sich die positiven Wirkungen zugunsten der Wagenhalter, der EVU und der EIU auswirken, während die Kosten der Umrüstung prinzipiell bei den Wagenhaltern (Abschn. 3.5.1) liegen; diese also einen „externen Nutzen" generieren würden. Es liegt daher ein organisatorisches Ungleichgewicht zwischen Kostenträgerschaft und Nutzen vor, welches durch entsprechende Ausgleichsmechanismen nivelliert werden sollte.

5.3.5 Migration

Grundsätzlich ist zwischen zwei Formen von Migrationsstrategien zu unterscheiden:

- Bei einer *Simultanumrüstung* werden nach einer langen (mehrjährigen) Vorbereitungszeit alle Fahrzeuge innerhalb eines Zeitraums von wenigen Tagen umgerüstet. In der Vorbereitungszeit werden alle Fahrzeuge weitestmöglich vorbereitet und die notwendigen Kupplungen produziert. Nachteilig sind der vollständig ausbleibende Nutzen in der bereits Kosten verursachenden Vorbereitungszeit sowie der hohe Personal- und Organisationsbedarf bei der konzertierten Umrüstungsaktion.
- Bei der *Progressivumrüstung* oder *seriellen Umrüstung* erstreckt sich die eigentliche Wagenumrüstung über einen Zeitraum von mehreren Jahren, in dem die Wagen z. B. im Rahmen der Regelrevisionen jeweils umgerüstet werden. Das sich damit ergebende lange Nebeneinander von Fahrzeugen mit altem und neuem Kupplungssystem erfordert Technologien zum gemischten Kuppeln, wie zur Schraubenkupplung abwärtskompatible Gemischtzugkupplungen (Hybridkupplungen), spezielle Kupplungswagen (Adapterwagen) oder – ausschließlich für den Rangierbetrieb – Kupplungsadapter.

In den gewählten Scharfenberg-Kupplungskopf (Abschn. 5.3.3) können keine Elemente zur Verbindung mit einer herkömmlichen Schraubenkupplung integriert werden. Bei Scharfenberg-Hybridkupplungen, wie sie schon bei ausgewählten nationalen Güterverkehren in der Schweiz an Triebfahrzeugen zum Einsatz kommen, wird der gesamte Kupplungskopf motorgetrieben hochgeklappt, um darunterliegend die notwendigen Elemente zum Kuppeln mit einem Güterwagen mit Schraubenkupplung freizugeben. Entsprechende Hybridkupplungen sind schwer und teuer und daher in der angestrebten Migration aktuell nur für Triebfahrzeuge vorgesehen (EDDP WP3 2022, S. 2).

In einer Studie für das deutsche Bundesverkehrsministerium schätzen Hagenlocher et al. (2020, S. 24–30) die europaweit umzurüstende Anzahl an Güterwagen auf 423.000 bis 485.000 Stück, hinzu kommen 17.000 Triebfahrzeuge. Die Umrüstung all dieser

Fahrzeuge muss durch die bestehende Werksstruktur zusätzlich zu den weiterlaufenden regulären Instandhaltungsprozessen getragen werden. Selbst bei Aufstockung der Ressourcen ergibt sich allein aus diesem Aspekt die Notwendigkeit der Streckung der Umrüstungen auf einen mehrjährigen Zeitraum.

Um während dieser Phase die negativen Auswirkungen auf den produktiven Betrieb möglichst gering zu halten, ist für die europäische Güterwagenflotte eine Kombination aus beiden Strategien, der seriellen und der simultanen, angedacht. Dafür wird die Flotte voraussichtlich in zwei ähnlich große Teile geteilt (EDDP 2022, S. 19):

- Zum ersten Teil gehören alle Wagen, die stabil bestimmten Verkehrskonzepten zugeordnet sind. Weitere Voraussetzung ist, dass diese Konzepte in sich weitestgehend abgeschlossen funktionieren, d. h. dass die darin genutzten Wagen im Regelfall nicht mit Wagen anderer Verkehre gekuppelt werden müssen. Es wird daher von *abgrenzbaren Verkehren* gesprochen. Hierzu zählen zum Beispiel Ganzzug-Pendel und viele Verkehre im Kombinierten Verkehr. Bei Bedarf sind Bündel mehrerer Verkehre zu erstellen, die zusammen diese Abgrenzungskriterien von der restlichen Flotte erfüllen. Für diesen Teil ist eine über mehrere Jahre gestreckte serielle Umrüstung geplant, bei der Verkehr pro Verkehr umgerüstet wird. Dabei kann es sein, dass innerhalb der Flotte eines Verkehrs – die eine zwei-, drei- und in Ausnahmefällen vierstellige Wagenanzahl haben kann – eine simultane Umrüstung erfolgt.
- Zur zweiten Gruppe zählen alle Wagen, bei deren Einsatzschema nicht sichergestellt werden kann, dass sie über einen längeren Zeitraum immer nur innerhalb einer stark eingegrenzten Gruppe kuppeln. Sie beinhaltet grob gefasst alle Wagen, die regelmäßig die EWV-Netze nutzen. Ein Mischbetrieb in diesen Netzen soll vor allem wegen der negativen Kapazitätswirkung in den Zugbildungsanlagen ausgeschlossen werden. Für diese Flotte – gesprochen wird von Güterwagen des *verflochtenen Kernnetzes* – ist daher eine simultane Migration geplant, die den Mischbetrieb ausschließt. Nach einer mehrjährigen Vorbereitungszeit, bei der die Wagen in Werkstätten für die DAK so weit wie möglich vorbereitet werden, sollen in einem nur wenige Wochen dauernden sogenannten „Big Bang“ die eigentlichen Kupplungsköpfe ausgetauscht werden. Letzteres soll nicht nur in Werkstätten, sondern an vielen Stellen im Netz in dafür temporär eingerichteten Umrüstpunkten erfolgen.

Es ergibt sich für beide Teile zusammen der in Abb. 5.7 schematisch gezeigte Hochlauf des Anteils der Wagen mit DAK mit drei Phasen:

- Phase 1:
  - Start der seriellen Umrüstung von Wagen der abgrenzbaren Verkehre (durchgezogene Linie). Die Zeichnung als Treppe statt als linearer Graph greift mögliche Simultanumrüstungen innerhalb einer abgrenzbaren Teilflotte auf.

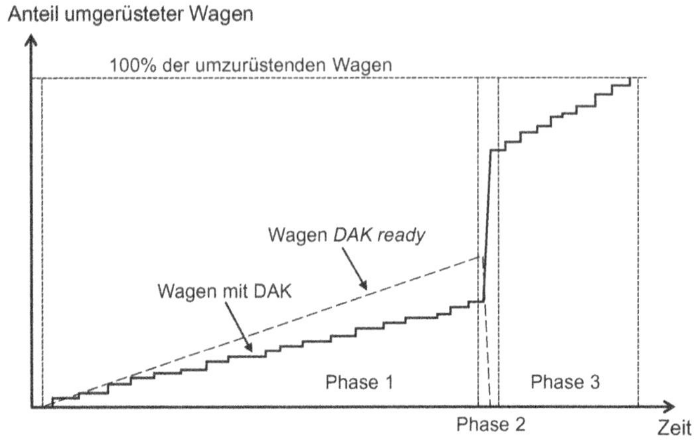

Abb. 5.7 DAK Migration (Hochlauf). (Eigene Darstellung basierend auf EDDP 2022, S. 16)

  - Parallel dazu Vorbereitung der Wagen des verflochtenen Kernnetzes für die spätere Schnellumrüstung im Big Bang. Ein Wagen im vorbereiteten Zustand wird als *DAK ready* bezeichnet.
- Phase 2: Big Bang im Kernnetz, Kupplungstausch bei den DAK-ready-Wagen in kürzester Zeit (wenige Wochen), unterstützt durch weitere Maßnahmen zur Glättung des Aufwands. Damit direkter Wechsel des Betriebsmodus mit Schraubenkupplung auf den Betriebsmodus mit DAK im gesamten verflochtenen Kernnetz.
- Phase 3:
  - Vervollständigung der seriellen Migration der abgrenzbaren Verkehre
  - Ggf. Nachrüstung von DAK-Komponenten (elektrische Ausrüstung), die im Big Bang bei den Wagen des Kernnetzes aus Zeitgründen ausgespart werden mussten.

In allen Phasen wird auf die gleichen Werkskapazitäten zurückgegriffen, ergänzt um die temporären Umrüststationen insbesondere in Phase 2. Besonders in Phase 1 ist eine sinnvolle Aufteilung dieser Kapazitäten zwischen den parallellaufenden Tätigkeiten zu organisieren.

Die Umrüstung von Lokomotiven erfolgt seriell und soll zur Erhaltung von deren Einsatzflexibilität im technisch möglichen sowie zweckmäßigen Umfang mit Hybridkupplungen ausgeführt und der Wagenumrüstung weitestgehend vorgezogen werden.

5.4 Bremstechnologie

5.4.1 Einleitung

Wie bei der Kupplungstechnologie kommt im SGV mit der Druckluftbremse eine alte Technologie zum Einsatz, die sich über mehrere Jahrzehnte nicht nennenswert weiterentwickelt hat. Sowohl die Energieübertragung für die Bremskraft als auch die Signalübertragung zum Steuern der einzelnen Wagenbremsen erfolgt, ausgehend vom Triebfahrzeug, rein pneumatisch über die durch den ganzen Zug verlaufende Hauptluftleitung (HL) (Abschn. 3.2.6). Insbesondere diese Form der Signalübertragung, die durch Modulierung des Luftdrucks erfolgt, führt zu diversen Problemen für die Fahrdynamik von Güterzügen mit Auswirkungen auf deren zulässige Maximalgeschwindigkeit und auf das effektive „Mitschwimmen" in einem hochausgelasteten Mischnetz zusammen mit Personenfern- und -nahverkehr. An dieser Stelle setzt eine der beiden wesentlichen Technologien mit Bezug auf die Bremstechnologie an: der Ersatz der pneumatischen Ansteuerung durch eine elektrische. Ein weiterer verfolgter Innovationsansatz ist es, das Bremssystem mit einer Überwachungssensorik auszurüsten, um zeit- und personalintensive Prozesse zur Bremsüberprüfung vor Zugfahrten zu reduzieren.

5.4.2 Elektrisch angesteuerte Druckluftbremse

5.4.2.1 Funktionsweise von ep-Bremsen

Technisches Ziel einer elektrischen Bremsansteuerung ist es, die Probleme der physikalisch bedingten geringen Durchschlagszeit zu eliminieren und eine gleichzeitige Reaktion aller Bremsen im Zug zu ermöglichen. Es entfällt somit die Notwendigkeit, beim Bremsen ein unzulässiges Längsdruckkraft-Niveau im Zugverband durch einen bewusst verlangsamten Bremskraftaufbau an einzelnen Wagen oder im gesamten Zug entgegenzuwirken. Als Folge sind damit höhere Geschwindigkeiten bei gegebenen Bremswegen und kürzere Zugvorbereitungszeiten durch Entfall sonst notwendiger manueller Bremsstellungswechsel an den Güterwagen (Abschn. 3.2.6) möglich.

Beim Lösen der Bremse kann der notwendige Druckkraftaufbau im Bremssystem (Wiederbefüllung) ausgehend vom Triebfahrzeug ebenfalls beschleunigt werden, wenn zusätzlich zu der HL auch die Hauptluftbehälterleitung (HBL) mit 8–10 bar als reine Versorgungsleitung der Vorratsluftbehälter zum Einsatz kommt und dafür durch den Zug geführt wird (Minde und Witte 2001, S. 258). Dies ist schon seit vielen Jahrzehnten bei Reisezügen die Regel und auch bei wenigen Güterzügen ausgeführt, speziell bei Ganzzügen des Massengutverkehrs zur pneumatischen Versorgung von Komponenten wie Klappen zur Entladung.

Die gleichmäßige Auslösung des Bremsvorgangs erfolgt durch elektrisch angesteuerte Magnetventile, die in jedem Wagen parallel zum Führerbremsventil des Lokführers für eine zusätzliche Entlüftung (Druckabsenkung) der HL entlang des ganzen Zuges sorgen.[5] Das pneumatische Bremssystem funktioniert von dieser zusätzlichen Steuerung abgesehen weiterhin wie in Abschn. 3.2.6.1 dargestellt, d. h. die Wirkweise des Steuerventils ist von der zusätzlichen ep-Ausrüstung nicht berührt. Durch diesen Systemauf-

[5] Auf die Darstellung der Unterschiede einer direkten und indirekten ep-Bremse und ihre jeweiligen Einsatzfelder wird an dieser Stelle verzichtet.

bau steht die rein pneumatische Bremsansteuerung als Rückfallebene bei Ausfall der ep-Bremssteuerung vollumfänglich zur Verfügung. Ebenso kommt es weiterhin zur automatischen Zwangsbremsung bei Zugtrennung mit Entlüftung der HL an der Trennstelle.

Durchgesetzt haben sich entsprechende ep-Bremssysteme bei vielen lokbespannten Zügen und nahezu allen Triebzügen des Personenverkehrs. Als elektrische Steuerleitung wird im internationalen Verkehr eine spezielle ep-Leitung oder in Deutschland auch die IS-Leitung (auch „UIC-Kabel") genutzt, wobei im letztgenannten Fall die notwendige Schaltenergie der Spannungsversorgung der Wagen entnommen wird (Minde und Witte 2001, S. 258).

Gemäß UIC-Merkblatt 541–5 wird die Funktionstüchtigkeit des elektrischen Systems der ep-Bremse während der Fahrt dauerhaft sichergestellt, indem die ep-Leitung ständig auf Durchgängigkeit, Trennung und Kurzschluss überwacht wird. Bei Auftritt eines Fehlers erfolgt unmittelbar eine Anzeige „Fehler ep" gegenüber dem Triebfahrzeugführer. Nur unter dieser Voraussetzung darf die verbesserte Bremsfähigkeit bei der Bremseinstellung und -berechnung berücksichtigt werden.

Ein Ausfall der ep-Bremse sollte so grundsätzlich rechtzeitig vor einer Gefährdungssituation erkannt werden. Es ist aber nicht vollkommen ausgeschlossen, dass dies erst in einem bereits kritischen Zustand passiert. Minde und Witte (2001, S. 258) schreiben entsprechend hierzu: „Nachteilig bleibt [...] die fehlende Antwort auf Ausfallszenarien, wenn man zugdynamisch kritische Züge fahren möchte, die vom konventionellen Bremssystem, welches immer noch die Rückfallebene darstellt, nicht beherrscht werden."

Die laut Merkblatt in Folge des Ausfalls bei einer Bremsung vorgeschriebene Einleitung einer (rein pneumatisch ausgelösten) Schnellbremsung durch starke Absenkung des Luftdrucks in der HL mag hingegen in sehr ungünstigen Situationen die Gefahr kritischer Längsdruckkräfte verstärken. Entsprechend sind den Autoren auch keine aktuellen Anwendungsfälle des Einsatzes der ep-Bremse mit Berücksichtigung bei Bremseinstellung und -berechnung bekannt. Somit bleibt die Einsatzfähigkeit der ep-Bremse in langen Güterzügen mit dem Potenzial, auf langsam wirkende Bremsen und die Bremsstellung G in Zukunft verzichten zu können, weiteren Risikoabschätzungen vorbehalten.

5.4.2.2 Zielstellung und Effekte

Das Lösen dieser Herausforderung – d. h. Berücksichtigung der ep-Bremse bei Bremseinstellung und -berechnung – ist Voraussetzung für die Verbreitung der ep-Bremse als innovative Technologie im SGV. Die Ziele ihres Einsatzes liegen dabei nicht nur – bzw. nicht vordergründig – in der Verkürzung der Transportzeiten durch die höheren Fahrgeschwindigkeiten. Der Fokus liegt eher auf einer *Dynamisierung der Fahrweise der Güterzüge* und damit einer Angleichung an diejenige von Zügen des Personenverkehrs, um im stark ausgelasteten Mischverkehrsnetz (Abschn. 2.3.4.2) durch eine höhere mögliche Zugfolge (geringere Zugabstände) die Kapazität bei gegebener Infrastruktur zu erhöhen.

Es profitiert damit das EIU durch einen Kapazitätsgewinn, was allen EVU und damit dem Gesamtsystem zugutekommt. EVU, die ihre Züge mit ep-Bremse fahren können, könnten zudem Wunschtrassen zu stark frequentierten Tageszeiten zugewiesen bekommen.

Der mögliche Kapazitätsgewinn auf der Strecke wurde durch Reisch et al. (2021, S. 38 f.) analysiert. Verglichen wurde ein Referenzszenario mit deutschlandweit 63.384 Zugtrassen mit einem Szenario, in dem bei 100 % der Güterzüge eine ep-Bremse im Zusammenspiel mit einer DAK mit Energie- und Datenleitung zum Einsatz kommt. Unterstellt wurden eine höhere Maximalgeschwindigkeit und eine höhere Bremsfähigkeit. Mit entsprechend veränderten Zugparametern konnten 66.030 Trassen konstruiert werden, was einem Kapazitätsgewinn von 4 % entspricht.

Diesem Effekt gegenüber steht der Aufwand für die Umrüstung der Bestandsfahrzeuge. Während sich der Aufwand für die Installation der durchgehenden Energie- und Datenleitungen auf mehrere neue Technologien und Funktionen im Zusammenspiel mit der DAK verteilt, sind dem Aufwand für die Installation der HBL bei Beibehaltung der heutigen maximalen Zuglängen ausschließlich die positiven Wirkungen durch das schnellere Wiederanfahren nach einer Bremsung gegenzurechnen.

Weiterhin ist kritisch zu betrachten, ob die positiven Auswirkungen der ep-Bremse auf die Fahrdynamik tatsächlich bei allen Zügen – inklusive Zügen mit zukünftig angestrebten Dimensionen – im relevanten Maße greifen. Gemäß Simulationsrechnungen zum Bremsverhalten *überlanger Züge,* gebildet aus zwei (normallangen) Zügen, können hohe Längsdruckkräfte im Zugverband auch durch Einsatz einer ep-Bremse nicht ausreichend gemildert werden, wenn der eine Zugteil homogen aus schweren (beladenen) und der andere aus leichten (leeren) Wagen besteht (Jobstfinke 2019, S. 94 ff.).

Das Wissen über die tatsächlich möglichen, quantifizierbaren Vorteile des Einsatzes einer ep-Bremse bei Güterzügen erscheint insgesamt für eine umfassende Investitionsentscheidung in diese Technologie noch unzureichend. Insofern bleibt nach derzeitigem Informationsstand abzuwarten, ob sich diese Technologie im SGV großflächig wird durchsetzen können.

Hintergrundinformation: Überlange Züge

Von überlangen Zügen spricht man bei der Vision von Zügen, die eine Länge weit oberhalb der heutigen Längengrenzwerte haben (Abb. 2.21). Ein überlanger Zug belegt bei der Fahrt den jeweiligen Infrastrukturabschnitt (den Blockabschnitt, Abschn. 2.2.1) zwar länger, womit die Streckenauslastung gemessen in Zügen pro Zeiteinheit sinkt; der Durchsatz gemessen in Wagen pro Zeiteinheit – und damit Gutmenge pro Zeiteinheit – kann hiermit jedoch gesteigert werden. Weder die eingesetzte Fahrzeugtechnik noch die Infrastruktur noch die betrieblichen und verkehrlichen Prozesse sind aktuell auf überlange Züge ausgelegt.

Zur fahrzeugtechnischen Sicht zählt insbesondere die Beherrschung der auftretenden erhöhten Kräfte im überlangen Zugverband bei gleichzeitig steigender Durchschlagszeit des rein pneumatischen Signals der Druckluftbremse, weshalb die ep-Bremse hier als eine Lösungskomponente zu sehen ist. Da weder die Kundengleisanschlüsse noch die Bahnhöfe (Zugbildungsanlagen) auf das Bilden überlanger Züge ausgelegt sind, wird oft von einer Verdoppelung der

Zuglänge ausgegangen. Hierbei sollen zwei normallange Züge in den jeweiligen Anlagen gebildet werden, um danach auf schnelle Art und Weise – ggf. sogar auf der Strecke – zu einem doppeltlangen Zug verbunden zu werden. Die dann in der Mitte befindliche Lokomotive kann durch ihre Zugkrafteinleitung an dieser Stelle sowie durch zeitgleich mit der führenden Lokomotive startendes Absenken des Luftdrucks in der Hauptluftleitung helfen, die Längskräfte auf das Maximum der heutigen Zuglängen zu begrenzen. Voraussetzung ist eine sichere, unterbrechungsfreie Kommunikation mit der führenden Lokomotive, die über eine durchgehende Datenleitung der DAK besser realisiert werden kann.

Neben den technischen Aspekten ist die Frage zu betrachten, in welchem Umfang die umfassende Bündelung von Transportmengen für längere Züge aus qualitativer Sicht (Kundenangebot) sinnvoll machbar ist.

5.4.3 Automatische Bremsprobe

Die Durchführung der Bremsprobe stellt bei Güterzügen bislang einen zeit- und ressourcenintensiven Prozess dar, der die Abfahrt ansonsten fertig gebildeter Züge verzögert. SBB Cargo (o. J.) gibt allein für diesen Prozess, der häufig zusammen mit der ebenfalls zeitintensiven Wagentechnischen Untersuchung durchgeführt wird (Abschn. 3.2.8), für einen Zug mit 500 m Länge einen Zeitbedarf von 40 min an. Durch die Automatisierung ist nach benannter Quelle eine Reduktion auf 10 min möglich.

Das Zielbild der automatischen Bremsprobe kann aus der Praxis von modernen, bereits im Personenverkehr eingesetzten Triebzügen direkt übernommen werden:

- Auslösen der Bremsprobe entweder durch Knopfdruck des Triebfahrzeugführers oder automatisch zu einem vorprogrammierten Termin,
- automatischer Ablauf der Bremsprobe für alle Fahrzeuge im Zugverband und alle vorhandenen Bremssysteme, verfolgbar durch grafische Darstellung auf einem Bildschirm,
- Anzeige des Ergebnisses der Bremsprobe inkl. Handlungsvorschlägen im Fehlerfall,
- automatische Bremsberechnung (Abschn. 3.2.6.3) inkl. Angabe der resultierenden Bremshundertstel für den betrachteten Zugverband sowie
- Vorschläge zur Eingabe der entsprechenden Zugdaten für die Zugsicherungssysteme PZB, LZB oder ETCS.

Gegenüber Triebzügen des Personenverkehrs, die fest konfiguriert sind, allenfalls in Mehrfachtraktion verkehren und über einen durchgehenden Zugbus auf Ethernet-Basis verfügen, sind die Herausforderungen beim Umsetzen entsprechender Systeme bei Güterzügen ungleich größer. Vollkommen unterschiedliche Wagen verkehren miteinander in beliebig gereihten Zugverbänden, deren Bildung und Beladung erst kurz vor der Abfahrt abgeschlossen sind.

Um den o. g. Standard der Automatisierung auch auf vereinfachte oder volle Bremsproben von Güterzügen zu übertragen (Abschn. 3.2.6), sind folgende Voraussetzungen zu schaffen:

- Stromversorgung aller Güterwagen im Zugverband, zentral oder lokal gespeist,
- datentechnische Verbindung aller Wagen untereinander und mit einem Master, außerhalb und/oder auf der Lokomotive, dabei wahlweise Kommunikation im Zugverband per Funk oder per Kabel über die Kupplung,
- Möglichkeit zur Feststellung der Wagenreihung, des letzten Wagens und der Vollständigkeit des Zugverbands sowie
- Abgriff des aktuellen Bremszustands jedes Wagens inklusive Bremszylinderdruck und ggf. Zustand der ep-Leitung.

Soll zusätzlich noch eine Bremsberechnung automatisch erstellt werden, muss außerdem

- der Abgriff der gewählten Bremsstellung jedes Wagens und die Position des Lastwechsels sowie
- eine direkte oder indirekte Ermittlung des Gesamtgewichts jedes Wagens unter Berücksichtigung der aktuellen Zuladung inkl. ihrer Ladeposition auf dem Fahrzeug

gewährleistet sein.

Die offensichtliche Komplexität dieser Vorgaben ist ein Grund dafür, dass es bisher noch nicht zu einer umfassenden Einführung eines solchen Systems im SGV gekommen ist. Allerdings gibt es bereits Pilotanwendungen, die momentan noch über Funkverbindungen realisiert werden. Eine durchgehende Kabelverbindung im Zugverband mit der Möglichkeit der Anwendung der Bustechnologie zur Datenkommunikation und einer Energieversorgungsleitung der notwendigen Wagenkomponenten wird voraussichtlich mit der DAK eingeführt.

5.5 Digitalisierung

5.5.1 Einleitung

Die „Digitalisierung des SGV" wird als ein wesentlicher Hebel angesehen, um die Güterbahn im intermodalen Wettbewerb insbesondere gegenüber der Straße zu stärken. Es geht dabei wesentlich darum, im SGV notwendige Prozesse und Systembrüche (z. B. Umschlag Straße/Schiene im KV), die im durchgehenden Straßentransport kein entsprechendes Pendant haben, durch intelligente und über alle Beteiligten vernetzte IT-Lösungen so effektiv und verlässlich zu gestalten, dass sie im Verkehrsträgervergleich aus Sicht des Kunden eine zunehmend untergeordnete Rolle spielen. Hierzu zählt auch die Versorgung des Kunden mit Sendungsstatusinformationen bzw. Ankunftsprognosen

(Abschn. 4.3.5 für den EWV). Ein weiterer Aspekt ist die Effizienzsteigerung Sektor-interner Prozesse wie z. B. im Bereich des Fahrzeugmanagements und der Fahrzeug-instandhaltung, die für den Transportkunden nicht direkt sichtbar sind, aber über resultierende Transportkosten und die Transportverlässlichkeit auf ihn einwirken.

Zwei wesentliche Teilbereiche der Digitalisierung werden in den folgenden Abschnitten behandelt. Abschn. 5.5.2 geht auf eine angestrebte bessere Vernetzung existierender Systeme ein. Abschn. 5.5.3 befasst sich mit der Ausrüstung der Güterwagen mit digitalen und messtechnischen Komponenten und darauf basierenden Anwendungsfällen.

5.5.2 Schaffung digitaler Datenaustauschplattformen

In verschiedenen Teilbereichen des Eisenbahnwesens wurde frühzeitig mit dem Einsatz elektronischer Datenverarbeitung begonnen. Ein noch heute an jedem Triebfahrzeug der DB AG erkennbares Zeichen der Einzug haltenden Digitalisierung ist die siebenstellige Fahrzeugnummer, die Ende der sechziger Jahre als „EDV-gerechte" Kennzeichnung eingeführt wurde. EDV-Systeme zur Planung und Steuerung ihrer Verkehrsprozesse, zur Steuerung ihres Ressourceneinsatzes und zur Auftrags- und Rechnungsabwicklung wurden vor allem von großen EVU vielfach im Rahmen von Eigenentwicklungen (zum Teil basierend auf Kernelementen großer Systemanbieter) vorangetrieben. Das Angebot an weitgehend standardisierten IT-Systemen hat in den letzten Jahren zugenommen, vielfach angeboten von IT-Systemhäusern, die sich vorher auf entsprechende Lösungen im Personenverkehrsbereich konzentriert haben und ihr Portfolio um Lösungen für den SGV erweitern. Dennoch sind bei kleinen EVU zum Teil noch sehr einfache Lösungen im Einsatz. Hierzu zählen zum Beispiel die manuelle Erstellung von Plänen in gewöhnlichen Tabellenkalkulationsprogrammen und der Austausch dieser Dateien per E-Mail.

Im heutigen liberalisierten Bahnmarkt mit vielen beteiligten Unternehmen hat sich vor diesem Hintergrund eine heterogene IT-Landschaft entwickelt. Das Fehlen von in der gesamten Branche anerkannten Datenstandards erschwert den Datenaustausch, ob per E-Mail oder per implementierter Schnittstelle; Prozesse, die in einem Unternehmen digital und automatisiert ablaufen, werden beim Partnerunternehmen häufig noch weitestgehend händisch erledigt. Somit kann in diesem Beispiel das zweite Unternehmen das erstbenannte in einer gemeinsamen Produktionsabwicklung nicht so mit Daten versorgen, wie es dessen System für seinen vollen Nutzen bräuchte.

An dieser Stelle setzt der Ansatz der Schaffung digitaler Datenaustauschplattformen an. Es existieren zwar bereits verschiedene Datenaustauschsysteme für einzelne Anwendungsfälle für den Datenaustausch zwischen EVU untereinander (siehe Hintergrundinformation) oder zwischen EVU und EIU, Terminals und Kunden, keines dieser Systeme kann jedoch bislang den Anspruch erheben, ein umfassender und vor allem internationaler Standard im Markt zu sein, an den der überwiegende Teil der Marktteilnehmer angebunden ist.

Hintergrundinformation: Beispiele bestehender Datenaustauschdienste im SGV
Beispiele von existierenden Betreibern von Datenaustauschsystemen für den SGV sind Raildata, Hitrail, das GCU Bureau und die Xrail AG. Auf letzteren ist bereits in Abschn. 4.3.5. eingegangen worden.

Raildata ist als „Special Group" des Internationalen Eisenbahnverbands eine von 13 EVU (allesamt ehemalige Staatsbahnen) getragene Organisation, die mehrere Datenaustauschsysteme für diese und weitere EVU betreibt. Von besonderer Bedeutung für den SGV sind dabei das System *Orfeus* (Open Railway Freight EDI[6] User System) zum Austausch digitaler Frachtbriefinformationen (inklusive eines E-Frachtbriefformats, das den Papierfrachtbrief vollkommen ersetzen kann) sowie das System *ISR* (International Service Reliability) zum Austausch von Wagenlaufinformation (u. a. Ankünfte, Ab- und Durchfahrten der Wagen an Bahnhöfen) im internationalen Verkehr. (Raildata o. J.).

Zu den Eigentümern des Unternehmens Hitrail gehören neben EVU auch EIU. Wie bei Raildata sind die angebotenen Dienste nicht auf die Eigner beschränkt und adressieren je nach System den Personen- oder Güterverkehr. Relevanz für den SGV hat das System Hermes mit dem Nachrichtentyp Hermes 30, mit dem die EVU die exakte Zugkomposition von Zügen, die sie im weiteren Fahrtverlauf oder bei Ankunft am Zielbahnhof des Zuges an ein anderes EVU übergeben, an dieses weitere EVU vormelden können. (Hitrail 2017, S. 4–5, S. 10).

Das GCU Bureau betreibt für die Mitglieder des Allgemeinem Vertrags für die Verwendung von Güterwagen (AVV, Abschn. 3.5.3) den GCU Broker. Über diesen können technische Wagendaten sowie Wagenschadensberichte ausgetauscht werden. (GCU Bureau o. J.).

Die zwei wesentlichen Kernideen des Plattformgedankens, wie er zum Beispiel durch die europäische Initiative Digital Platform Rail (DP-RAIL) vorangetrieben wird, sind (DPRAIL o. J.):

- Erstellung einer zentralen Systemumgebung („European Digital Ecosystem"), an die sich die Marktteilnehmer über ein standardisiertes Schnittstellenregelwerk anbinden können. Dies soll den notwendigen Einsatz verschiedener Schnittstellen bzw. Schnittstellentechnologien je nach System, Anwendungsfall oder ggf. sogar Datenaustauschpartner ersetzen.
- Anbieten eines einfachen Zugangs für kleine Marktteilnehmer, die zurzeit mangels eigener Systeme gar nicht an einem Datenaustausch teilnehmen. Dies kann zum Beispiel durch eine zur Plattform gehörende Browseroberfläche passieren, in der diese Unternehmen Daten von den Partnern angezeigt bekommen bzw. wo sie die Daten für die Partner manuell eingeben können, anstatt sie per Mail – oder sogar Fax – zu senden, sodass dieser sie manuell in sein System übernehmen muss.

Das Ziel ist ein durchgängiger Datenfluss, der einen Transportvorgang vom Start bis zum Ziel sowie von der Angebotsanfrage bis zur Abrechnung inklusive aller notwendigen

[6] Electronic Data Interchange.

Prozesse begleitet, um einerseits die dahintersteckenden Arbeitsprozesse so effizient wie möglich zu gestalten und, noch wesentlicher, zum anderen durch stets aktuelle Informationen und kurze Reaktionszeiten das Angebot gegenüber dem Kunden und den eigenen Ressourceneinsatz zu optimieren.

Konkrete Beispiele für den digitalen Datenaustausch über eine zentrale Plattform sind die folgenden (DPRAIL o. J.) (UIC 2021):

- Digitaler Frachtbrief und digitaler Austausch weiterer Auftragsinformationen zwischen den am gesamten Transportweg beteiligten Unternehmen
- Digitale Abbildung der Zugzusammensetzung mit Angaben zur Wagenreihung, zur Bremsfähigkeit bzw. zur Bremsprobe, zum Vorhandensein gefährlicher Güter u. a. für den Austausch zwischen EVU (bei Übergabe des Zuges) bzw. zwischen EVU und EIU sowie im KV mit den Terminalbetreibern
- Austausch von Positions- und sonstigen Statusinformationen von Zügen und Wagen bzw. Sendungen, Austausch prognostizierter Ankunftszeiten (ETA – estimated time of arrival)
- Kommunikation über Fahrzeugschäden zwischen EVU, Wagenhaltern und Werkstätten

Hintergrundinformation: TSI TAF

Von übergeordneter Relevanz für den Datenaustausch zwischen Akteuren des SGV untereinander – also den EVU, EIU, Fahrzeugvermietern, Operateuren des KV u. a. – sowie von/zu den Transportkunden ist die EU-Verordnung über die technische Spezifikationen für die Interoperabilität zu Telematikanwendungen für den Eisenbahngüterverkehr (TSI TAF; Technical Specification for Interoperability, Telematics Applications for Freight).[7] „Zweck dieser TSI ist, durch die Festlegung des technischen Rahmens einen effizienten Informationsaustausch sicherzustellen und die Beförderungsabläufe so wirtschaftlich wie möglich zu gestalten. Die TSI erstreckt sich auf Anwendungen für den SGV und die Schnittstellen zu anderen Verkehrsträgern, weshalb neben dem reinen Zugbetrieb auch allgemein die Transportdienstleistungen von EVU im Mittelpunkt stehen" (TSI TAF, Anhang B, Abschn. 1.3).

Die TSI TAF regelt im Wesentlichen, wann (d. h. zu welchem Zeitpunkt in einem spezifischen Prozess) welche Informationen zwischen welchen Akteuren in welchem Format auszutauschen sind (JSG o. J.). Regelungsschwerpunkte sind u. a. Informationssysteme zur Verfolgung der Güter und Züge in Echtzeit, Systeme zur Buchung von Zugtrassen bei EIU sowie Systeme zum Austausch elektronischer Begleitdokumente (z. B. Frachtbriefe) (TSI TAF, Anhang B, Abschn. 2.1). Sicherheitsrelevante Informationen des Bahnbetriebs werden von ihr grundsätzlich nicht berührt. Obwohl sie im Namen den Begriff „Telematikanwendungen" enthält, macht sie im Wesentlichen Vorgaben zu den in diesem Abschnitt behandelten Datenaustausch zwischen den Akteuren und betrifft weniger die im folgenden Abschn. 5.5.3 behandelten Aspekte zur Telematik.

[7] Zu den TSI allgemein siehe Abschn. 1.3.3.

5.5.3 Telematik

Telematik ist ein Kunstwort, das sich aus Telekommunikation und Informatik zusammensetzt. Mit Bezug auf die Transportwirtschaft bezeichnet der Begriff „die dezentrale Erfassung, Übertragung und Verarbeitung all jener Daten, die über Standort und Zustand von Fahrzeugen, Ladungsträgern und Gütern Auskunft geben“[8]. Im Folgenden wird sich auf den Fall von Fahrzeugen, eingegrenzt auf Güterwagen, konzentriert.

Der grundsätzliche Aufbau der Telematikausrüstung an einem Güterwagen umfasst einen zentralen Bordcomputer, an den ein Modul zur externen Datenkommunikation (Mobilfunk) und verschiedene Sensorikeinheiten angebunden sind. Hinzu kommt die notwendige Stromversorgung durch eine Bordbatterie (Baranek und Bauschulte 2005, S. 10)

Kernfunktionalität der Telematik und gleichzeitig erste Funktionalität seit dem Start erster Telematikeinheiten Mitte der neunziger Jahre ist die Fahrzeugortung über das Global Positioning System (GPS) und die Mitteilung der Position des Fahrzeugs über die Telekommunikationseinheit an einen zentralen Dienst (Baranek und Bauschulte 2005, S. 9). Positiver Nutzen ergibt sich im Bereich der Fahrzeugdisposition bei EVU und sonstigen Wagenhaltern und der Möglichkeit der Laufwegverfolgung (Track & Trace) zur Information der Kunden, deren Ladung der Wagen gerade enthält und für die er gerade unterwegs ist. Zu beachten ist hier jedoch, dass der Empfangskunde eigentlich nicht wissen möchte, wo der Wagen ist, sondern wann er ankommen wird. Hierfür ist die Positionsbestimmung nur ein Eingangsdatum. Weiterhin ermöglicht die Geopositionierung im Zeitverlauf eine Laufleistungserfassung der Fahrzeuge.

Anwendungsfälle zur Zustandserfassung durch Sensoren ergeben sich weiterhin mit Bezug auf die Ladung und auf die Ladeeinheit bzw. das Fahrzeug selbst. Neben dem generellen Erkennen des Ladungszustands des Wagens (voll/leer) und des Zeitpunkts der Ladungszustandsänderung (also der Be- bzw. Entladung) kann der Zustand der Ladung, z. B. die Temperatur oder auch ein mögliches Verrutschen, erfasst werden. Die Systeme können zudem Stöße erfassen, die für die Ladung kritisch sein können. Das Erkennen von Tür- bzw. Ladelukenöffnungszuständen (offen/geschlossen) bietet Möglichkeiten zur Reaktion auf etwaige Ladungsdiebstähle, kann aber auch zukünftig im Zuge einer Automatisierung der sicherheitsrelevanten Prüfprozesse vor Zugabfahrt (Abschn. 3.2.8) unterstützen.

Neben den Nutzeneffekten aus logistischer Sicht – denen die vorgenannten grundsätzlich zugeordnet werden können – rücken wie beim letzten Aspekt schon angedeutet bahnbetriebliche Aspekte und Themen der Instandhaltung zunehmend in den Fokus und machen den auch heute noch innovativen Charakter der Telematik aus. Auf den bahn-

[8] Zitiert aus Wichelhaus (2005, S. 54), dortige Quellenangabe ist Riekenberg, Thomas, Dr.-Ing., Wichelhaus, Arndt: „Wissen, wo der Wagen ist“, Gefährliche Ladung Heft 7, S. 17–19.

betrieblichen Anwendungsfall der Beschleunigung der Zugbildung durch Sensorik an den Fahrzeugen zur Überprüfung der für das Bremsen notwendigen Fahrzeugkomponenten (automatische Bremsprobe) wurde bereits eingegangen (Abschn. 5.4.3). Weitere bahnbetriebliche Beispiele sind die fahrzeugseitige Detektion von heißgelaufenen Achsen oder von Fahrzeugentgleisungen.

In Bezug auf die Güterwageninstandhaltung werden aktuell große Hoffnungen in eine Aufwands- und damit Kostenreduktion durch Erfassung des Abnutzungszustandes bestimmter technischer Wagenkomponenten durch fahrzeugseitige Sensoren und darauf aufbauende Instandhaltungsprozesse gesetzt. In Ermangelung der (ohne Telematik) fehlenden Laufleistungserfassung basiert die Güterwageninstandhaltung nach wie vor auf zeitbasierten Fristen (ähnlich der Hauptuntersuchung beim Pkw). Es handelt sich damit um eine präventive Instandhaltung, die Fahrzeuge werden vorsorglich ohne Kenntnis des tatsächlichen technischen Abnutzungszustandes und damit ohne Kenntnis der tatsächlichen technischen Notwendigkeit der Instandhaltung zugeführt.

Zu jeder Frist muss der entsprechende Wagen aus seinem aktuellen Verkehrskonzept entnommen und einer Werkstatt zugeführt werden. Dies bedeutet jeweils einen mehrtägigen Einsatzausfall des Wagens. Viele Werkstattzuführungen und -aufenthalte erfolgen jedoch nicht durch Erreichen einer Frist, sondern aufgrund von Spontanschäden am Fahrzeug, die z. B. im Rahmen der Wagentechnischen Untersuchung (Abschn. 3.2.8) entdeckt werden. Derartige Fälle stören das Verkehrsgeschehen unmittelbar, mit direkter Auswirkung auf die Verlässlichkeit gegenüber dem Transportkunden – womit es diese zu reduzieren gilt.

Schlagworte innovativer Instandhaltungsstrategien – auch bzw. sogar startend bei Triebfahrzeugen – sind *Condition Based Maintenance (CBM, zustandsbasierte Instandhaltung)* und darauf aufbauend *Predictive Maintenance (vorausschauende Instandhaltung)*. Kern von CBM ist das Definieren von Abnutzungsgrenzwerten von Fahrzeugkomponenten und das rechtzeitige Erkennen des Erreichens dieser Grenzwerte im täglichen Betrieb durch telematikgebundene Sensorik und das Abgleichen der Messwerte (Diagnosedaten) mit statistischen Daten eines Fahrzeug-Normalverhaltens. (Bobsien et al. 2018, S. 55–56).

„Für die Zustandsfeststellung und -überwachung sind innovative Diagnosemöglichkeiten zu nutzen, die zeit- und kostenaufwendige Demontagen sowie Messungen und Prüfungen an ausgebauten Komponenten ersetzen können. Das erfordert die Kenntnis der Wirkungsketten des Verschleiß- und Ausfallverhaltens, um aus diagnostizierbaren Parametern eindeutig auf den Zustand der Komponenten schließen zu können" (Rösch und Kiesel 2019, S. 50–51).

Neben Beachtung der technischen Aspekte ist eine Anpassung des Instandhaltungsregelwerks notwendig. Nach den von der EU vorgegebenen ECM-Regularien, nach denen jeder Fahrzeughalter „die alleinige Verantwortung für die Sicherstellung des sicheren Zustandes [seiner] Fahrzeuge" (Rösch und Kiesel 2019, S. 50–51) hat, können die ECM (Entity in Charge of Maintenance, Abschn. 3.5.4.2) hierfür ihre eigenen Regelungen treffen.

Ziel von CBM ist es also, die Fahrzeuge nicht unnötig früh („nur“ wegen einer Frist) einer Instandhaltung zuzuführen und damit unnötige Produktivitätsverluste zu erleiden, aber gleichzeitig bei vorzeitigem Verschleiß einzelner Komponenten vor Ausfall dieser Komponente (und damit des Güterwagens) zu reagieren, um Störungen im Verkehrsablauf durch Fahrzeug-Verschleißschäden zu minimieren.

Der Gedanke des vorzeitigen Erkennens von drohenden Ausfällen, d. h. auch bei an und für sich noch unkritisch wirkenden Zustandswerten, steht bei der bereits benannten Predictive Maintenance im Vordergrund. Dies soll erfolgen, indem aufbauend auf dem CBM-Konzept IT-Systeme mit künstlicher Intelligenz (KI) und selbstlernende Algorithmen (Machine Learning) Daten verschiedener Sensoren zusammen analysieren, um Datenmuster von anstehendem Ausfallverhalten zu ermitteln.

Literatur

Baranek M, Bauschulte W (2005) Telematik – Ernüchterung statt Euphorie. EI – Eisenbahningenieur 3:8–10

Bobsien S, Niggemann H, Schulze H (2018) Digitale Instandhaltungsstrategie für produktiven Güterverkehr. ETR Eisenbahntechnische Rundschau 5:54–59

Bühler G (2006) Verkehrsmittelwahl im Güterverkehr. Physica, Berlin

DAC4EU (o. J.) Pilotprojekt zur Demonstration, Erprobung und Zulassung der Digitalen Automatischen Kupplung (DAK) für den Schienengüterverkehr. https://www.dac4.eu/. Zugegriffen: 14. Mai 2022

DB Cargo AG (o. J.) Door-to-door-Service mit EVplus. https://www.dbcargo.com/rail-de-de/leistungen/schienentransporte/einzelwagen/evplus. Zugegriffen: 10. Mai 2022

DPRAIL (o. J.) Overview. https://dp-rail.eu/. Zugegriffen: 13. Mai 2022

EDDP (2022) European Freight DAC Delivery Programme enabled by Europe’s Rail, Moving European Rail Freight Forward, Modernisierung Güterwagen 4.0. EBA Fachtagung Eisenbahnrecht + Technik, online, 15 März 2022. https://www.eba.bund.de/DE/Veroeffentlichungen/Vortraege/FET_2022/fet_2022_inhalt.html. Zugegriffen: 14. Mai 2022

EDDP WP3 (2022) EDDP WP 3 – Migration. VPI Symposium Digitale Automatische Kupplung (DAK), 11 Januar 2022. https://www.vpihamburg.de/attachment/6260/download/12++VPI+Symposium+6-Migration+Referat+Kuhn. Zugegriffen: 14. Mai 2022

GCU Bureau (o. J.) GCU Broker, digitaler Austausch von Informationen. https://gcubureau.org/gcu_broker/. Zugegriffen: 10. Mai 2022

Hagenlocher S, Wittenbrink P, Leuchtmann C, Galonske B, Kehrmann T, Hecht M, Leiste M, Discher S, König R, Pollehn T, Ruf M, Witte S, Gehrke S, Hess R, Röckemann K (2020) Erstellung eines Konzeptes für die EU-weite Migration eines Digitalen Automatischen Kupplungssystems (DAK) für den Schienengüterverkehr. Schlussberich. https://www.bmvi.de/SharedDocs/DE/Anlage/E/abschlusspraesentation-dak-studie.pdf?__blob=publicationFile. Zugegriffen: 30. Sep. 2022

Hitrail (2017) Hit Rail: Support to Interoperability. 6th Regional TAF TSI Workshop, 12th – 13th September 2017. https://www.era.europa.eu/sites/default/files/events-news/docs/6th_taf_tsi_regional_workshop_hit_rail_en.pdf. Zugegriffen: 24. Oktober 2021

Holt K (1983) Product innovation management, 2. Aufl. Butterworths, London

Jobstfinke D (2019) Überlange Güterzüge – Herausforderungen aus bremstechnischer und längsdynamischer Sicht. ZEVrail, Tagungsband SFT Graz 134:92–100

JSG RU/IM Telematics Joint Sector Group (o. J.) TAF TSI Regulation. https://taf-jsg.info/?page_id=32. Zugegriffen: 17. Juni 2021

Karch S (2018) Häufiger und schneller – neue Konzepte zur Entlastung der Strasse im Güterverkehr. ETR Swiss – Eisenbahntechnische Rundschau, 10:56–63

Mahler A, Stoetzer MW (1995) Einführung: Die Diffusion von Innovationen in der Telekommunikation. In: Stoetzer MW, Mahler A (Hrsg) Die Diffusion von Innovationen in der Telekommunikation. Springer, New York, S 1–24

Minde F, Witte S (2001) FEBIS: Kommunikationsbasierte elektronisch gesteuerte Bremse. ETR – Eisenbahntechnische Rundschau 50(5):256–263

Molle F, Friedrichs H (1992) Die automatische Kupplung in Europa Stand der Entwicklung. ETR – Eisenbahntechnische Rundschau 41(4):217–225

Raildata (o. J.) About Raildata; Wagon status and tracing ISR; Consignment data exchange Orfeus. https://www.raildata.coop/about; https://www.raildata.coop/services/isr; https://www.raildata.coop/services/orfeus. Zugegriffen: 24. Okt. 2021

Reisch J, Kliewer N, Martin U, Pöhle D (2021) Bestimmung der Kapazitätssteigerung durch Einführung der Mittelpufferkupplung und ep-Bremse. ETR – Eisenbahntechnische Rundschau 12:37–40

Rösch M, Kiesel T (2019) Condition Based Maintenance (CBM) für Güterwagen. EI – Eisenbahningenieur 1:50–52

SBB Cargo (o. J.) Die automatische Bremsprobe macht das Trio komplett. https://blog.sbbcargo.com/31156/serie-automatische-bremsprobe/. Zugegriffen: 10. Juni 2022

Schmidt E (1965) Der Weg zur europäischen selbsttätigen Mittelpufferkupplung. ZEV-Glasers Annalen 89(10):427–436

Schroeter H (1973) Hundertjähriges Bemühen um eine automatische Kupplung in Deutschland. ZEV-Glasers Annalen 97(6):229–231

Siegmann J (1997) Wege zu einer anforderungsgerechten und wirtschaftlichen Güterbahn. IVE Universität Hannover, Wissenschaftliche Arbeiten Nr, S 50

Thompson S (1925) A Short History of American Railways. Appleton, New York

TSI Fahrzeuge, Verordnung (EU) Nr. 1302/2014 der Kommission vom 18. November 2014 über eine technische Spezifikation für die Interoperabilität des Teilsystems „Fahrzeuge – Lokomotiven und Personenwagen" des Eisenbahnsystems in der Europäischen Union

TSI TAF Verordnung (EU) Nr. 1305/2014 der Kommission vom 11. Dezember 2014 über eine technische Spezifikation für die Interoperabilität des Teilsystems „Telematikanwendungen für den Güterverkehr" des Eisenbahnsystems in der Europäischen Union und zur Aufhebung der Verordnung (EG) Nr. 62/2006 der Kommission

UIC (2005) UIC Kodex 541–5, Bremse – Elektropneumatische Bremse (ep-Bremse), Elektropneumatische Notbremsüberbrückung (NBÜ). 4. Ausgabe

UIC (2021) Rail Freight Forward digital platforms (RFF DP) connecting the dots in rail freight. https://uic.org/com/enews/article/rail-freight-forward-digital-platforms-rff-dp-connecting-the-dots-in-rail. Zugegriffen: 13. Mai 2022

Voith (o. J.) Scharfenberg-Systeme. Herstellerbroschüre der Voith Turbo Scharfenberg GmbH & Co. KG

Wagner M, Fasking H (1997) Mittelpufferkupplungen und neue Stoßeinrichtungen bei der DB AG. Eisenbahn Ingenieur Kalender 1997. Eurailpress, Hamburg, S 209–240

Wichelhaus A (2005) Telematik im Schienengüterverkehr. ETR – Eisenbahntechnische Rundschau, 5:298–304

Glossar

Anst – Anschlussstelle Betriebsstelle zur Verbindung eines ⇨ Gleisanschlusses mit der ⇨ freien Strecke.

ATO – Automatic Train Operation Automatischer Fahrbetrieb.

Awanst – Ausweichanschlussstelle Ausweichanschlussstelle. Wie eine ⇨ Anschlussstelle, ermöglicht jedoch die Fortführung des Zugbetriebs auf der ⇨ freien Strecke, während Rangiertätigkeiten im ⇨ Gleisanschluss stattfinden.

Bf – Bahnhof Im betrieblichen Sinne eine Bahnanlage mit mindestens einer Weiche zur Unterstützung bahnbetrieblicher Prozesse. Im verkehrlichen Sinne Zugangspunkt zum Netz.

Bremsprobe Überprüfung der Funktionsfähigkeit des Bremssystems eines Zuges vor der Durchführung einer Fahrt.

Brh – Bremshundertstel Bewertungszahl, die das Bremsvermögen von Schienenfahrzeugen und Zügen untereinander vergleichbar macht.

CO_2e – Kohlenstoffdioxid-Äquivalente Maßeinheit zur einheitlichen Angabe der Klimawirkung unterschiedlicher Treibhausgase.

COTIF – Übereinkommen über den internationalen Eisenbahnverkehr Im Original französisch „Convention relative aux transports internationaux ferroviaires".

DAK – Digitale Automatische Kupplung Automatische Kupplung, die neben dem Kuppeln der mechanischen Verbindung zur Kraftübertragung und der Luftleitung(en) über einen mitkuppelnden Datenbus eine Grundlage für verschiedene digitale Komponenten am Güterwagen zur Verfügung stellt.

DB – Deutsche Bahn AG Größtes Eisenbahnunternehmen (⇨ EVU und ⇨ EIU) in Deutschland.

EBO – Eisenbahn-Bau- und Betriebsordnung Rechtsverordnung des Bundes zum Bau und Betrieb von Eisenbahnanlagen in Deutschland.

EdB – Eisenbahnen des Bundes ⇨ EIU und ⇨ EVU, die mehrheitlich in Bundeseigentum sind (Deutschland).

EIU – Eisenbahninfrastrukturunternehmen Unternehmen, das für den Betrieb einer Eisenbahninfrastruktur zuständig ist.

H. Stuhr et al., *Schienengüterverkehr,* https://doi.org/10.1007/978-3-658-38753-2

E-Lok – Elektrolokomotive Lokomotive mit elektrischem Antrieb und elektrischer Speisung, i. d. R. über die Oberleitung.

EOW – Elektrisch ortsgestellte Weiche Elektrisch angetriebene Weiche, die nicht zentral von einem ⇨ Stellwerk aus bedient wird, sondern lokal.

ERA – European Union Agency for Railways Europäische Eisenbahnagentur mit Sitz in Valenciennes; Hauptaufgabe ist die Stärkung von Sicherheit und ⇨ Interoperabilität im europäischen Bahnverkehr.

ETCS – European Train Control System Europäisch vereinheitlichtes ⇨ Zugbeeinflussungssystem.

EVU – Eisenbahnverkehrsunternehmen Unternehmen, dessen Haupttätigkeit im Erbringen von Eisenbahnverkehrsdiensten zur Beförderung von Gütern und/oder Personen besteht, wobei dieses Unternehmen die ⇨ Traktion sicherstellen muss.

EWV – Einzelwagenverkehr Produktionssystem im ⇨ SGV, bei dem einzelne Wagen oder Wagengruppen als kleinste Sendungseinheit mittels eines hierarchischen Systems von Knotenpunkten (Sammel-, Verteil- und Sortierknoten) und Zugverbindungen zwischen diesen Knoten vom Start zum Ziel transportiert werden.

Fahrzeugumgrenzungslinie Zu einem ⇨ Lichtraumprofil gehörenden maximales Querschnittsprofil, das von keinem Teil eines Schienenfahrzeugs überragt werden darf, auch nicht durch Einfederung oder infolge eines Gleisbogens.

Fdl – Fahrdienstleiter Funktion beim ⇨ EIU, meist auch Bediener eines ⇨ Stellwerks und zuständig für die Zulassung von Zugfahrten.

Fplo – Fahrplananordnung Dokument zur kurzfristigen Übermittlung von Fahrplanangaben.

Freie Strecke Durchgehende Hauptgleise, die sich nicht in ⇨ Bahnhöfen befinden.

Gbf – Güterbahnhof Separater Bahnhof oder Teil eines Bahnhofs, der zur Be- und Entladung von Gütern vorgesehen ist. Komplementäre Begriffe sind Personenbahnhof, Betriebsbahnhof und ⇨ Rangierbahnhof.

Gleisanschluss Eisenbahnanlage, die der Anbindung einer meist gewerblich genutzten Fläche an das Netz eines öffentlichen EIU dient.

GoA – Grade of Automation Automatisierungsgrad im Eisenbahnwesen für das Führen von ⇨ Zügen. Definiert in den fünf Anwendungsstufen GoA 0 bis GoA 4. Ab GoA 2 wird gewöhnlich von ⇨ ATO gesprochen.

Grenzlast[1] Größte auf einem spezifischen Laufweg in Kombination mit einem spezifischen ⇨ Triebfahrzeug fahrbare Zugmasse.

GV – Ganzzugverkehr Produktionssystem im SGV, beim dem für einen Kunden ein ganzer Zug als kleinste Sendungseinheit ohne weitere verkehrliche

---

[1]Übliche, historisch geprägte Begriffe, die so auch in diesem Buch verwendet werden. Physikalisch handelt es sich um Massen, sodass „Metermasse“, „Radsatzmasse“ und „Grenzmasse“ aus dieser Sicht richtig wären.

Zwischenbehandlung (ohne Hinzunahme oder Abgaben von Sendungsteilen) vom Start zum Ziel transportiert wird.

HBL – Hauptluftbehälterleitung Optionale, zusätzlich zur ⇨ Hauptluftleitung vorhandene Versorgungsleitung für die pneumatische Bremse und andere pneumatische Einrichtungen an Güter- und Reisezugwagen wie Entladeklappen, Türen, WC etc. (Nenndruck 8 bis 10 bar).

HL – Hauptluftleitung Versorgungs- und Steuerleitung der pneumatischen Bremse (Nenndruck 5 bar).

Interoperabilität Im Bahnkontext die Fähigkeit unterschiedlicher Bahnsysteme zur nahtlosen Interaktion, d. h. zum möglichst uneingeschränkten Verkehren von ⇨ Zügen von einem System zum anderen. Hemmnisse existieren im Eisenbahnwesen historisch bedingt vor allem an den nationalstaatlichen Grenzen.

ISO – International Organization for Standardization Internationale Vereinigung von Normungsorganisationen.

ITF – Integraler Taktfahrplan Besondere Art des Fahrplans, bei der die Umsteigeknoten für den Personenverkehr so gewählt werden, dass sich die Züge im festgelegten Rhythmus treffen. Der ITF gewährleistet systematisch kurze Umsteigebeziehungen in alle Richtungen.

Kbf – Knotenpunktbahnhof Sammel- und Verteilknoten im ⇨ Einzelwagennetzwerk.

KEP – Kurier-, Express- und Paketdienst Bereich des Transportmarkts mit überwiegend kleinen und leichten Sendungen und hohem Anspruch an die Transportgeschwindigkeit und Pünktlichkeit.

KV – Kombinierter Verkehr Produktionssystem im SGV, beim dem der Transport der Güter in normierten Transportbehältern wie beispielsweise Containern erfolgt. Die regionale Sammlung bzw. Verteilung wird auf der Straße, der Hauptlauf (längster Streckenanteil) auf der Schiene durchgeführt. Die Umladung Straße–Schiene (bzw. umgekehrt) erfolgt durch Umschlag der Transportbehälter.

Lichtraum Raum, den angrenzende Einrichtungen entlang von Eisenbahngleisen mindestens freilassen müssen, damit sich Fahrzeuge uneingeschränkt bewegen können.

Lü – Lademaßüberschreitung Sendung im Eisenbahnverkehr, welche die im Regelfall zulässigen Abmessungen (⇨ Fahrzeugumgrenzungslinie) überschreitet, was zu besonderen betrieblichen und planerischen Anforderungen führt.

LZB – Linienzugbeeinflussung Kontinuierliches Zugbeeinflussungssystem mit Führerstandsignalisierung.

Meterlast Quotient aus der Masse des beladenen Fahrzeugs und seiner Länge.

Modal Split Statistische Aufteilung der ⇨ Verkehrsträger, oft bezogen auf die ⇨ Verkehrsleistung.

NBS – Neubaustrecke Eisenbahnstrecken, die nach ca. 1970 entsprechend der aktuellen Regeln der Bahntechnik erstellt worden sind, meist für hohe Geschwindigkeiten und/oder eine hohe Leistungsfähigkeit.

ÖBB – Österreichische Bundesbahnen AG Größtes Eisenbahnunternehmen (⇨ EVU und ⇨ EIU) in Österreich.

OSShD – Organisation für die Zusammenarbeit der Eisenbahnen Internationaler Eisenbahnverband mit Mitgliedern aus Osteuropa und Asien, Sitz in Warschau.

Produktionssystem Beschreibt das Verfahren, mit dem ein ⇨ EVU die Transportleistung umsetzt. Beispiele: ⇨ Einzelwagenverkehr, ⇨ Ganzzugverkehr, ⇨ Kombinierter Verkehr.

PZB – Punktförmige Zugbeeinflussung Punktförmiges ⇨ Zugbeeinflussungssystem in Deutschland und Österreich.

Radsatzlast Anteil der Fahrzeugmasse, der auf einen Radsatz entfällt.

Rangierfahrt Fahrzeugbewegungen mit eigenem Antrieb, die keine ⇨ Zugfahrten sind und sich in der Regel nur innerhalb eines ⇨ Bahnhofs bewegen.

Rbf – Rangierbahnhof Sortierknoten im Einzelwagennetzwerk.

RCA – Rail Cargo Austria Güterverkehrsunternehmen (⇨ EVU) der ⇨ ÖBB.

RINF – Register of infrastructure Im Europäischen Infrastrukturregister, betrieben von der ⇨ ERA, können Daten zum gesamten Eisenbahnnetz der EU abgerufen werden. Die Daten müssen von den ⇨ EIU der Mitgliedsstaaten zur Verfügung gestellt werden.

Sat – Satellit Empfangs- und Versandknoten im Einzelwagennetzwerk.

SBB – Schweizerische Bundesbahnen AG Größtes Eisenbahnunternehmen (⇨ EVU und ⇨ EIU) in der Schweiz.

SGV – Schienengüterverkehr Analog Eisenbahngüterverkehr; System des Transports von Gütern auf der Schiene. Komplementäre Begriffe sind z. B. Straßengüterverkehr und Luftfrachtverkehr.

SNB – Schienennetz-Benutzungsbedingungen Jedes öffentliche ⇨ EIU ist zur Aufstellung und Veröffentlichung von Benutzungsbedingungen für sein Schienennetz verpflichtet.

Stellwerk Ortsfeste Anlage zur Regelung von Fahrzeugbewegungen durch die Steuerung von Signalanlagen.

TCS – Train-Coupling and -Sharing Produktionsform, bei der vollständige Züge einzelne Abschnitte ihres Zuglaufs gemeinsam (gekuppelt) fahren.

TEN – Transeuropäische Netze Mit dem TEN-Programm strebt die EU ein höheres Maß an ⇨ Interoperabilität zwischen den Verkehrsnetzen der teilnehmenden Staaten an, mit dem Ziel einer Stärkung des europäischen Binnenmarkts. Technische Vorgaben dazu werden in den ⇨ TSI gemacht.

Tf – Triebfahrzeugführer Umgangssprachlich auch Lokomotivführer; für ein ⇨ EVU tätiger Mitarbeiter mit der Aufgabe, das ⇨ Tfz zu bedienen.

Tfz – Triebfahrzeug Angetriebenes, selbstfahrendes Eisenbahnfahrzeug. Oberbegriff für Lokomotiven, Triebwagen und Triebzüge.

tkm – Tonnenkilometer Einheit zur Angabe der ⇨ Verkehrsleistung.

Traktion Oberbegriff für die erforderliche Zugkraft und Antriebsleistung von Triebfahrzeugen, die auf Basis verschiedener Traktionsarten zur Verfügung gestellt werden können. Im ⇨ SGV sind heute die elektrische Traktion sowie die Dieseltraktion üblich, welche auch kombiniert im selben ⇨ Tfz zum Einsatz kommen können.

Transportleistung Siehe ⇨ Verkehrsleistung.

TSI – Technische Spezifikation für Interoperabilität EU-Verordnungen zur Beschreibung technischer und prozessualer Anforderungen an den europäischen Bahnsektor zur Sicherstellung eines möglichst hohen Maßes an ⇨ Interoperabilität.

UIC – Union Internationale des Chemin de Fer Internationaler Eisenbahnverband mit Mitgliedern u. a. aus den meisten europäischen Ländern, Sitz in Paris.

Verkehrsleistung Transportierte Menge multipliziert mit der Transportentfernung. Im Güterverkehr angegeben in Tonnenkilometern (tkm). Zur Abgrenzung des Oberbegriffs der Verkehrsleistung, der auch für den Personenverkehr gilt, wird im Güterverkehr auch von der Transportleistung gesprochen. Statistische Einheit.

Verkehrsträger Analog Verkehrsmittel. Technisches System zum Transport von Personen oder Gütern mit eigener Infrastruktur und spezifischen Fahrzeugen.

WB – Wechselbehälter Ladebehältnis, welches im ⇨ KV zum Einsatz kommt.

WTU – Wagentechnische Untersuchung Überprüfung der Betriebssicherheit der Wagen und des ordnungsgemäßen Ladungszustands nach der Bildung oder vor der Abfahrt eines Zuges.

WÜST – Wagenübergabestelle Grenze zwischen den Betriebsführungs- und Haftungsbereichen öffentlicher und privater Infrastrukturbetreiber (⇨ EIU).

ZBA – Zugbildungsanlage Oberbegriff von ⇨ Rbf, ⇨ Kbf und ⇨ Sat.

Zug, Zugfahrt Fahrzeug oder Fahrzeugverband, der aus eigener Kraft verkehrt, meist auf die ⇨ freie Strecke übergeht und mit einem Fahrplan ausgestattet ist.

Zugbeeinflussung Sicherungssystem, das Daten über die erlaubte Fahrweise an den ⇨ Zug überträgt und ihn bei Abweichungen abbremsen kann.

Zug-km – Zugkilometer Ein Kilometer, der durch einen Zug gefahren wird (unabhängig von Länge oder Gewicht des Zuges). Statistische Einheit.

The manufacturer's authorised representative in the EU is Springer Nature Customer Service Centre GmbH, Europaplatz 3, 69115 Heidelberg, Germany. If you have any concerns regarding our products, please contact ProductSafety@springernature.com

Printed and bound by CPI Group (UK) Ltd, Croydon, CR0 4YY
21/10/2026
02237166-0015